世界技能大赛竞赛成果转化

机械机构设计

（Inventor）

◎主　编　曾海波　林金盛　陈建立
◎副主编　李业校　胡志毅　张国华　李志强
◎参　编　张志坤　谢全胜　杨登辉　郑广明
　　　　　蔡海涛　敖春华　陈冬梅

電子工業出版社
Publishing House of Electronics Industry
北京 • BEIJING

内 容 简 介

本书以 Autodesk Inventor 2017 为平台，重点介绍了 Autodesk Inventor 2017 中文版的各种操作方法和技巧。全书共 5 个项目，内容包括 Inventor 2017 入门、辅助工具、绘制草图、基础特征、高级特征、放置特征、曲面造型、零件装配、工程图、零件建模设计和机械机构实例等。在介绍的过程中，由浅入深、从易到难，各项目既相对独立又前后关联。编者根据自己多年的经验及读者普遍的学习心理，及时给出总结和相关提示，以帮助读者快速掌握所学知识。

本书内容翔实、图文并茂、语言简洁、思路清晰、实例丰富，可以作为初学者的入门与提高教材，也可作为自学指导用书。

未经许可，不得以任何方式复制或抄袭本书之部分或全部内容。
版权所有，侵权必究。

图书在版编目（CIP）数据

机械机构设计：Inventor / 曾海波，林金盛，陈建立主编. —北京：电子工业出版社，2021.11

ISBN 978-7-121-34400-8

Ⅰ. ①机… Ⅱ. ①曾… ②林… ③陈… Ⅲ. ①机械设计—计算机辅助设计—应用软件—职业教育—教材 Ⅳ. ①TH122

中国版本图书馆 CIP 数据核字（2018）第 122883 号

责任编辑：白 楠
印　　刷：三河市双峰印刷装订有限公司
装　　订：三河市双峰印刷装订有限公司
出版发行：电子工业出版社
　　　　　北京市海淀区万寿路 173 信箱　邮编　100036
开　　本：787×1 092　1/16　印张：14.25　字数：364.8 千字
版　　次：2021 年 11 月第 1 版
印　　次：2021 年 11 月第 1 次印刷
定　　价：42.00 元

凡所购买电子工业出版社图书有缺损问题，请向购买书店调换。若书店售缺，请与本社发行部联系，联系及邮购电话：（010）88254888，88258888。

质量投诉请发邮件至 zlts@phei.com.cn，盗版侵权举报请发邮件至 dbqq@phei.com.cn。

本书咨询联系方式：（010）88254583，zling@phei.com.cn。

前　言

Autodesk Inventor 软件是美国 Autodesk 公司于 1999 年底推出的一款三维可视化实体模拟软件。它具有三维建模、信息管理、协同工作和技术支持等特征。使用 Autodesk Inventor 可以创建三维模型和二维制造工程图，也可以创建自适应的特征、零件和子部件，还可以管理上千个零件和大型部件，它的“连接到网络”工具可以使工作组人员协同工作，方便数据共享和同事之间设计理念的沟通。

Inventor 在用户界面、三维运算速度和着色功能方面都有了突破性的进展。它建立在 ACIS 三维实体模拟核心之上，设计人员能够简单、快速地获得零件和装配体的真实感，这样就缩短了用户设计意图的产生与系统反应时间的距离，从而最小限度地影响设计人员的创意和发挥。Inventor 为设计者提供了一个自由的环境，使得二维设计环境能够顺畅地转为三维设计环境，同时能够在三维环境中重用现有的 DWG 文件，并且能够与其他应用软件的用户共享三维设计的数据。

本书以 Autodesk Inventor 2017 为平台，重点介绍了 Autodesk Inventor 2017 中文版的各种操作方法和技巧。全书共 5 个项目，通过对世界技能大赛项目——综合机械与自动化项目训练题目的讲解，引导读者掌握机械机构的设计。同时，本书与《机械机构加工》一书相配套，将世界技能大赛综合机械与自动化项目的训练课题从设计到加工制作进行了详细的介绍，使学生能够掌握机械机构从设计到加工的全过程。本书内容包括 Inventor 2017 入门、辅助工具、绘制草图、基础特征、高级特征、放置特征、曲面造型、零件装配、工程图、零件建模设计和机械机构实例等，着重以世界技能大赛综合机械与自动化项目训练的实例为主题。

本书的内容由浅入深、从易到难，各部分内容既相对独立又前后关联。为了在有限篇幅内提高知识的集中程度，编者对所讲述的知识点进行了精心剪裁，并通过实例操作驱动知识点的讲解。书中实例种类丰富，既有知识点讲解的小实例，又有几个知识点或全项目知识点讲解的综合实例，通过各种实例的讲解，使读者在实例操作过程中牢固地掌握软件功能。同时，编者还根据自己多年的经验及读者普遍的学习心理，及时给出总结和相关提示，以帮助读者快速掌握所学知识。

本书由曾海波、林金盛、陈建立担任主编，李业校、胡志毅、张国华、李志强担任副主编，张志坤、谢全胜、杨登辉、郑广明、蔡海涛、敖春华、陈冬梅参与编写。书中难免有疏漏之处，恳请广大读者批评指正。

编　者

目　录

项目一

零件造型设计

所谓的零件造型就是指按照一定的方法，为工业产品零件建立三维实体模型的过程。工业产品都是由一个或多个零件组成的，因此在 Inventor 中零件造型是设计的基础，为以后的装配、表达视图、工程图、渲染等提供重要数据。零件造型主要由两部分组成，即草图和特征。本项目将以机械加工过程中常用的机械零件的造型设计为例介绍草图与特征的创建方法。

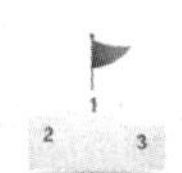

准备工作

基本使用环境

1. 默认用户界面

如图 1-0-1 所示为 Autodesk Inventor 2017 零件环境下的默认用户界面，它主要包括“图形”窗口、功能区、“快速访问” 工具条、通信中心、浏览器、状态栏、“功能” 选项卡等。

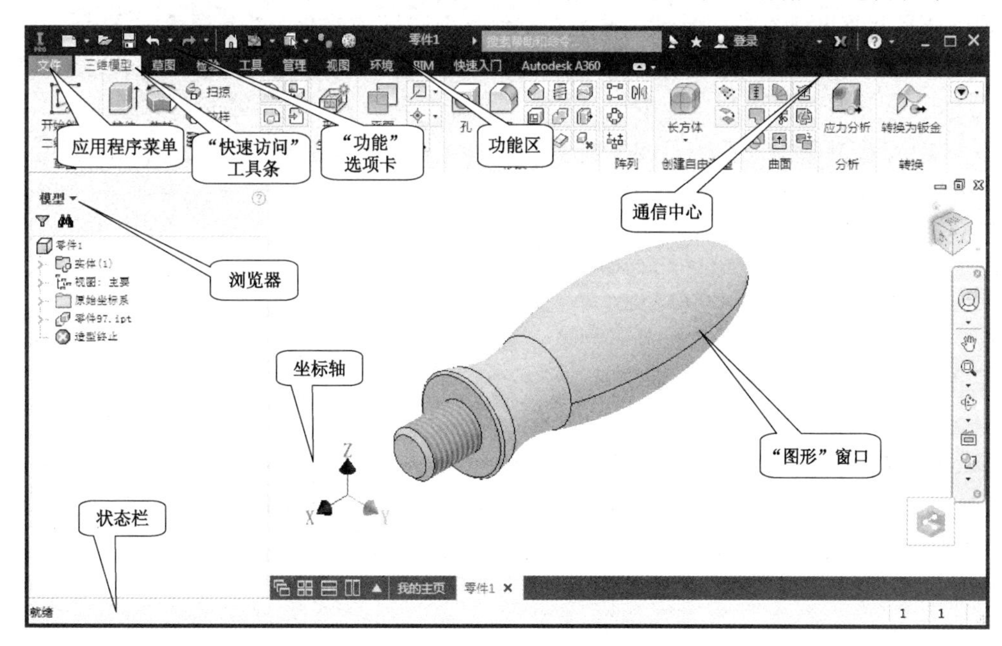

图 1-0-1　默认用户界面

2. 草图环境

如图 1-0-2 所示为 Autodesk Inventor 2017 默认的草图环境，即创建或编辑草图的界面。当用户新建一个零件文件时，便自动进入草图环境。它主要包括草图绘制区、“草图”选项卡、“草图”工具面板、当前草图名称、平面与坐标轴等。

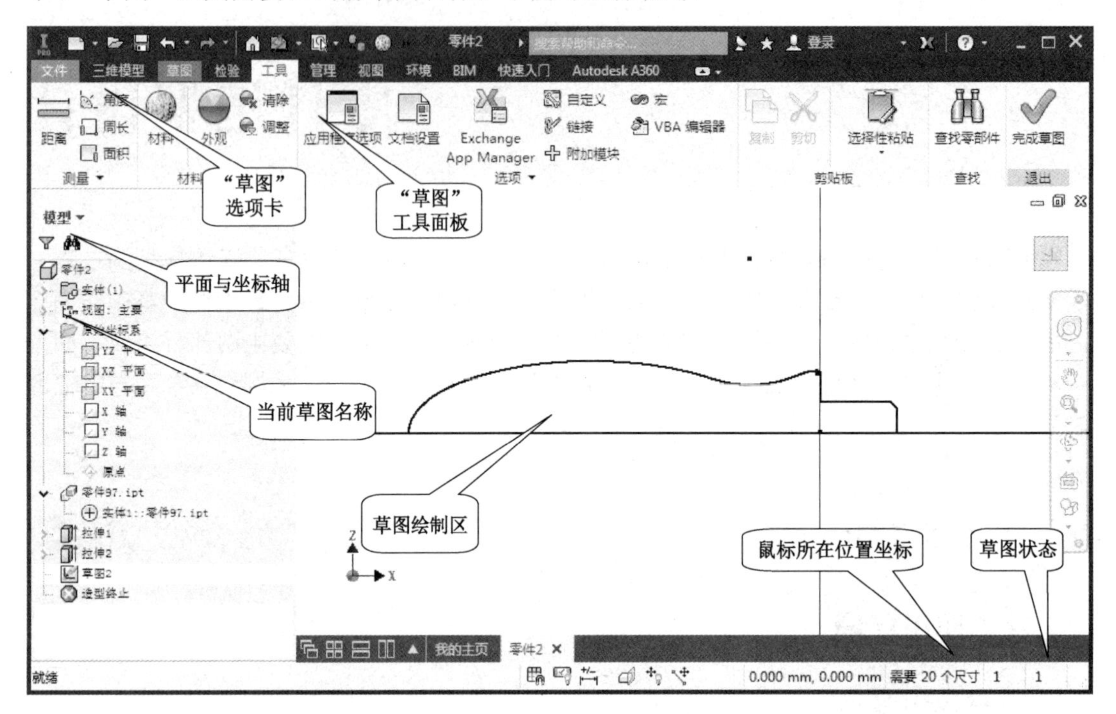

图 1-0-2　草图环境

说明：草图环境分为零件草图环境和部件草图环境。二者的区别是在零件草图环境下，“草图”选项卡里有“布局”面板；但是在部件草图环境下没有，而是多了一个“测量”面板。本项目主要介绍零件造型设计，因此所涉及的二维草图环境也是零件下的二维草图环境。所以，在不特别说明的情况下，所有的草图都是指零件下的二维草图环境。

在零件草图环境下，在“草图”选项卡下面有 8 个工具面板，分别是绘制、约束、阵列、修改、布局、插入、格式和退出。

3. 特征环境

如图 1-0-3 所示为 Autodesk Inventor 2017 默认的特征环境，它主要包括图形显示区、“特征”选项卡、“特征”工具面板、浏览器等。

在特征环境下，“特征”选项卡下面有 9 个工具面板，分别是草图、创建、修改、定位特征、阵列、曲面、塑料零件、线束和转换。

说明：在 Inventor 中，基本的设计思路就是这种基于特征的造型方法，任何一个零件均可视为一个或多个特征的组合，这些特征既可相互独立，也可相互关联。在 Inventor 特征环境下，零件的全部特征都在浏览器中的模型树里面。

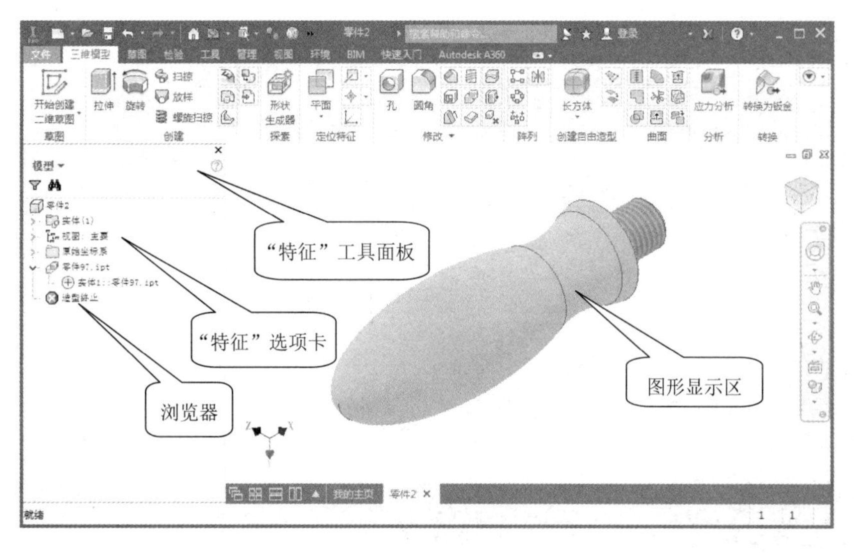

图 1-0-3　特征环境

鼠标的使用

鼠标是计算机外部设备中十分重要的硬件之一，在可视化的操作环境下，用户与 Inventor 的交互操作几乎全部利用鼠标来完成。如何使用鼠标，直接影响用户的设计效率。使用三键鼠标可以完成各种功能，包括选择菜单、旋转视角、物体缩放等。具体使用方法介绍如下。

移动鼠标，鼠标指针经过某一特征或某一工具按钮时，该特征或工具按钮会高亮显示。例如，鼠标指针在浏览器的模型树中某一父特征上悬停时，该父特征会展示其子特征及基于特征的草图，同时该父特征用红框突出显示，并且图形显示区的模型上相对应的特征以虚线形式高亮显示，如图 1-0-4 显示。鼠标指针在工具面板的某一特征按钮上悬停时，会弹出该特征的说明对话框，如图 1-0-5 所示。

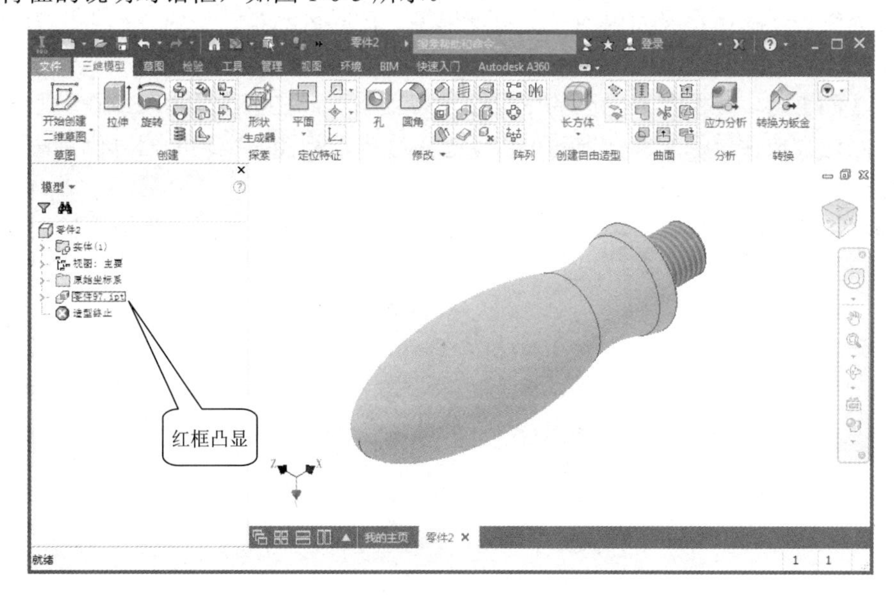

图 1-0-4　鼠标悬停于浏览器中某一特征时的状态

图 1-0-5　特征说明

单击鼠标左键（单击）用于选择对象，双击用于编辑对象。如果在三维模型上单击特征，会弹出“特征编辑”按钮，如图 1-0-6 所示。

如果单击该按钮，会弹出“特征编辑”对话框，同时三维模型上的特征会以蓝色高亮显示并加注特征方向箭头，如图 1-0-7 所示。

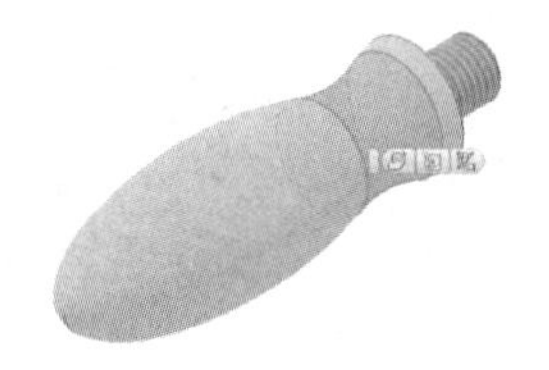

图 1-0-6　“特征编辑”按钮

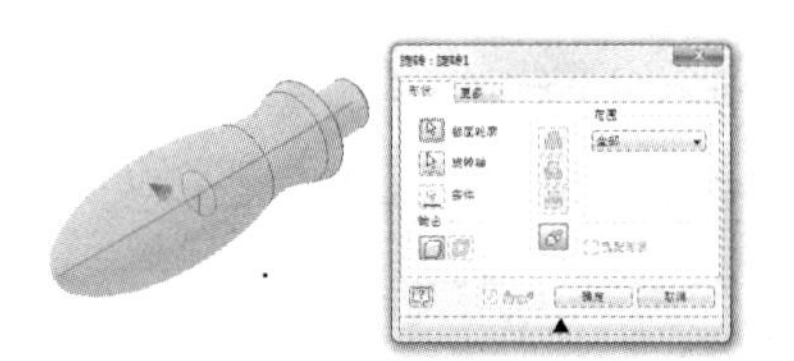

图 1-0-7　“特征编辑”对话框

单击鼠标右键（右击），用于弹出选择对象的关联菜单，如在三维模型的某一特征上右击，会弹出如图 1-0-8 所示的关联菜单，选择选项时，只需要在选择选项的方向上单击，即可选中并执行该选项，不需要将鼠标指针移动到该选项名称上再单击。

按下滚轮会平移用户界面内的三维数据模型，此时鼠标指针变成“小手”的形状。如果按下【Shift】键的同时再按下滚轮，拖动鼠标可动态观察当前视图。

按下【F4】键，在图形显示区的中央会出现轴心器，在轴心器内部或在轴心器外侧靠近轴心器的地方按住鼠标左键并拖动可以动态观察当前视图，在轴心器外侧远离轴心器的地方按住鼠标左键则不起作用。

滚动鼠标滚轮可缩放当前视图，向上滚动滚轮为缩小视图，反之为放大视图。

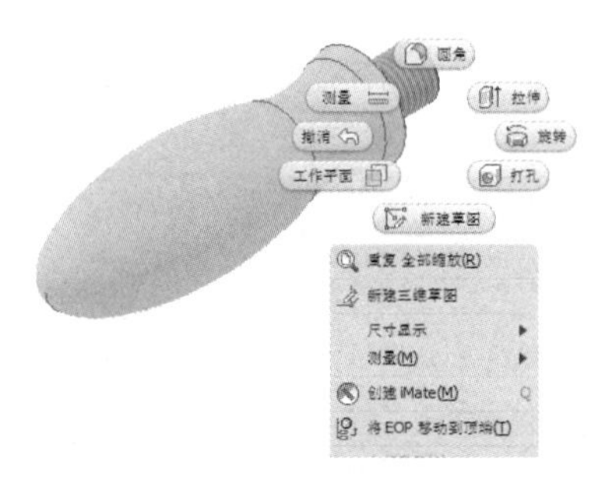

图 1-0-8　关联菜单

导航工具

1. View Cube

View Cube 与“常用视图”类似，如图 1-0-9 所示。单击正方体的某个角，可以将模型切换到等轴测视图，如图 1-0-10 所示。单击正方体的面，可以将模型切换到平行视图，如图 1-0-11 所示。

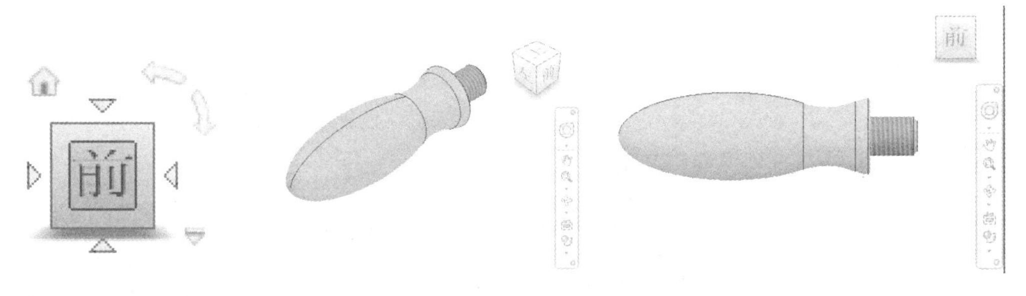

图 1-0-9　View Cube　　图 1-0-10　等轴测视图　　图 1-0-11　平行视图

View Cube 具有以下几个主要的附加特征：

- 始终位于屏幕上图形窗口的一角。
- 在 View Cube 上按住鼠标左键并拖动可以旋转当前模型，方便用户进行动态观察。
- 提供了主视图按钮，以便快速返回用户自定义的基础视图。
- 在平行视图中提供了旋转箭头，使零件能够以 90° 为增量垂直于屏幕旋转照相机。

2. Steering Wheels

Steering Wheels 也是一种便捷的动态观察工具，在屏幕上以拖盘的形式表现出来，当 Steering Wheels 被激活后，会一直跟随光标，像 View Cube 一样。用户可以在“视图”选项卡下，通过“导航”面板中的下拉菜单打开和关闭 Steering Wheels，如图 1-0-12 所示。

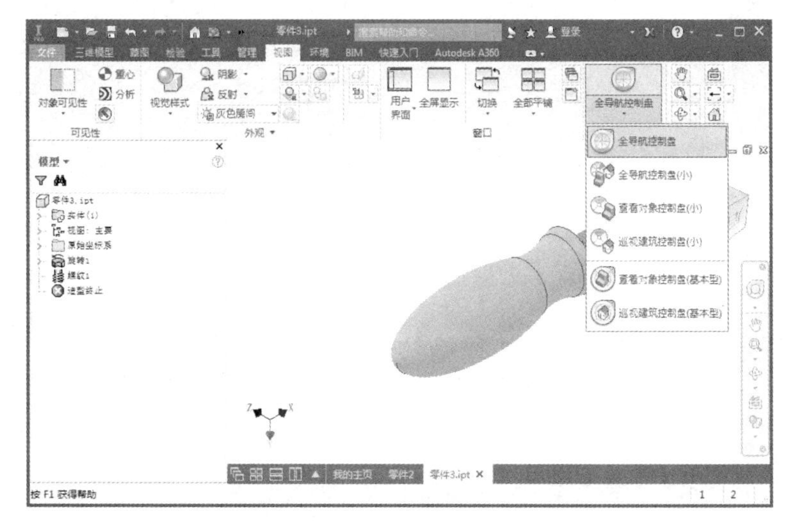

图 1-0-12　“导航”下拉菜单

Steering Wheels 的界面有几种表现形式，见表 1-0-1。

表 1-0-1　Steering Wheels 的界面表现形式

类　型	全程导航控制盘	查看对象控制盘	巡视建筑控制盘
大拖盘			
小控制盘			

Steering Wheels 提供以下功能。

- 缩放：用于更改照相机到模型的距离。
- 动态观察：围绕轴心点更改照相机的位置。
- 平移；在屏幕内平移照相机。
- 中心：重定义动态观察中心点。
- 漫游：在透明模式下能够浏览模型。
- 环视：在透明模式下能够更改观察角度而无须更改照相机位置，如同围绕某一固定点向任意方向转动照相机一样。
- 向上/向下：能够向上或向下平移照相机，定义的方向垂直于 View Cube 的顶面。
- 回放：能够以缩略图的形式快速选择前面的任意视图或透视模式。

观察和外观命令

观察和外观命令可用来操纵激活零件、部件或工程图在图形窗口中的视图。常用的观察和外观命令位于“视图”选项卡下的“外观”面板、“导航”面板及“导航”工具条上，如图 1-0-13 所示。

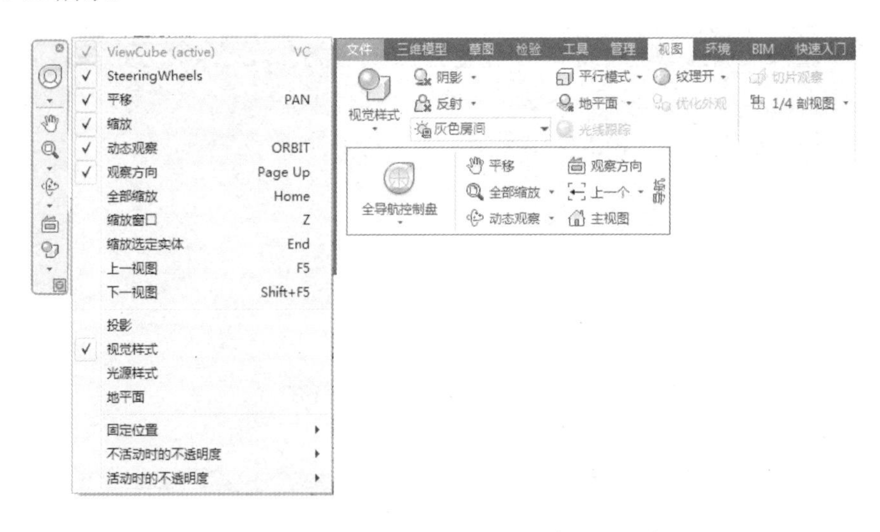

图 1-0-13　“外观”面板及“导航”工具条

任务 1　V 型块设计

任务说明

V 型块实例如图 1-1-1 所示。

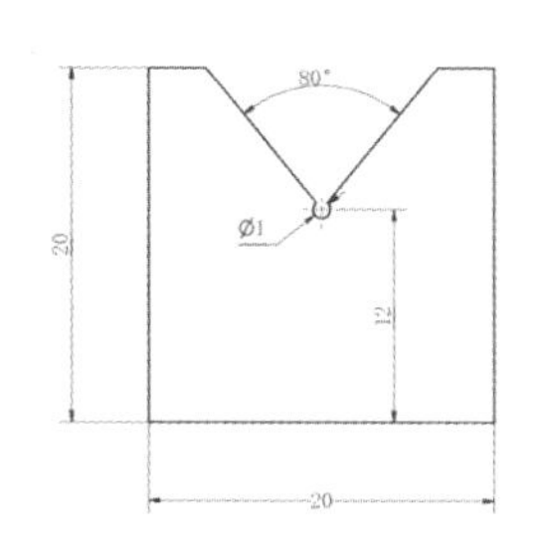

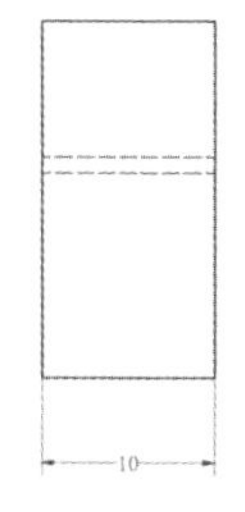

图 1-1-1　V 型块

设计步骤

（1）新建文件。在“快速访问”工具条上单击“新建”按钮，弹出“新建文件”对话框，选择“Standard.ipt”，如图 1-1-2 所示。然后单击“确定”按钮，自动进入零件的草图环境。

图 1-1-2　“新建文件”对话框

（2）草图环境介绍。在当前草图环境下，该草图所依附的平面默认是 *XY* 平面，屏幕中央深色水平直线跟竖直直线有一个黄色的交点，即“原点”。屏幕左下角是坐标系，红色的为 *X* 轴、绿色的为 *Y* 轴、蓝色的为 *Z* 轴，在当前 *XY* 平面内 *Z* 轴投影成一个蓝色点，如图 1-1-3 所示。

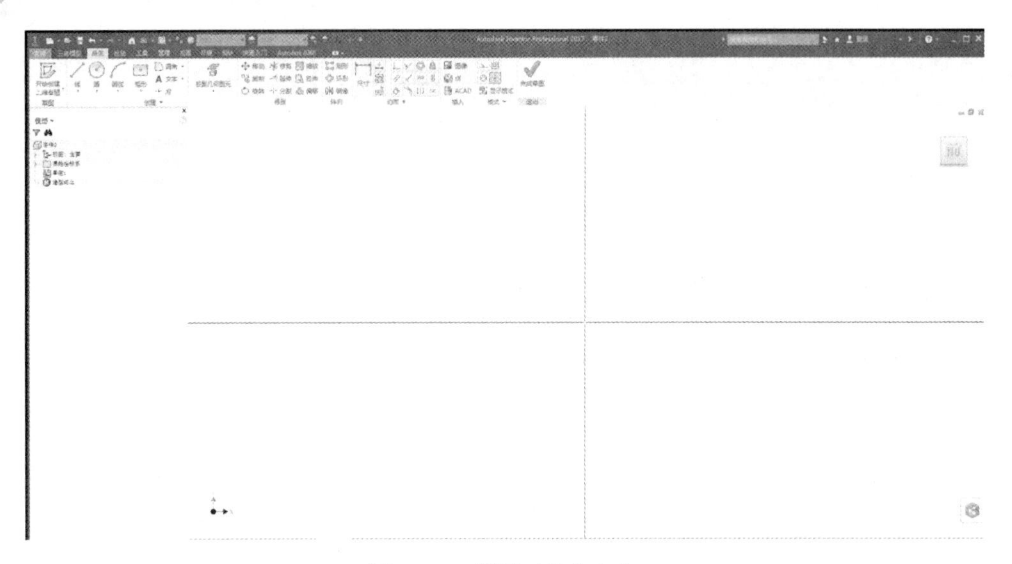

图 1-1-3　草图下的中心点

（3）使用线命令。单击“绘制”工具面板上的“线”按钮，将鼠标移动到绘图区时，出现“线点坐标”文本框。随着鼠标的移动，线点坐标会动态发生变化，如图 1-1-4 所示。捕捉绘图区任意位置作为线点，单击鼠标，表示线点动态坐标的文本框消失，然后出现一个让用户输入长度的文本框。移动鼠标，文本框的数值动态变化，如图 1-1-5 所示。无须输入数值，单击鼠标，线绘制完成。

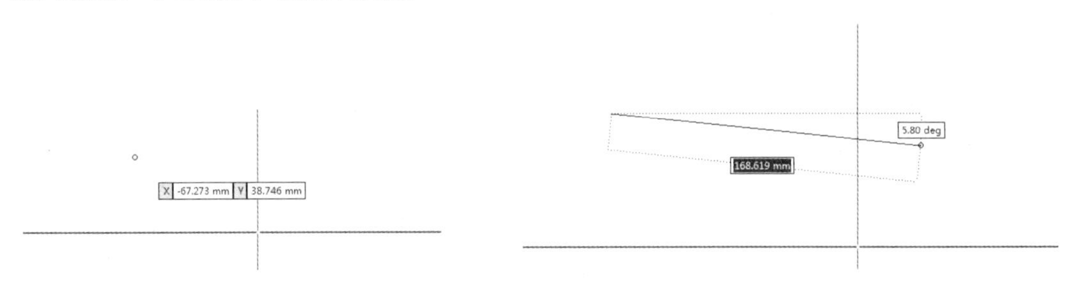

图 1-1-4　鼠标位置坐标　　　　图 1-1-5　输入直线的坐标

再移动鼠标指针，此时又会出现线点坐标的动态文本框，提示用户可继续绘制线，在绘图区其他任意位置单击并拖动鼠标，在文本框中输入 20，单击鼠标或按下【Enter】键完成绘制。按下【Esc】键，退出线命令。

在绘图区中，两次绘制的线是有区别的：在没有输入长度的线上不自动标注尺寸，而在输入长度的线上自动标注了尺寸，如图 1-1-6 所示。

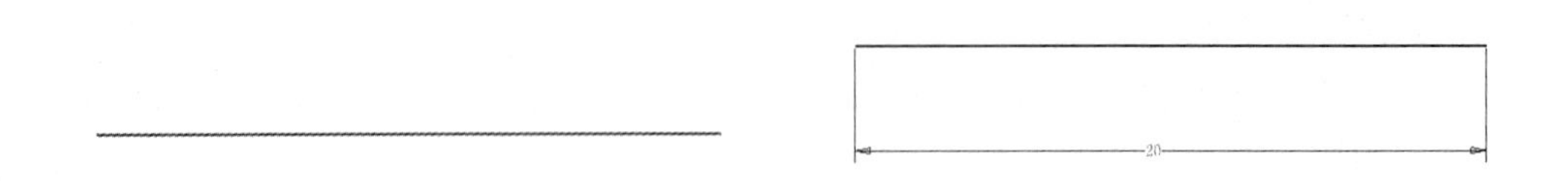

图 1-1-6　在输入长度的线上自动标注尺寸

（4）使用尺寸命令。单击“约束”工具面板上的“尺寸”按钮，移动鼠标指针进入绘图区，单击图 1-1-6 中的线，引导标注尺寸到合适位置时单击，弹出“编辑尺寸”文本框，输入 20，如图 1-1-7 所示，按【Enter】键完成尺寸标注。按以上方法画出矩形。

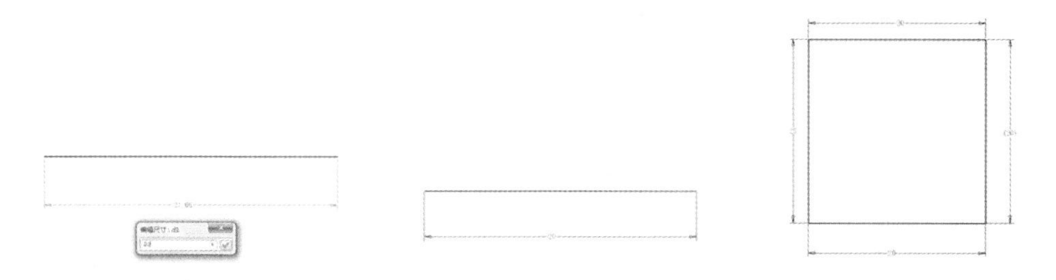

图 1-1-7　尺寸命令

（5）拉伸特征创建。单击“创建”工具面板上的“拉伸”按钮，弹出“拉伸”对话框及拉伸小工具栏，此时小工具栏以最小化状态显示。如果将鼠标悬停在最小化的拉伸工具栏上，则工具栏将展开显示。

在对话框中的“范围”栏，选择“距离”选项，“拉伸长度”设为 10mm，其他选项保持默认设置，如图 1-1-8 所示，单击“确定”按钮，完成创建。

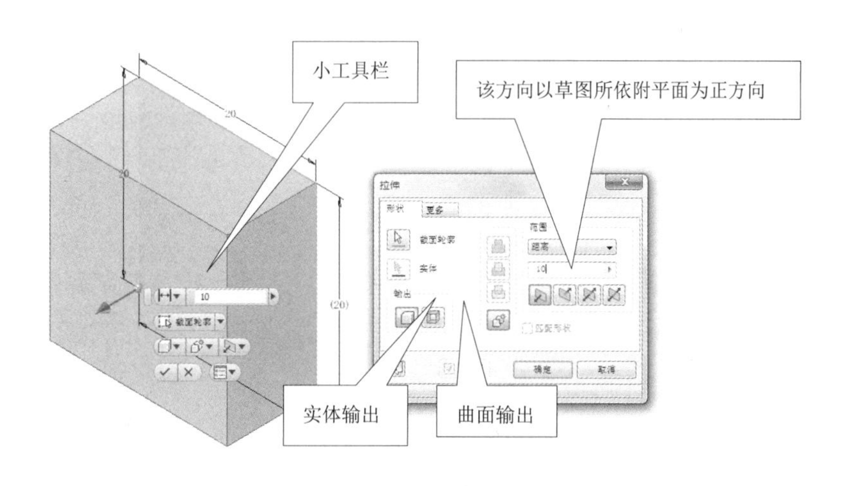

图 1-1-8　创建拉伸特征

说明：在 Inventor 2017 中具有小工具栏的特征命令有拉伸特征、旋转特征、倒角特征 倒角、孔特征、拔模特征 拔模。

（6）新建草图。在方块的表面上单击鼠标右键，在弹出的快捷菜单中选择“新建草图”选项，如图 1-1-9 所示。在草图环境中，建立 V 型草图，角度为 80°，将草图全约束后单击鼠标右键，选择“完成二维草图”选项，如图 1-1-9 所示。

（7）创建拉伸特征。在特征环境中，将步骤（6）创建的草图进行拉伸处理，“拉伸方式”选择“求差”，“方向”选择“方向 2”，即草图所依附平面的反方向，“范围”选择“贯通”，如图 1-1-10 所示。

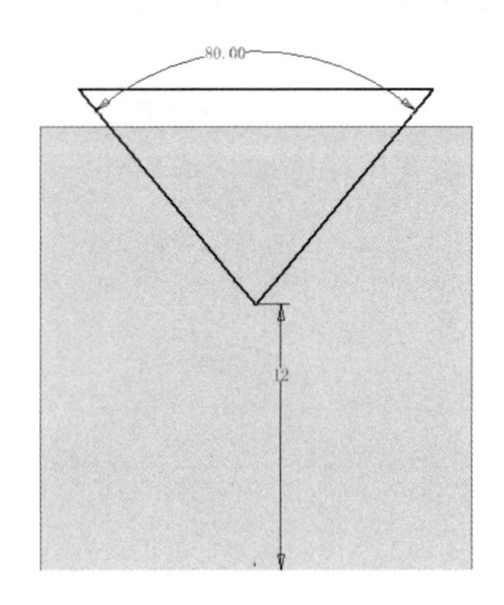

图 1-1-9　新建草图

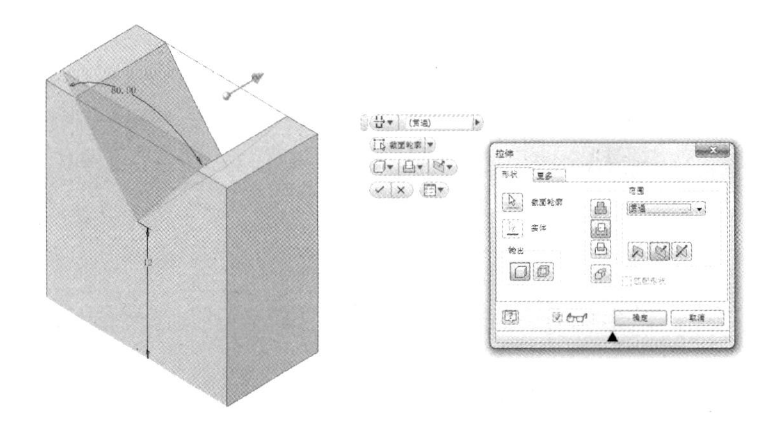

图 1-1-10　创建拉伸特征

（8）新建草图。在方块的表面上单击鼠标右键，在弹出的快捷菜单中选择“新建草图”选项，如图 1-1-11 所示。

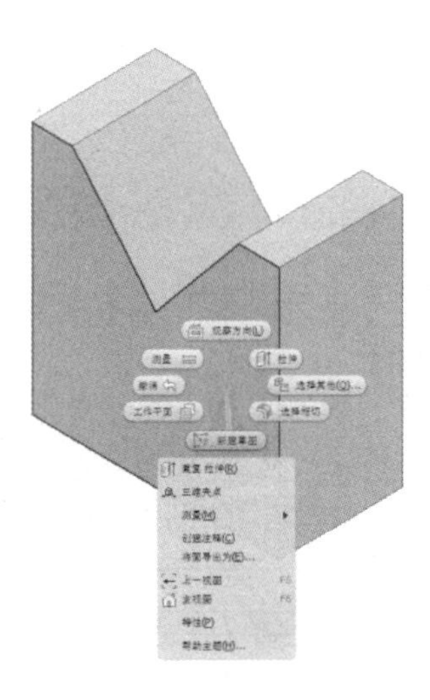

图 1-1-11　新建草图

（9）使用圆命令。单击“绘制”工具面板上的“圆”按钮，将鼠标指针移动到绘图区时，出现“圆心坐标”文本框。随着鼠标的移动，圆心坐标会动态变化，如图 1-1-12 所示。捕捉绘图区任意位置作为圆心，单击鼠标，表示圆心动态坐标的文本框消失，出现一个输入直径的文本框。移动鼠标指针，文本框中的直径值会动态变化。不用输入数值，单击鼠标，圆绘制完成。

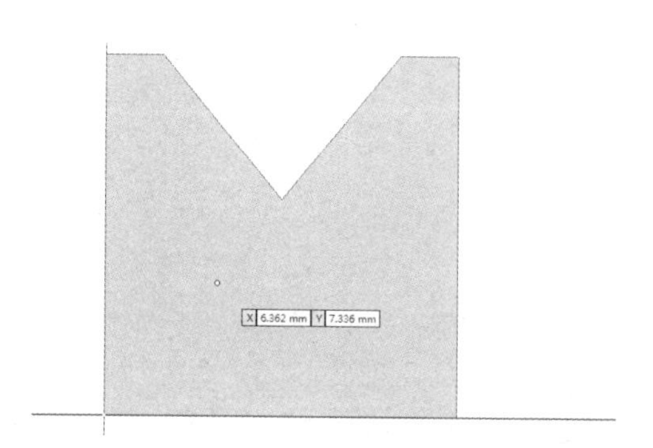

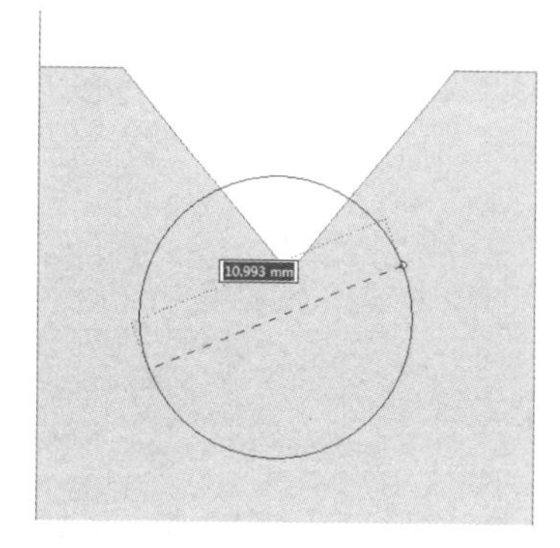

图 1-1-12　使用圆命令

再移动鼠标指针，此时将会出现圆心坐标的动态文本框，提示用户可继续绘制圆，在绘图区其他任意位置单击并拖动鼠标，在文本框中输入 100，单击鼠标或按【Enter】键完成圆的绘制，按【Esc】键，退出圆命令。

在绘图区中，两次绘制的圆是有区别的：在没有输入直径的圆上，不自动标注尺寸，而在输入直径的圆上自动标注了尺寸。

（10）使用尺寸命令。单击“约束”工具面板上的“尺寸”按钮，移动鼠标进入绘图区，单击图 1-1-13 中左边的圆，引导标注尺寸到合适位置后单击，弹出“编辑尺寸”文本框，输入 100，如图 1-1-14 所示，按【Enter】键完成尺寸标注。

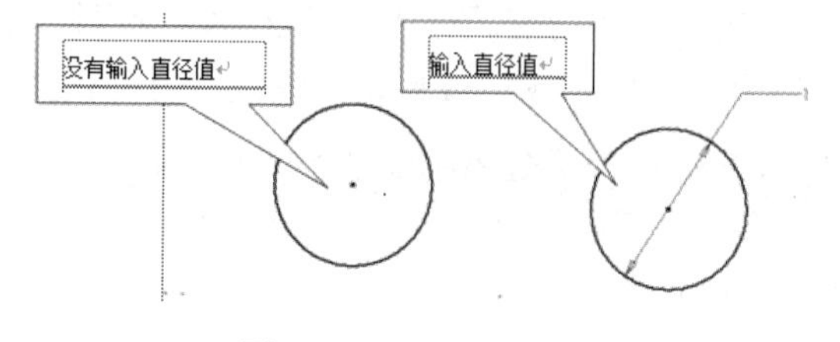

图 1-1-13　使用尺寸命令

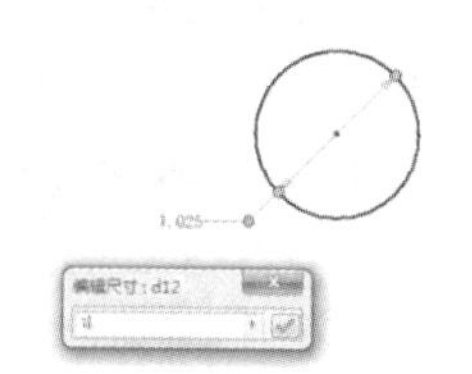
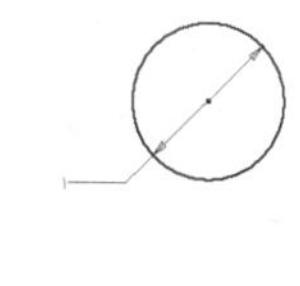

图 1-1-14　尺寸标注

（11）草图全约束。标注完尺寸后，拖动圆心，会发现圆可以在屏幕上随意拖动，说明该圆并没有完全固定。因此对于一个草图，除了具有尺寸约束以外，还要有几何约束，才能将草图全约束。草图只有在全约束后，才能在绘图区固定。下面就将图 1-1-15 中右边的圆进行完全约束，即把圆心固定在原点上。操作步骤如下：单击“约束”工具面板上的“重合”按钮，单击将要全约束的圆的圆心，再单击原点，圆心与原点重合在一起，此时圆的颜色变为深蓝色，如图 1-1-16 所示。这时再拖动圆心，发现该圆已经不能拖动，说明圆已经被全约束。

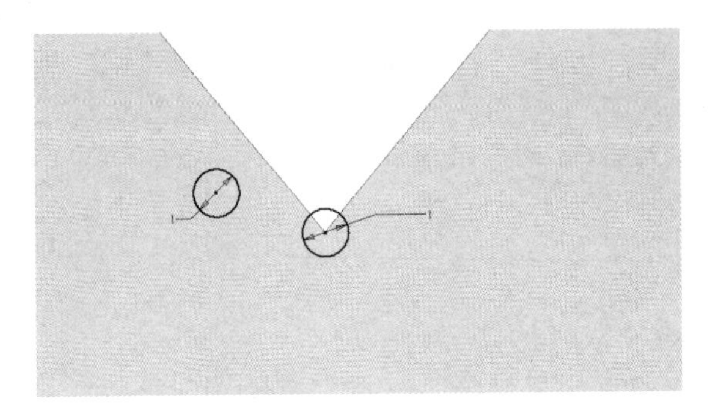

图 1-1-15　草图全约束

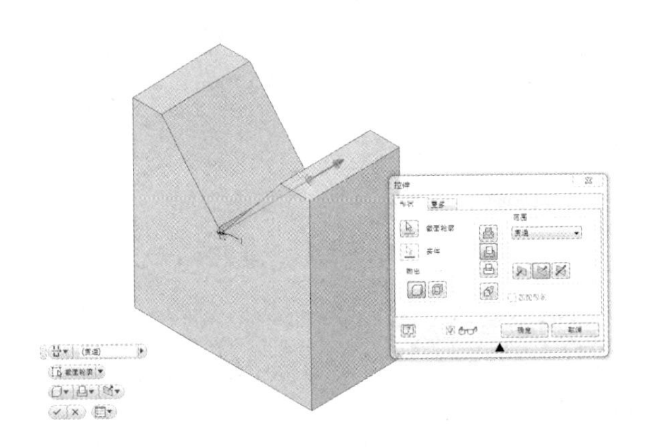

图 1-1-16　草图全约束

（12）创建拉伸特征。在特征环境中，将步骤（11）创建的草图进行拉伸处理，“拉伸方式”选择“求差”，“方向”选择“方向 2”，即草图所依附平面的反方向，“范围”选择“贯通”。

（13）设置实体颜色。单击快速工具条上的“常规”按钮右边的下拉箭头，选择“铁灰色”，给实体上色，如图 1-1-17 所示。这样 V 型块就制作完成，最后将文件进行保存。

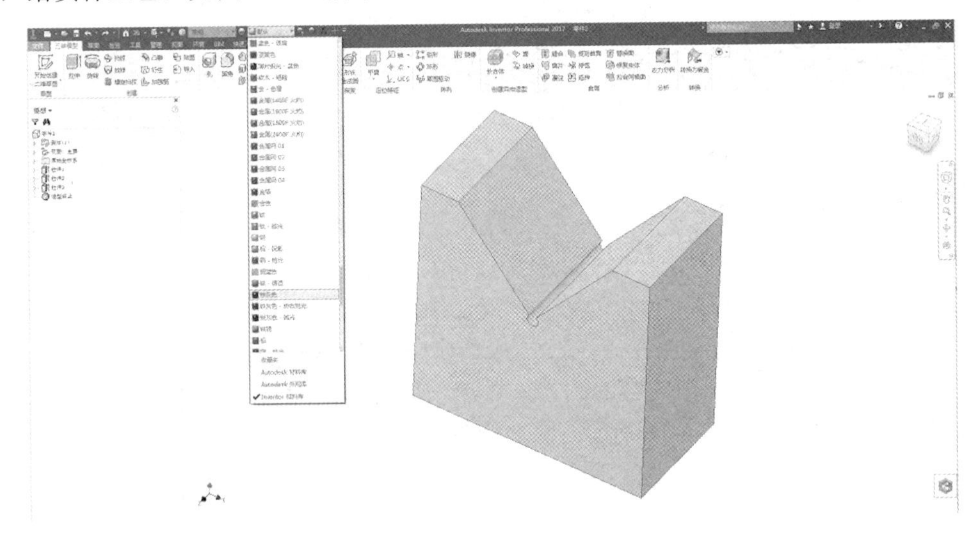

图 1-1-17　设置实体颜色

任务 2　手轮柄设计

任务说明

手轮柄实例如图 1-2-1 所示。

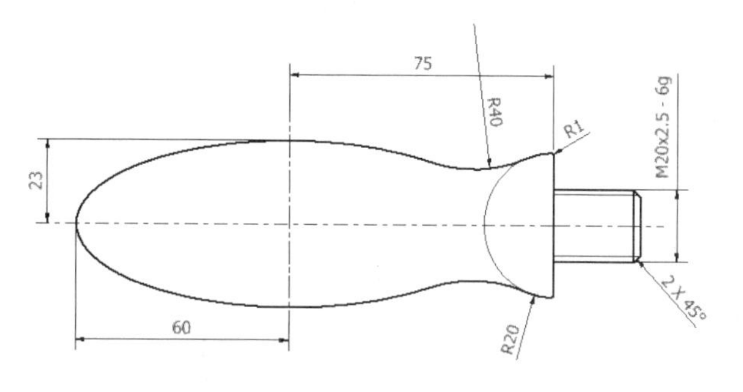

图 1-2-1　手轮柄实例

设计步骤

（1）新建文件。在软件中，单击“应用程序”菜单图标上的下拉箭头，在下拉菜单中再单击“新建”选项右边的箭头，选择“零件”，创建零件文件，如图 1-2-2 所示。

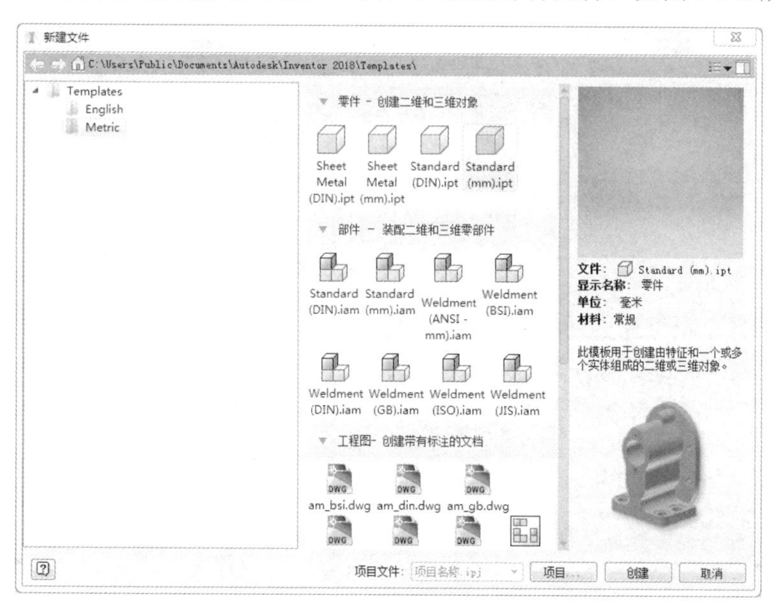

图 1-2-2　新建文件

（2）创建手轮柄的主轮廓。单击“线”按钮，从原点画一条水平线作为中心线，再通过原点画一条垂直线，如图 1-2-3 所示。

图 1-2-3　创建手轮柄中心线

在“创建”栏中单击“圆”按钮，以原点为圆心画直径为 40mm 的圆，如图 1-2-4 所示。

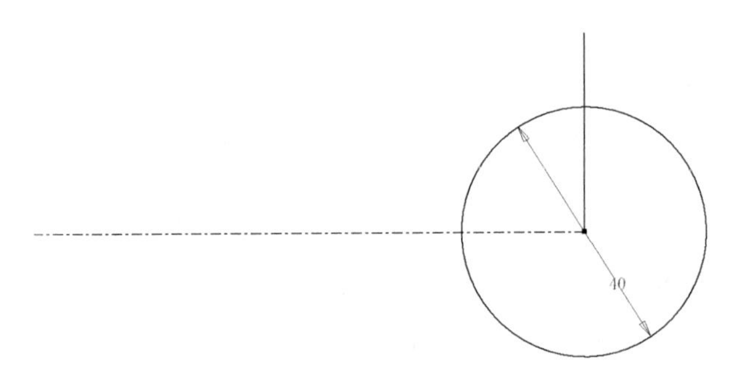

图 1-2-4　绘制圆

在“创建”栏单击“圆”按钮，找到“椭圆”选项，以两条直线的交点为圆心画长半轴为 60mm、短半轴为 23mm 的椭圆，如图 1-2-5 所示。

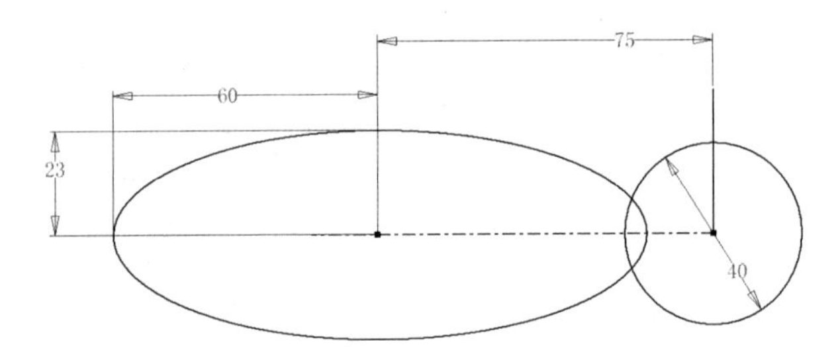

图 1-2-5　绘制椭圆

在草图任意点画直径为 80mm 的圆，在“约束”栏单击“相切约束”选项，使圆与椭圆相切，如图 1-2-6 所示。

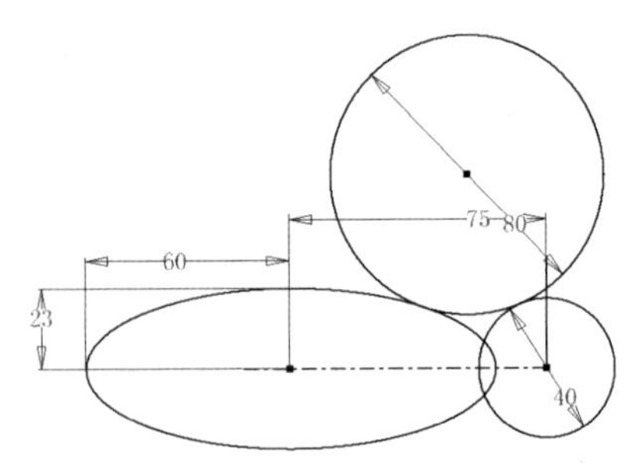

图 1-2-6　相切约束

在“修改”栏中单击“修剪”按钮，减去多余的线。完成的草图如图 1-2-7 所示。

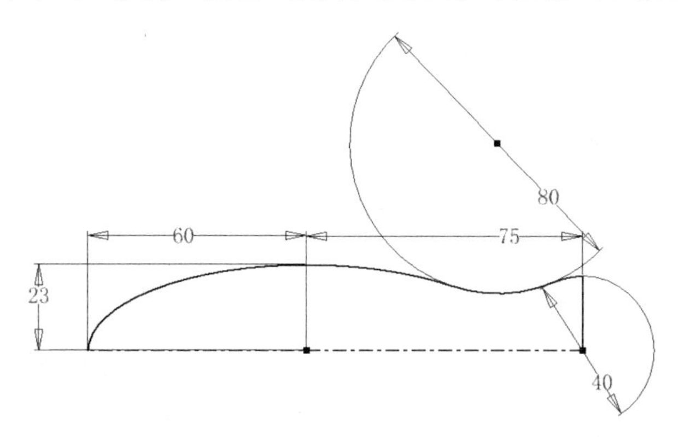

图 1-2-7 修剪

（3）绘制手轮柄的主体。单击，在“形状”栏中单击“截面轮廓”选项，选择步骤（2）中画的轮廓线，单击“旋转轴”选项选择中心线，完成后单击“确定”按钮完成操作步骤，如图 1-2-8 所示。

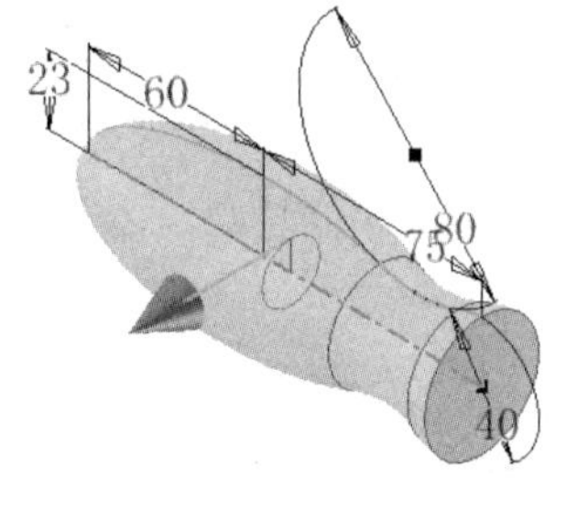

图 1-2-8　绘制手轮柄的主体

（4）绘制手轮柄的头部。以实体表面创建草图，并在草图圆心画直径为 20mm 的圆，完成操作后退出草图，如图 1-2-9 所示。

图 1-2-9　绘制手轮柄的头部

单击，在“形状”栏单击“截面轮廓”选项，选择图 1-2-9 所画的圆，单击并在“范围”栏中选择“距离”，输入 25，如图 1-2-10 所示。

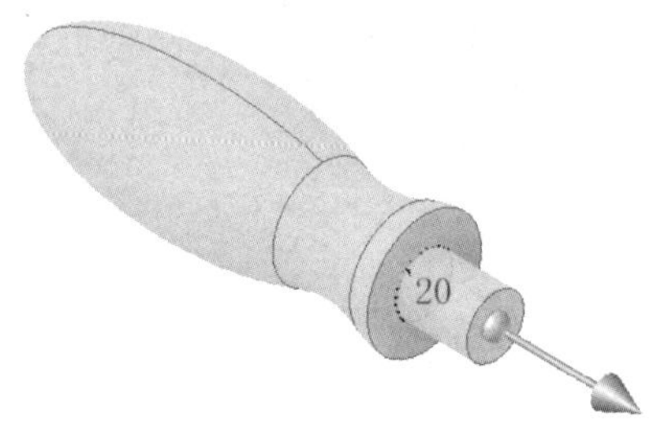

图 1-2-10　拉伸

（5）倒角，倒圆角，螺纹。单击 倒角，选择要倒角的轮廓，在“倒角边长”中输入 2mm。操作完成后单击“确定”按钮，如图 1-2-11 所示。

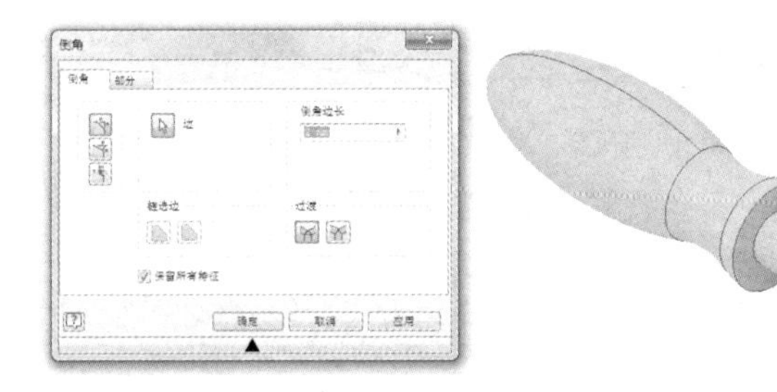

图 1-2-11　倒角

单击 圆角，选择要倒圆角的轮廓，在“半径”项中输入 1，操作完成后单击“确定”按钮，如图 1-2-12 所示。

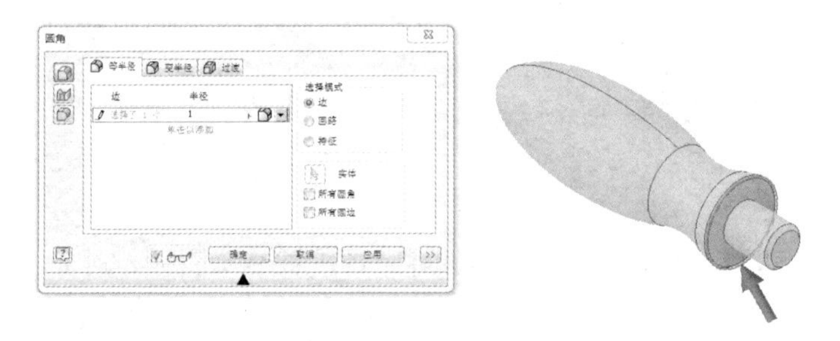

图 1-2-12　倒圆角

单击 螺纹，在“位置”页中单击“面”选择实体轮廓，在“定义”页中的“螺纹类型”选择“GB Metric profile”，“尺寸”选择 20，如图 1-2-13 所示。

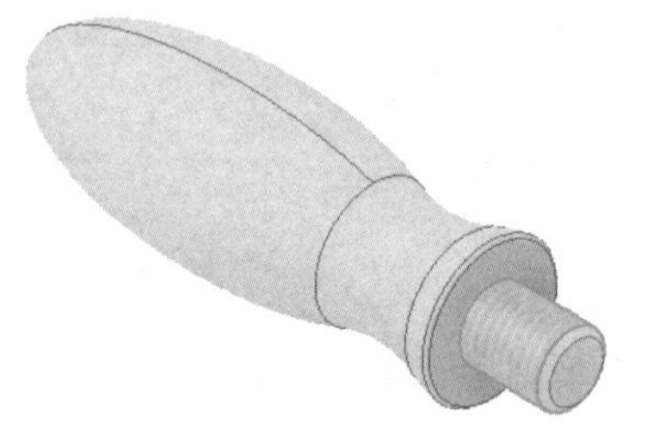

图 1-2-13　绘制螺纹

任务3　凸轮盘设计

任务说明

凸轮盘实例如图 1-3-1 所示。

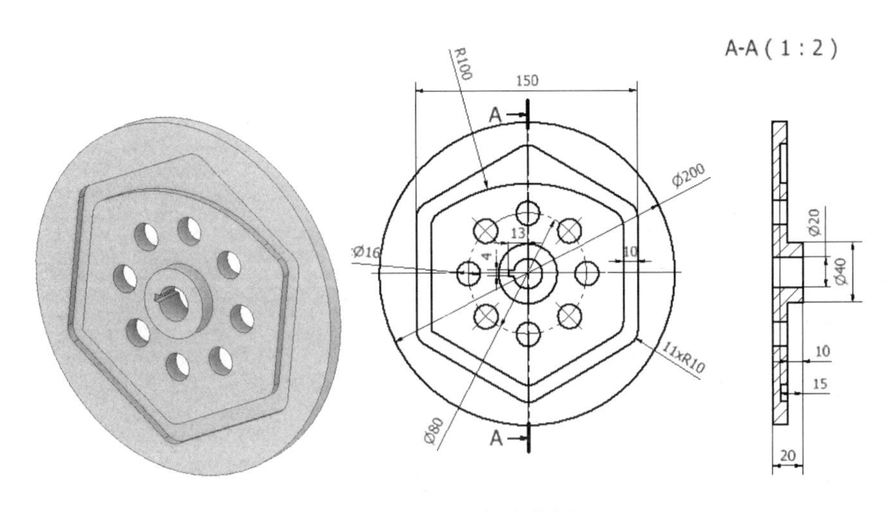

图 1-3-1　凸轮盘实例

设计步骤

（1）新建文件，绘制圆，并使用圆指令绘制一个直径为 200mm 的圆，如图 1-3-2 所示。完成后退出草图环境。

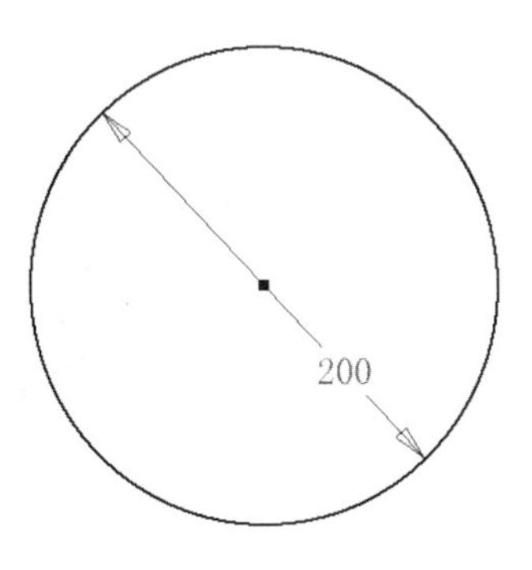

图 1-3-2　绘制圆

（2）创建拉伸特征。将图 1-3-2 所示的草图进行拉伸，创建凸轮盘的主轮廓，如图 1-3-3 所示。

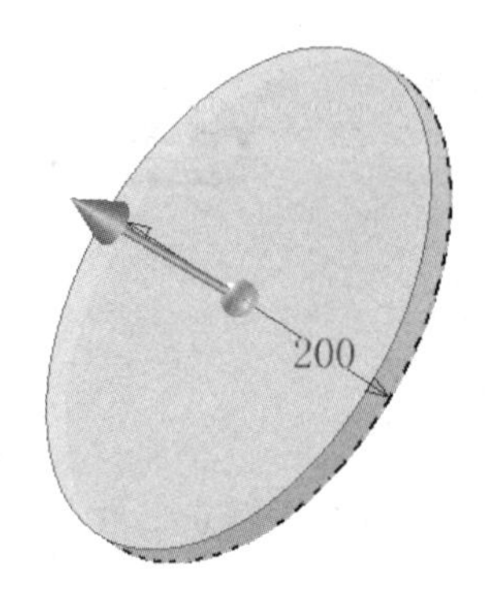

图 1-3-3　创建拉伸特征

（3）绘制草图。在凸圆盘顶端的平面上使用快捷键（S）创建平面。以图 1-3-2 同圆心点绘制一个直径为 40mm 的圆并拉伸，如图 1-3-4 所示。完成草图后退出草图环境。

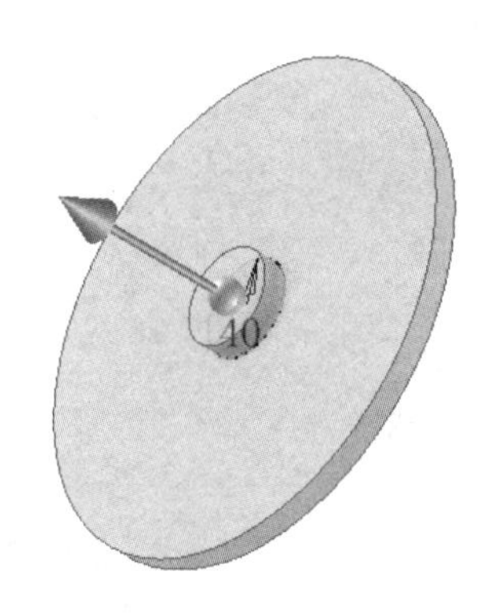

图 1-3-4　绘制草图

（4）创建拉伸特征。单击“拉伸”特征按钮，以步骤（3）绘制的草图为截面轮廓，进行拉伸特征创建。在“拉伸”工具面板中，“范围”选择“贯通”，“拉伸方式”选择“求差”。完成拉伸后，效果图如图 1-3-5 所示。

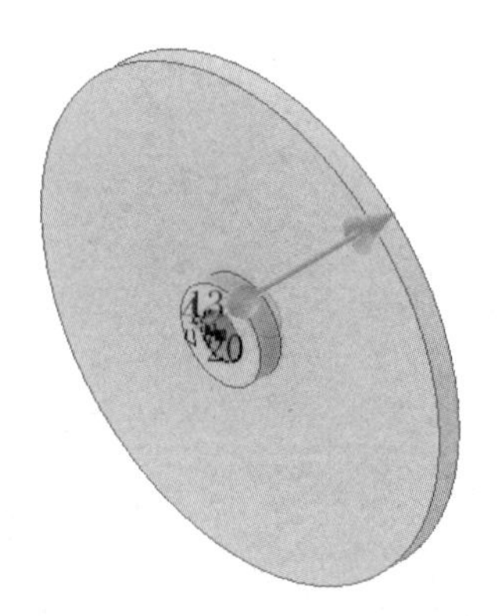

图 1-3-5　创建拉伸特征

（5）创建草图，绘制如图 1-3-6 所示草图。将草图全约束，完成后退出草图环境。

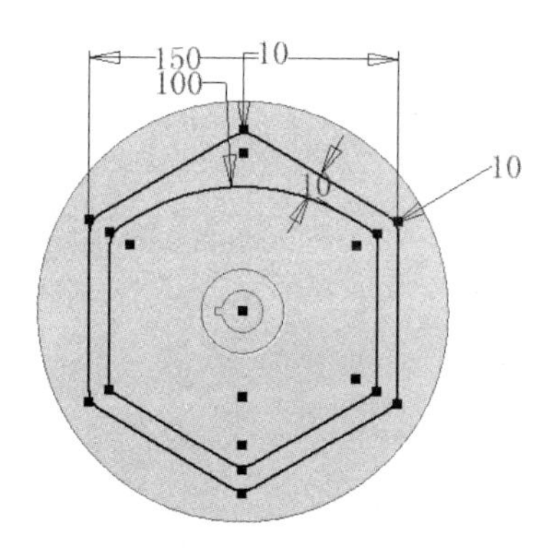

图 1-3-6　绘制草图

（6）创建拉伸特征。将步骤（5）创建的草图进行拉伸处理，“拉伸方式”选择“求差”，“方向”选择“方向 2”，“拉伸距离”输入 5mm，效果如图 1-3-7 所示。

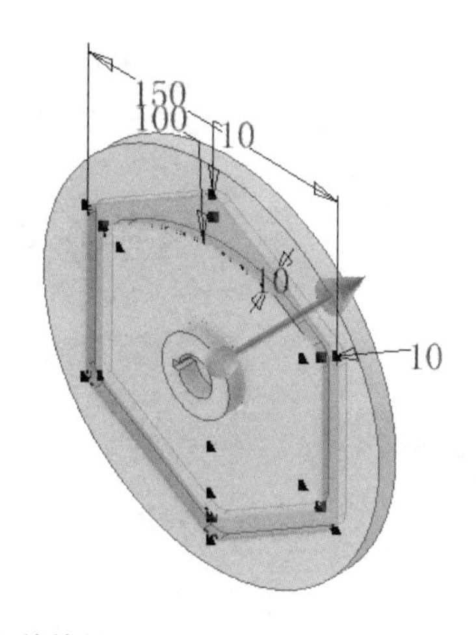

图 1-3-7　创建拉伸特征

（7）创建草图并拉伸，如图 1-3-8 所示。

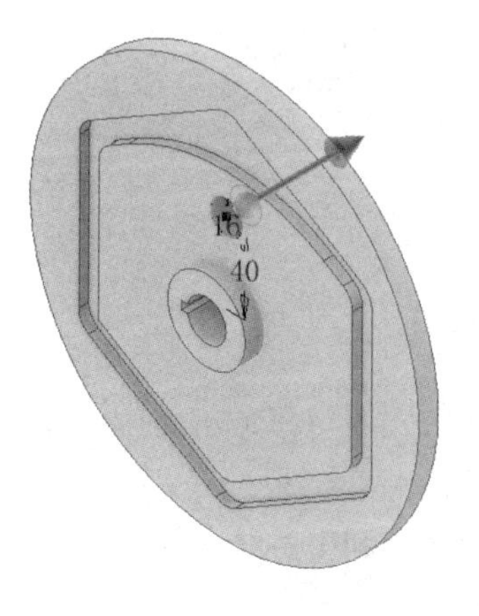

图 1-3-8　创建草图

（8）创建环形阵列特征。单击“环形阵列”特征按钮 环形，将所绘制的特征进行阵列，阵列个数为 8 个，“旋转轴”选择“中心坐标”。完成环形阵列特征创建后，将其“求差”拉伸，效果图如图 1-3-9 所示。

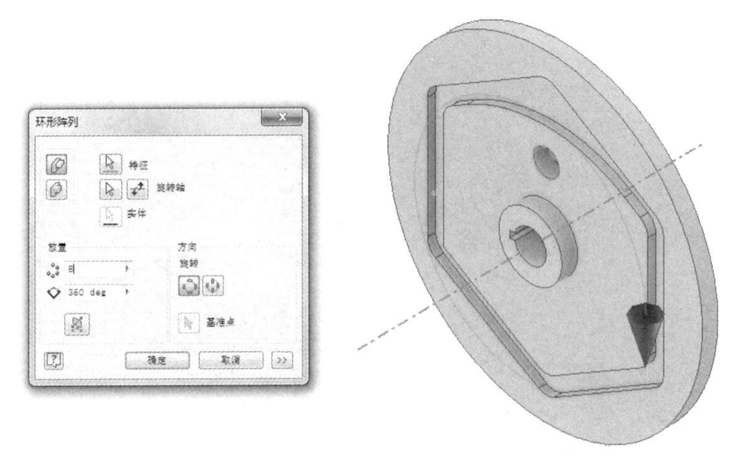

图 1-3-9　创建环形阵列特征

任务 4　开口扳手设计

任务说明

开口扳手实例如图 1-4-1 所示。

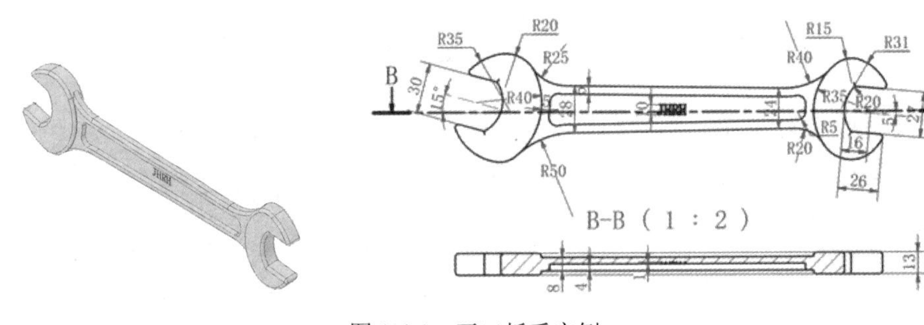

图 1-4-1　开口扳手实例

设计步骤

（1）新建文件。在“快速访问”工具条上单击“新建”按钮，弹出“新建文件”对话框，选择“Standard.ipt”，然后单击“确定”按钮，自动进入零件的草图环境。

（2）创建草图。利用直线命令和圆弧命令绘制草图，将其全约束，如图 1-4-2 所示。

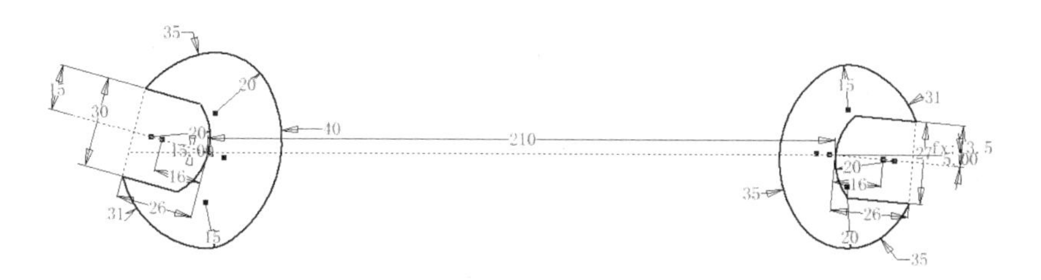

图 1-4-2　创建草图

（3）创建拉伸特征。单击“创建”工具面板上的“拉伸”按钮，弹出“拉伸”对话框及拉伸小工具栏，此时小工具栏以最小化状态显示。

在对话框中，“范围”选择“距离”，“拉伸距离”设为 13mm，“方向”选择“对称”，如图 1-4-3 所示，单击“确定”按钮，完成创建。

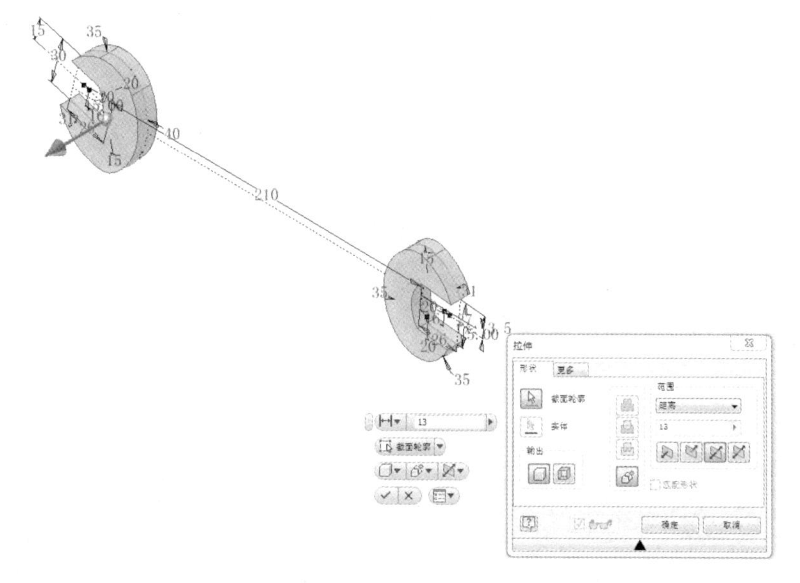

图 1-4-3　创建拉伸特征

（4）创建草图。单击左边的“原始坐标系”中的“XY 平面”，单击右键，选择“新建草图”选项，如图 1-4-4 所示。

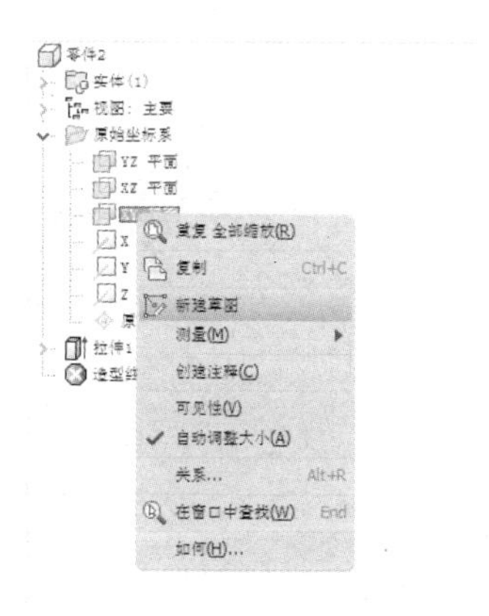

图 1-4-4　创建草图

（5）草图约束。用线命令和圆弧命令绘制，将草图全约束，如图 1-4-5 所示。

（6）创建拉伸特征。单击“创建”工具面板上的“拉伸”按钮，弹出“拉伸”对话框及拉伸小工具栏，此时小工具栏以最小化状态显示。

在对话框中，“范围”选择“距离”，“拉伸长度”设为 8mm，“方向”选择“对称”，如图 1-4-6 所示，单击“确定”按钮，完成创建。

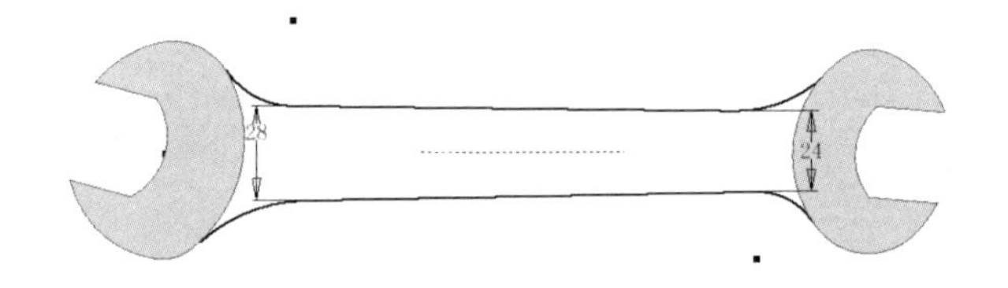

图 1-4-5　草图约束

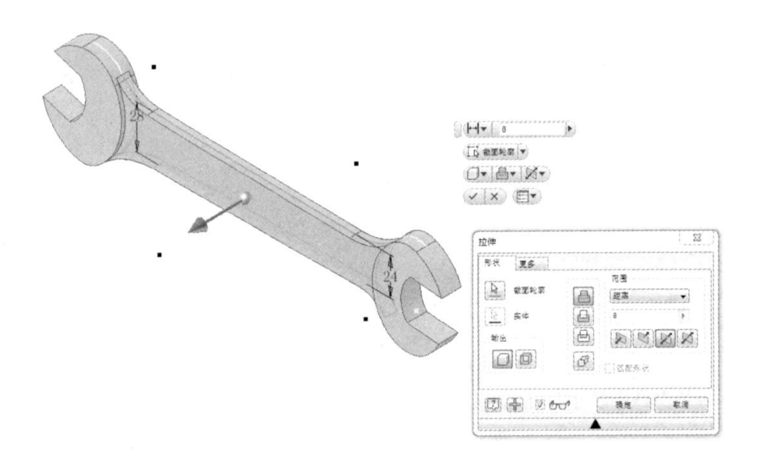

图 1-4-6　创建拉伸特征

（7）倒圆角。单击工具栏里的“圆角”命令，“尺寸”输入 2mm，将所有的边选上，如图 1-4-7 所示。

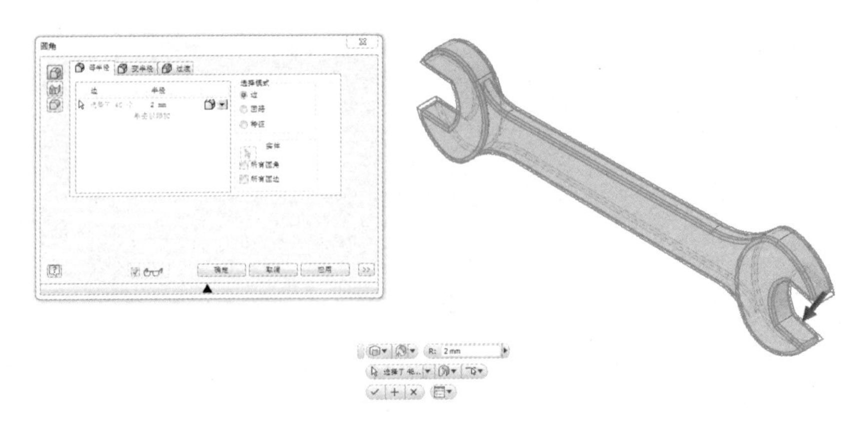

图 1-4-7　倒圆角

（8）建立中间的凹槽草图。用“投影几何体”命令和“偏移”命令将草图绘制出来，如图 1-4-8 所示。

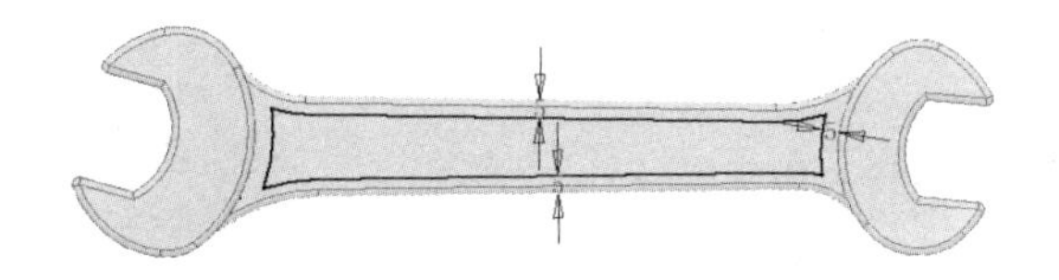

图 1-4-8　建立中间的凹槽草图

（9）创建拉伸特征。单击“创建”工具面板上的“拉伸”按钮，弹出“拉伸”对话框及拉伸小工具栏，此时小工具栏以最小化状态显示。

在对话框中，“范围”选择“距离”，“拉伸长度”设为 4mm，选择“方向 2”，“求差”，如图 1-4-9 所示，单击“确定”按钮，完成创建。

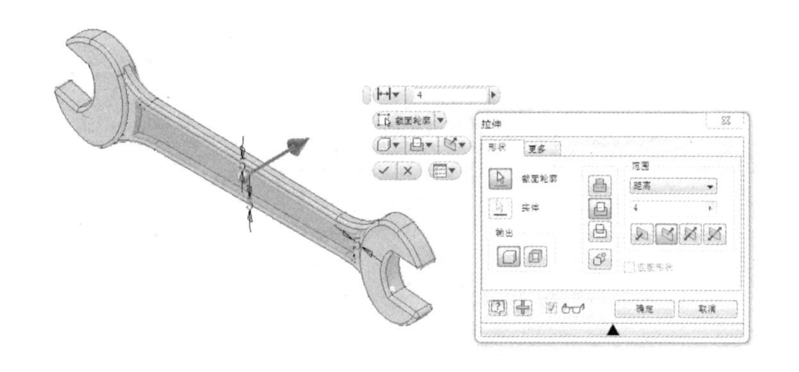

图 1-4-9　创建拉伸特征

（10）倒圆角。单击工具栏里的“圆角”命令，“尺寸”输入 5mm，将凹槽四条边选上，如图 1-4-10 所示。

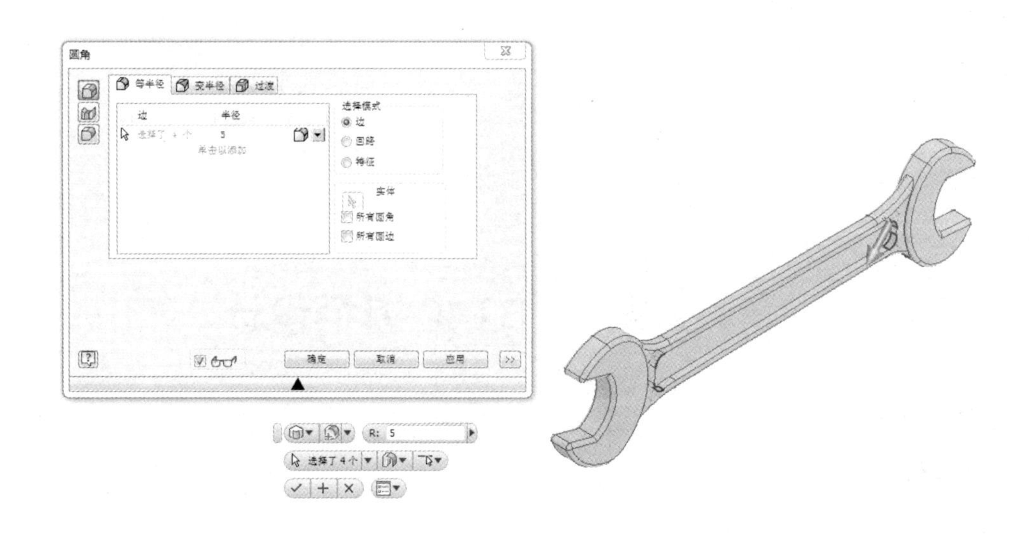

图 1-4-10　倒圆角

（11）建立草图文本。进入草图环境单击“文本”命令，“字体”选择“仿宋”，“大小”选择 6.10mm，然后单击“确定”按钮即可，如图 1-4-11 所示。

图 1-4-11　建立草图文本

（12）创建凸雕。单击“凸雕”命令，再单击步骤（11）的文本，选择“从面凹雕”，选择“反向 2”，“尺寸”输入 1mm，如图 1-4-12 所示。

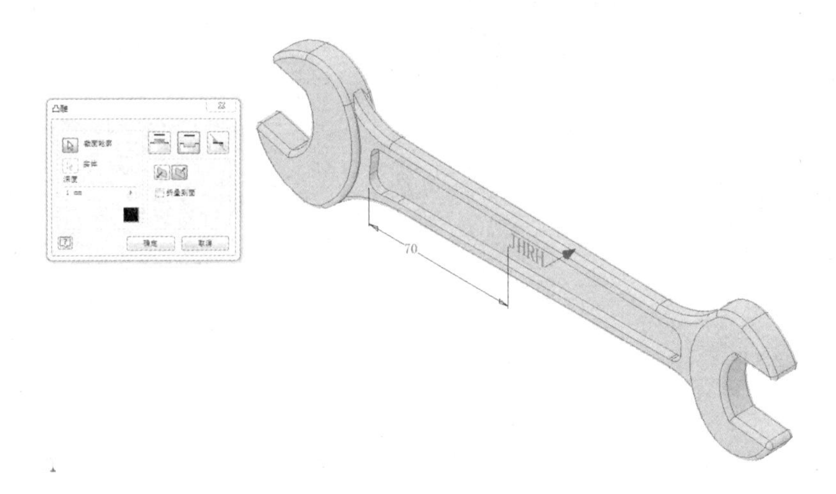

图 1-4-12　创建凸雕

任务 5　BT40 刀柄设计

任务说明

BT40 刀柄实例如图 1-5-1 所示。

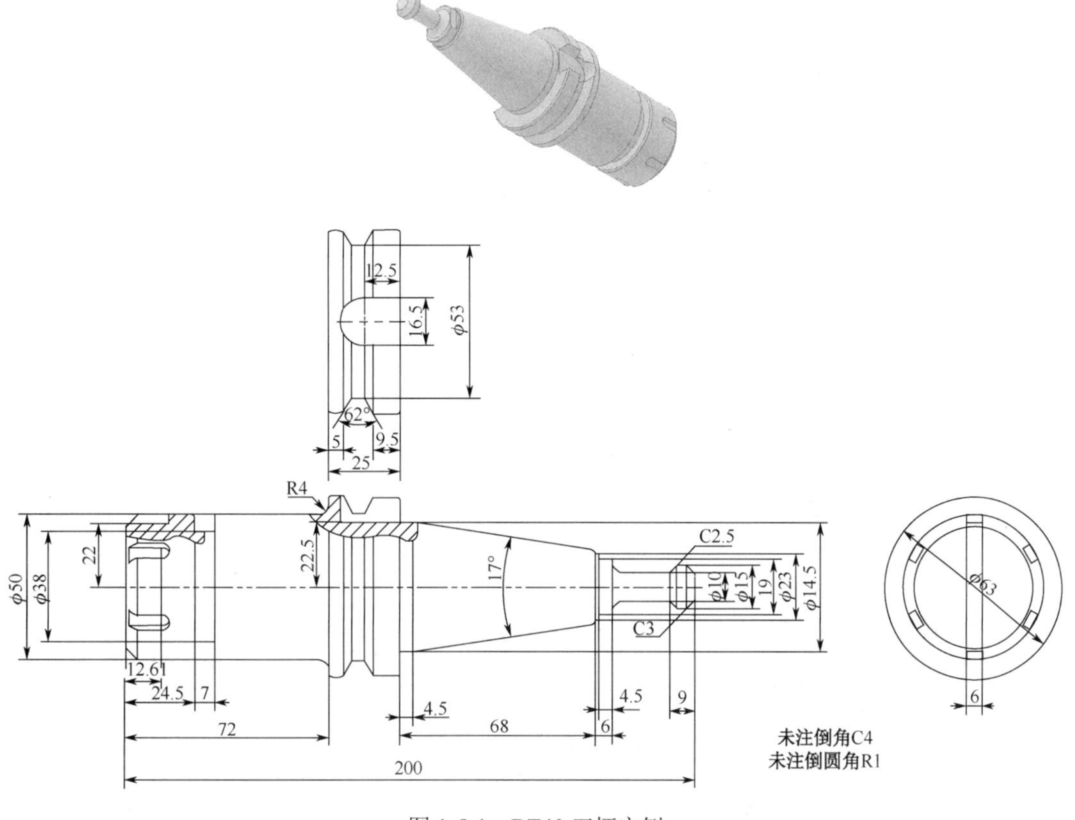

图 1-5-1　BT40 刀柄实例

设计步骤

（1）新建文件。在“快速访问”工具条上单击“新建”按钮，弹出“新建文件”对话框，选择“Standard.ipt”，然后单击“确定”按钮，自动进入零件的草图环境。

（2）创建草图，利用直线命令，将其全约束，如图 1-5-2 所示。

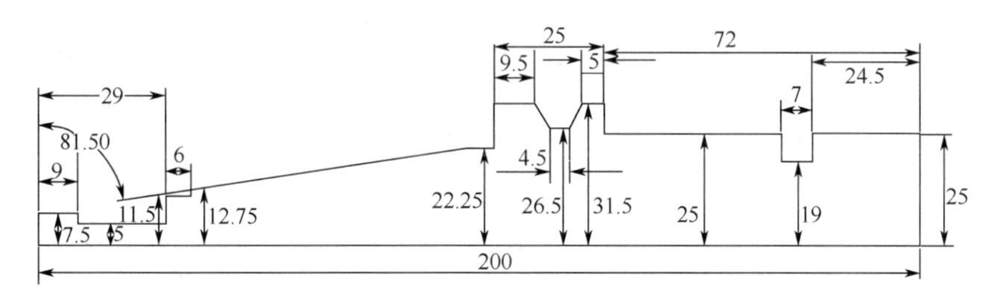

图 1-5-2　创建草图

（3）创建旋转特征。单击“创建”工具面板上的“旋转”按钮，将步骤（2）的草图进行旋转，如图 1-5-3 所示，单击“确定”按钮，完成创建。

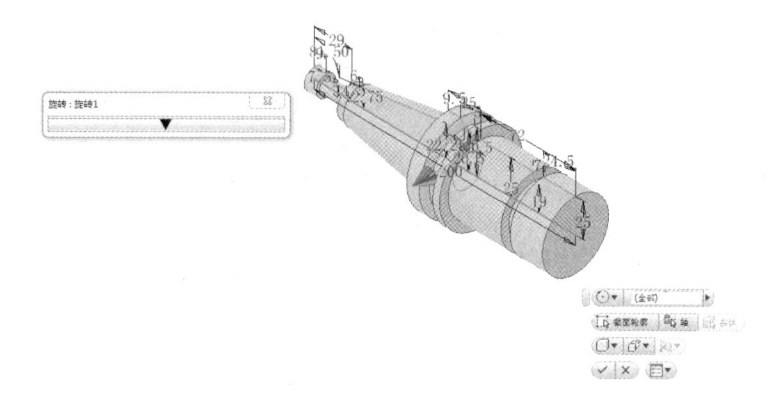

图 1-5-3　创建旋转特征

（4）倒圆角。单击工具栏里的“圆角”命令，按图纸要求创建，如图 1-5-4 所示。

（5）去除尾部的多余部分，草图如图 1-5-5 所示。

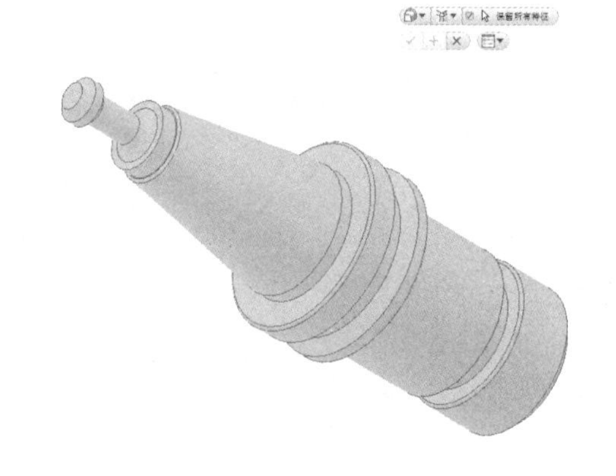

图 1-5-4　倒圆角

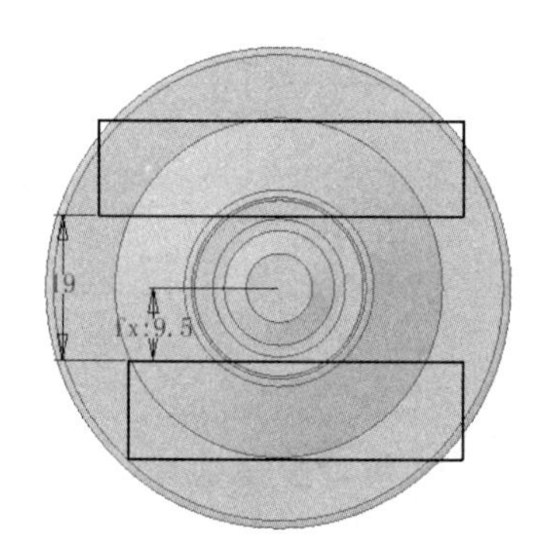

图 1-5-5　绘制草图

（6）创建拉伸特征。单击“创建”工具面板上的“拉伸”按钮，弹出“拉伸”对话框及拉伸小工具栏，此时小工具栏以最小化状态显示。

在对话框中，“范围”选择“距离”，“拉伸长度”设为 4.5mm，选择“方向 2”，“求差”，如图 1-5-6 所示，单击“确定”按钮，完成创建。

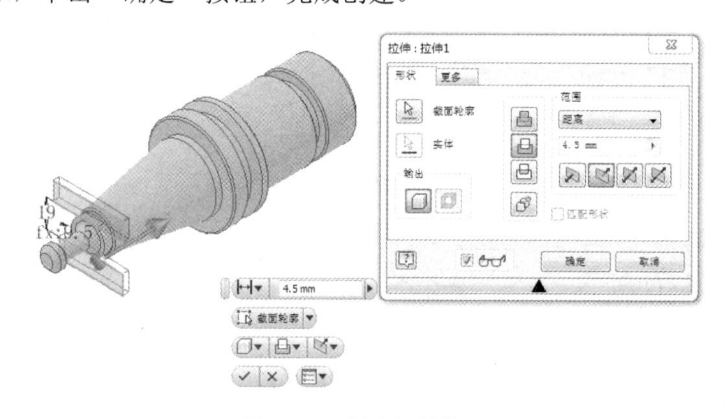

图 1-5-6　创建拉伸特征

（7）创建槽的草图，如图 1-5-7 所示。

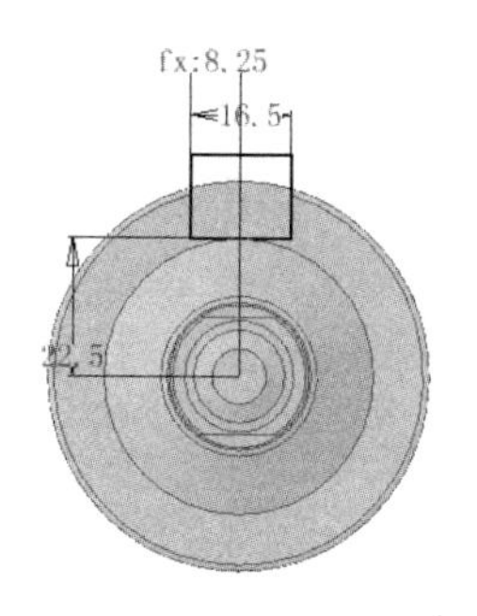

图 1-5-7　创建槽的草图

（8）创建拉伸特征。单击“创建”工具面板上的“拉伸”按钮，弹出“拉伸”对话框及拉伸小工具栏，此时小工具栏以最小化状态显示。

在对话框中，“范围”选择“距离”，“拉伸长度”设为 21mm，选择“方向 2”，“求差”，如图 1-5-8 所示，单击“确定”按钮，完成创建。

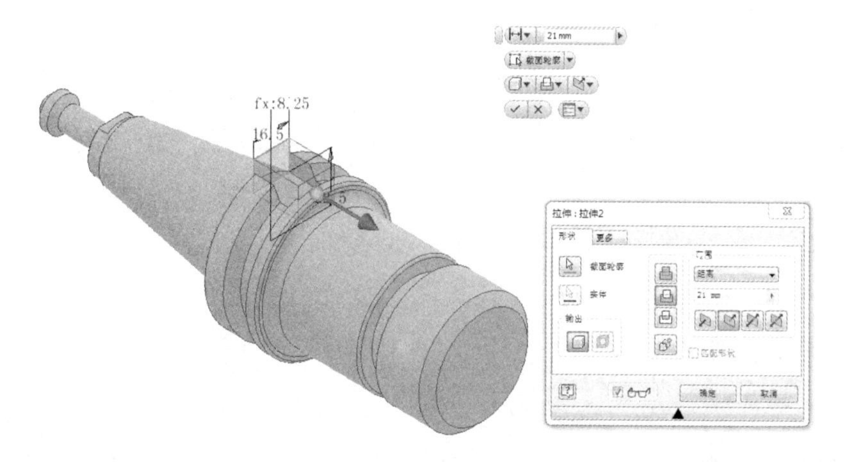

图 1-5-8　创建拉伸特征

（9）倒圆角，如图 1-5-9 所示。

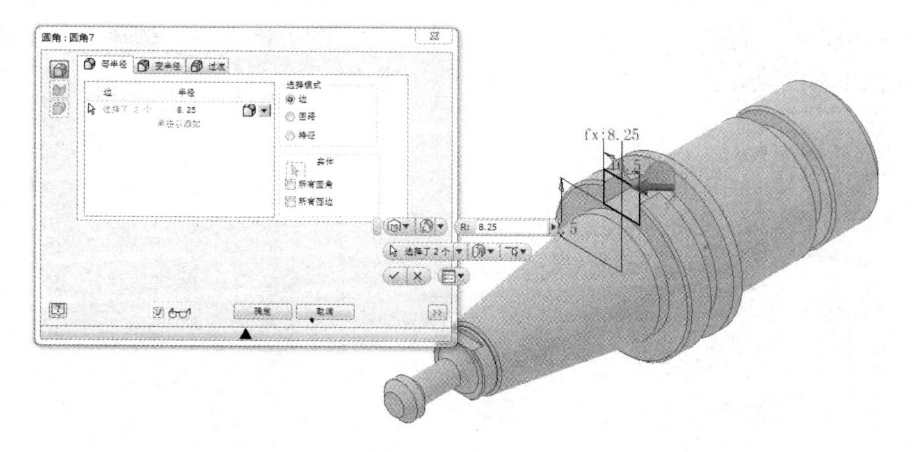

图 1-5-9　倒圆角

（10）槽镜像，如图 1-5-10 所示。

图 1-5-10　槽镜像

（11）创建刀柄头部的槽，草图如图 1-5-11 所示。

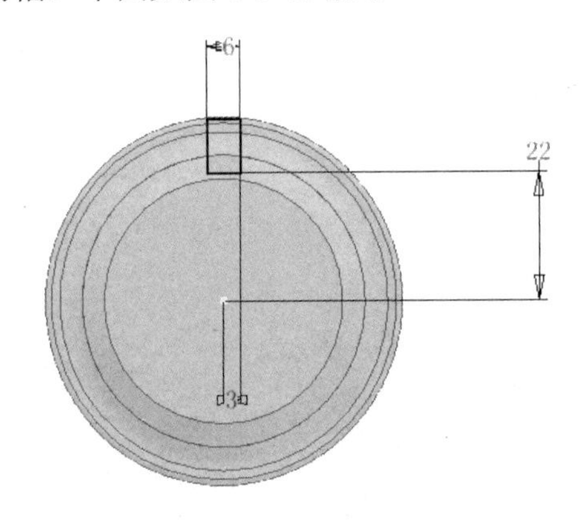

图 1-5-11　创建刀柄头部的槽

（12）创建拉伸特征。单击“创建”工具面板上的“拉伸”按钮，弹出“拉伸”对话框及拉伸小工具栏，此时小工具栏以最小化状态显示。如果将鼠标指针悬停在最小化的拉伸工具栏上，则小工具栏将展开显示。

在对话框中，“范围”选择“距离”，“拉伸长度”设为 15.5mm，选择“方向 2”，“求差”，如图 1-5-12 所示，单击“确定”按钮，完成创建。

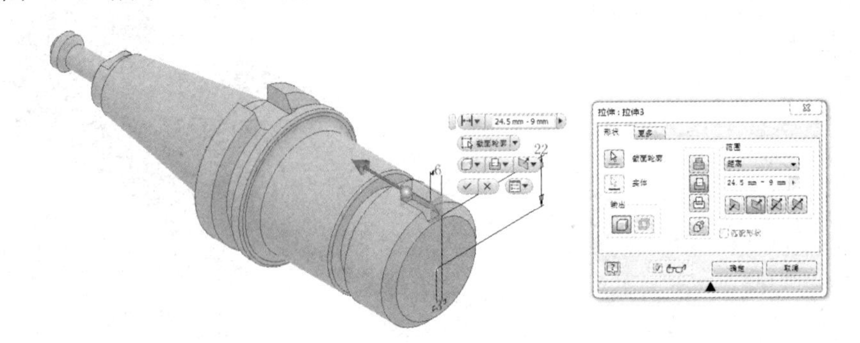

图 1-5-12　创建拉伸特征

（13）倒圆角，如图 1-5-13 所示。

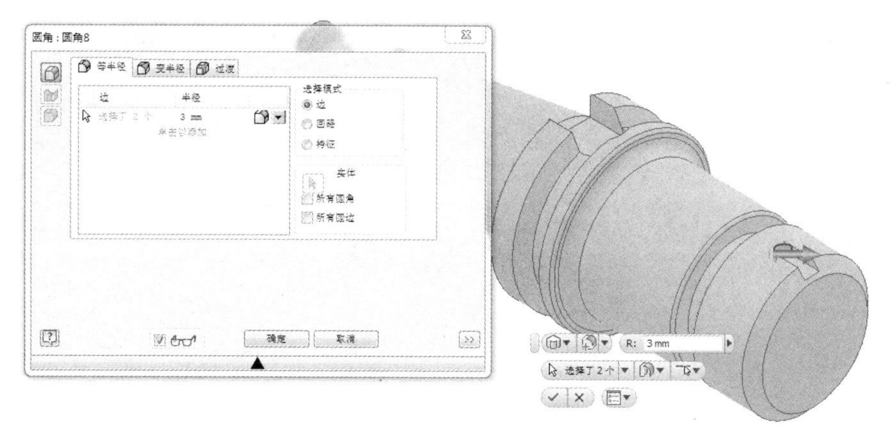

图 1-5-13　倒圆角

（14）创建环形阵列。将步骤（11）所创建的刀柄头部的槽进行环形阵列，如图 1-5-14 所示。

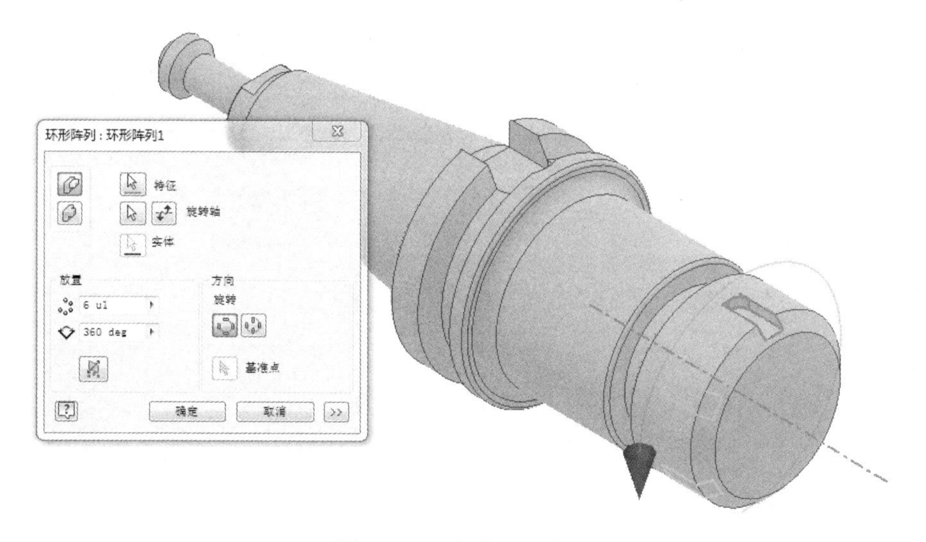

图 1-5-14　创建环形阵列

任务 6　法兰盘设计

任务说明

法兰盘实例如图 1-6-1 所示。

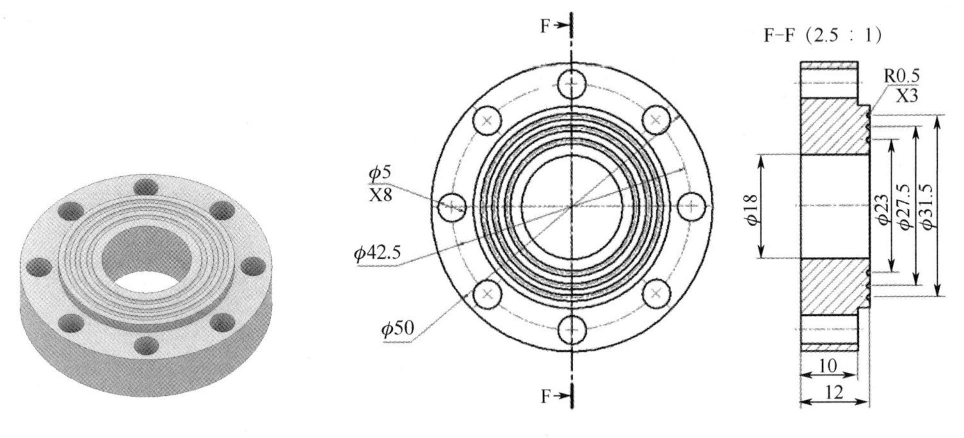

图 1-6-1　法兰盘实例

设计步骤

（1）创建草图环境。在当前草图环境下，该草图所依附的平面默认是 *XY* 平面，屏幕中央深色水平直线跟竖直直线有一个浅绿色的交点，即“原点”。屏幕左下角是坐标系，红色的为 *X* 轴、绿色的为 *Y* 轴、蓝色的为 *Z* 轴，在当前 *XY* 平面内 *Z* 轴投影成一个蓝色点，如图 1-6-2 所示。

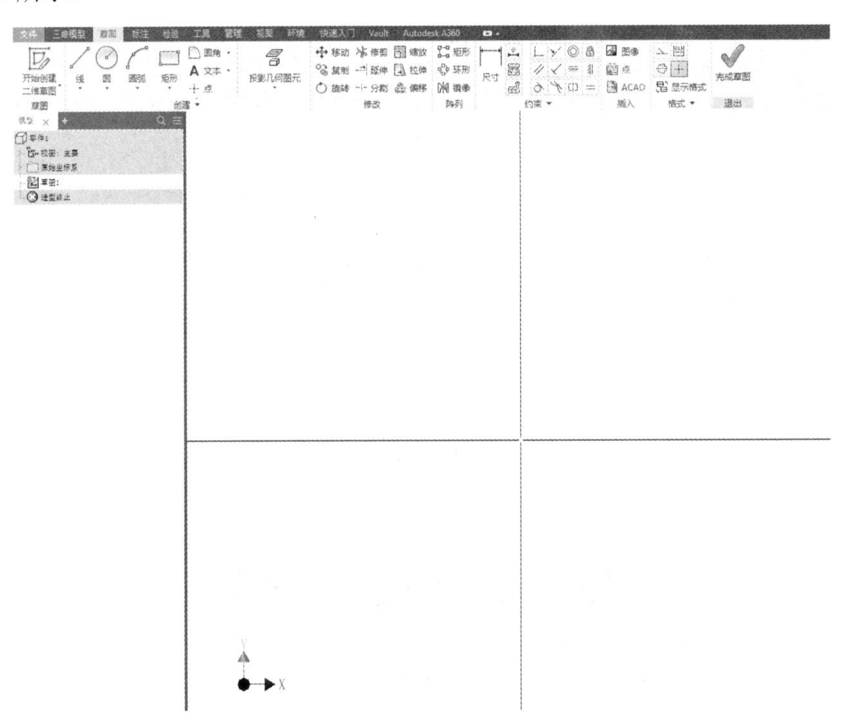

图 1-6-2　创建草图环境

（2）圆命令的使用。单击“绘图”工具面板上的“圆”命令，将鼠标指针移动到绘图区时，出现“圆心坐标”文本框。随着鼠标指针的移动，圆心坐标会动态变化。捕捉绘图区任意位置作为圆心，单击鼠标，表示圆心动态坐标的文本框消失，出现一个让用户输入直径的文本框。移动鼠标指针，文本框中的直径值动态变化，无须输入数值，单击鼠标，如图 1-6-3 所示，圆绘制完成。

再移动鼠标指针，此时又会出现圆心坐标的动态文本框，提示用户可继续绘制圆，在绘图区其他任意位置单击，拖动鼠标，并在文本框中输入 50，单击鼠标或按下【Enter】键，完成圆的绘制，如图 1-6-4 所示。按下【Esc】键，退出圆命令。

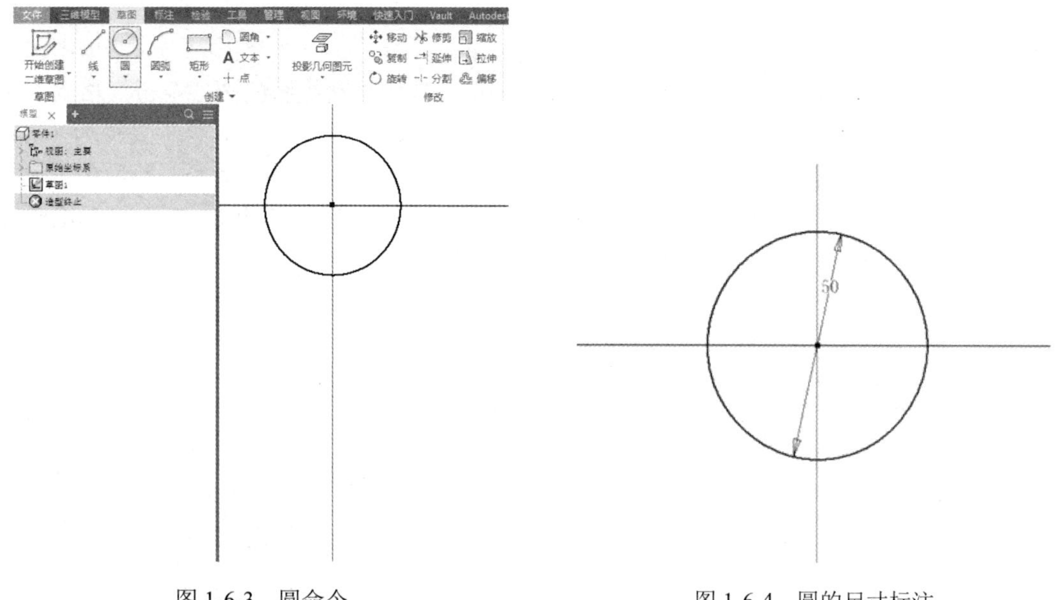

图 1-6-3　圆命令　　　　图 1-6-4　圆的尺寸标注

（3）拉伸命令的使用。单击“完成草图”，会出现另外一个界面，单击“拉伸”，再单击已画好的直径为 50mm 的圆，会出现一个矩形框和一个文本框，矩形框里有拉伸方向（往下、往上）和拉伸高度，文本框中的“拉伸高度”设为 10mm，单击“确定”按钮，拉伸完成，如图 1-6-5 所示。

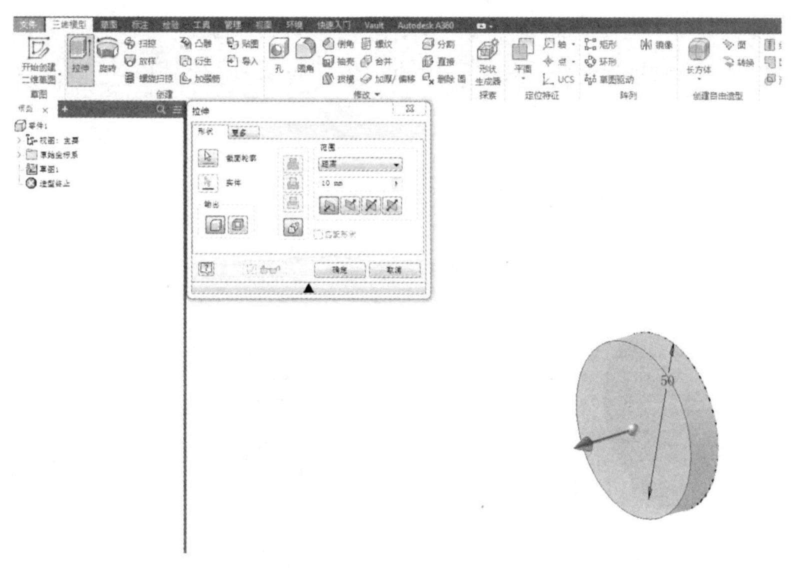

图 1-6-5　拉伸

说明： 草图完全约束。标注完尺寸，拖动圆心，会发现圆可以在屏幕上随意拖动，说明该圆并没有完全固定。因此对于一个草图，除了具体尺寸约束，还要有几何约束，才能将草图全约束。草图只有在约束后，才能在绘图区固定。如要将圆心固定在原点上，先单击“约束”工具面板上的“重合”按钮，单击要全约束的圆的圆心，再单击原点，圆心与原点重合在一起，此时圆的颜色变为深蓝色。这时再拖动圆心，发现该圆已经不能拖动，说明圆已经全约束。

（4）新建草图，创建拉伸。在圆柱的表面上单击鼠标右键，在弹出的快捷菜单中选择“新建草图”命令，如图 1-6-6 所示。在草图环境中，选中自动投影的圆，单击“格式”工具面板上的“构造线”命令，投影线变为构造线。然后以中心点为圆心，绘制直径为 35mm 的圆，如图 1-6-7 所示。完成后单击鼠标右键，选择“完成二维草图”命令。然后单击“拉伸”，拉伸出一个高度为 2mm 的圆。创建草图。按住【Shift】键的同时，按下鼠标滚轮并拖动，可以旋转实体，来变换实体的视角。

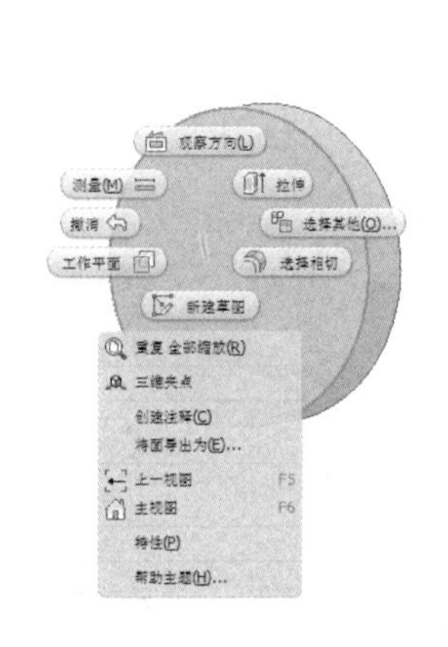

图 1-6-6　新建草图

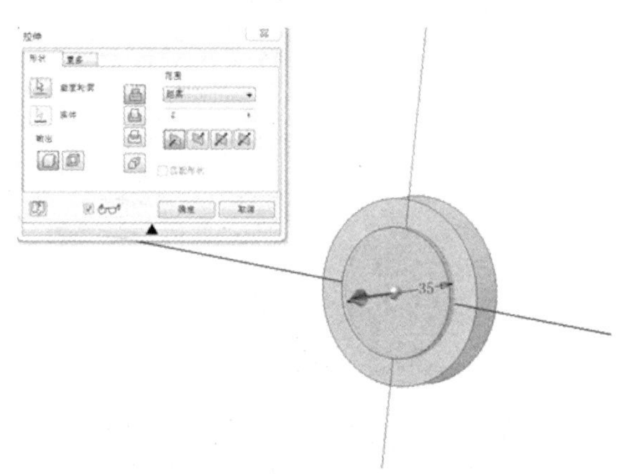

图 1-6-7　拉伸

（5）创建拉伸特征。先创建一个草图，鼠标右键单击直径为 35mm 的圆的表面，再画一个圆进行拉伸处理，“拉伸方式”选择“求差”，“方向”选择“反向拉伸”，“拉伸距离”输入 12，如图 1-6-8 所示，单击“确定”按钮，拉伸特征创建完成。

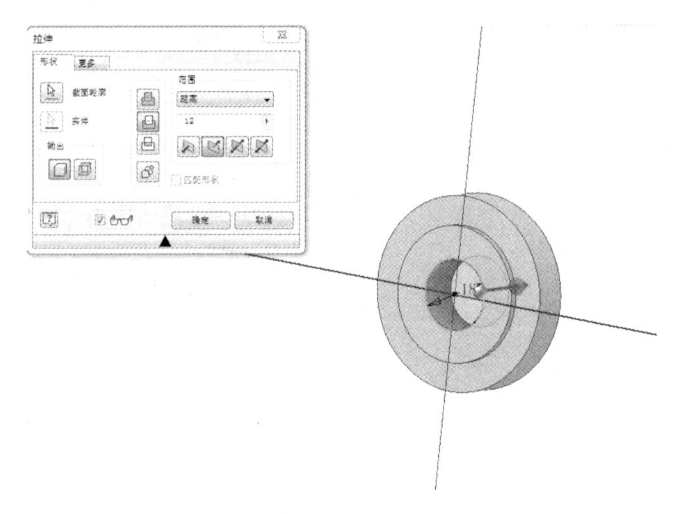

图 1-6-8　创建拉伸特征

方法一：创建阵列特征。创建草图，画一个直径为 42.5mm 的圆，在圆和 X 轴的交线上画一个直径为 5mm 的圆，单击工具面板上的“环形”，弹出“环形阵列”对话框。在该对话框中，依次单击“几何图元”（所需要阵列的图形），再单击“轴”（单击直径为 42.5mm 的圆），“角度个数”设为 8，“角度”设为 360，然后单击“确定”按钮，如图 1-6-9 所示，阵列特征创建完成。然后单击“完成草图”，单击“拉伸”，“反向拉伸距离”输入 10，拉伸完毕。

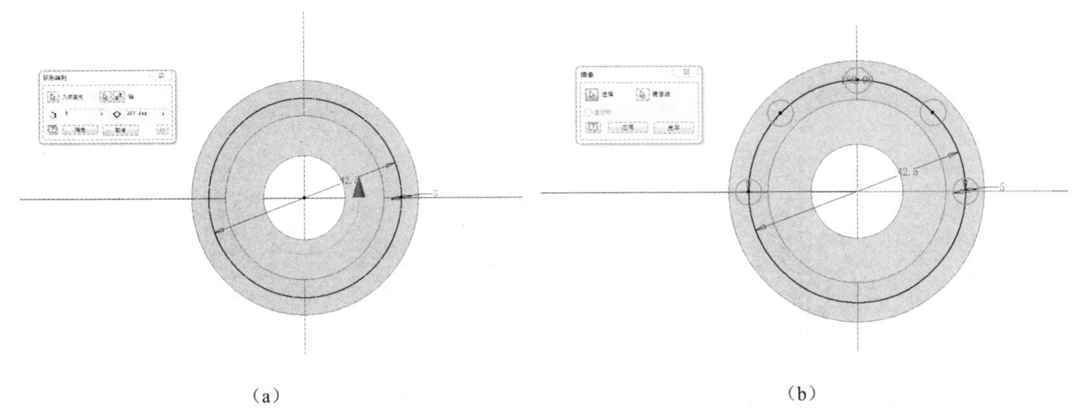

（a）　（b）

图 1-6-9　创建阵列特征

方法二：镜像命令的使用。创建草图，画一个直径为 42.5mm 的圆，在圆和 X 轴的交线上画一个直径为 5mm 的圆，单击工具面板上的“环形” 环形，弹出“环形阵列”对话框。在该对话框中，依次单击“几何图元”（所需要阵列的图形），再单击“轴”（单击直径为 42.5mm 的圆），“环形阵列”对话框中“角度个数”设为 5，“角度”设为 180。然后单击直线命令，在 X 轴的正方向画一条直线，再单击“镜像”命令 镜像，弹出一个镜像矩形框。单击“选择”（选择所要镜像的图像），单击“镜像线”（直线），然后单击“应用”按钮，再单击“完毕”按钮，镜像完成。

（6）创建扫掠特征。单击工具面板上的“扫掠”。在对话框中，“截面轮廓”按钮默认选中，单击直径为 1mm 的圆，选择扫掠截面；再单击直径为 23mm 的圆，选择扫掠路径，“扫掠方式”选择“求差”，单击“确定”按钮，依次操作，扫掠特征完成，如图 1-6-10 所示。

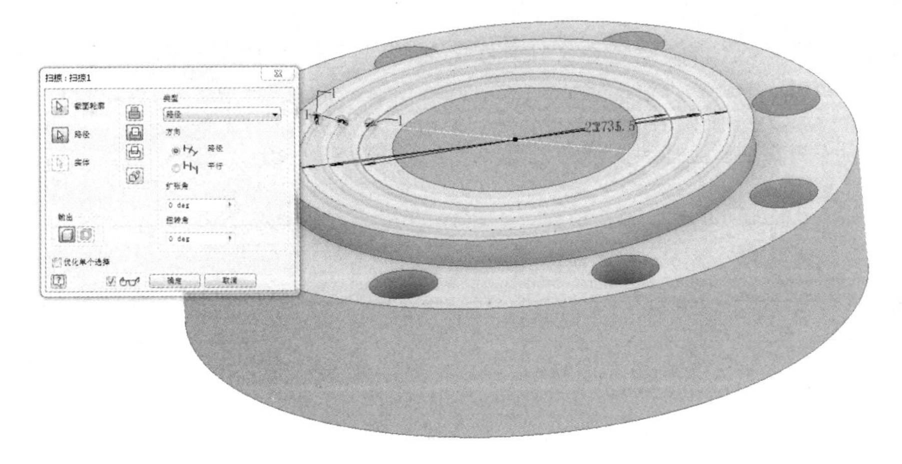

图 1-6-10　创建扫掠特征

零件造型设计

任务 7　基座设计

任务说明

基座实例如图 1–7–1 所示。

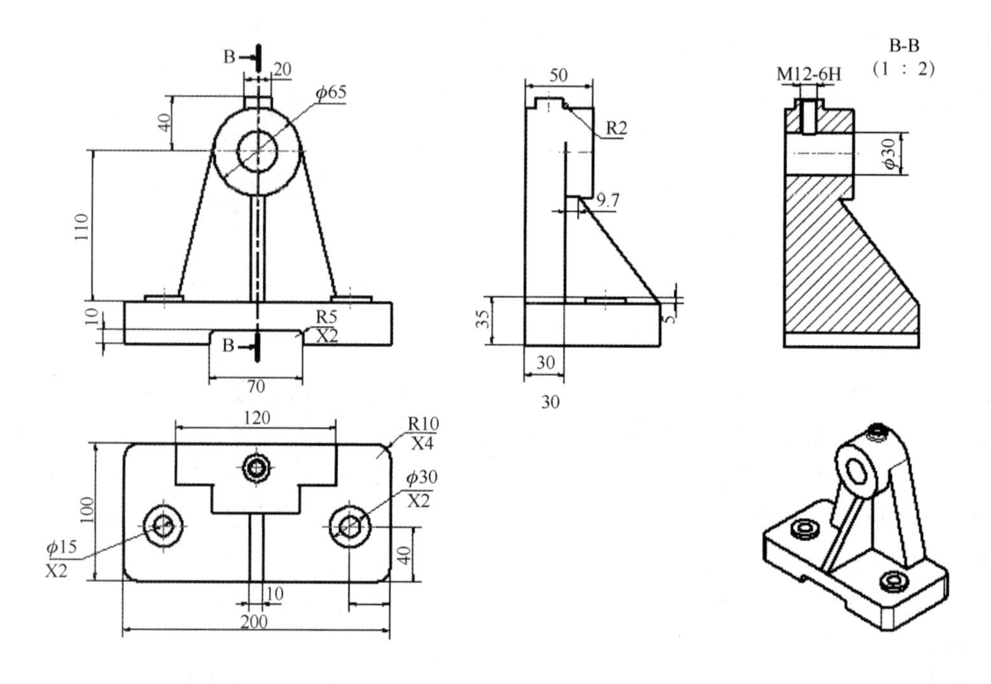

图 1-7-1　基座实例

设计步骤

（1）新建零件文件。新建零件文件并绘制如图 1-7-2 所示的草图，将草图全约束，完成后退出草图环境。

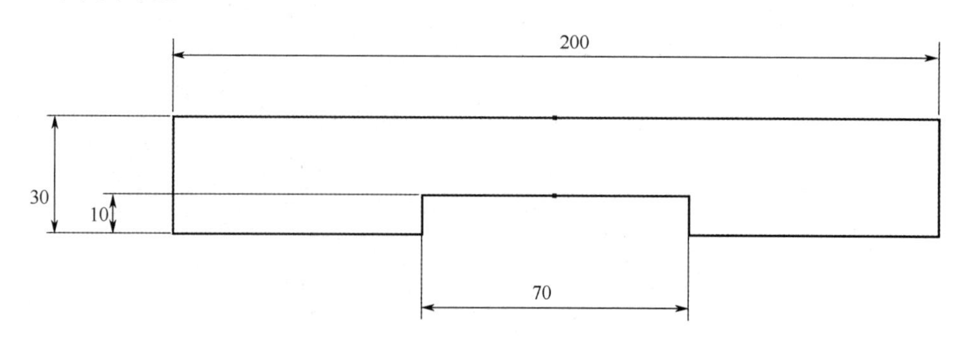

图 1-7-2　新建零件文件

（2）创建拉伸特征。将步骤（1）创建的草图进行拉伸处理，“拉伸方式”选择“新建实体”，“方向”选择“方向 1”，“拉伸距离”输入 100，效果如图 1-7-3 所示。

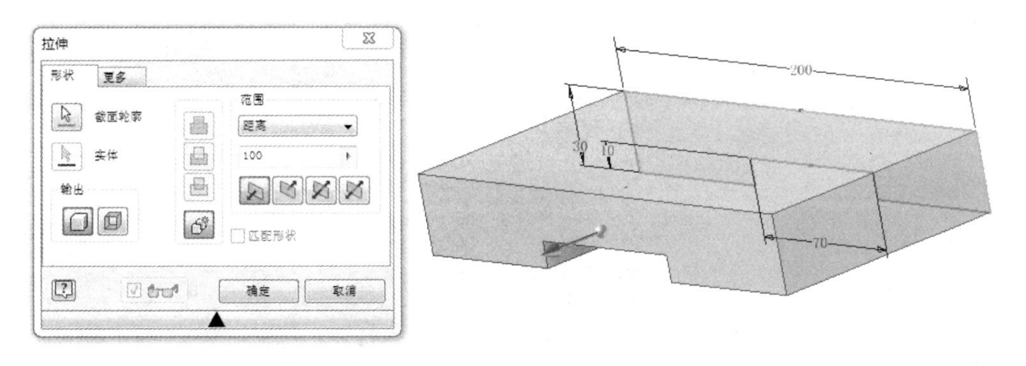

图 1-7-3 创建拉伸特征

（3）创建草图。绘制如图 1-7-4 所示草图，将草图全约束，完成后退出草图环境。

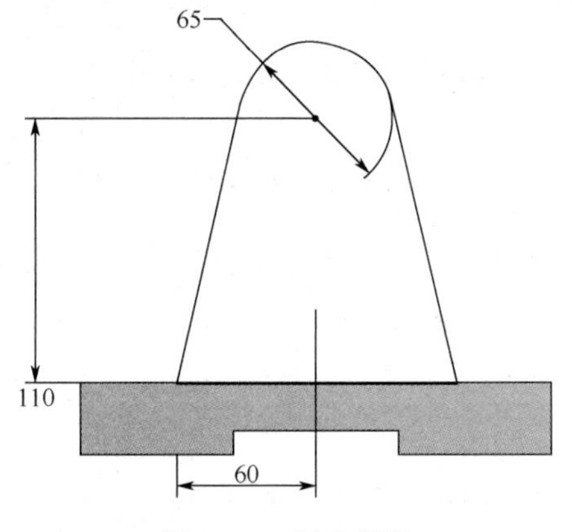

图 1-7-4 创建草图

（4）创建拉伸特征。将步骤（3）创建的草图进行拉伸处理，“拉伸方式”选择“求和”，“方向”选择“方向 2”，“拉伸距离”输入 30，效果如图 1-7-5 所示。

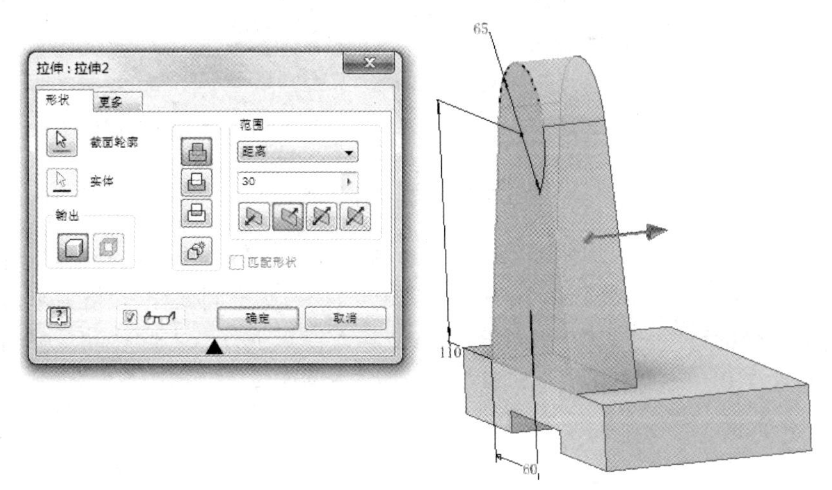

图 1-7-5 创建拉伸特征

（5）创建草图。绘制如图 1-7-6 所示草图，将草图全约束，完成后退出草图环境。

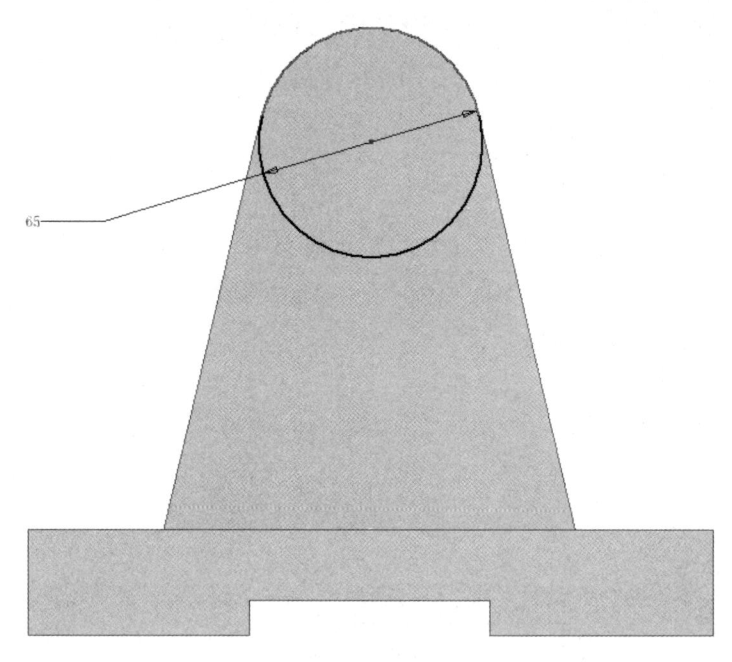

图 1-7-6　创建草图

（6）创建拉伸特征。将步骤（5）创建的草图进行拉伸处理，拉伸方式选择“求和”，方向选择“方向 1”，“拉伸距离”输入 20，效果如图 1-7-7 所示。

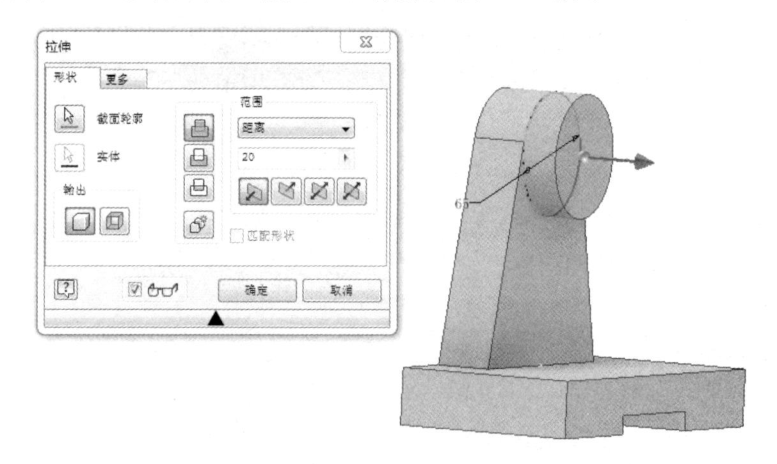

图 1-7-7　创建拉伸特征

（7）创建工作平面。在“三维模型”工具面板上的“定位特征”中找到“平面”功能，并单击“平面”按钮上的下拉箭头，在下拉菜单中选择“从平面偏移”，然后单击左方模型工具栏中的原始坐标系里的“XZ 平面”。长按鼠标左键后往任意方向移动。弹出对话框，在对话框中输入 110，完成工作平面创建，如图 1-7-8 所示。

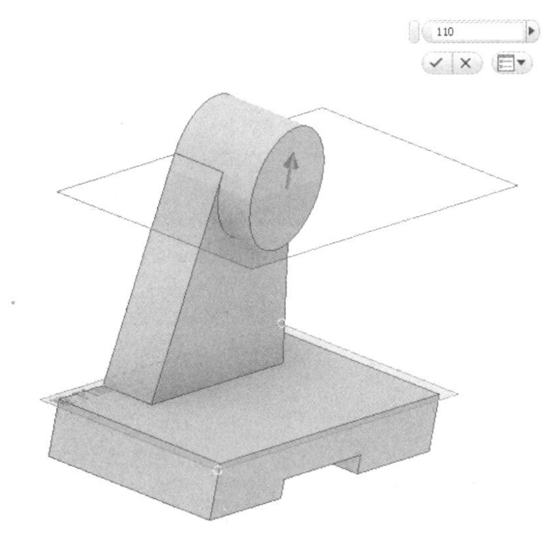

图 1-7-8　创建工作平面

（8）创建草图。绘制如图 1-7-9 所示草图，将草图全约束，完成后退出草图环境。

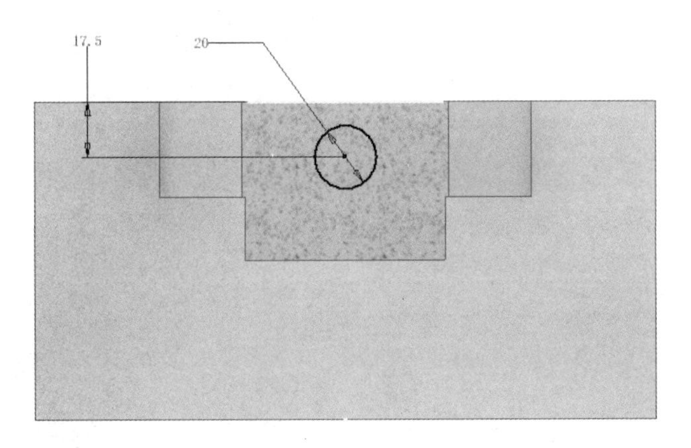

图 1-7-9　创建草图

（9）创建拉伸特征。将步骤（8）创建的草图进行拉伸处理，“拉伸方式”选择“求和”，“方向”选择“方向 1”，“拉伸距离”输入 40，效果如图 1-7-10 所示。

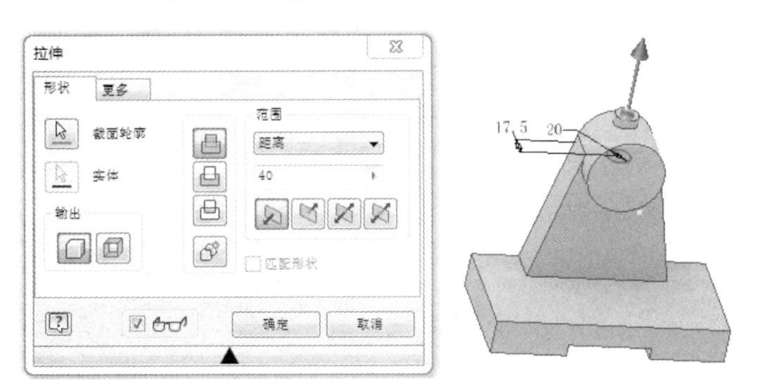

图 1-7-10　创建拉伸特征

（10）创建草图。绘制如图 1-7-11 所示草图，将草图全约束，完成后退出草图环境。

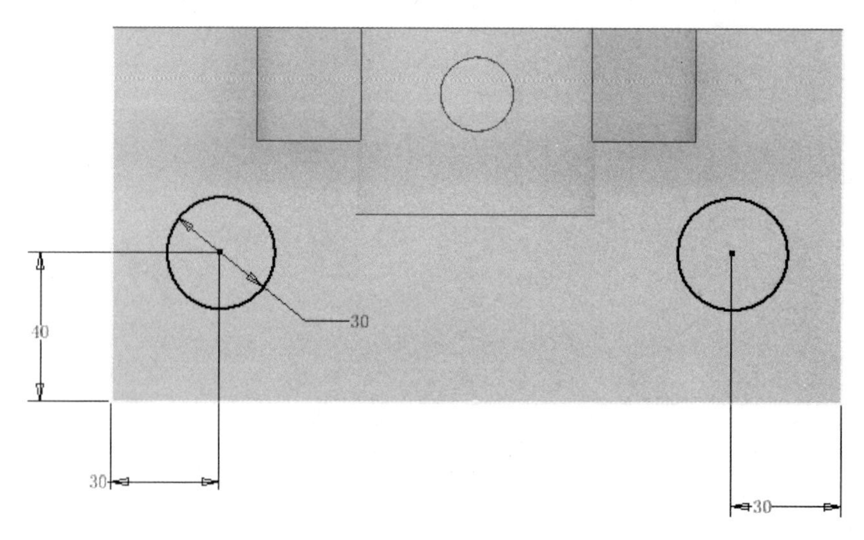

图 1-7-11　创建草图

（11）创建拉伸特征。将步骤（10）创建的草图进行拉伸处理，“拉伸方式”选择“求和”，“方向”选择“方向 1”，“拉伸距离”输入 5，效果如图 1-7-12 所示。

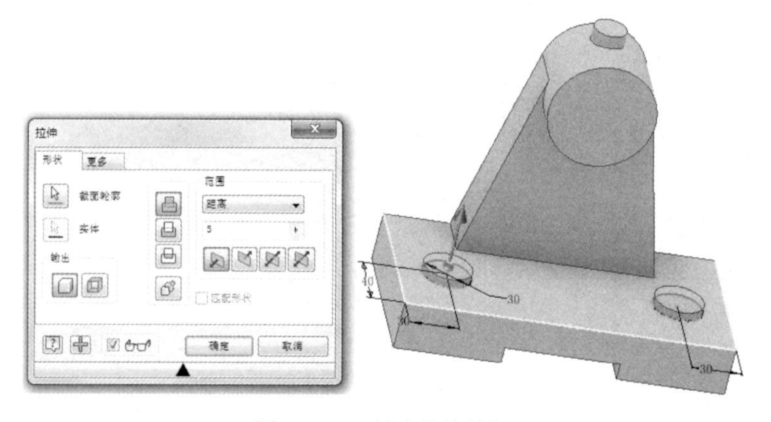

图 1-7-12　创建拉伸特征

（12）创建草图。绘制如图 1-7-13 所示草图，将草图全约束，完成后退出草图环境。

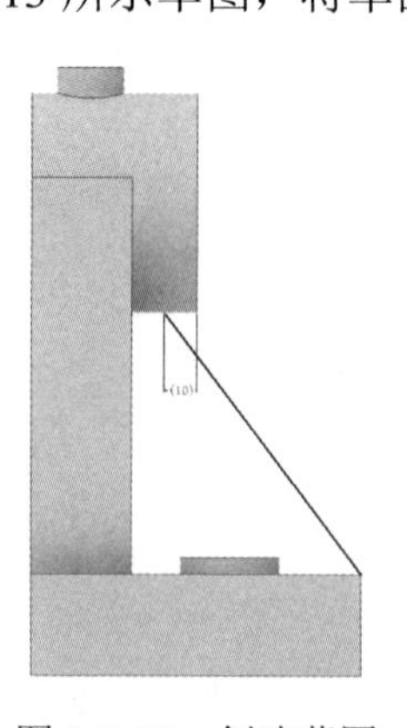

图 1-7-13　创建草图

（13）创建加强筋特征。单击“修改”工具面板上的“加强筋”，弹出“加强筋”对话框，单击平行草图平面，截面轮廓单击斜线，“厚度”输入 10，“方向”选择“双向拉伸”，再选择“表面或平面”，单击“确定”按钮完成创建，如图 1-7-14 所示。

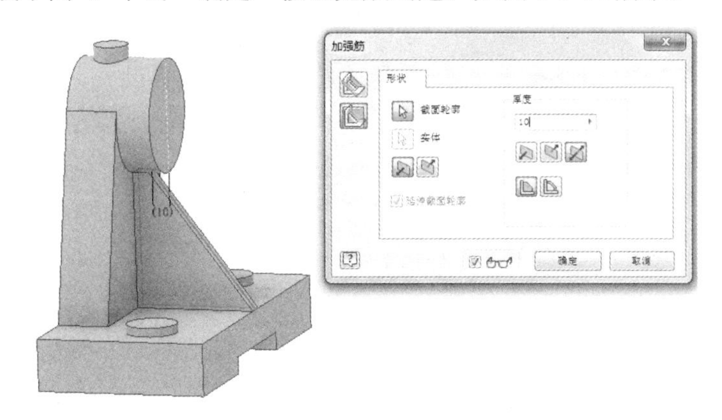

图 1-7-14　创建加强筋特征

（14）创建草图。绘制如图 1-7-15 所示草图，将草图全约束，完成后退出草图环境。

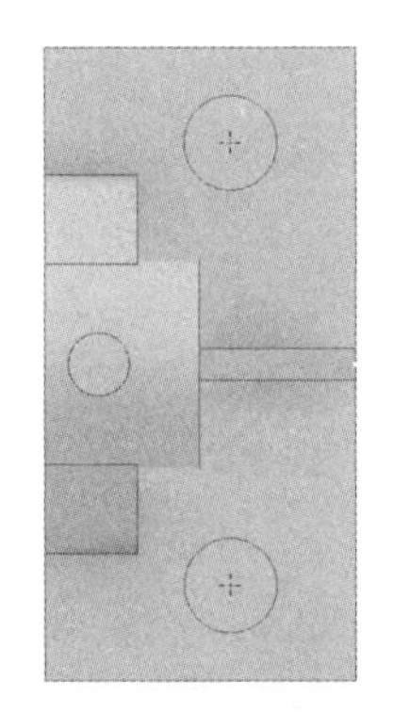

图 1-7-15　创建草图

（15）创建孔特征。将步骤（14）创建的草图进行打孔处理，在“打孔”对话框中，“放置”选择“从草图”，“终止方式”选择“距离”，选择“简单孔”，“尺寸”选择 15mm，“孔深”设置为“贯通”，效果如图 1-7-16 所示。保存后退出。

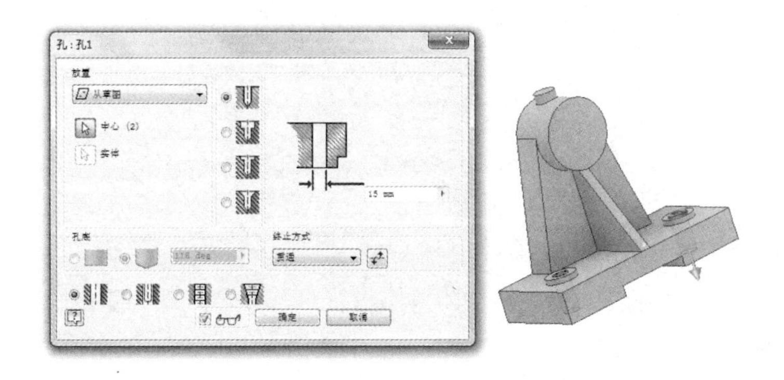

图 1-7-16　创建孔特征

（16）创建草图。绘制如图 1-7-17 所示的草图，将草图全约束，完成后退出草图环境。

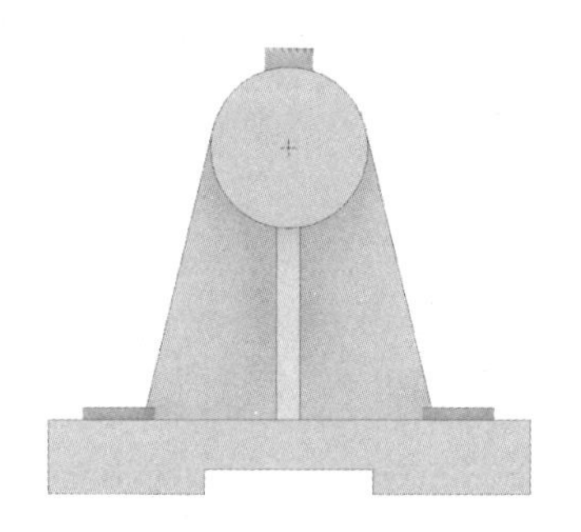

图 1-7-17　创建草图

（17）创建孔特征。将步骤（16）创建的草图进行打孔处理，在“打孔”对话框中，“放置”选择“从草图”，“终止方式”选择“距离”，选择“简单孔”，“尺寸”选择 30mm，“孔深”设置为“贯通”，如图 1-7-18 所示。保存后退出。

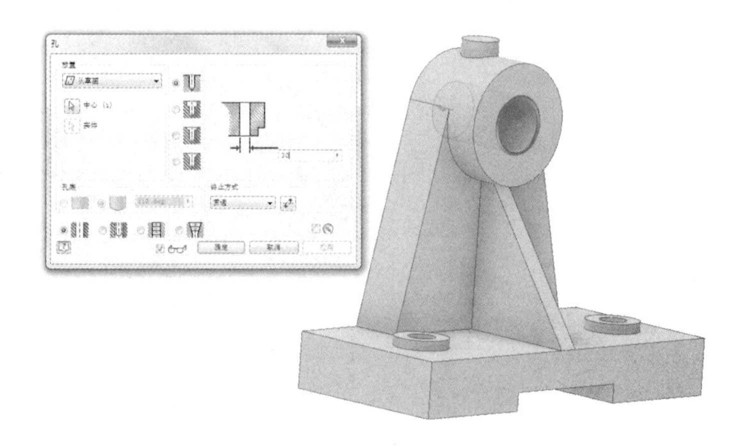

图 1-7-18　创建孔特征

（18）创建草图。绘制如图 1-7-19 所示的草图，将草图全约束，完成后退出草图环境。

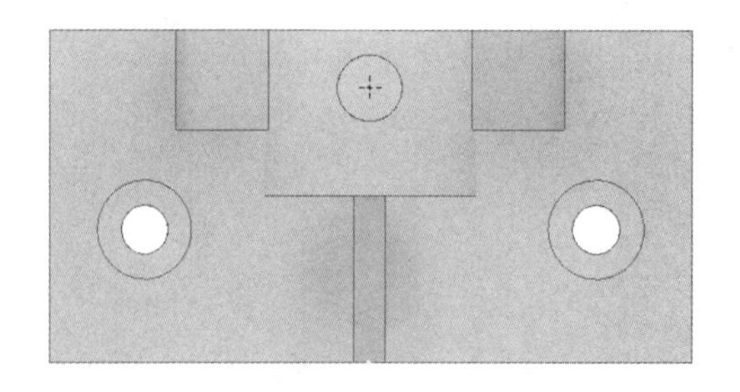

图 1-7-19　创建草图

（19）创建孔特征。将步骤（18）创建的草图进行打孔处理，在“打孔”对话框中，“放置”选择“从草图”，“终止方式”选择“距离”，选择“螺纹孔”，“螺纹”选择“GB Metric profile”，“尺寸”为 12，“孔深”设置为 40mm，“螺纹有效深度”设置为 30mm，如图 1-7-20 所示。保存后退出。

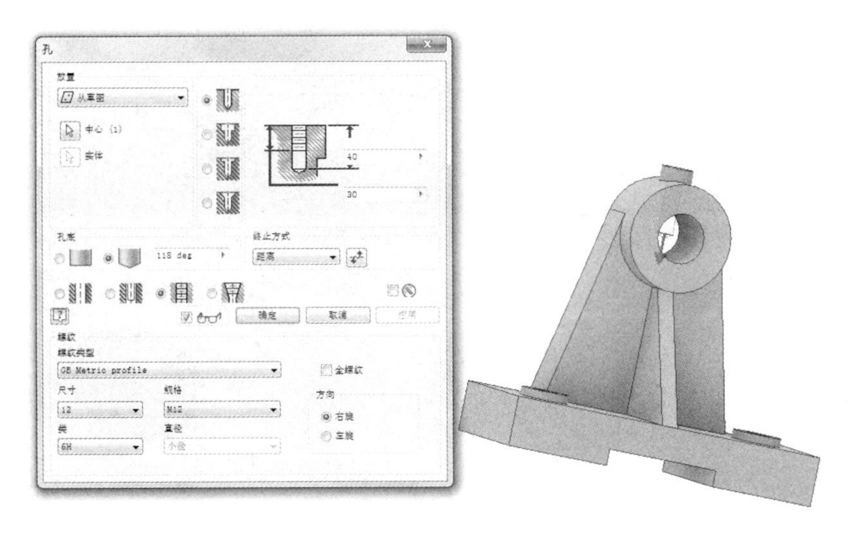

图 1-7-20　创建孔特征

（20）单击“修改”工具面板上的“圆角”按钮，弹出“圆角”对话框，在该对话框中，“半径”输入 10，选择要倒圆角的边，如图 1-7-21 所示。单击“应用”按钮，完成圆角创建。再选择其他要倒圆角的边，继续进行圆角处理，圆角半径为 10mm，如图 1-7-21 所示。

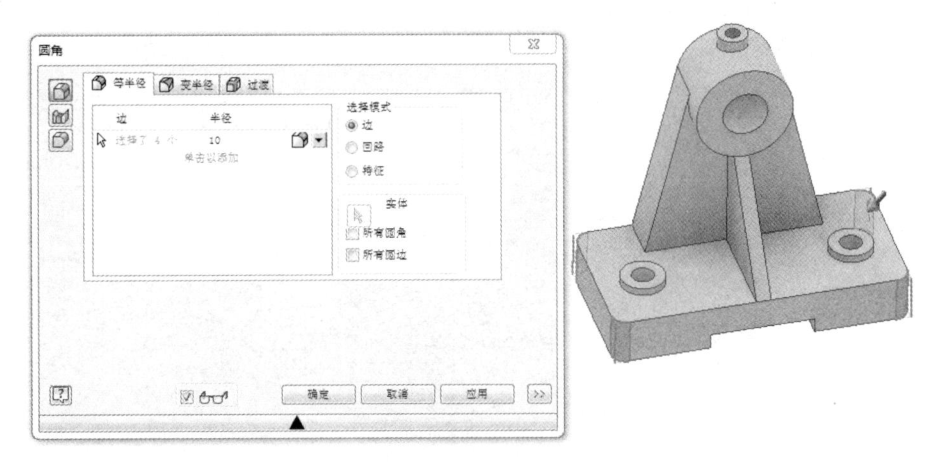

图 1-7-21　圆角

任务 8　车床手轮设计

任务说明

车床手轮实例如图 1-8-1 所示。

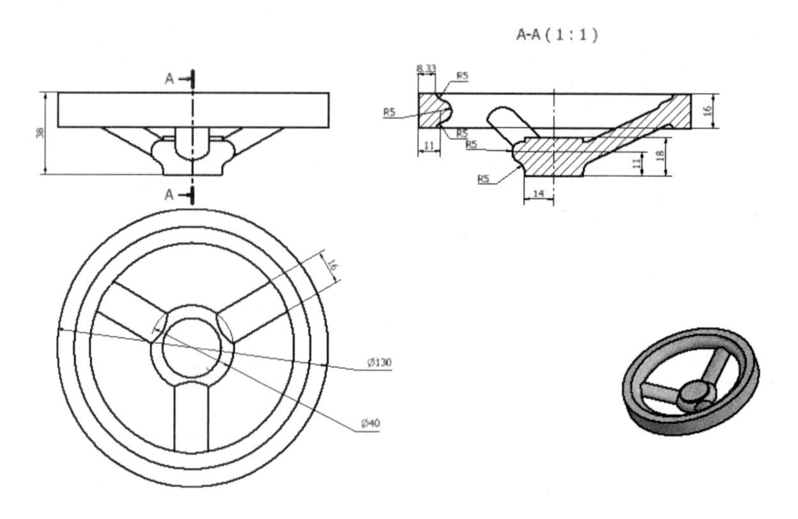

图 1-8-1　车床手轮实例

设计步骤

（1）新建文件。在“快速访问”工具条上单击“新建”按钮，弹出“新建文件”对话框，选择“metric”文件夹，选择“standard（mm）”，如图 1-8-2 所示，然后单击“确定”按钮，进入零件实体设计环境。

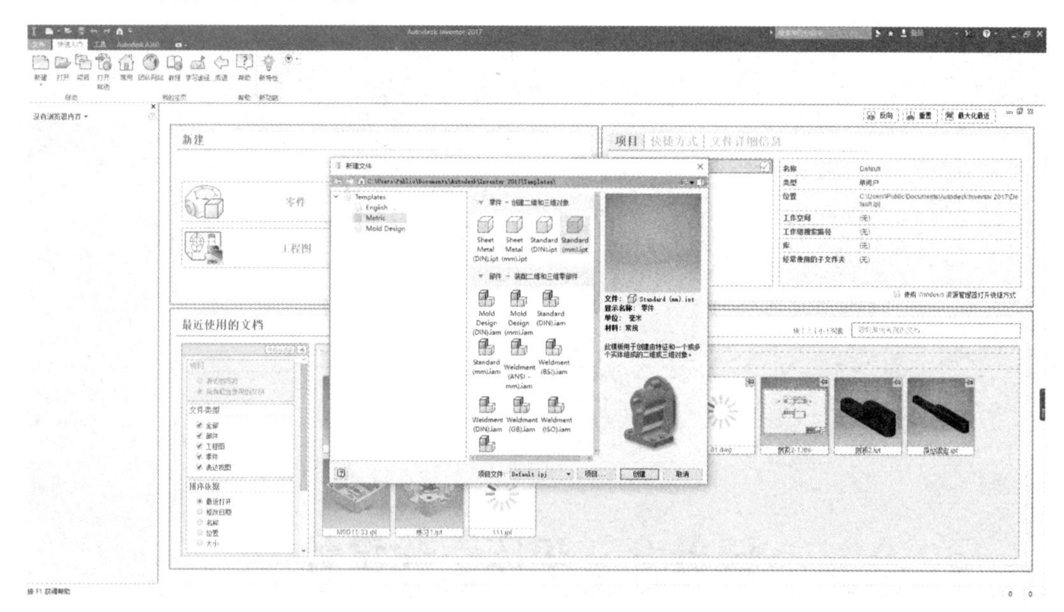

图 1-8-2　新建文件

（2）进入零件实体设计环境后，单击右上角“新建草图”按钮，出现如图 1-8-3 所示原始坐标系，单击“XY Plane”进入草图绘制环境。

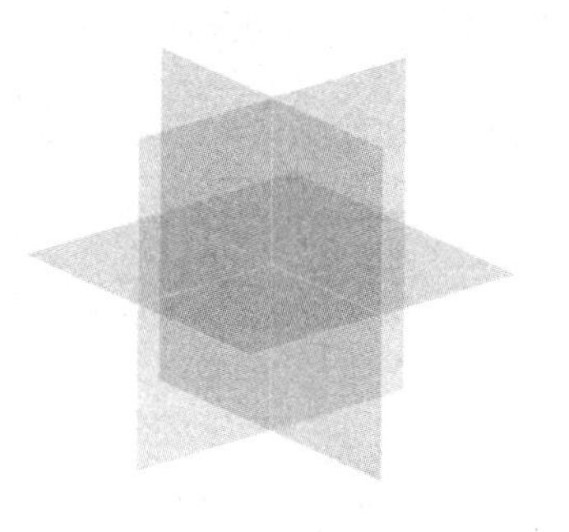

图 1-8-3　进入草图环境

（3）新建零件文件。新建零件文件，并绘制如图 1-8-3 所示草图，将草图全约束，完成后退出草图环境。

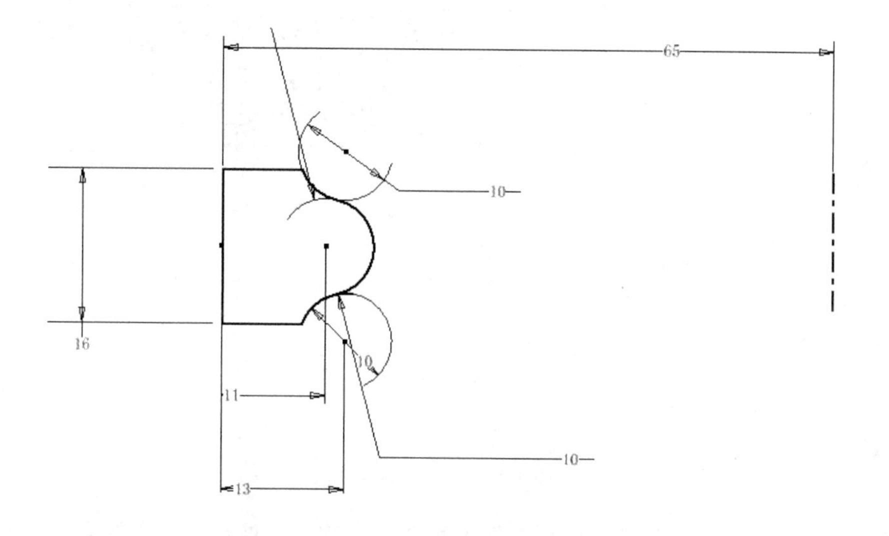

图 1-8-3　草图约束

（4）创建旋转特征。将步骤（3）创建的草图进行旋转，创建零件 1 的主要轮廓，效果如图 1-8-4 所示。

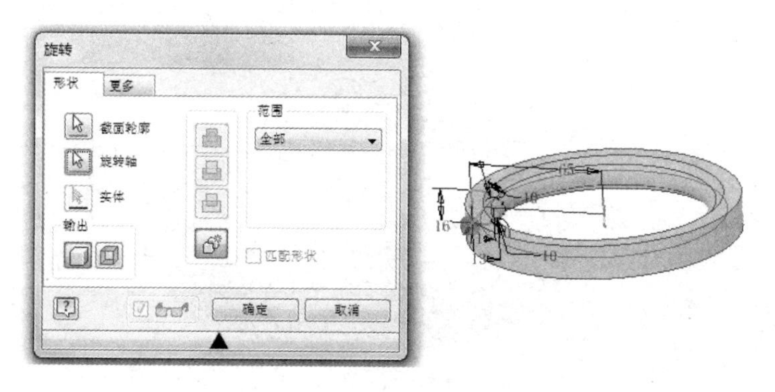

图 1-8-4　创建旋转特征

（5）创建草图，绘制如图 1-8-5 所示草图，将草图全约束，完成后退出草图环境。

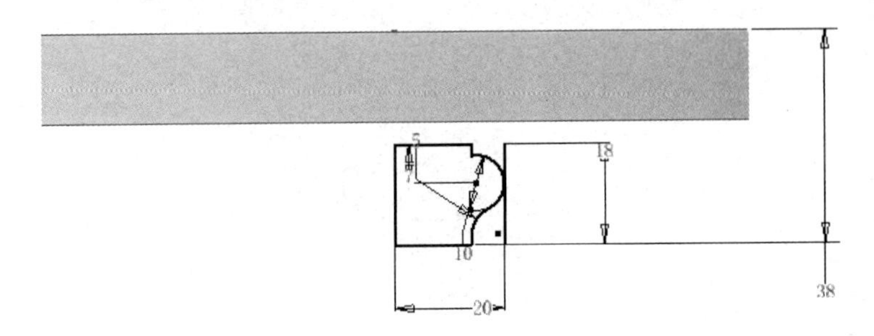

图 1-8-5　创建草图

（6）创建旋转特征。将步骤（5）创建的草图进行旋转，创建零件 1 的主要轮廓，效果如图 1-8-6 所示。

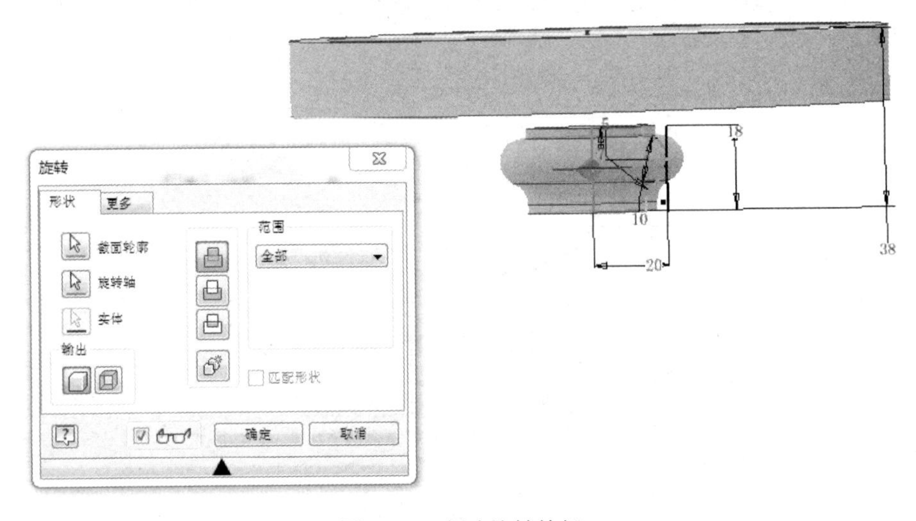

图 1-8-6　创建旋转特征

（7）创建工作平面。在“三维模型”工具面板上的“定位特征”中找到“平面”功能，单击“平面”按钮上的下拉箭头，在下拉菜单中选择“从平面偏移”项，然后单击左方模型工具栏中的原始坐标系里的“XY 平面”，长按鼠标左键后往任意方向移动，弹出对话框，在对话框中输入 56，完成工作平面创建，如图 1-8-7 所示。

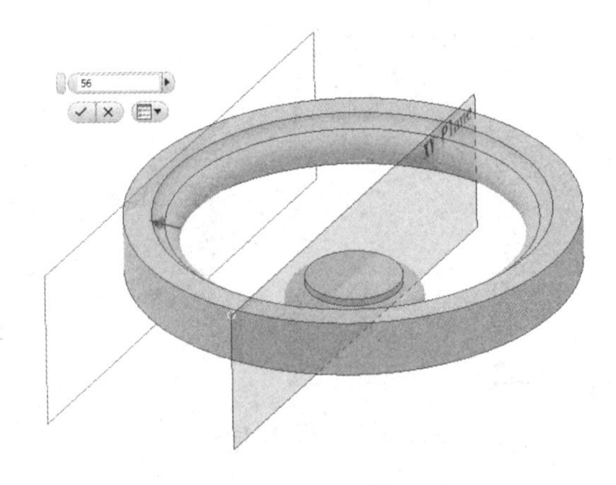

图 1-8-7　创建工作平面

（8）创建草图。绘制如图 1-8-8 所示草图，将草图全约束，完成后退出草图环境。

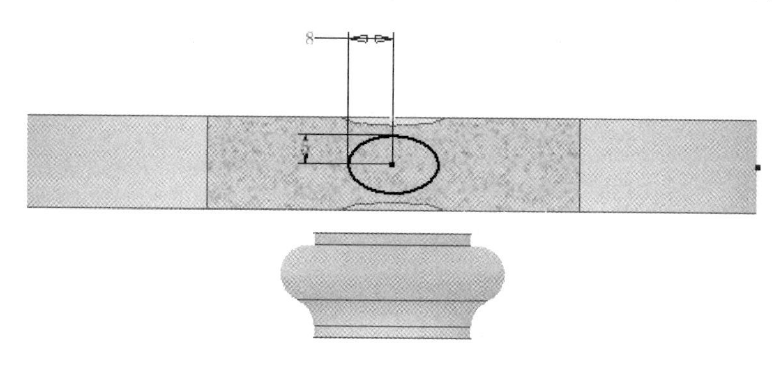

图 1-8-8　创建草图

（9）创建工作平面。在“三维模型”工具面板上的“定位特征”中找到“平面”功能，单击“平面”按钮上的下拉箭头，在下拉菜单中选择“从平面偏移”项，然后单击左方模型工具栏中的原始坐标系里的“XY 平面”，长按鼠标左键后往任意方向移动，弹出对话框，在对话框中输入 15，完成工作平面创建，如图 1-8-9 所示。

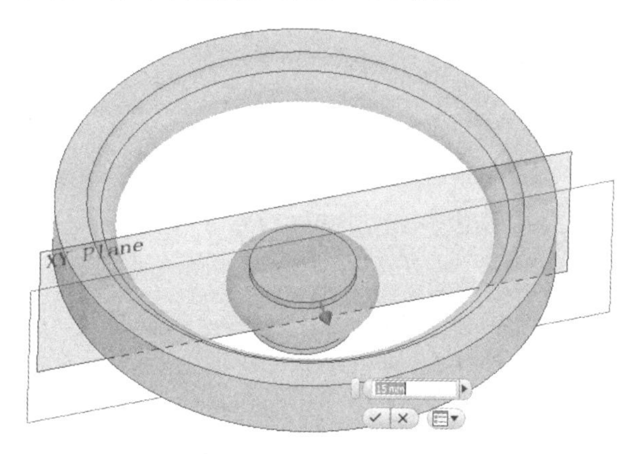

图 1-8-9　创建工作平面

（10）创建草图。绘制如图 1-8-10 所示草图，将草图全约束，完成后退出草图环境。

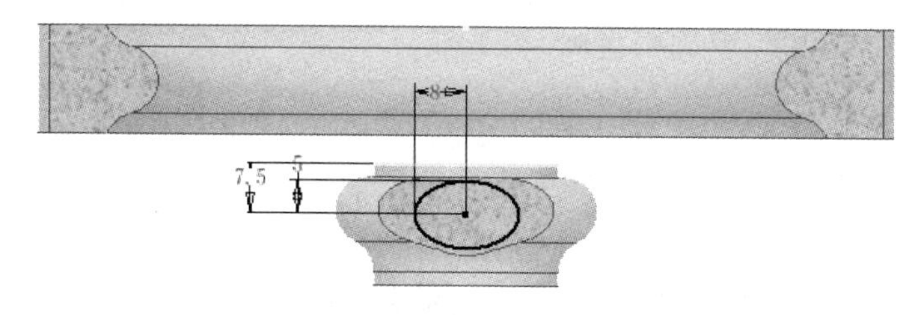

图 1-8-10　创建草图

（11）创建放样特征。单击“三维模型”工具栏中的“放样”功能按钮，弹出“放样功能”对话框。在放样功能对话框中的截面下方空白处单击鼠标左键，选择步骤（8）和步骤（10）绘制的草图后，单击放样功能对话框下方的“确定”按钮，完成放样特征创建，如图 1-8-11 所示。

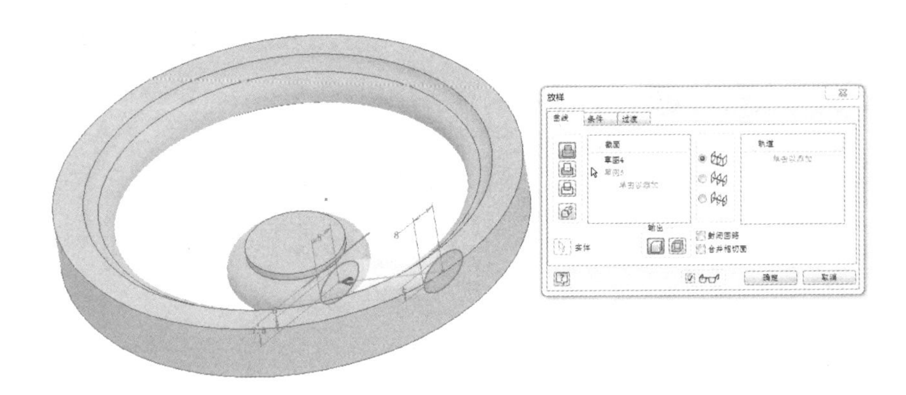

图 1-8-11　创建放样特征

（12）创建环形阵列特征。在“三维模型”工具面板上的“阵列”中选择“环形阵列”功能后弹出“环形阵列”对话框。在“环形阵列”对话框中，单击“特征”按钮选择步骤（11）所创建的放样特征，并选择左方模型工具面板中原始坐标系的“Y 轴”作为旋转轴，在“环形阵列”对话框的“放置”栏的第一个输入对话框中输入 3，然后在第二个输入对话框中输入“360 deg”（意思是 360° 中阵列 3 个）。完成操作后，单击“环形阵列”对话框下方“确定”按钮，完成环形阵列特征创建，如图 1-8-12 所示。

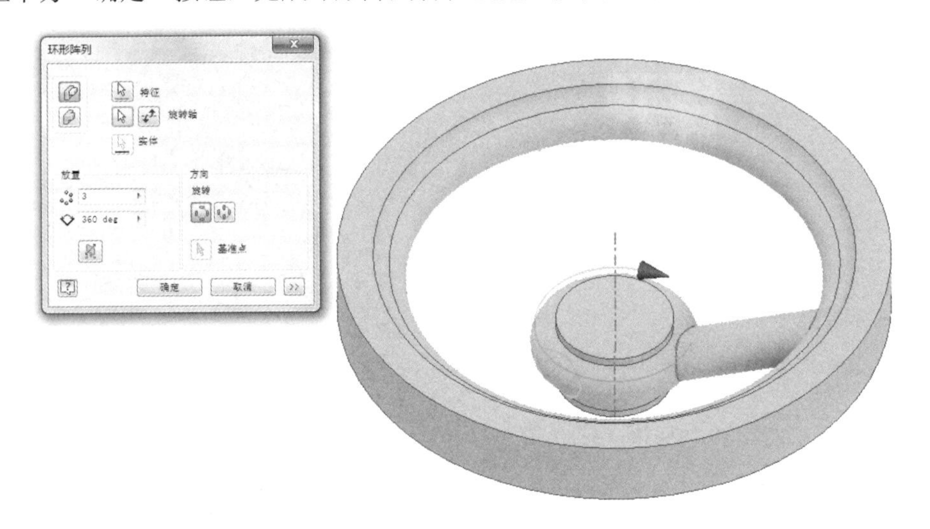

图 1-8-12　创建环形阵列特征

任务 9　吊钩设计

吊钩实例如图 1-9-1 所示。

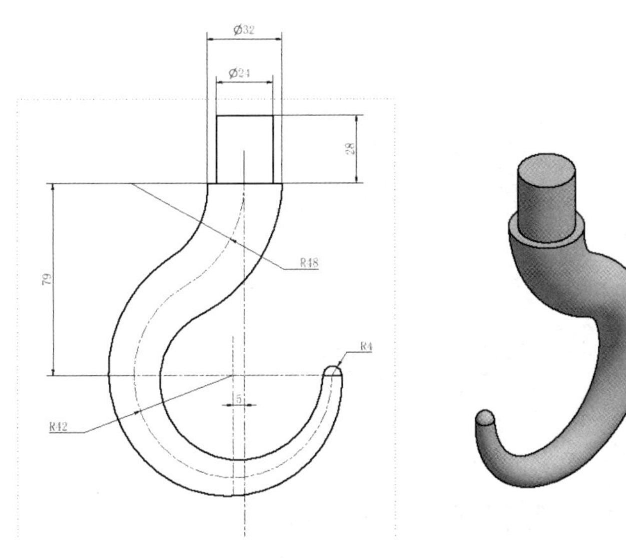

图 1-9-1　吊钩实例

设计步骤

（1）创建新文件，创建草图。单击左上角“草图”面板的“圆”按钮，将鼠标指针移动到绘图区时，出现“圆心坐标”文本框。随着鼠标的移动，圆心坐标会动态发生变化，捕捉绘图区任意位置作为圆心，单击鼠标左键，表示圆心动态坐标的文本框消失，随后出现一个让用户输入直径的文本框。移动鼠标，文本框的直径值会发生动态变化。在“直径”文本框输入 24mm，结果如图 1-9-2 所示。

（2）创建拉伸特征。单击“三维模型”工具面板的“拉伸”按钮，弹出“拉伸”对话框，并自动选中截面轮廓，如图 1-9-3 所示。拖动实体上的箭头可以动态改变拉伸长度，在“拉伸长度”对话框输入 28mm，单击“确定”按钮，完成拉伸特征。

（3）创建草图。在左边的模型工具栏单击“原始坐标系”，出现原始坐标系的平面，选择“YZ 平面”进入草图绘制环境。利用直线和圆功能绘制如图 1-9-4 所示的草图，并将其全约束。

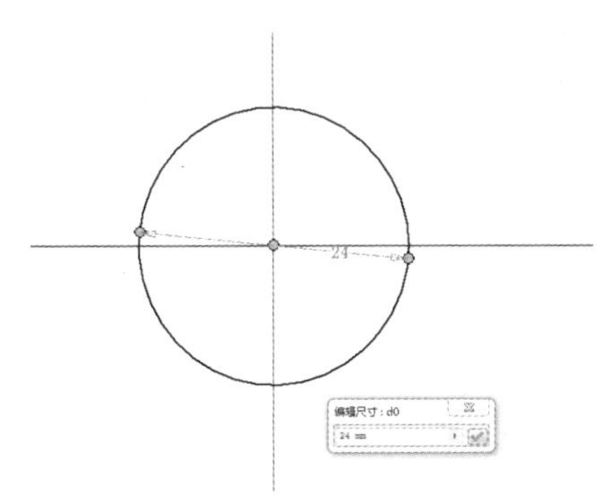

图 1-9-2　绘制草图

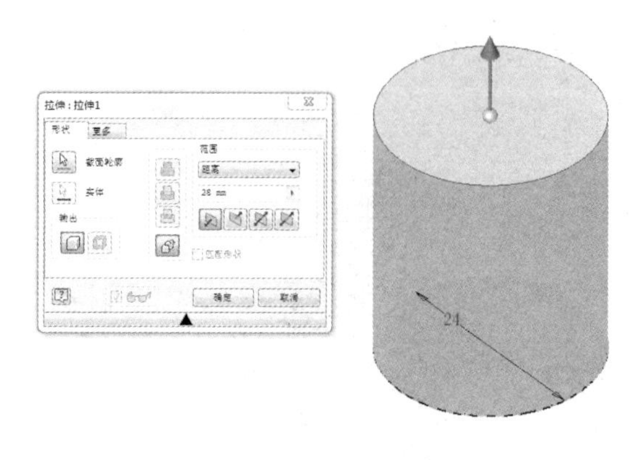

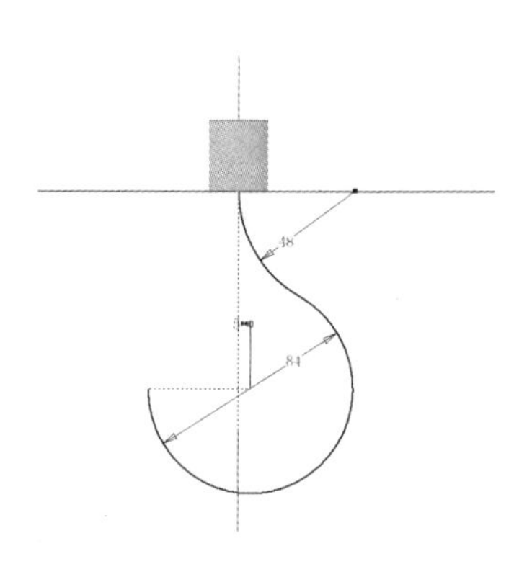

图 1-9-3　创建拉伸特征　　　　图 1-9-4　创建草图

（4）创建放样功能草图。用圆指令绘制如图 1-9-5 所示直径为 32mm 的圆，单击“完成草图”退出草图绘制环境。绘制第二个放样草图，利用直线、圆和相切约束绘制如图 1-9-6 所示草图，单击“完成草图”退出草图绘制环境。

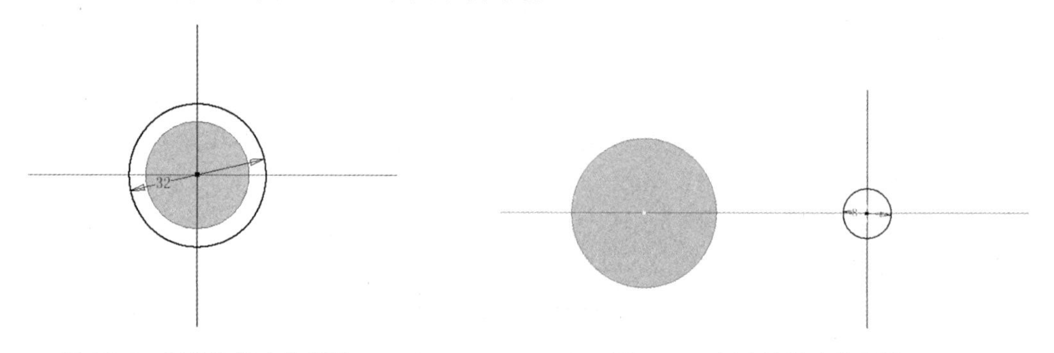

图 1-9-5　创建放样功能草图 1　　　　图 1-9-6　创建放样功能草图 2

（5）创建放样特征。单击“三维模型”工作面板的“放样”功能按钮 放样，弹出“放样”对话框，分别选择步骤（4）所画的截面，完成截面选择，如图 1-9-7 所示。

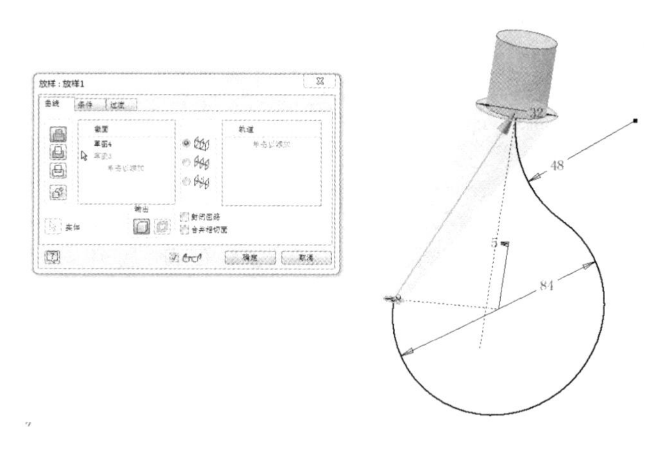

图 1-9-7　创建放样特征

（6）选择放样特征轨道。单击轨道下方空白处开始添加轨道。选择步骤（5）创建的草图，如图 1-9-8 所示。

（7）完成操作后，单击“放样”对话框下方的“确定”按钮完成放样创建，如图 1-9-9 所示。

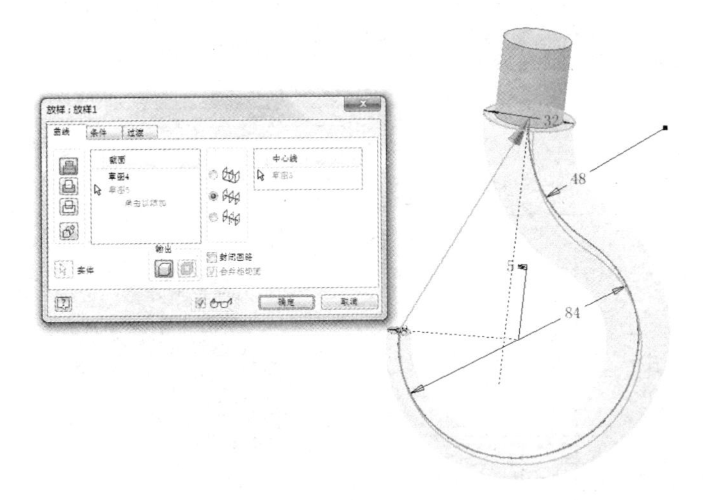

图 1-9-8　选择放样特征轨道

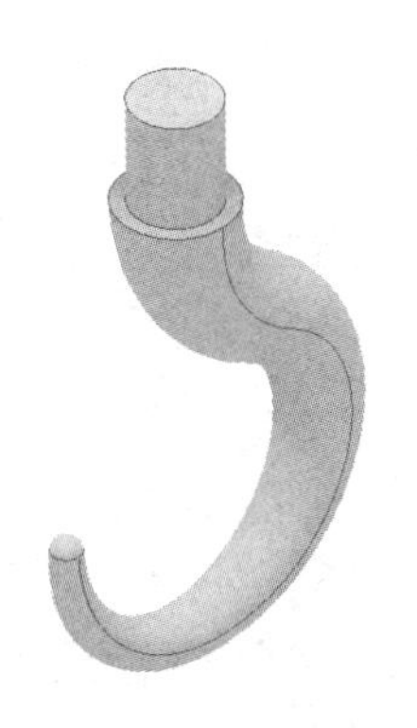

图 1-9-9　完成放样

思考与练习

请根据（图 1-1～图 1-10）创建零件的三维造型。

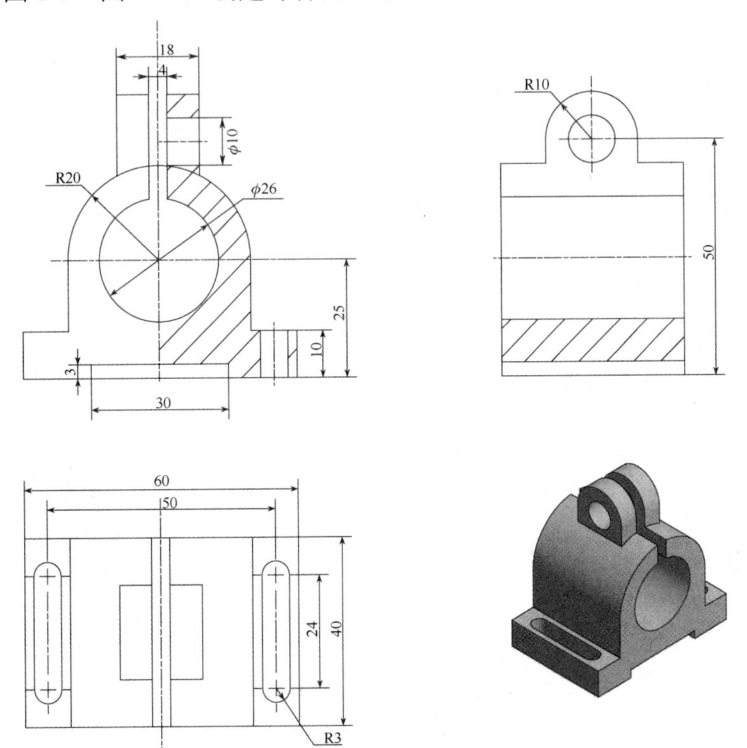

图 1-1　练习题 1

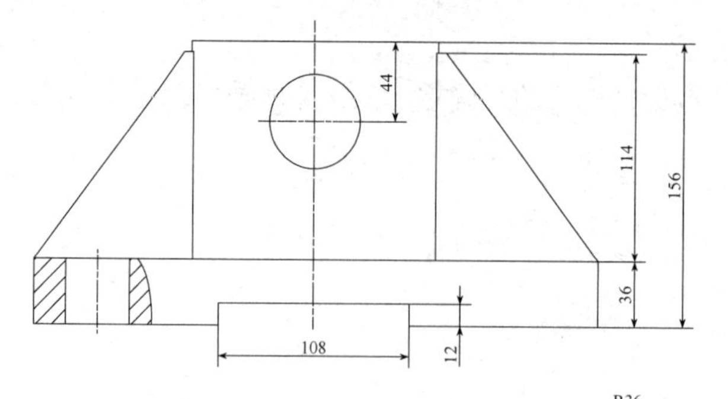

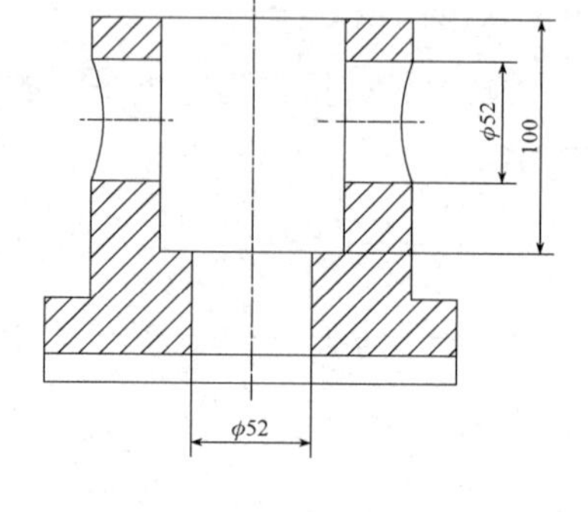

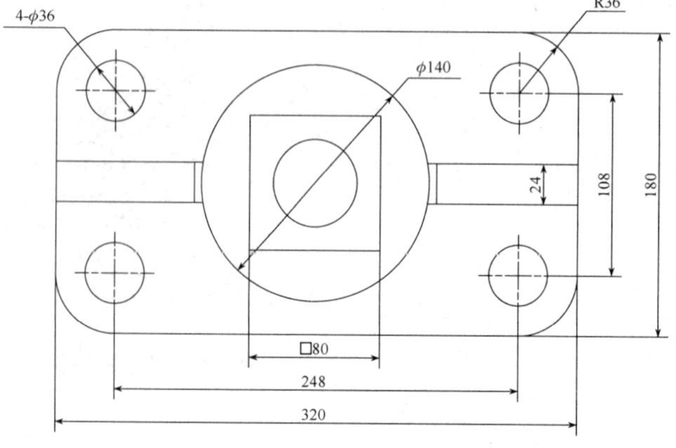

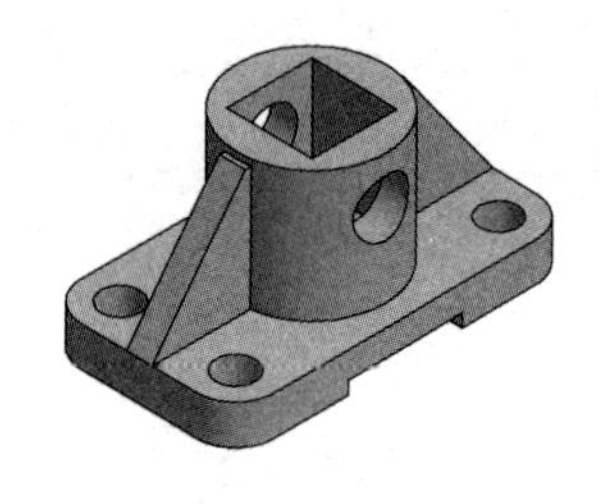

图 1-2　练习题 2

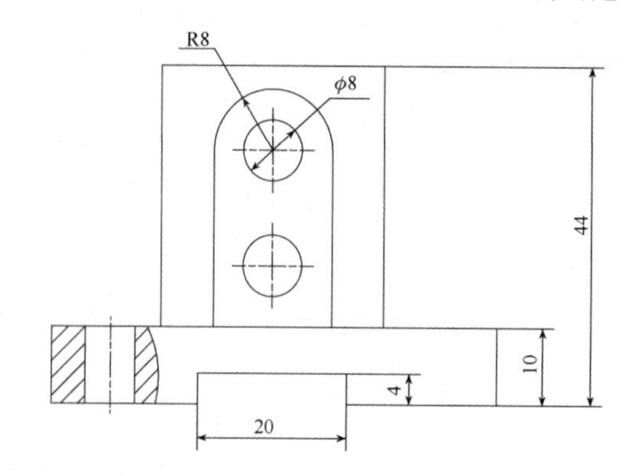

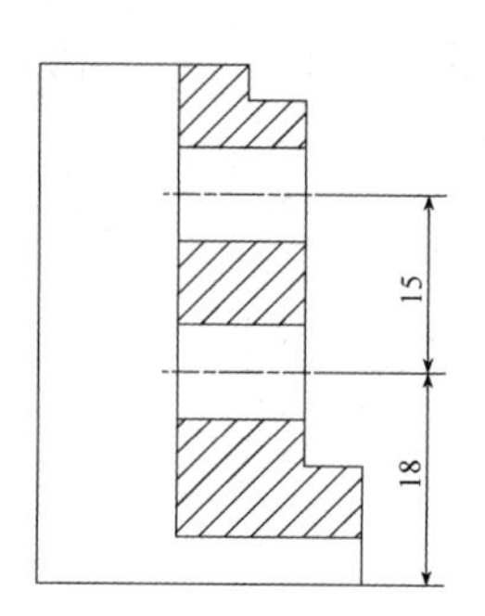

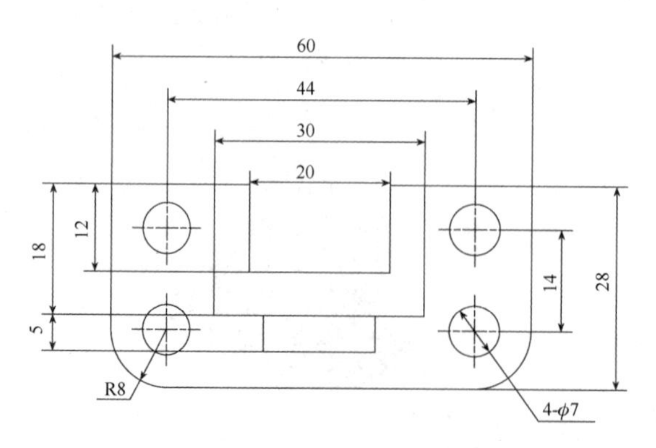

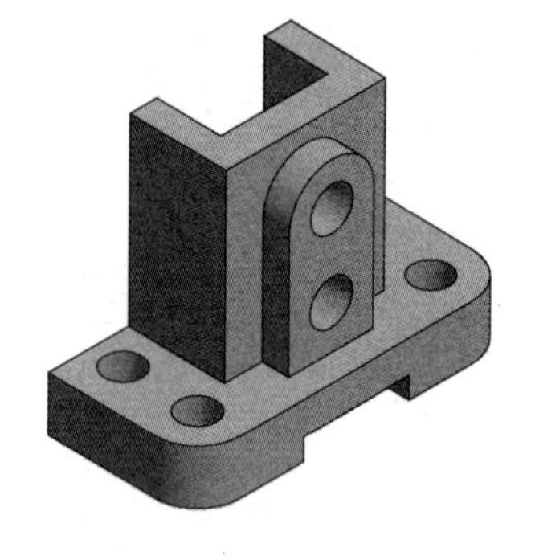

图 1-3　练习题 3

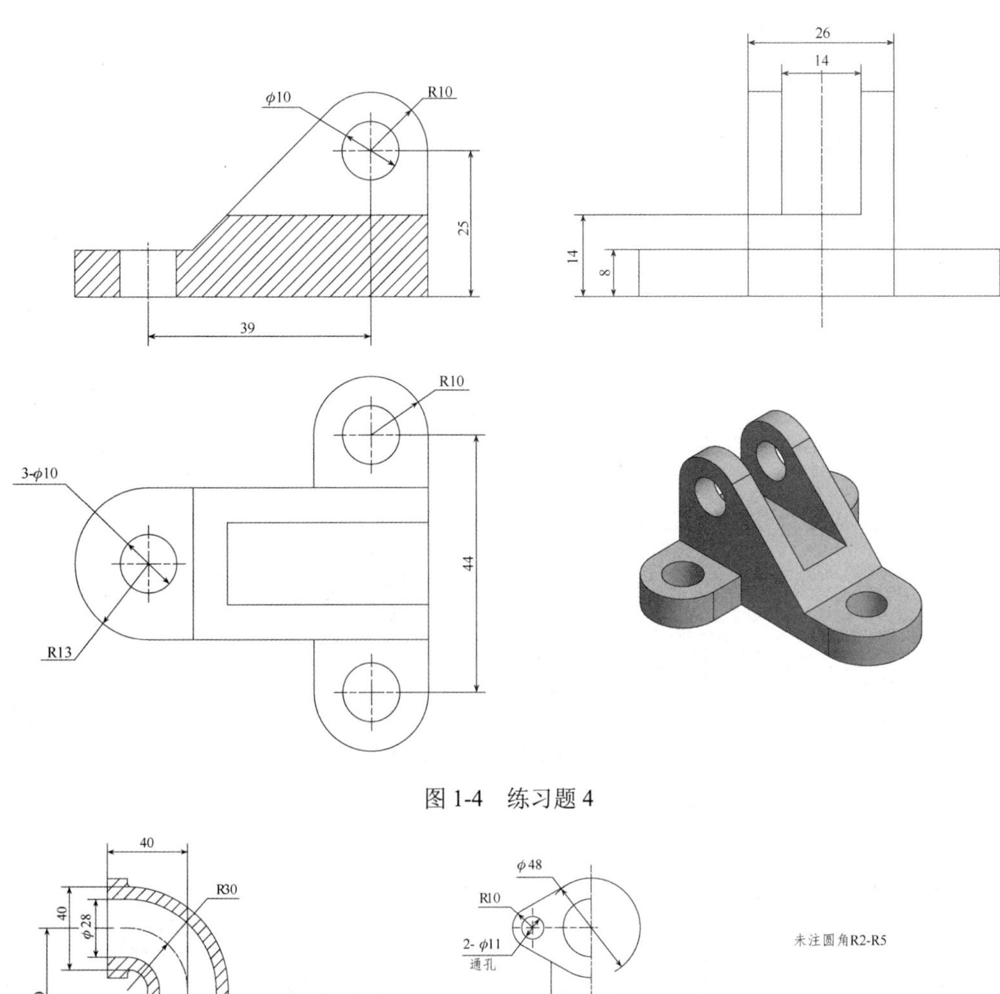

图 1-4　练习题 4

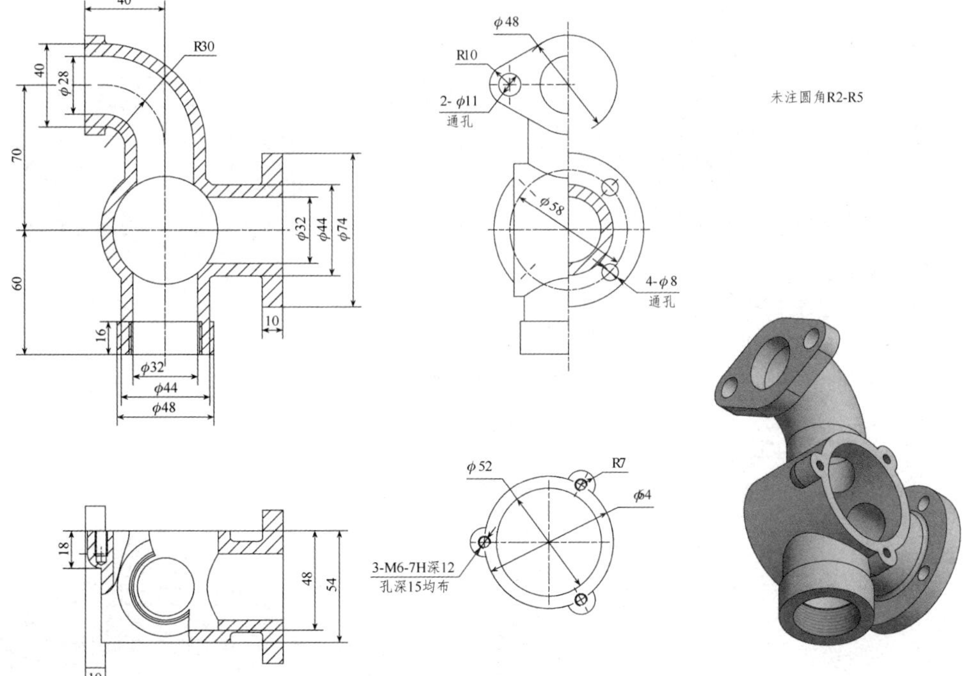

图 1-5　练习题 5

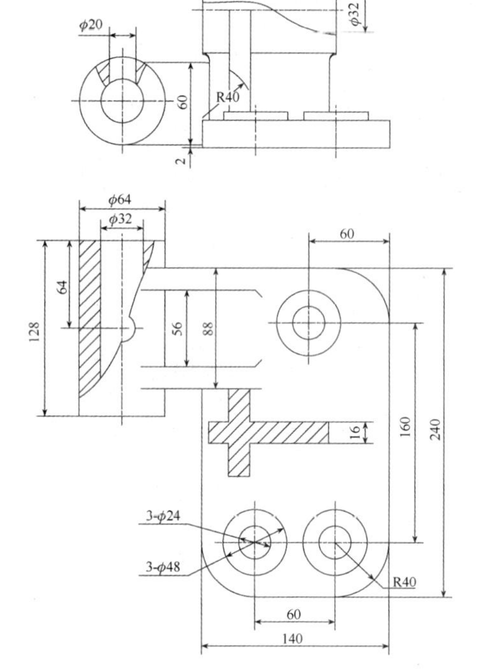

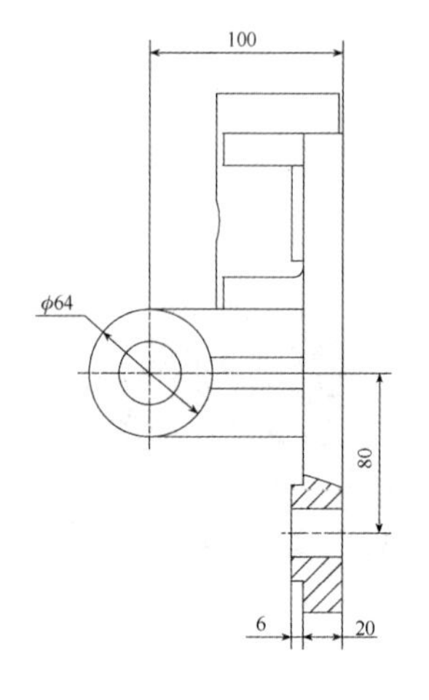

图 1-6　练习题 6

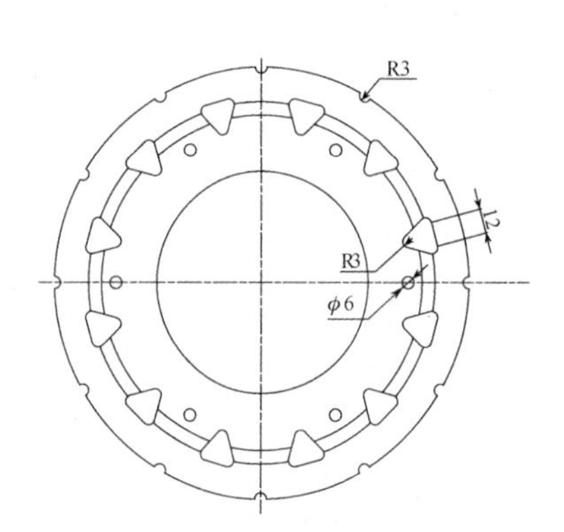

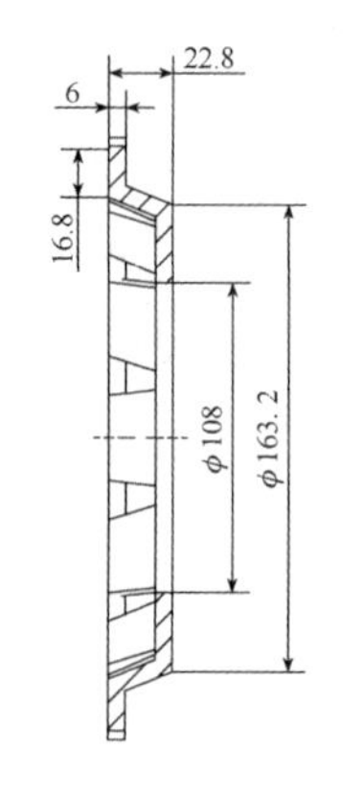

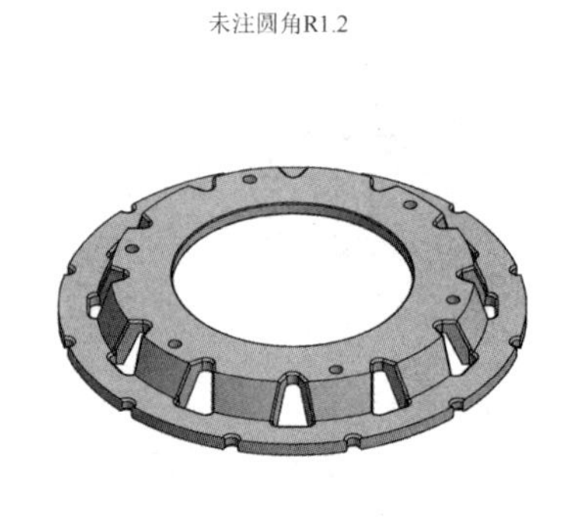

图 1-7　练习题 7

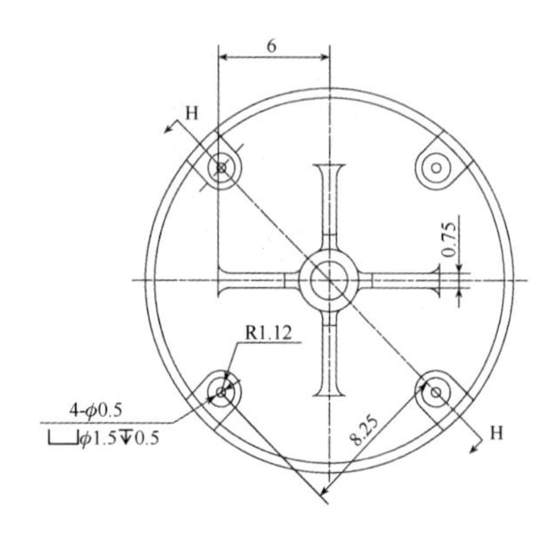

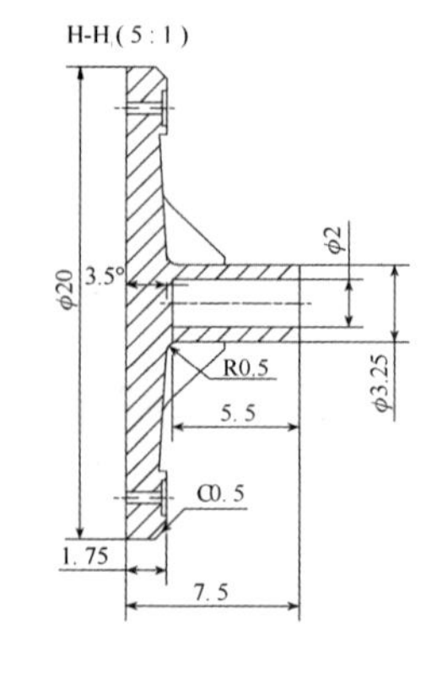

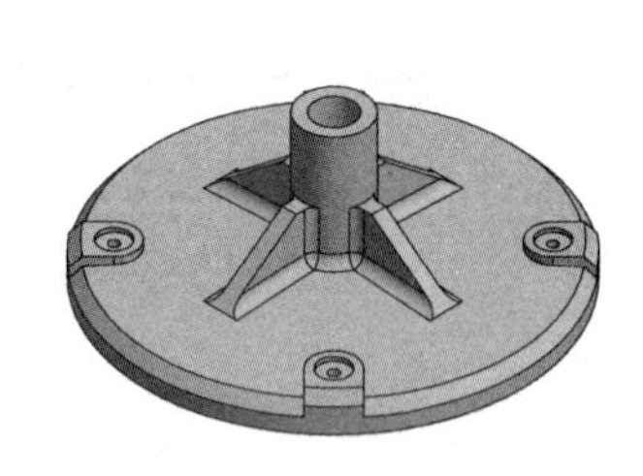

图 1-8　练习题 8

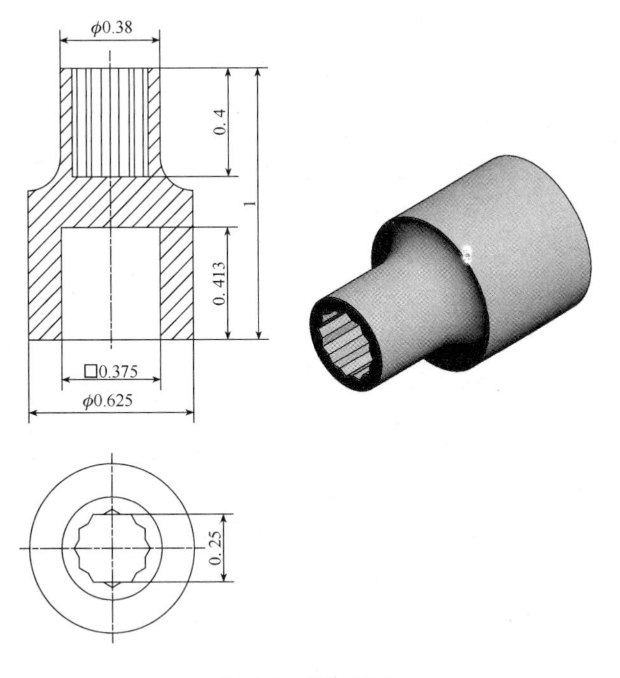

图 1-9　练习题 9

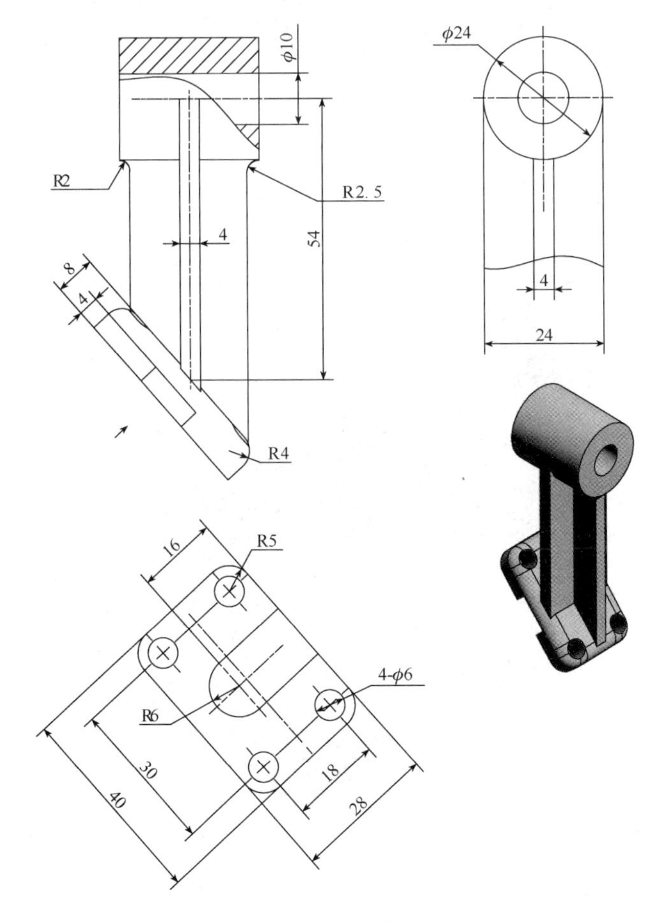

图 1-10　练习题 10

项目二

机械机构设计

前面我们学习了零件的造型设计。本项目中，我们将根据世界技能大赛“综合机械与自动化”项目选手训练过程的机构设计进行相应的讲解。在 Inventor 中我们将组合在一起的多个零件称为部件，零件是特征的组合，而部件就是零件的组合。本项目将通过介绍机构实例中零件的设计为后面的机构装配做准备。

任务 1　十字联接器设计

任务说明

十字联接器实例如图 2-1-1 所示。

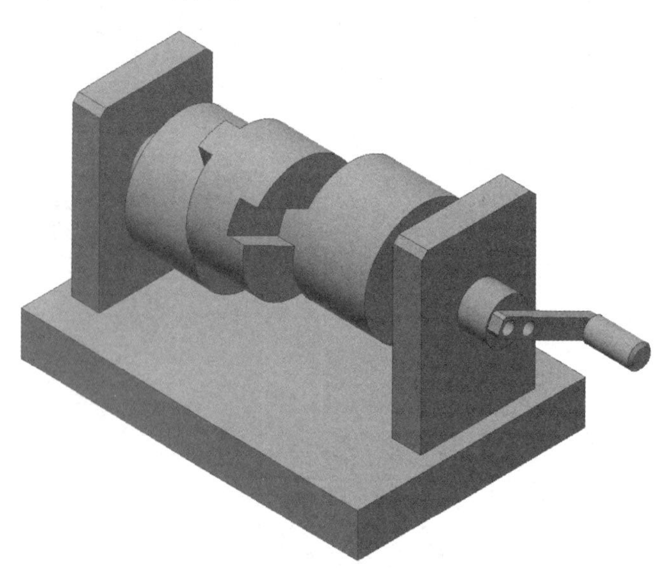

图 2-1-1　十字联接器实例

设计步骤

1. 零件 1（零件设计工程图如图 2-1-2 所示）

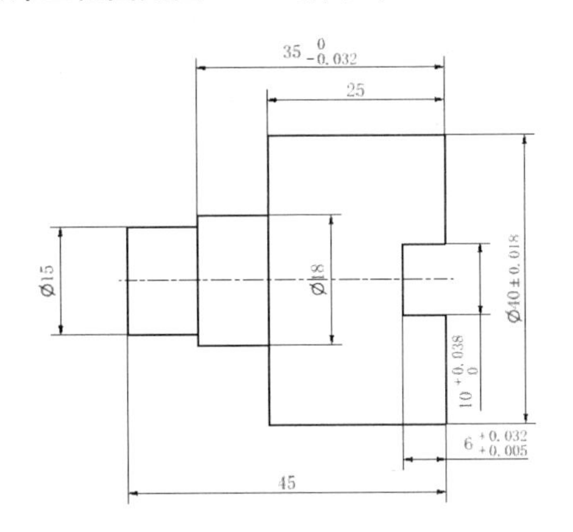

图 2-1-2 零件 1 设计工程图

（1）新建零件文件。新建零件文件并绘制如图 2-1-3 所示草图，将草图全约束，完成后退出草图环境。

（2）创建旋转特征。将步骤（1）创建的草图进行旋转，创建零件的主要轮廓，效果如图 2-1-4 所示。

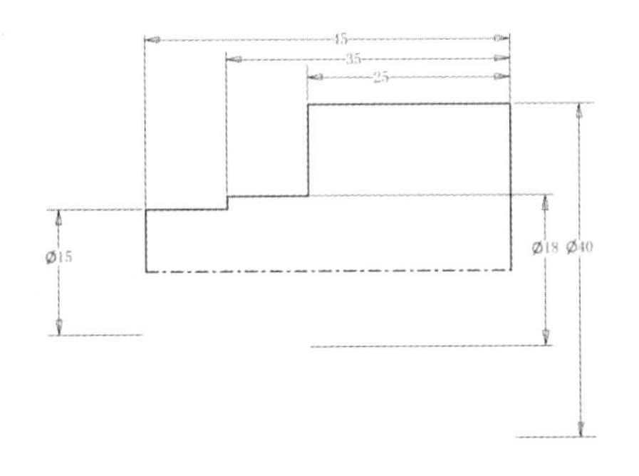

图 2-1-3 新建草图

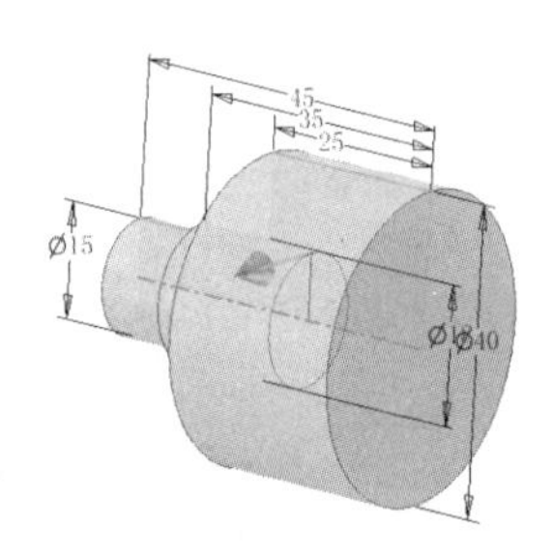

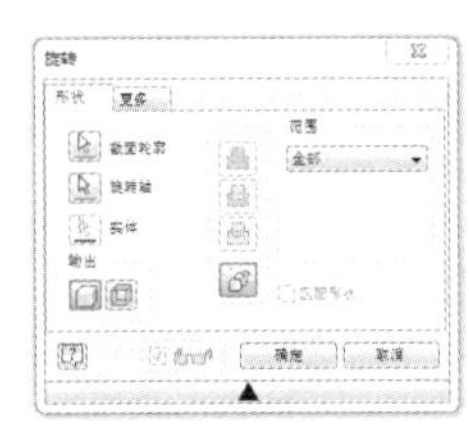

图 2-1-4 创建旋转特征

（3）创建新草图。绘制如图 2-1-5 所示草图，将草图全约束，完成后退出草图环境。

（4）创建拉伸特征。将步骤（3）创建的草图进行拉伸处理，“拉伸方式”选择“求差”，“方向”选择“方向 2”，“拉伸距离”输入 6，效果如图 2-1-6 所示，保存后退出。

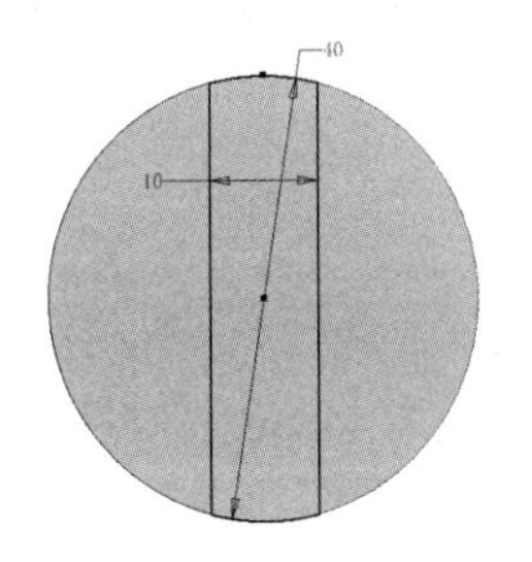

图 2-1-5 创建新草图

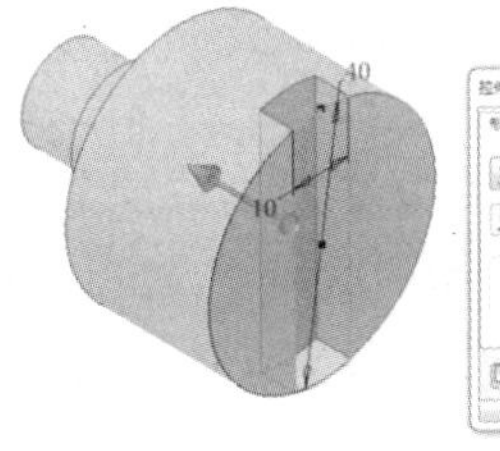

图 2-1-6 创建拉伸特征

2. 零件 2（零件设计工程图如图 2-1-7 所示）

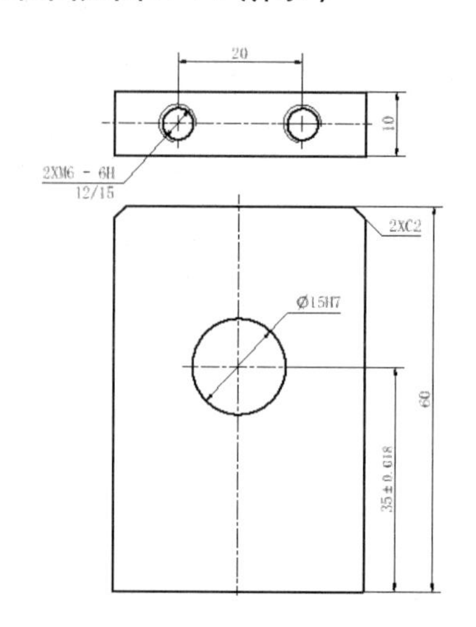

图 2-1-7　零件 2 设计工程图

（1）新建零件文件。新建零件文件并绘制如图 2-1-8 所示草图，将草图全约束，完成后退出草图环境。

（2）创建拉伸特征。将步骤（1）创建的草图进行拉伸处理，“拉伸方式”选择“新建实体”，“方向”选择“方向 1”，“拉伸距离”输入 10mm，效果如图 2-1-9 所示。

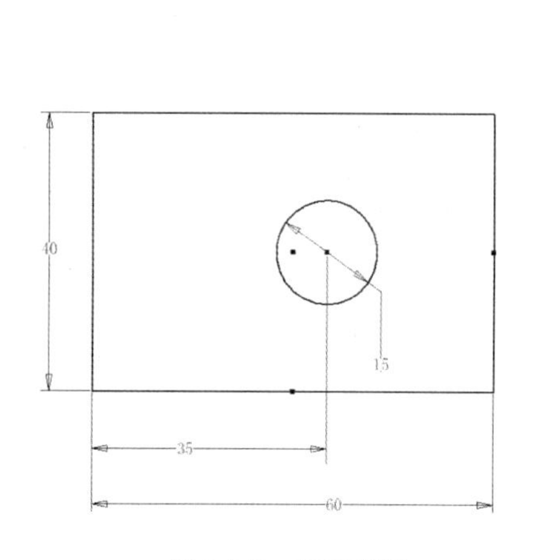

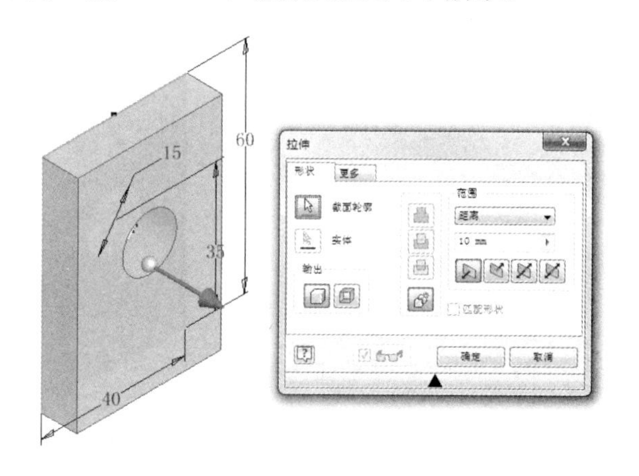

图 2-1-8　新建草图

图 2-1-9　创建拉伸特征

（3）创建倒角特征。将图 2-1-10 所示的边进行倒角处理，“倒角类型”选择“倒角边长”，“倒角边长”输入 2mm，效果如图 2-1-10 所示。

（4）创建草图。绘制如图 2-1-11 所示草图，将草图全约束，完成后退出草图环境。

（5）创建孔特征。将步骤（4）创建的草图进行打孔处理，在“打孔”对话框中“放置”选择“从草图”，“终止方式”选择“距离”，选择“螺纹孔”，“螺纹”选择“GB Metric profile”，“尺寸”选择 6，“孔深”设置为 15mm，“螺纹有效深度”设置为 12mm，效果如图 2-1-12 所示，保存后退出。

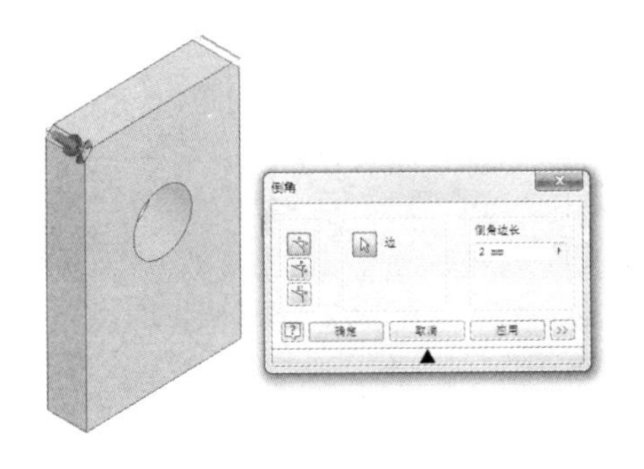

图 2-1-10　创建倒角特征

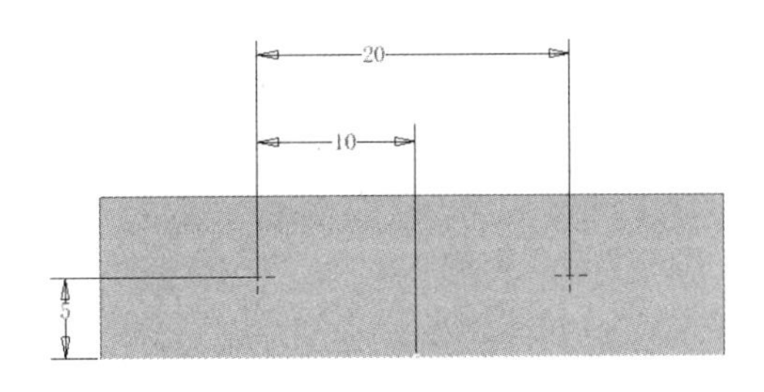

图 2-1-11　创建草图

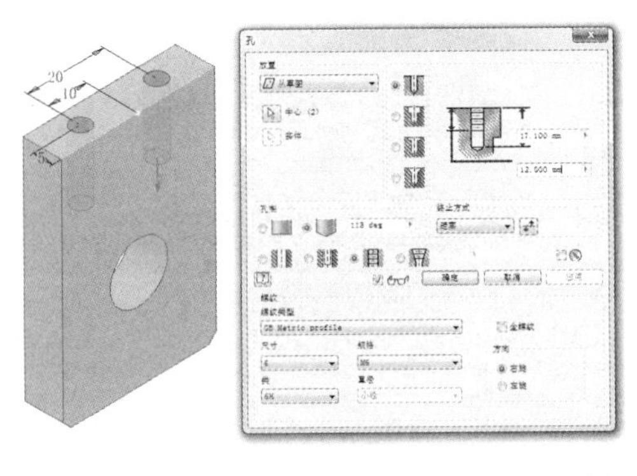

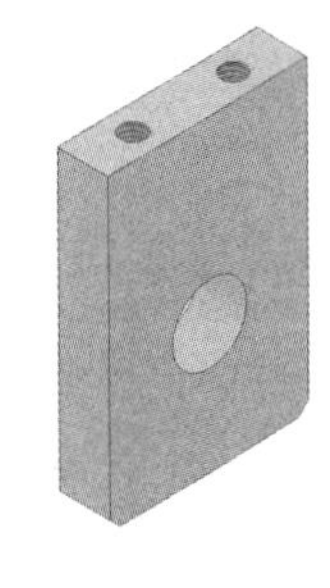

图 2-1-12　创建孔特征

3. 零件 3（零件设计工程图如图 2-1-13 所示）

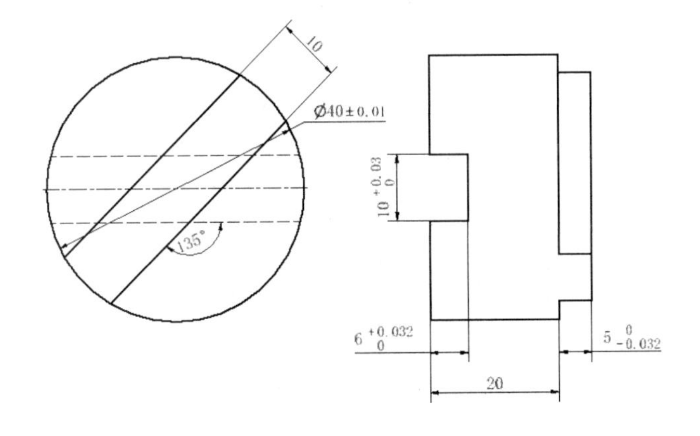

图 2-1-13　零件 3 设计工程图

（1）创建草图。绘制如图 2-1-14 所示草图，将草图全约束，完成后退出草图环境。

（2）创建拉伸特征。将步骤（1）创建的草图进行拉伸处理，“拉伸方式”选择“新建实体”，“方向”选择“方向 1”，“拉伸距离”输入 20，效果如图 2-1-15 所示。

（3）创建草图。绘制如图 2-1-16 示草图，将草图全约束，完成后退出草图环境。

（4）创建拉伸特征。将步骤（3）创建的草图进行拉伸处理，“拉伸方式”选择“求差”，“方向”选择“方向 2”，“拉伸距离”输入 6，效果如图 2-1-17 所示。

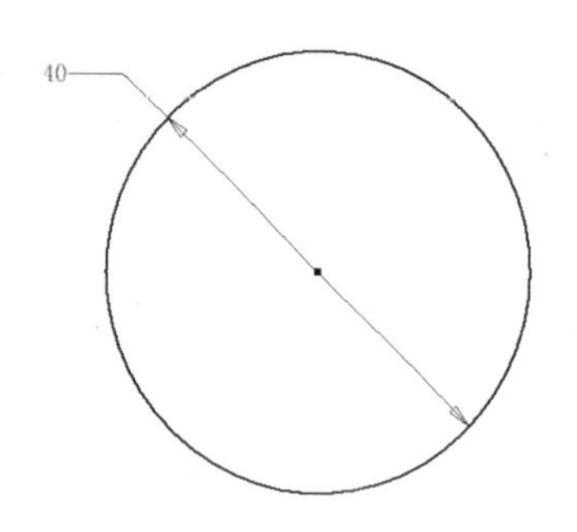

图 2-1-14　创建草图

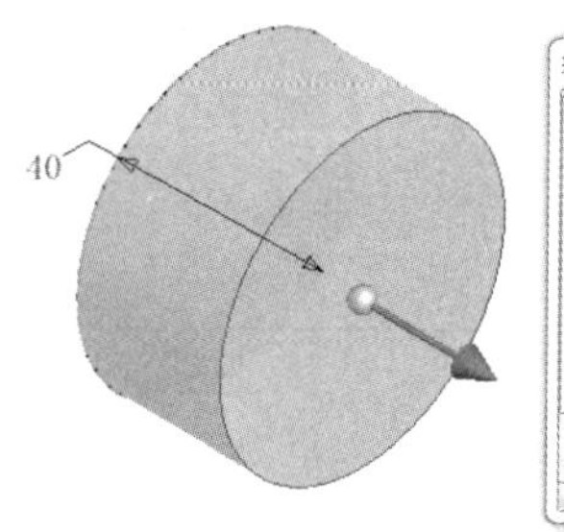

图 2-1-15　创建拉伸特征

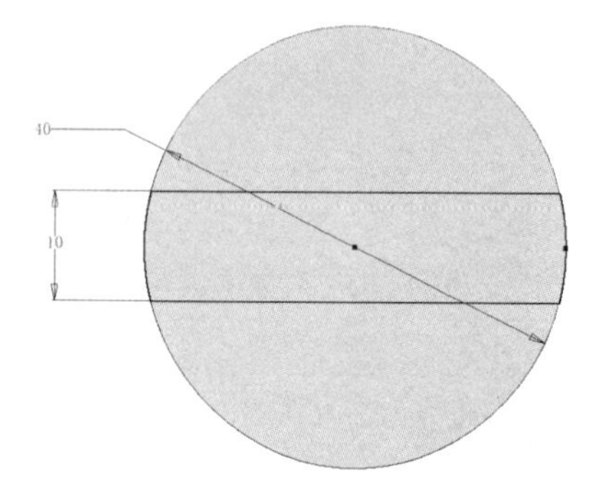

图 2-1-16　创建草图

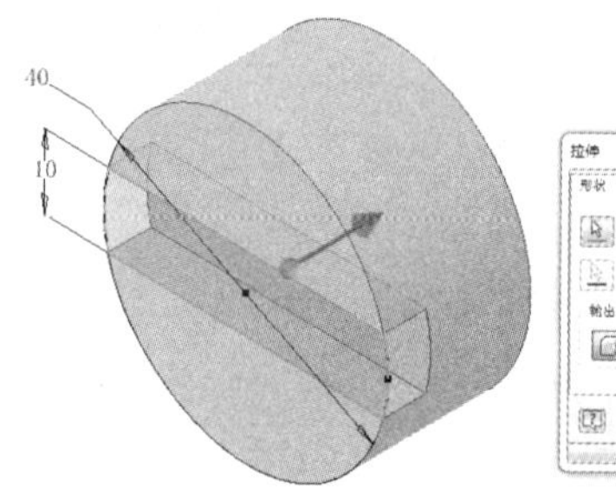

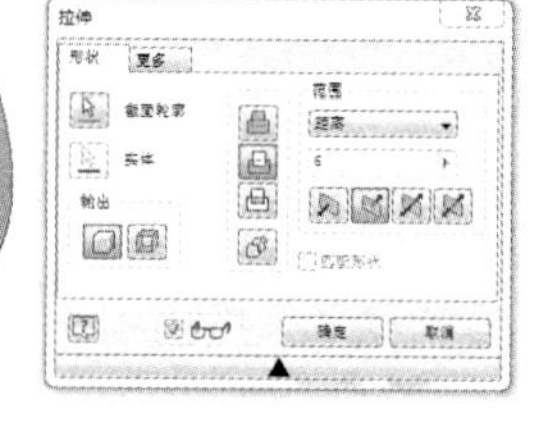

图 2-1-17　创建拉伸特征

（5）创建草图。绘制如图 2-1-18 示草图，将草图全约束，完成后退出草图环境。

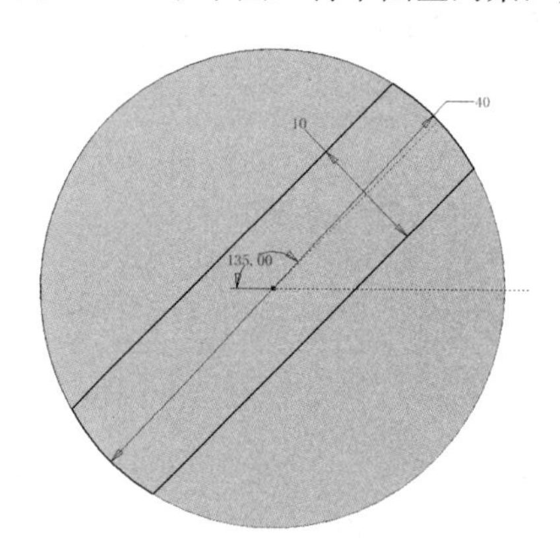

图 2-1-18　创建草图

（6）创建拉伸特征。将步骤（5）创建的草图进行拉伸处理，“拉伸方式”选择“求和”，“方向”选择“方向 1”，“拉伸距离”输入 5，效果如图 2-1-19 所示，保存后退出。

4．零件 4（零件设计工程图如图 2-1-20 所示）

（1）新建零件文件。新建零件文件并绘制如图 2-1-21 所示草图，将草图全约束，完成后退出草图环境。

（2）创建旋转特征。将步骤（1）创建的草图进行旋转，创建零件的主要轮廓，效果如图 2-1-22 所示。

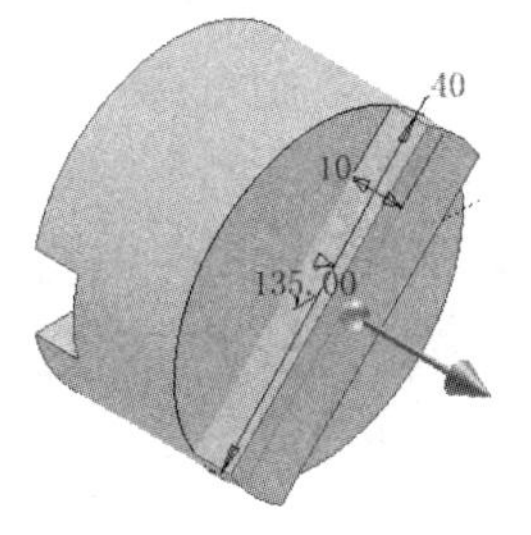

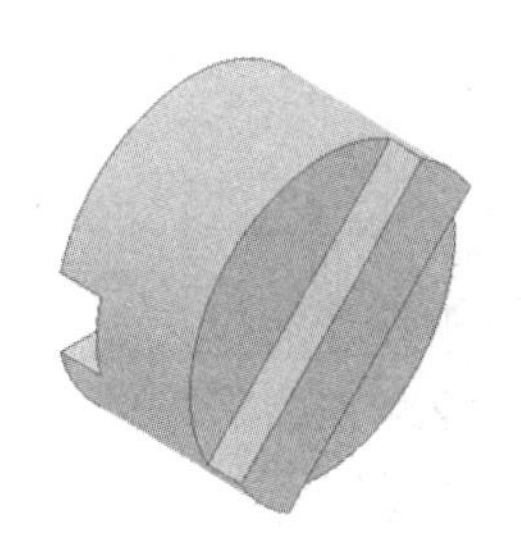

图 2-1-19　创建拉伸特征

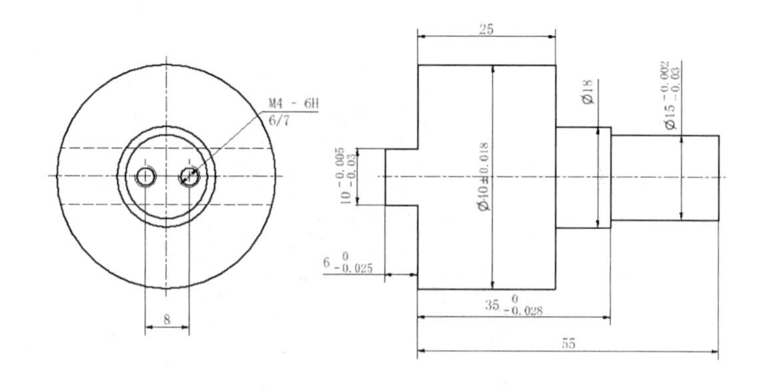

图 2-1-20　零件 4 设计工程图

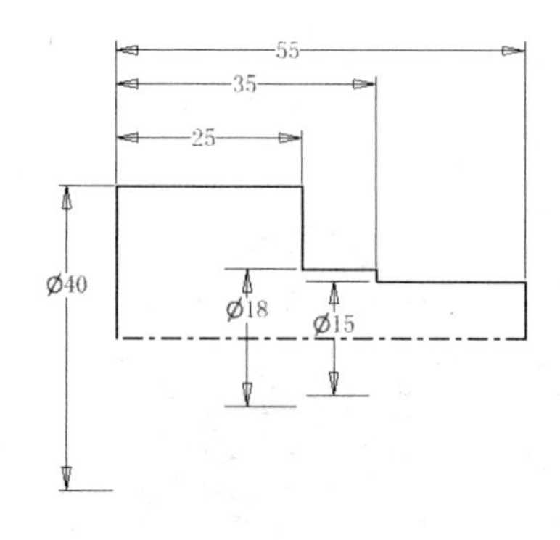

图 2-1-21　新建零件文件

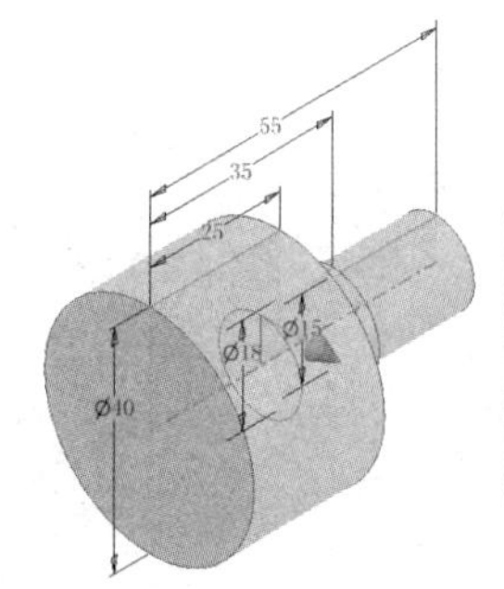

图 2-1-22　创建旋转特征

（3）创建草图。绘制如图 2-1-23 所示草图，将草图全约束，完成后退出草图环境。

（4）创建拉伸特征。将步骤（3）创建的草图进行进行拉伸处理，“拉伸方式”选择“求和”，“方向”选择“方向 2”，“拉伸距离”输入 6，效果如图 2-1-24 所示。

（5）创建草图。绘制如图 2-1-25 所示草图，将草图全约束，完成后退出草图环境。

（6）创建孔特征。将步骤（5）创建的草图进行打孔处理，在“打孔”对话框中，“放置”选择“从草图”，“终止方式”选择“距离”，选择“螺纹孔”，“螺纹”选择“GB Metric profile”，“尺寸”选择 4，“孔深”设置为 7mm，“螺纹有效深度”设置为 5mm，效果如图 2-1-26 所示，保存后退出。

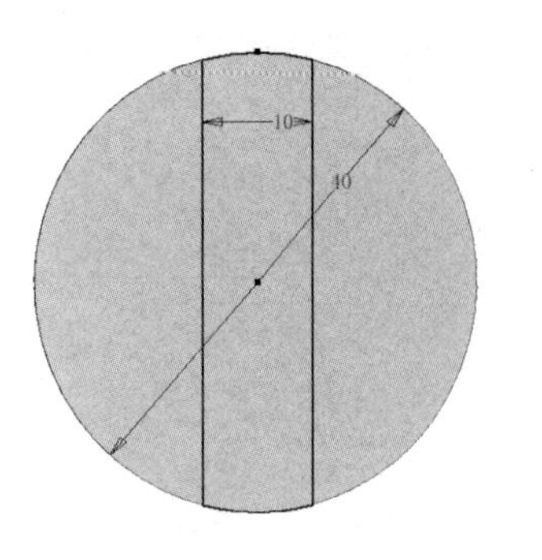

图 2-1-23　创建草图

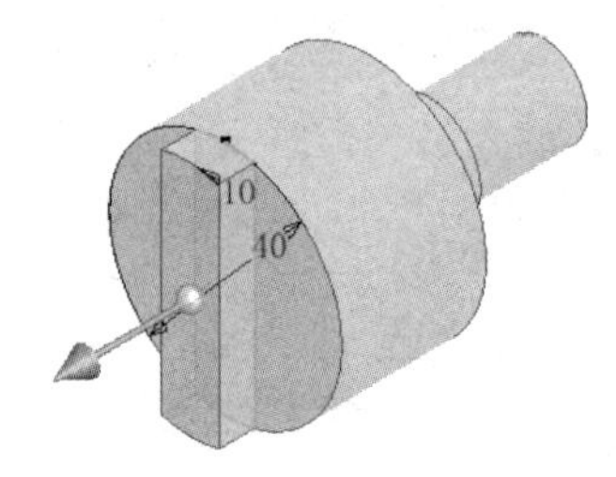

图 2-1-24　创建拉伸特征

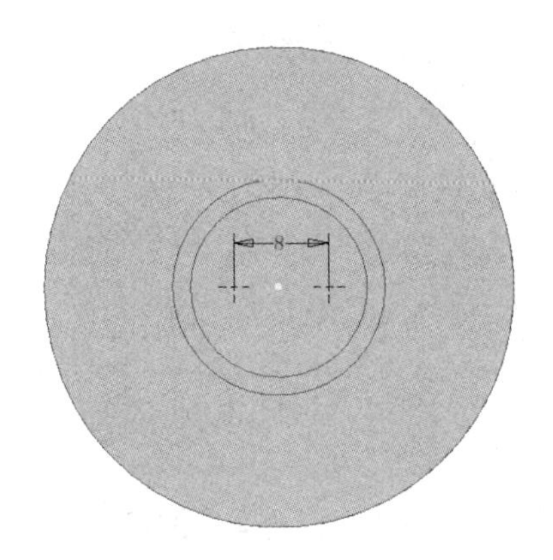

图 2-1-25　创建草图

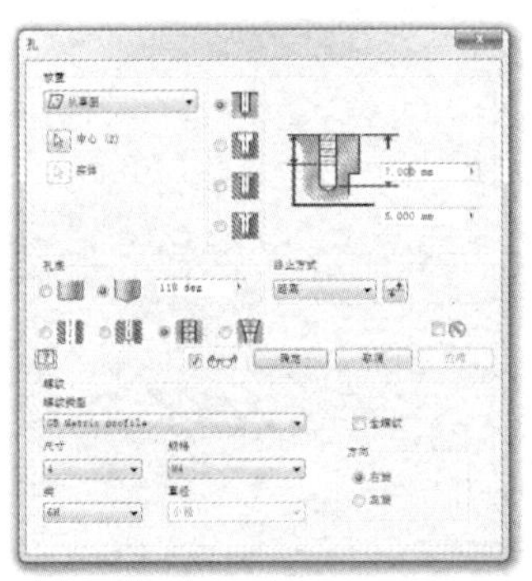

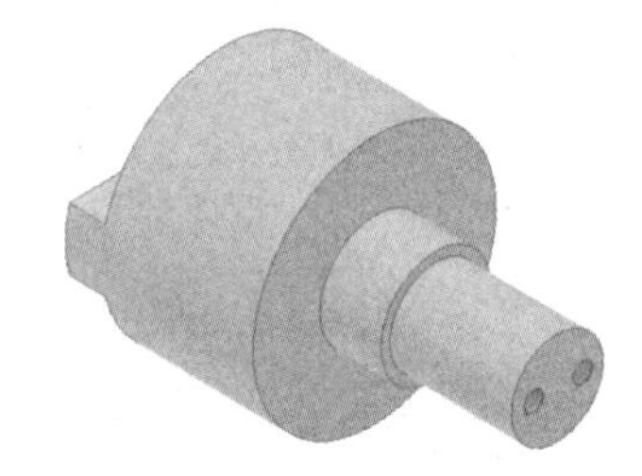

图 2-1-26　创建孔特征

5. 零件 5（零件设计工程图如图 2-1-27 所示）

（1）新建零件文件。新建零件文件并绘制如图 2-1-28 所示草图，将草图全约束，完成后退出草图环境。

（2）创建拉伸特征。将步骤（1）创建的草图进行拉伸处理，“拉伸方式”选择“新建实体”，“方向”选择“方向 1”，“拉伸距离”输入 15，完成拉伸。

（3）创建草图。绘制如图 2-1-29 所示草图，将草图全约束，完成后退出草图环境。

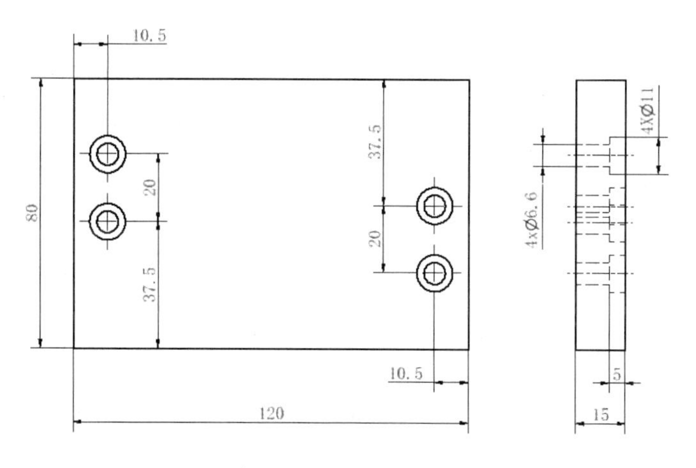

图 2-1-27　零件 5 设计工程图

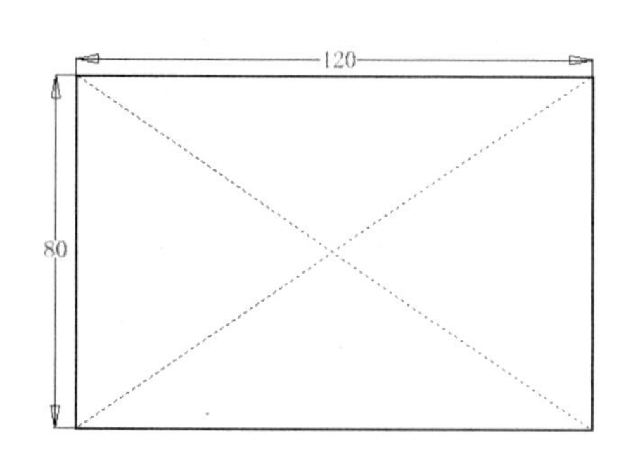

图 2-1-28　新建零件文件

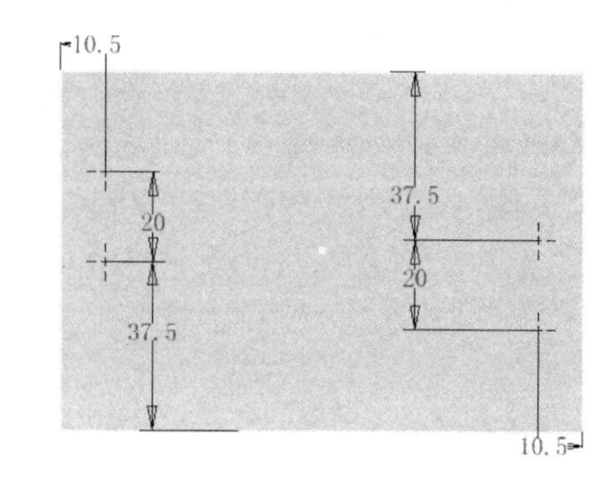

图 2-1-29　创建草图

（4）创建孔特征。将步骤（3）创建的草图进行打孔处理，在“打孔”对话框中，“放置”选择“从草图”，“终止方式”选择“贯通”，选择“简单孔”，“沉头”选择“沉头孔”，“沉头孔大小”设置为 11mm，“沉头深度”设置为 5mm，“孔大小”设置为 6.6mm，效果如图 2-1-30 所示，保存后退出。

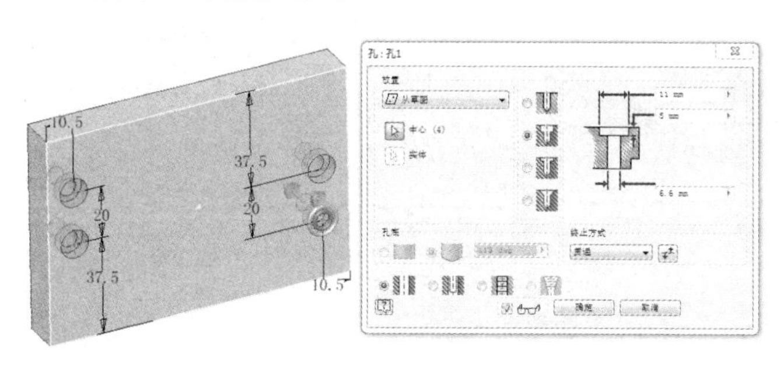

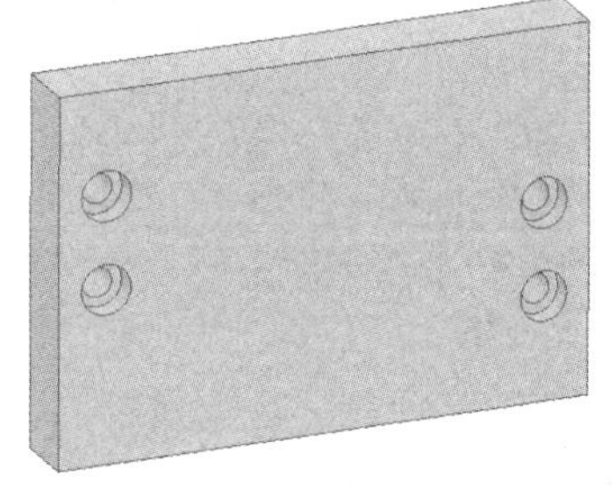

图 2-1-30　创建孔特征

6. 零件 6（零件设计工程图如图 2-1-31 所示）

（1）新建零件文件。新建零件文件并绘制如图 2-1-32 所示草图，将草图全约束，完成后退出草图环境。

（2）创建拉伸特征。将步骤（1）创建的草图进行拉伸处理，“拉伸方式”选择“新建实体”，“方向”选择“方向 1”，“拉伸距离”输入 15mm，完成拉伸。

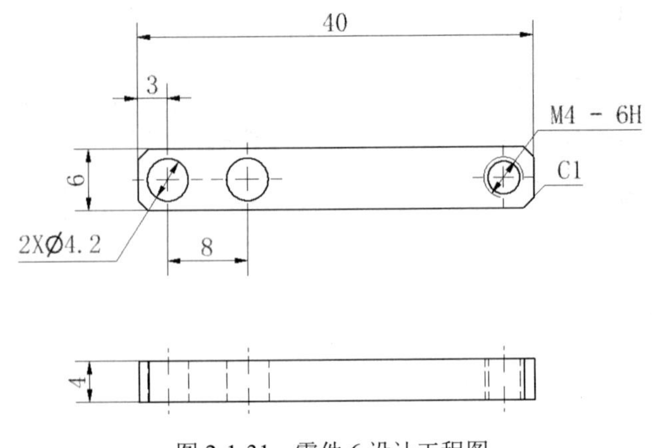

图 2-1-31　零件 6 设计工程图

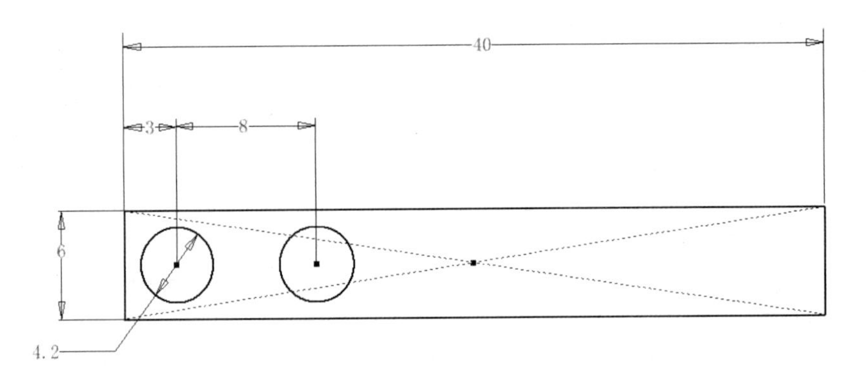

图 2-1-32　新建零件文件

（3）创建倒角特征。将图 2-1-33 所示的边进行倒角处理，“倒角类型”选择“倒角边长”，“倒角边长”输入 2，效果如图 2-1-33 所示。

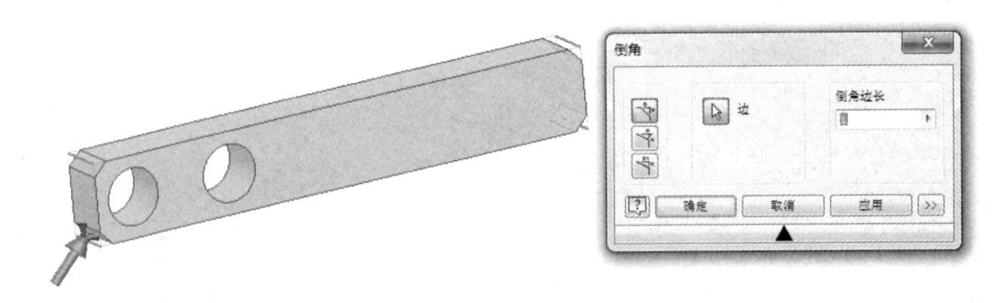

图 2-1-33　创建倒角特征

（4）创建草图。绘制如图 2-1-34 所示草图，将草图全约束，完成后退出草图环境。

（5）创建孔特征。将步骤（4）创建的草图进行打孔处理，在“打孔”对话框中，“放置”选择“从草图”，“终止方式”选择“贯通”，选择“螺纹孔”，“螺纹”选择“GB Metric profile”，“尺寸”选择 4，“螺纹深度”设置为全螺纹，效果如图 2-1-35 所示，保存后退出。

图 2-1-34　创建草图

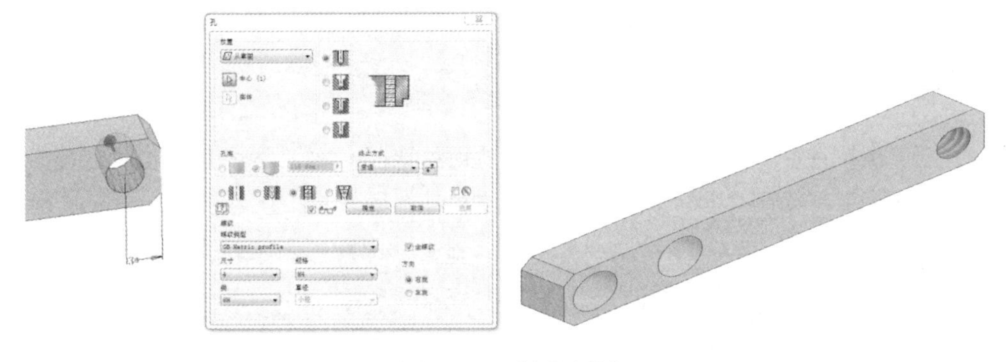

图 2-1-35　创建孔特征

7. 零件 7（零件设计工程图如图 2-1-36 所示）

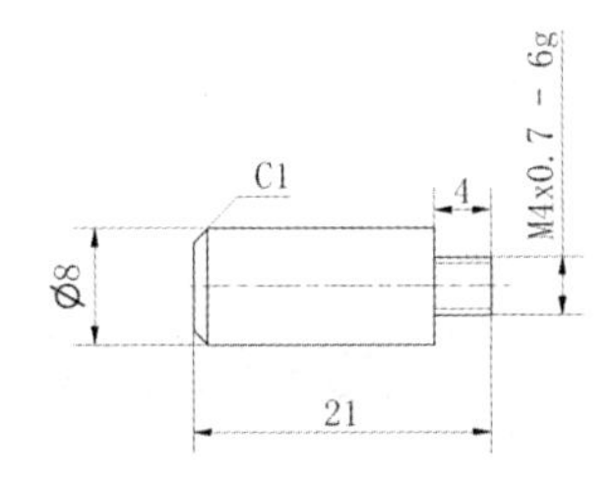

图 2-1-36　零件 7 设计工程图

（1）新建零件文件。新建零件文件并绘制如图 2-1-37 所示草图，将草图全约束，完成后退出草图环境。

（2）创建旋转特征。将步骤（1）创建的草图进行旋转，创建零件的主要轮廓，效果如图 2-1-38 所示。

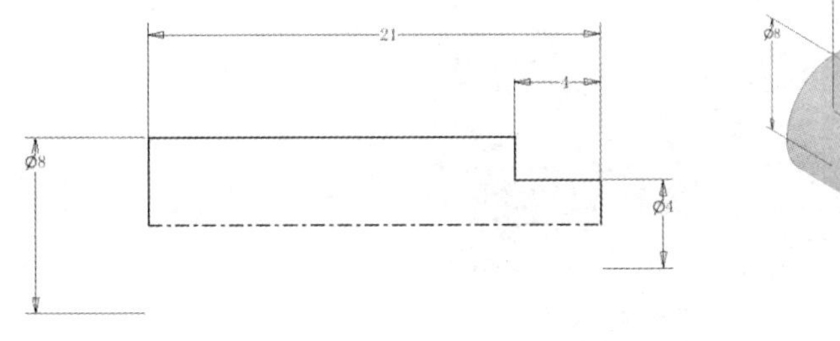

图 2-1-37　新建零件文件

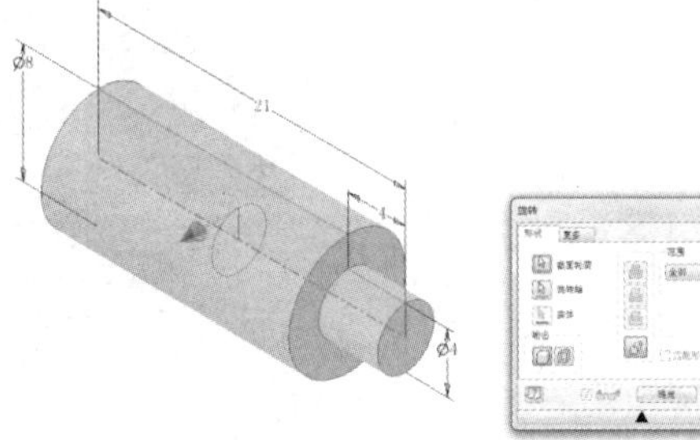

图 2-1-38　创建旋转特征

（3）创建倒角特征。将图 2-1-39 所示的边进行倒角处理，“倒角类型”选择“倒角边长”，“倒角边长”输入 2，效果如图 2-1-39 所示。

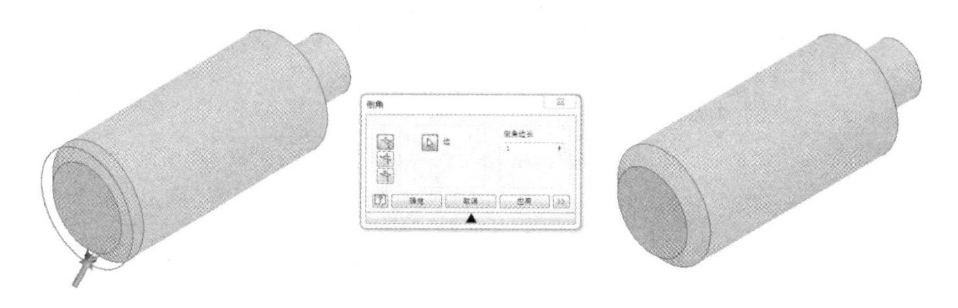

图 2-1-39　创建倒角特征

（4）创建螺纹特征。如图 2-1-40 所示，创建螺纹特征，“面”选择所示圆柱表面，“定义”栏“螺纹类型”选择“GB Metric profile”，“尺寸”选择 4。

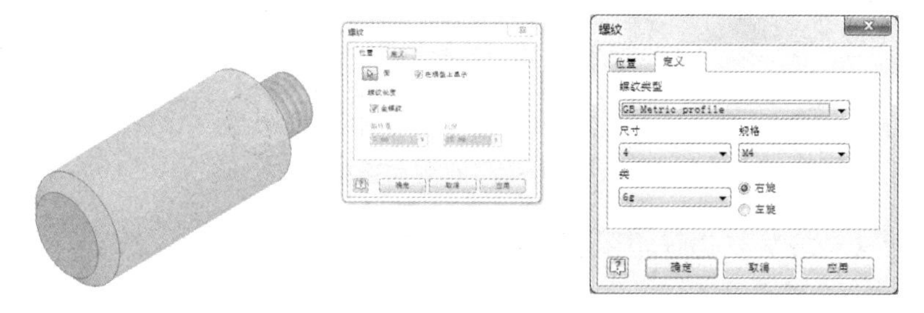

图 2-1-40　创建螺纹特征

任务 2　曲柄滑块设计

任务说明

曲柄滑块实例如图 2-2-1 所示。

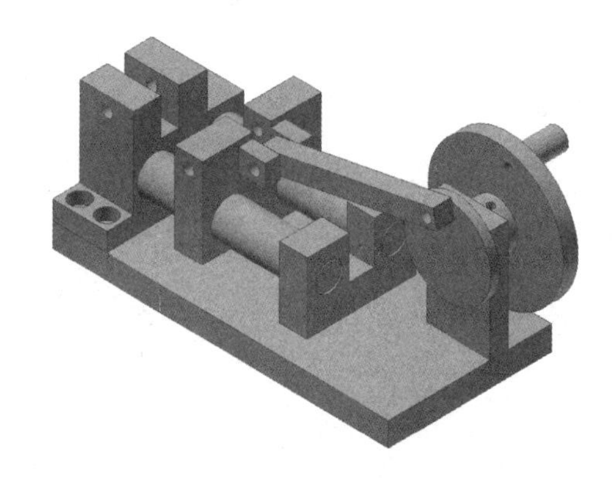

图 2-2-1　曲柄滑块实例

设计步骤

1. 零件 1（零件设计工程图如图 2-2-2 所示）

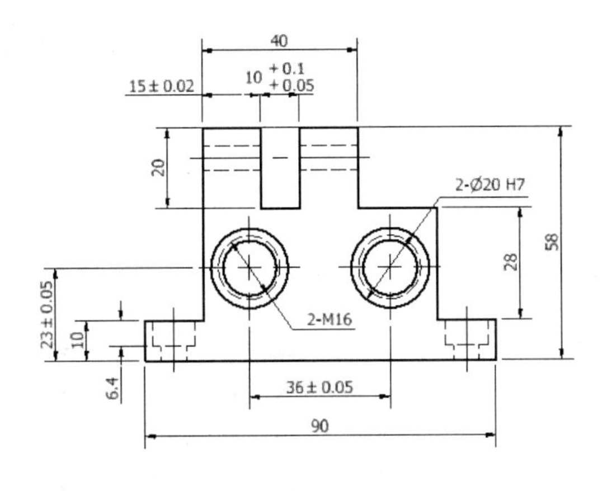

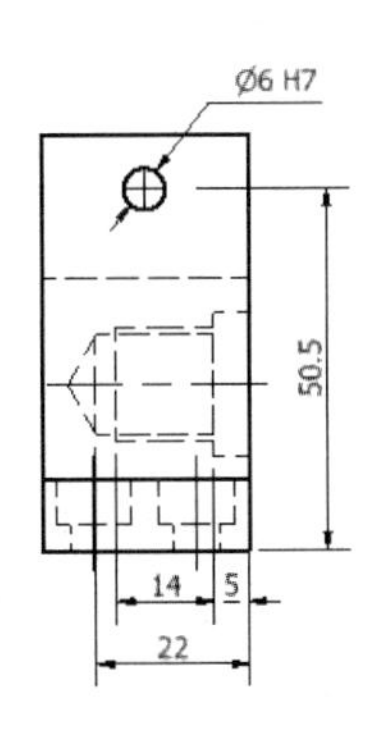

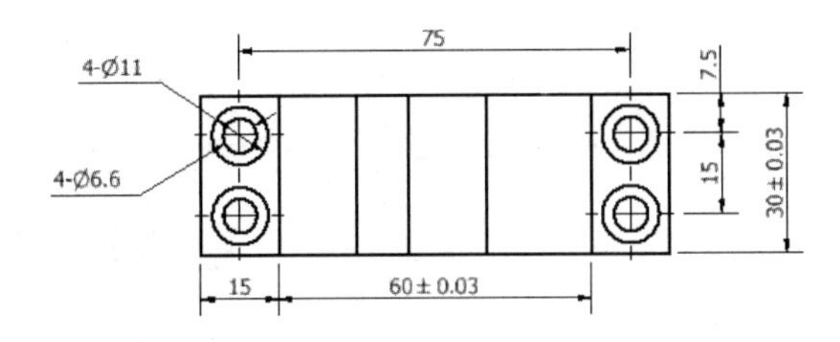

图 2-2-2　零件 1 设计工程图

（1）新建零件文件。新建零件文件并绘制如图 2-2-3 所示草图，将草图全约束，完成后退出草图环境。

（2）创建拉伸特征。将步骤（1）创建的草图进行拉伸处理，“拉伸方式”选择“新建实体”，“方向”选择“方向 1”，“拉伸距离”输入 30mm，效果如图 2-2-4 所示。

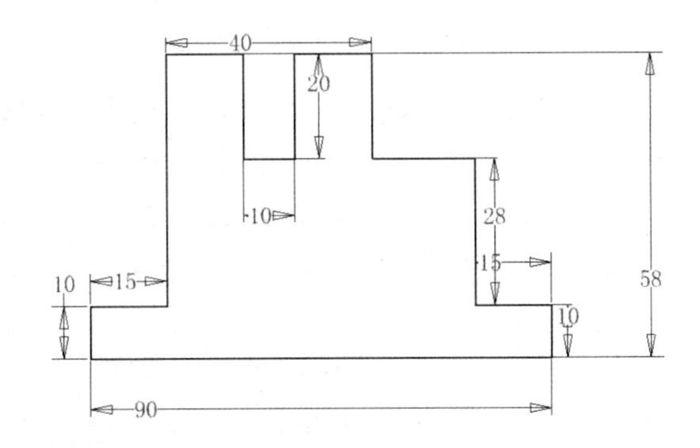

图 2-2-3　新建零件文件

（3）创建草图。绘制如图 2-2-5 所示草图，将草图全约束，完成后退出草图环境。

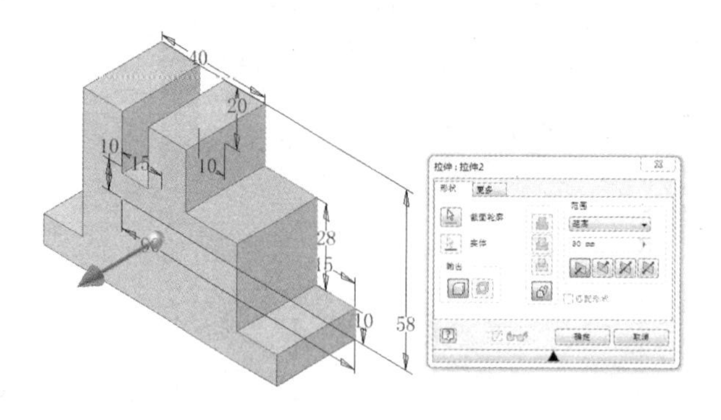

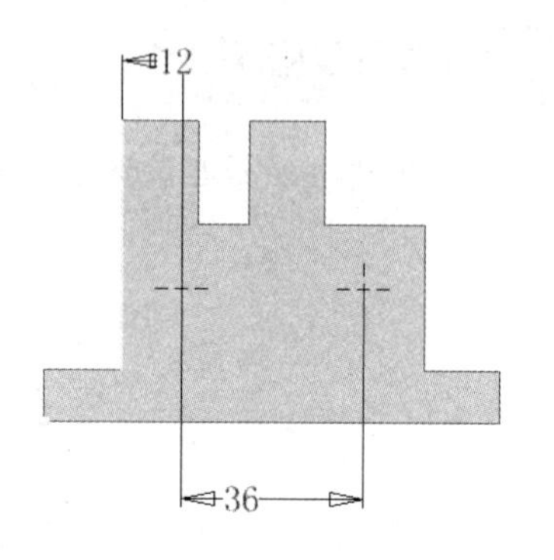

图 2-2-4 创建拉伸特征

图 2-2-5 创建草图

（4）创建孔特征。将步骤（3）创建的草图进行打孔处理，在“打孔”对话框中，“放置”选择“从草图”，“终止方式”选择“距离”，选择“螺纹孔”，“螺纹”选择“GB Metric profile”，“尺寸”选择 M16，选择“简单孔”，“沉头”选择“沉头孔”，“沉头孔大小”设置为 20mm，“沉头深度”设置为 5mm，“孔深”设置为 17mm，螺纹有效深度设置为 14mm，效果如图 2-2-6 所示，保存后退出。

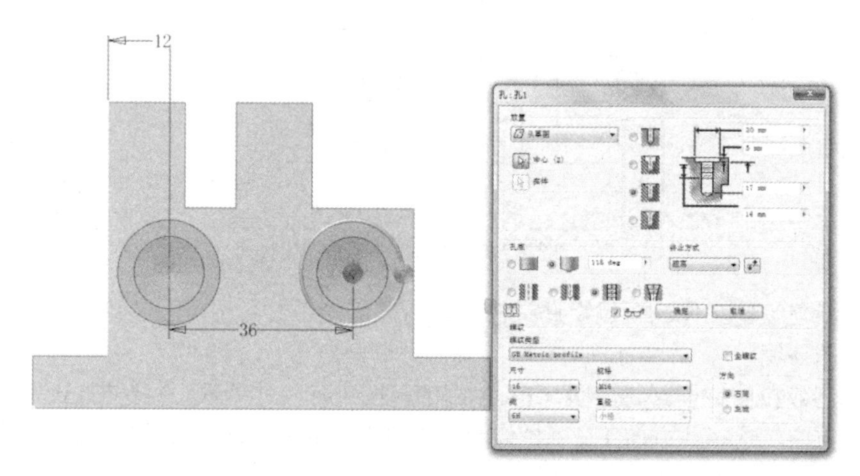

图 2-2-6 创建孔特征

（5）创建草图。绘制如图 2-2-7 所示草图，将草图全约束，完成后退出草图环境。

（6）创建孔特征。将步骤（3）创建的草图进行打孔处理，在“打孔”对话框中，“放置”选择“从草图”，“终止方式”选择“贯通”，选择“简单孔”，“沉头”选择“沉头孔”，“沉头孔大小”设置为 11mm，“沉头深度”设置为 6.4mm，“孔大小”设置为 6.6mm，如图 2-2-8 所示，保存后退出。

（7）创建草图。绘制如图 2-2-9 所示草图，将草图全约束，完成后退出草图环境。

（8）创建孔特征。将步骤（7）创建的草图进行打孔处理，在“打孔”对话框中，“放置”选择“从草图”，“终止方式”选择“贯通”，选择“简单孔”，“孔大小”选择 6mm，如图 2-2-10 所示，保存后退出。

图 2-2-7　创建草图

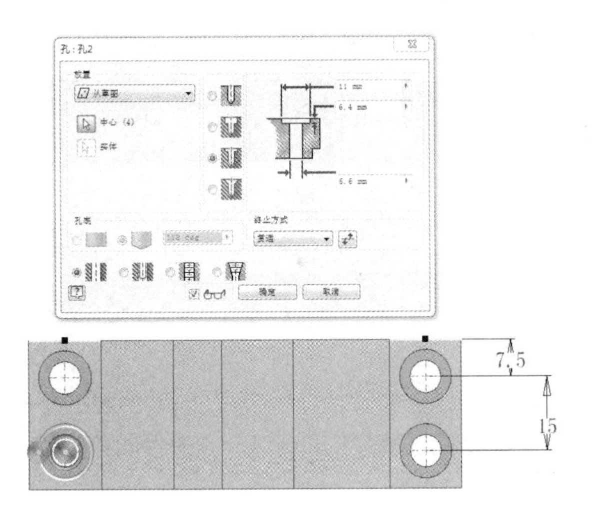

图 2-2-8　创建孔特征

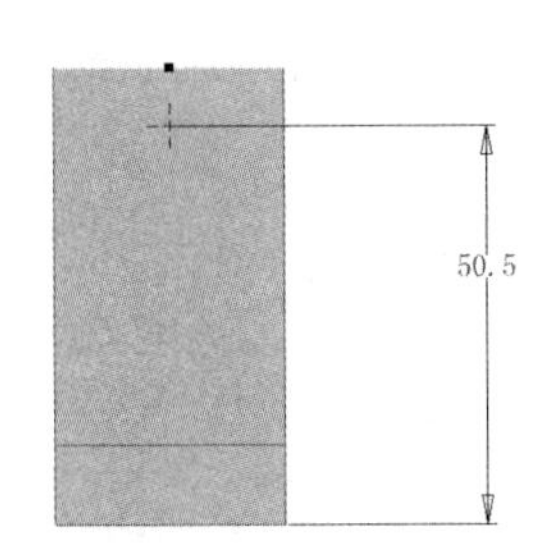

图 2-2-9　创建草图

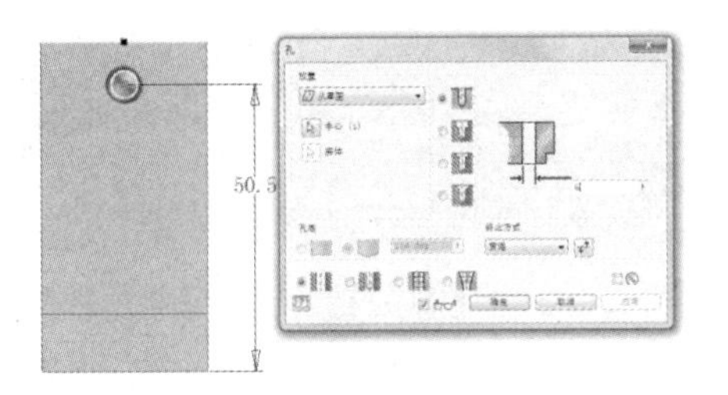

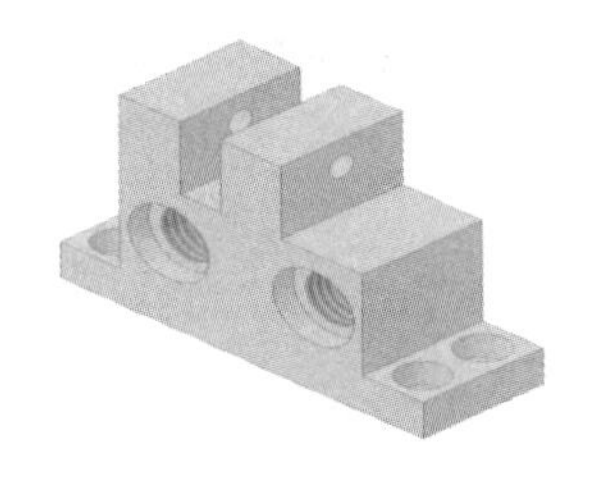

图 2-2-10　创建孔特征

2. 零件 2（零件设计工程图如图 2-2-11 所示）

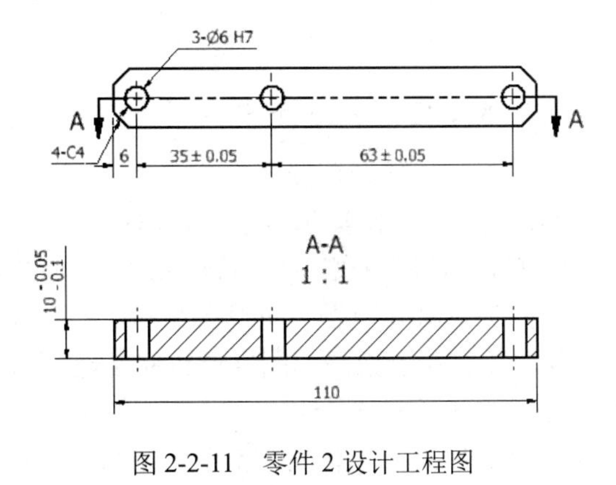

图 2-2-11　零件 2 设计工程图

（1）新建零件文件。新建零件文件并绘制如图 2-2-12 所示草图，将草图全约束，完成后退出草图环境。

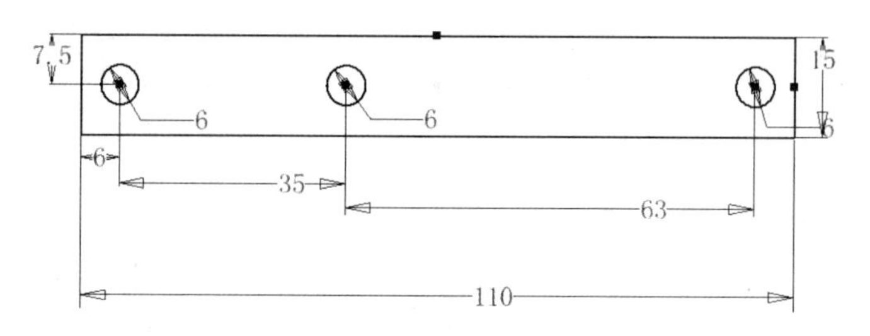

图 2-2-12　新建零件文件

（2）创建拉伸特征。将步骤（1）创建的草图进行拉伸处理，“拉伸方式”选择“新建实体”，“方向”选择“方向 1”，“拉伸距离”输入 10mm，效果如图 2-2-13 所示。

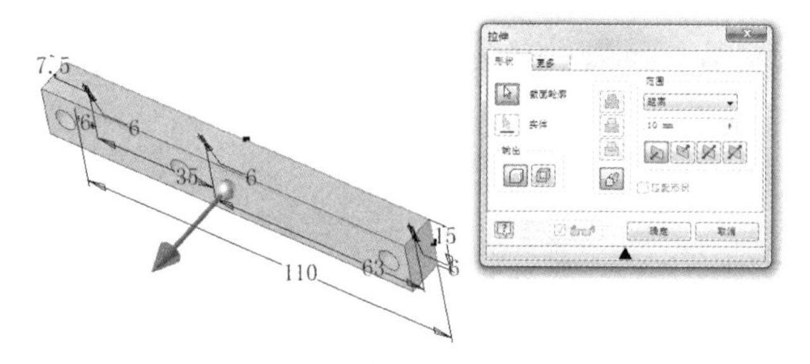

图 2-2-13　创建拉伸特征

（3）创建倒角特征。将图 2-2-14 所示边进行倒角处理，“倒角类型”选择“倒角边长”，“倒角边长”输入 4，效果如图 2-2-14 所示。

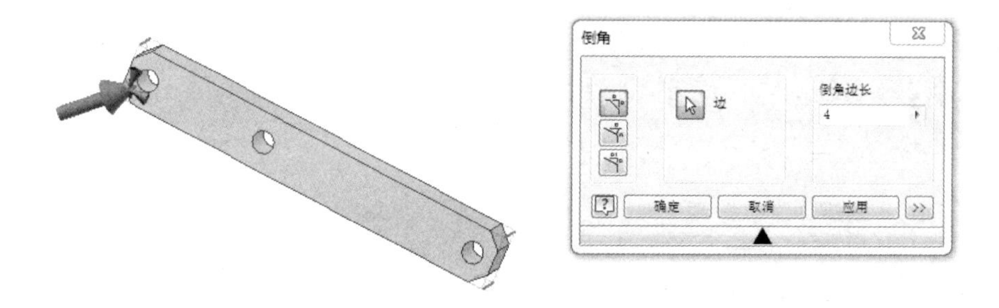

图 2-2-14　创建倒角特征

3. 零件 3（零件设计工程图如图 2-2-15 所示）

（1）创建草图。绘制如图 2-2-16 所示草图，将草图全约束，完成后退出草图环境。

（2）创建拉伸特征。将步骤（1）创建的草图进行拉伸处理，“拉伸方式”选择“新建实体”，“方向”选择“方向 1”，“拉伸距离”输入 15mm，效果如图 2-2-17 所示。

（3）创建草图。绘制如图 2-2-18 示草图，将草图全约束，完成后退出草图环境。

（4）创建拉伸特征。将步骤（3）创建的草图进行拉伸处理，“拉伸方式”选择“求和”，“方向”选择“方向 1”，“拉伸距离”输入 15mm，效果如图 2-2-19 所示。

（5）创建草图。绘制如图 2-2-20 所示草图，将草图全约束，完成后退出草图环境。

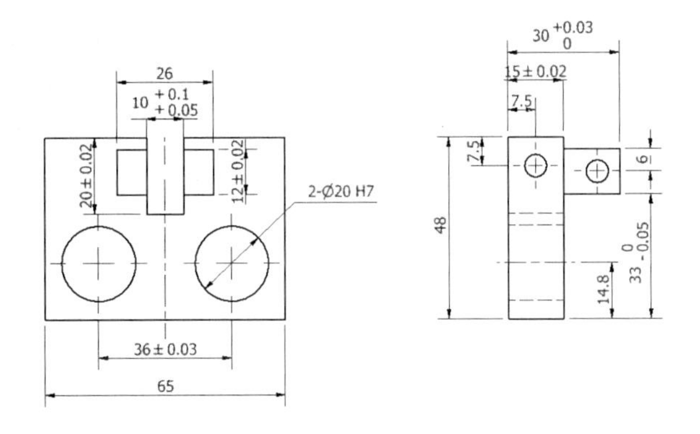

图 2-2-15　零件 3 设计工程图

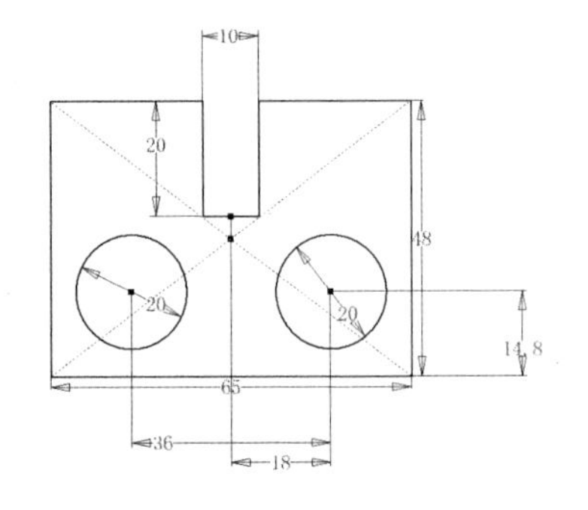

图 2-2-16　创建草图

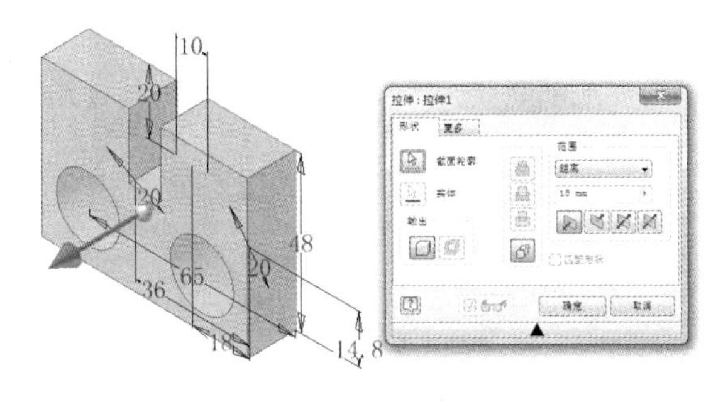

图 2-2-17　创建拉伸特征

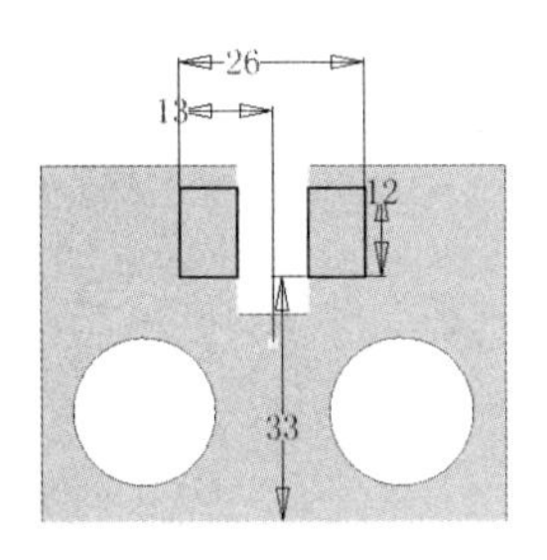

图 2-2-18　创建草图

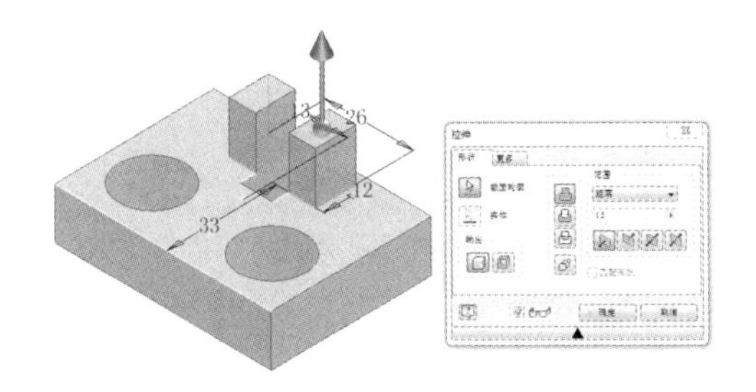

图 2-2-19　创建拉伸特征

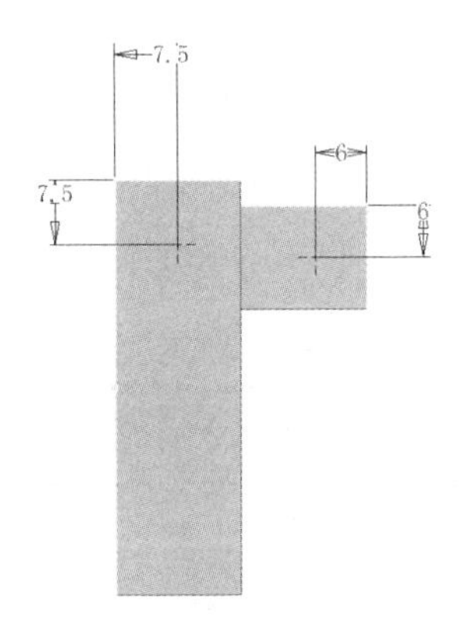

图 2-2-20　创建草图

（6）创建孔特征。将步骤（5）创建的草图进行打孔处理，在“打孔”对话框中，“放置”选择“从草图”，“终止方式”选择“贯通”，效果如图 2-2-21 所示，保存后退出。

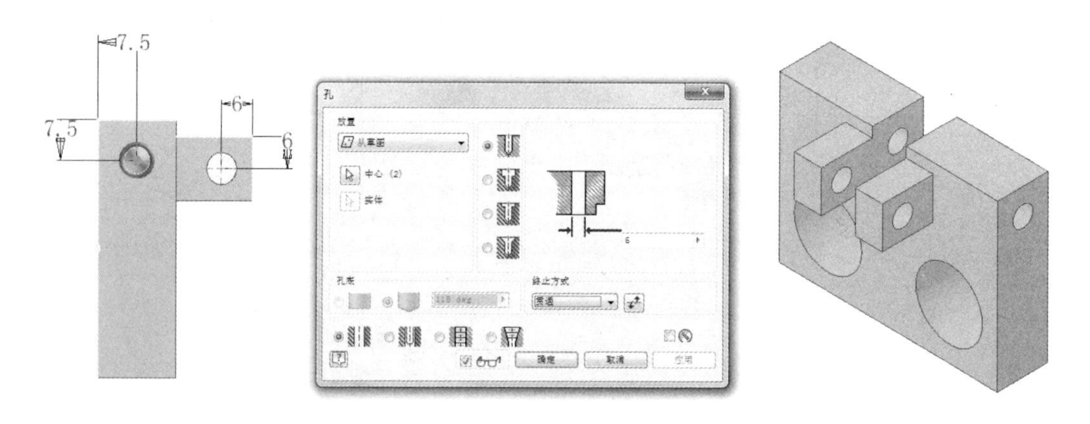

图 2-2-21　创建孔特征

4. 零件 4（零件设计工程图如图 2-2-22 所示）

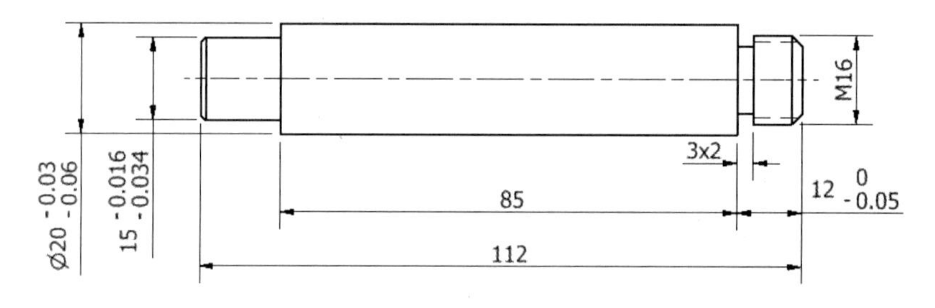

图 2-2-22　零件 4 设计工程图

（1）新建零件文件。新建零件文件并绘制如图 2-2-23 所示草图，将草图全约束，完成后退出草图环境。

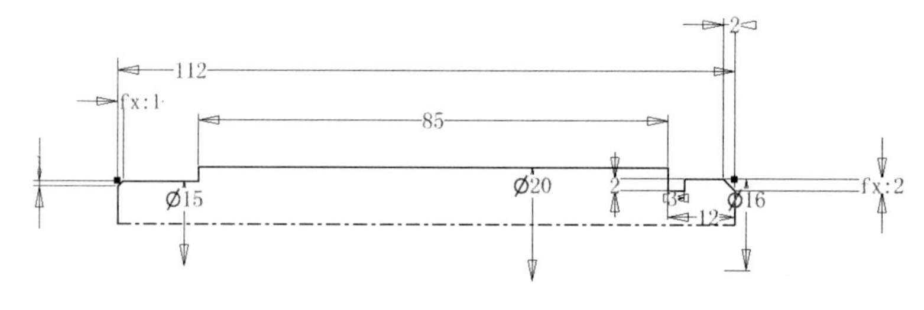

图 2-2-23　创建草图

（2）创建旋转特征。将步骤（1）创建的草图进行旋转，创建零件的主要轮廓，效果如图 2-2-24。

（3）创建螺纹特征。如图 2-2-25 所示进行螺纹特征建立，“面”选择所示圆柱表面，“定义”栏“螺纹类型”选择“GB Metric profile”，“尺寸”选择 16，效果如图 2-2-25 所示。

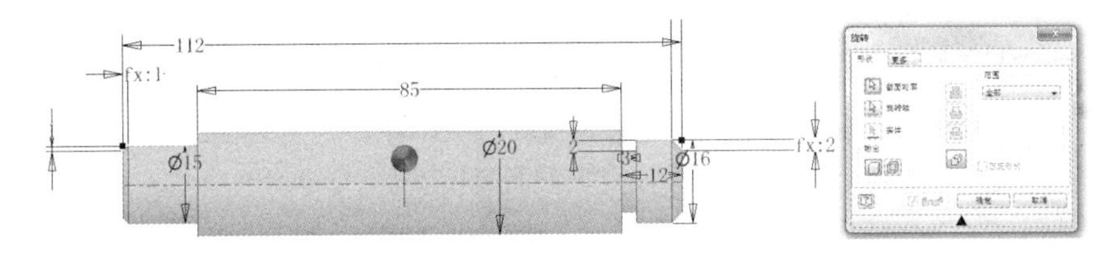

图 2-2-24　创建旋转特征

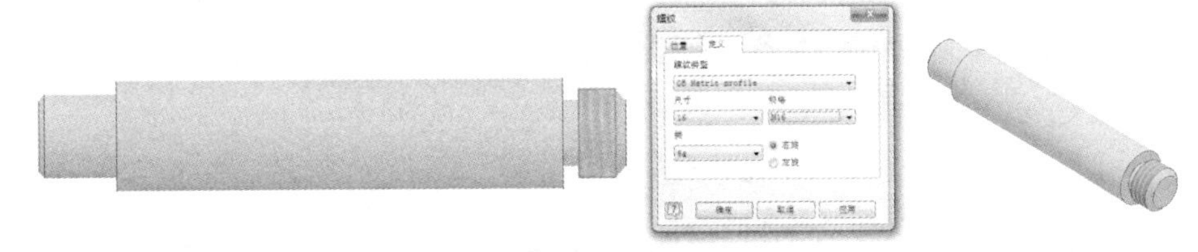

图 2-2-25　创建螺纹特征

5. 零件 5（零件设计工程图如图 2-2-26 所示）

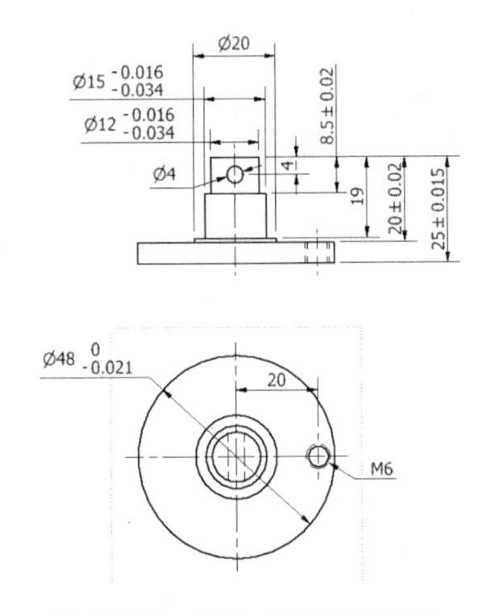

图 2-2-26　零件 5 设计工程图

（1）新建零件文件。新建零件文件并绘制如图 2-2-27 所示草图，将草图全约束，完成后退出草图环境。

（2）创建旋转特征。将步骤（1）创建的草图进行旋转，创建零件的主要轮廓，效果如图 2-2-28 所示。

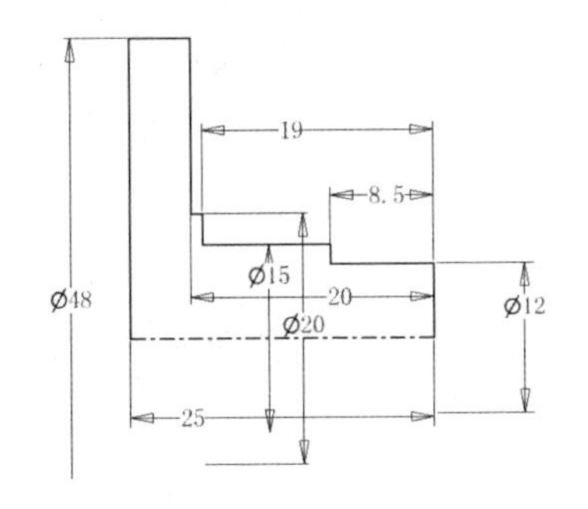

图 2-2-27　创建草图

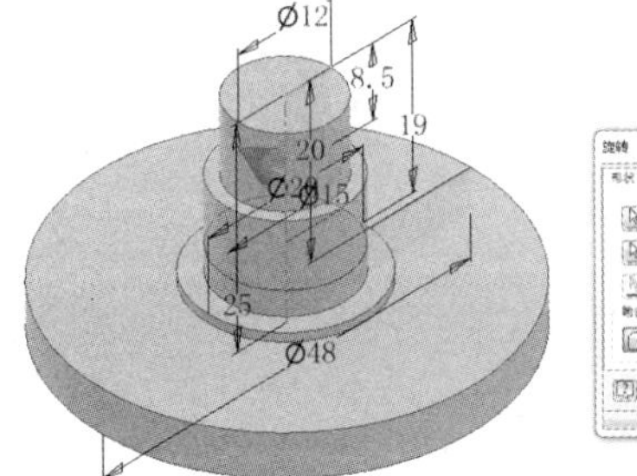

图 2-2-28　创建旋转特征

（3）创建草图。绘制如图 2-2-29 所示草图，将草图全约束，完成后退出草图环境。

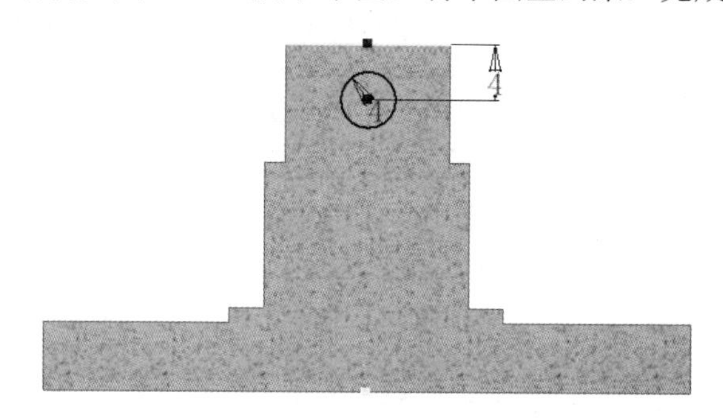

图 2-2-29 创建草图

（4）创建拉伸特征。将步骤（3）创建的草图进行进行拉伸处理，“拉伸方式”选择“求差”，“方向”选择“方向 3”，“拉伸距离”选择“贯通”，效果如图 2-2-30 所示，保存后退出。

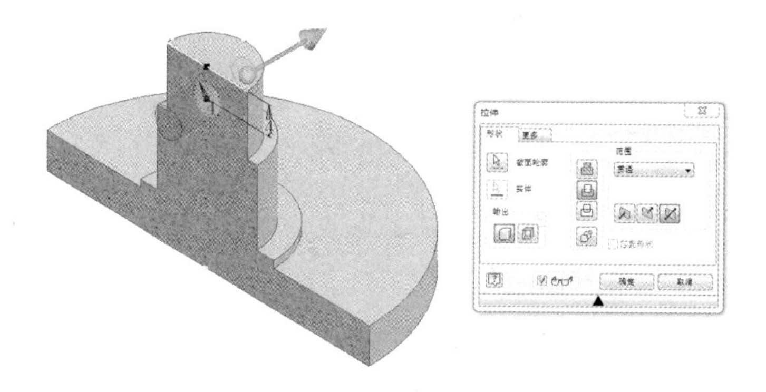

图 2-2-30 创建拉伸特征

（5）创建草图。绘制如图 2-2-31 所示草图，将草图全约束，完成后退出草图环境。

（6）创建孔特征。将步骤（5）创建的草图进行打孔处理，在“打孔”对话框中，“放置”选择“从草图”，“终止方式”选择“距离”，选择“螺纹孔”，“螺纹”选择“GB Metric profile”，“尺寸”选择 6，“孔深”设置为“贯通”，“螺纹”设置为“全螺纹”，效果如图 2-2-32 所示，保存后退出。

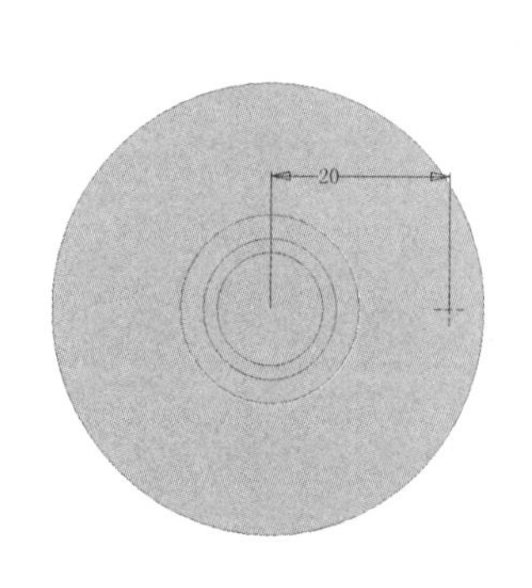

图 2-2-31 创建草图

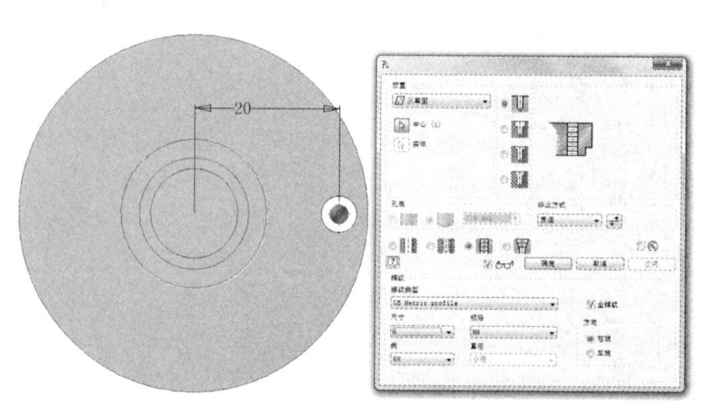

图 2-2-32 创建孔特征

6. 零件 6（零件设计工程图如图 2-2-33 所示）

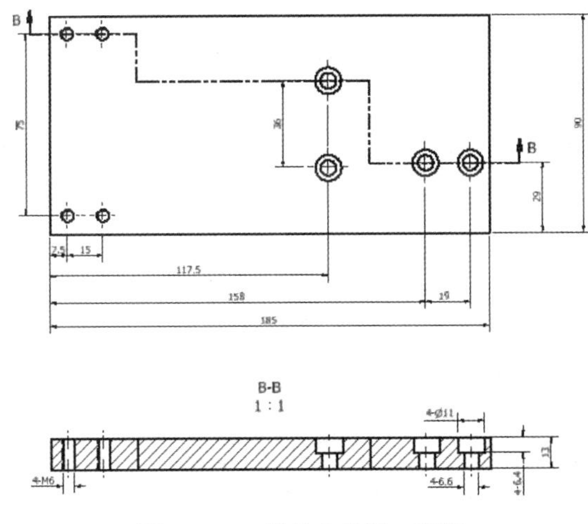

图 2-2-33　零件 6 设计工程图

（1）新建零件文件。新建零件文件并绘制如图 2-2-34 所示草图，将草图全约束，完成后退出草图环境。

（2）创建拉伸特征。将步骤（1）创建的草图进行拉伸处理，“拉伸方式”选择“新建实体”，“方向”选择“方向 1”，“拉伸距离”输入 13mm，完成拉伸，效果如图 2-2-35 所示，保存后退出。

（3）创建草图。绘制如图 2-2-36 所示草图，将草图全约束，完成后退出草图环境。

（4）创建孔特征。将步骤（3）创建的草图进行打孔处理，在“打孔”对话框中，“放置”选择“从草图”，“终止方式”选择“贯通”，选择“螺纹孔”，“螺纹”选择“GB Metric profile”，“尺寸”选择 6，“螺纹深度”设置为“全螺纹”，效果如图 2-2-37 所示，保存后退出。

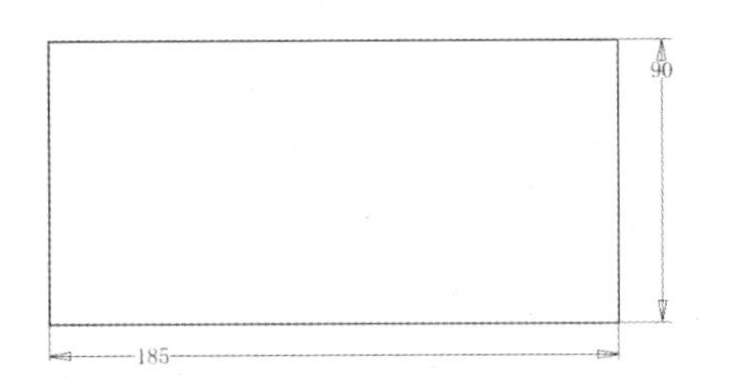

图 2-2-34　创建草图

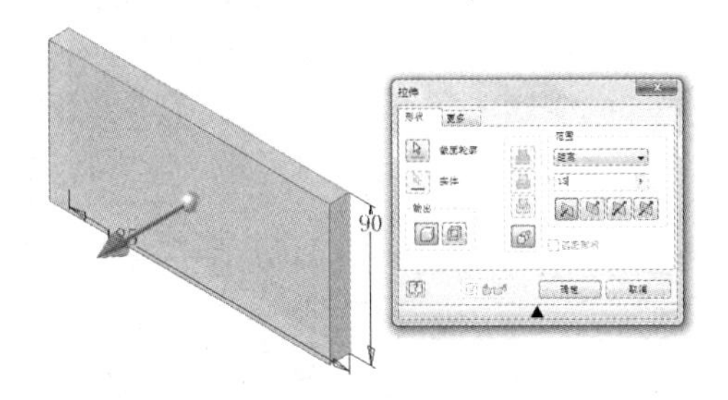

图 2-2-35　创建拉伸特征

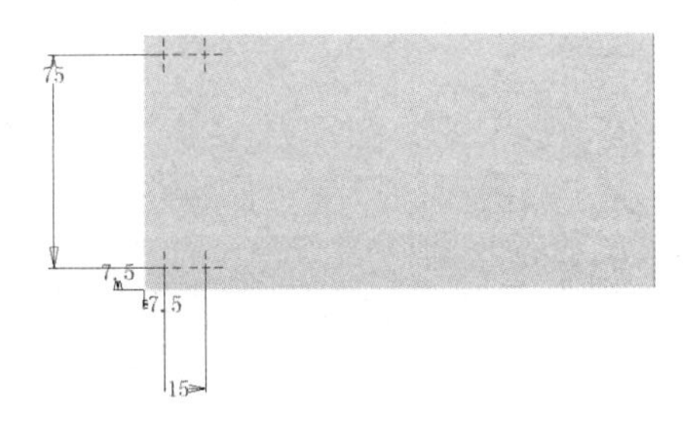

图 2-2-36　创建草图

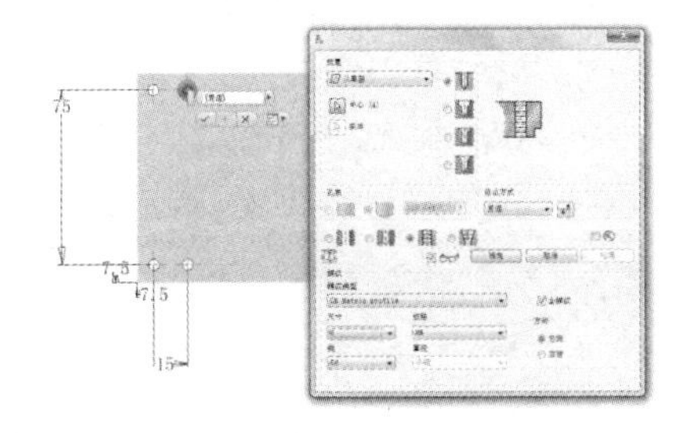

图 2-2-37　创建孔特征

（5）创建草图。绘制如图 2-2-38 所示草图，将草图全约束，完成后退出草图环境。

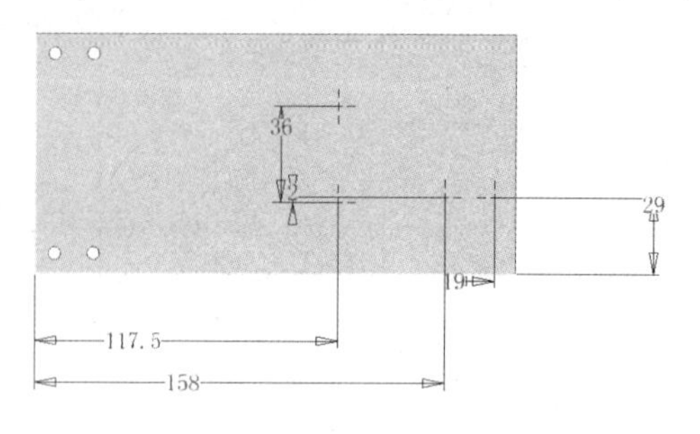

图 2-2-38 创建草图

（6）创建孔特征。将步骤（5）创建的草图进行打孔处理，在“打孔”对话框中，“放置”选择“从草图”，“终止方式”选择“贯通”，选择“简单孔”，“沉头”选择“沉头孔”，“沉头孔大小”设置为 11，“沉头深度”设置为 6.4，“孔大小”设置为 6.6，效果如图 2-2-39 所示，保存后退出。

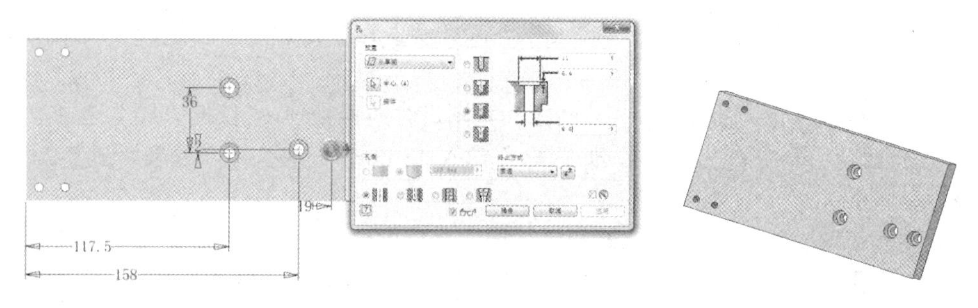

图 2-2-39 创建孔特征

7. 零件 7（零件设计工程图如图 2-2-40 所示）

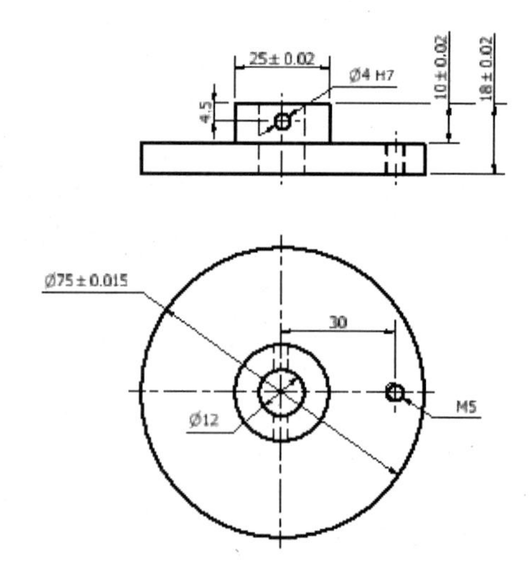

图 2-2-40 零件 7 设计工程图

（1）新建零件文件。新建零件文件并绘制如图 2-2-41 所示草图，将草图全约束，完成后退出草图环境。

（2）创建旋转特征。将步骤（1）创建的草图进行旋转，创建零件的主要轮廓，效果如图 2-2-42 所示。

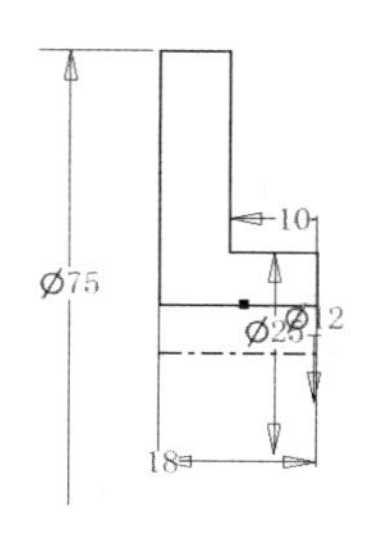

图 2-2-41　创建草图

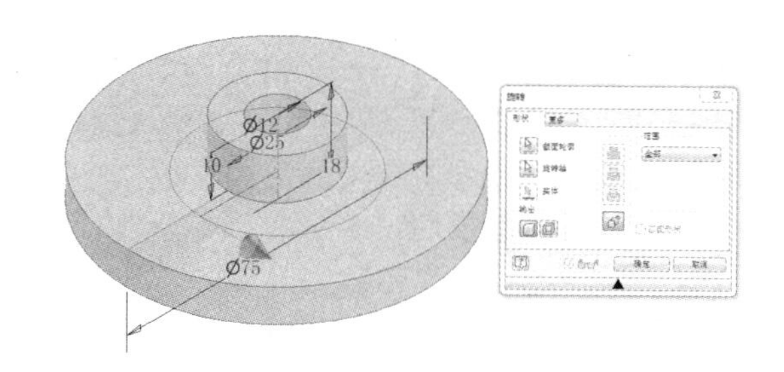

图 2-2-42　创建旋转特征

（3）创建草图。绘制如图 2-2-43 所示草图，将草图全约束，完成后退出草图环境。

（4）创建拉伸特征。将步骤（3）创建的草图进行进行拉伸处理，“拉伸方式”选择“求差”，“方向”选择“方向 3”，“拉伸距离”选择“贯通”，效果如图 2-2-44 所示，保存后退出。

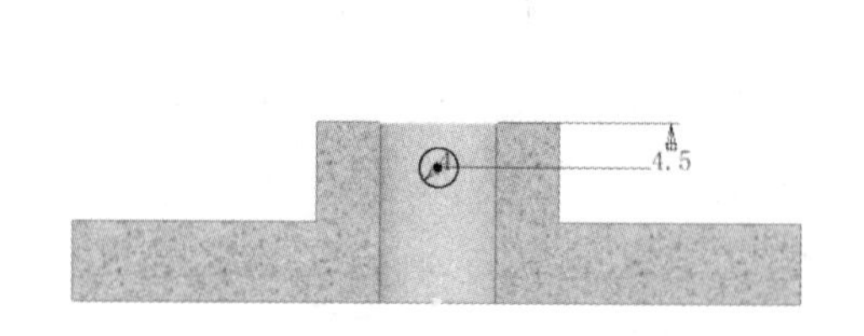

图 2-2-43　创建草图

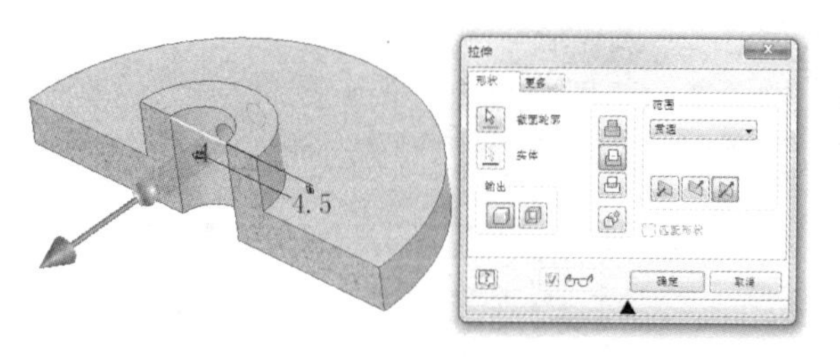

图 2-2-44　创建拉伸特征

（5）创建草图。绘制如图 2-2-45 所示草图，将草图全约束，完成后退出草图环境。

（6）创建孔特征。将步骤（5）创建的草图进行打孔处理，在“打孔”对话框中，“放置”选择“从草图”，“终止方式”选择“距离”，选择“螺纹孔”，“螺纹”选择“GB Metric profile”，“尺寸”选择 5，“孔深”设置为“贯通”，“螺纹”设置为“全螺纹”，效果如图 2-2-46 所示，保存后退出。

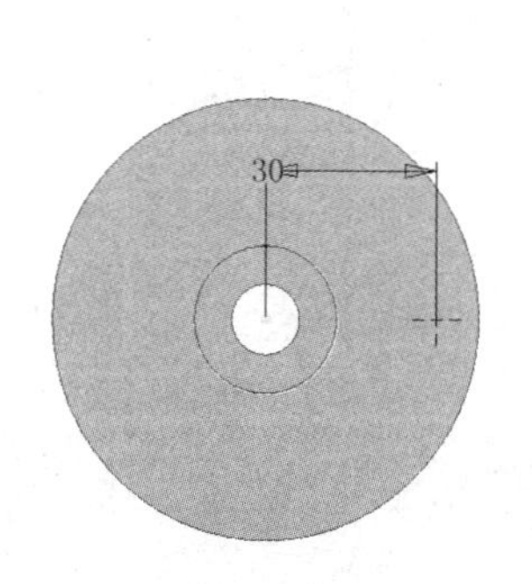

图 2-2-45　创建草图

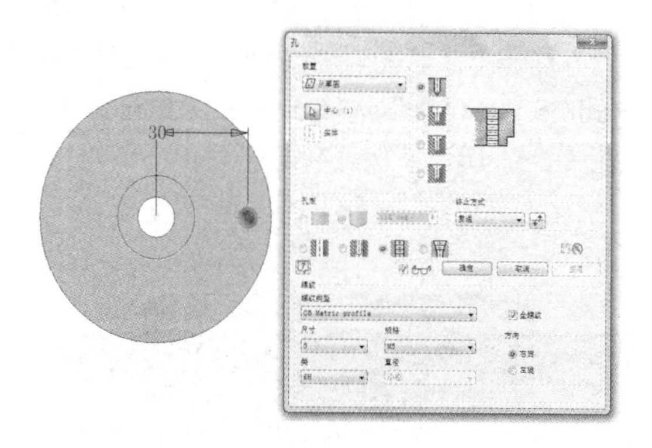

图 2-2-46　创建孔特征

8. 零件 8（零件设计工程图如图 2-2-47 所示）

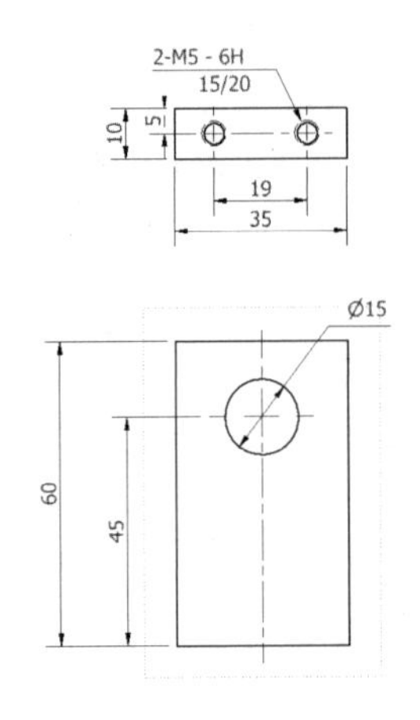

图 2-2-47　零件 8 设计工程图

（1）新建零件文件。新建零件文件并绘制如图 2-2-48 所示草图，将草图全约束，完成后退出草图环境。

（2）创建拉伸特征。将步骤（1）创建的草图进行进行拉伸处理，“拉伸方式”选择“求和”，“方向”选择“方向 1”，“拉伸距离”输入 10mm，效果如图 2-2-49 所示，保存后退出。

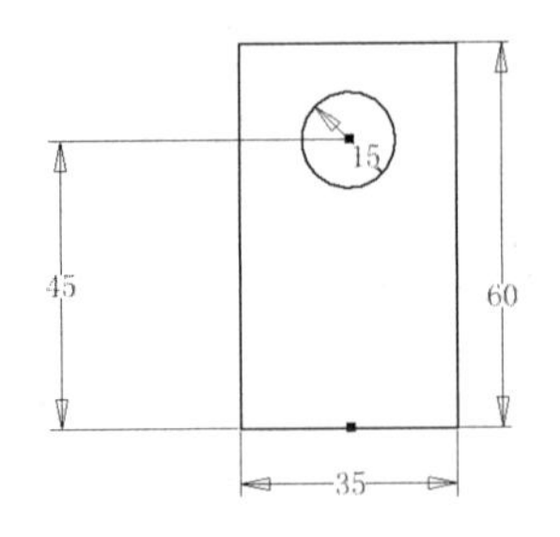

图 2-2-48　创建草图

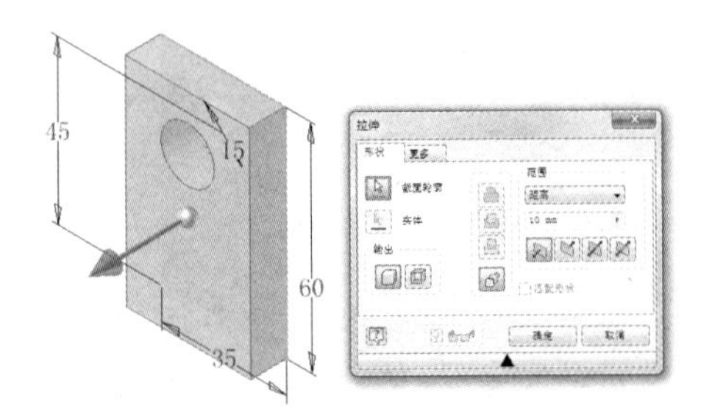

图 2-2-49　创建拉伸特征

（3）创建草图。绘制如图 2-2-50 所示草图，将草图全约束，完成后退出草图环境。

（4）创建孔特征。将步骤（3）创建的草图进行打孔处理，在“打孔”对话框中，“放置”选择“从草图”，“终止方式”选择“距离”，选择“螺纹孔”，“螺纹”选择“GB Metric profile”，“尺寸”选择 5，“孔深”设置为 20mm，“螺纹有效深度”设置为 15mm，效果如图 2-2-51 所示，保存后退出。

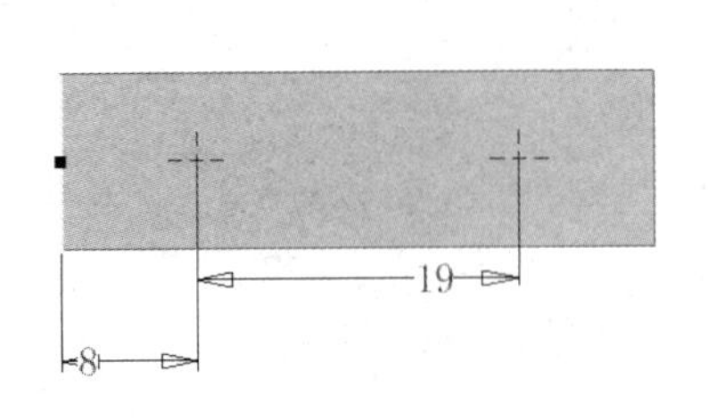

图 2-2-50　创建草图

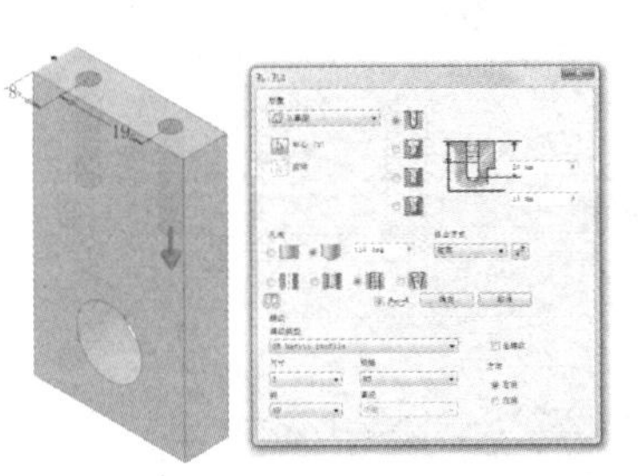
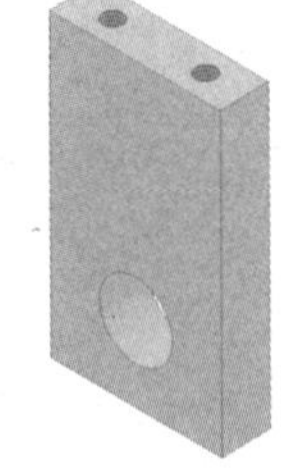

图 2-2-51　创建孔特征

9. 零件 9（零件设计工程图如图 2-2-52 所示）

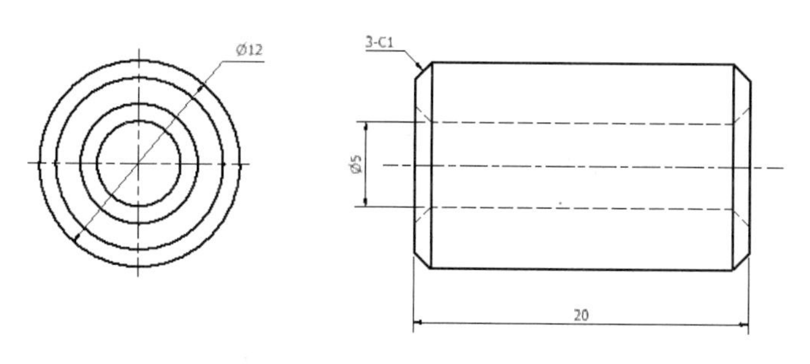

图 2-2-52　零件 9 设计工程图

（1）新建零件文件。新建零件文件并绘制如图 2-2-53 所示草图，将草图全约束，完成后退出草图环境。

（2）创建旋转特征。将步骤（1）创建的草图进行旋转，创建零件的主要轮廓，效果如图 2-2-54 所示。

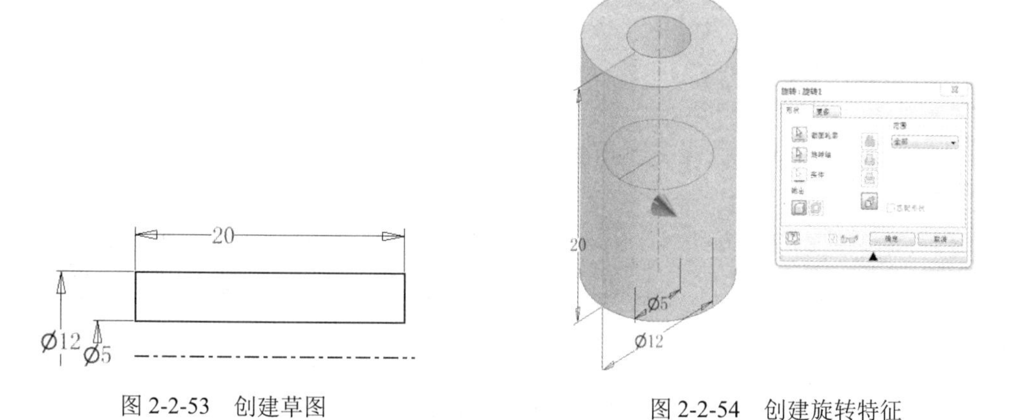

图 2-2-53　创建草图

图 2-2-54　创建旋转特征

（3）创建倒角特征。将图 2-2-55 所示的边进行倒角处理，“倒角类型”选择“倒角边长”，“倒角边长”输入 1，效果如图 2-2-55 所示。

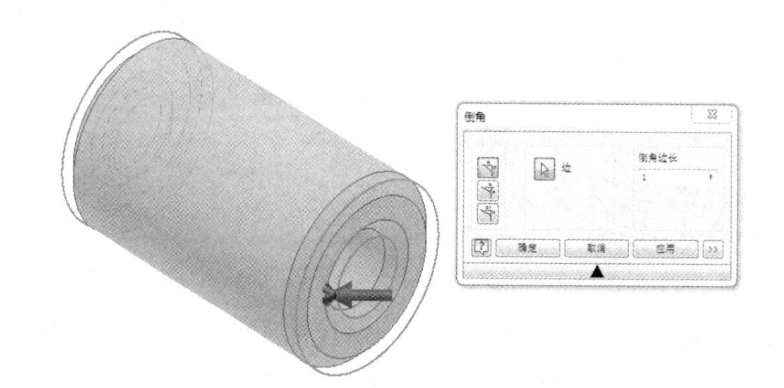

图 2-2-55　创建倒角特征

机械机构设计

10. 零件 10（零件设计工程图如图 2-2-56 所示）

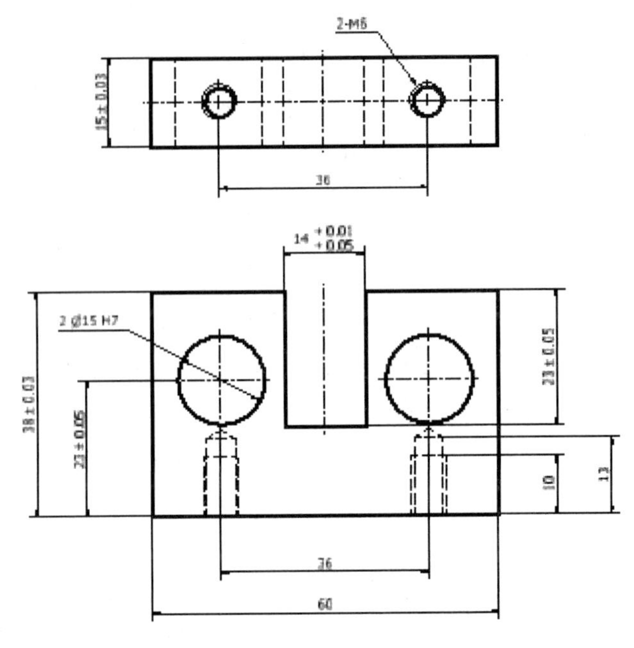

图 2-2-56　零件 10 设计工程图

（1）新建零件文件。新建零件文件并绘制如图 2-2-57 所示草图，将草图全约束，完成后退出草图环境。

（2）创建拉伸特征。将步骤（1）创建的草图进行进行拉伸处理，“拉伸方式”选择“求和”，“方向”选择“方向 1”，“拉伸距离”输入 15，效果如图 2-2-58 所示，保存后退出。

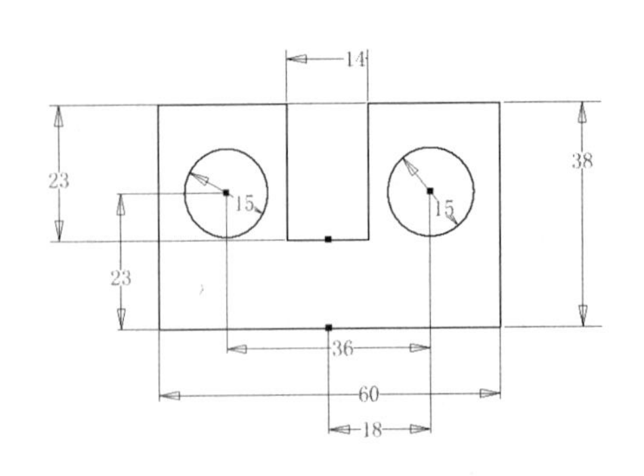

图 2-2-57　创建草图

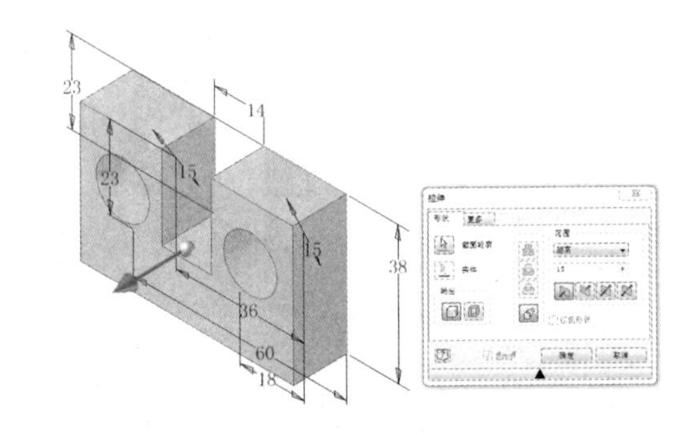

图 2-2-58　创建孔特征

（3）创建草图。绘制如图 2-2-59 所示草图，将草图全约束，完成后退出草图环境。

（4）创建孔特征。将步骤（3）创建的草图进行打孔处理，在“打孔”对话框中，“放置”选择“从草图”，“终止方式”选择“距离”，选择“螺纹孔”，“螺纹”选择“GB Metric profile”，“尺寸”选择 6，“孔深”设置为 13，“螺纹有效深度”设置为 10，效果如图 2-2-60 所示，保存后退出。

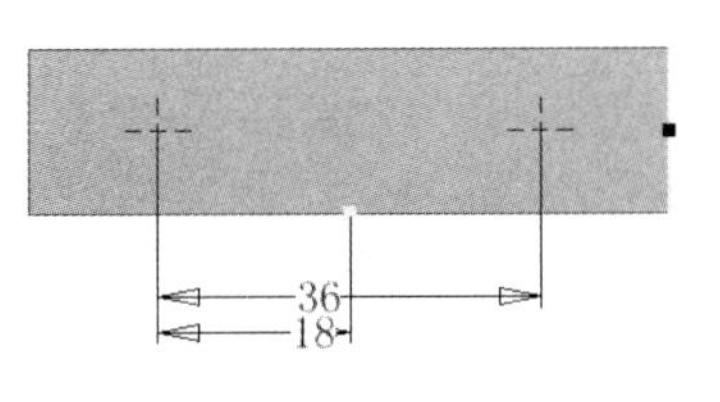

图 2-2-59 创建草图

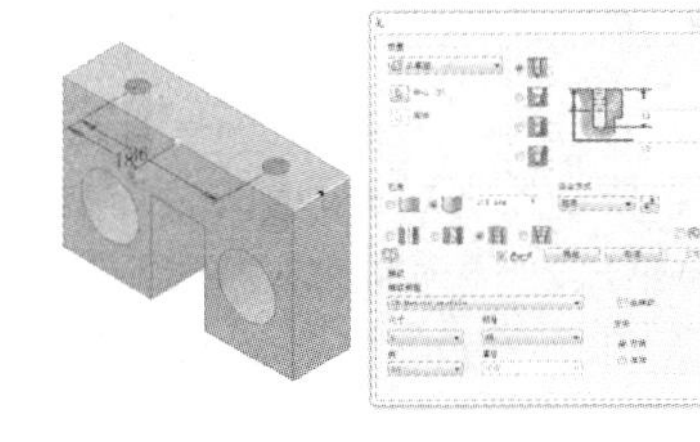

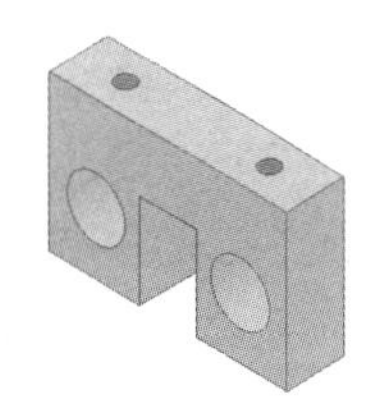

图 2-2-60 创建孔特征

11. 零件 11（零件设计工程图如图 2-2-61 所示）

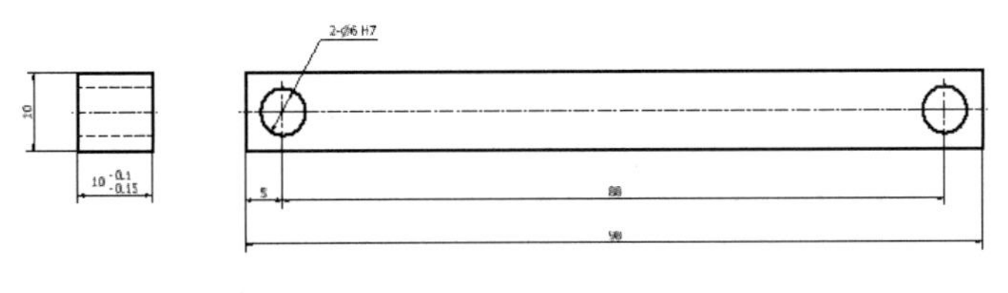

图 2-2-61 零件 11 设计工程图

（1）新建零件文件。新建零件文件并绘制如图 2-2-62 所示草图，将草图全约束，完成后退出草图环境。

（2）创建拉伸特征。将步骤（1）创建的草图进行拉伸处理，“拉伸方式”选择“新建实体”，“方向”选择“方向 1”，“拉伸距离”输入 10mm，效果如图 2-2-63 所示。

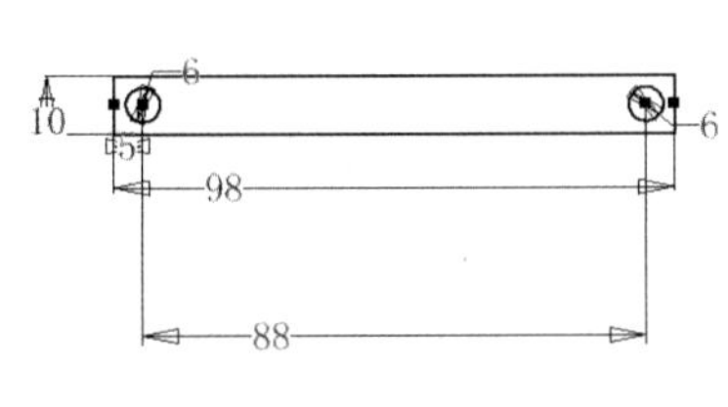

图 2-2-62 创建草图

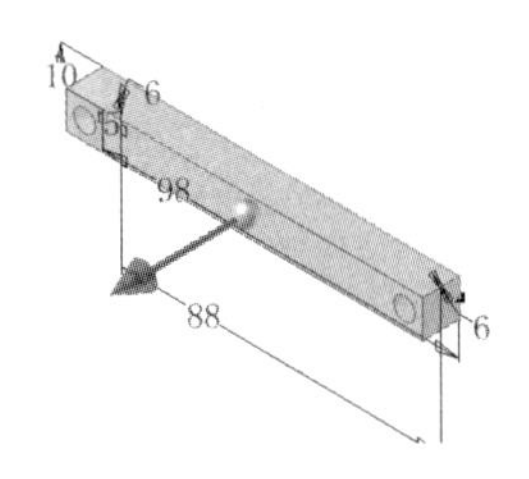

图 2-2-63 创建拉伸特征

12. 零件 12（零件设计工程图如图 2-2-64 所示）

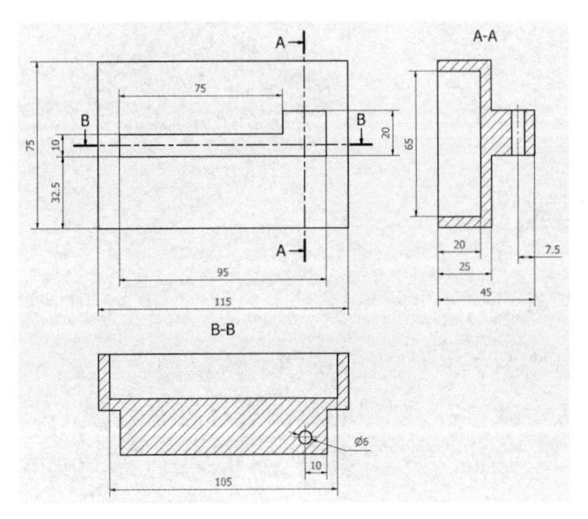

图 2-2-64 零件 12 设计工程图

（1）新建零件文件。新建零件文件并绘制如图 2-2-65 所示草图，将草图全约束，完成后退出草图环境。

（2）创建拉伸特征。将步骤（1）创建的草图进行进行拉伸处理，“拉伸方式”选择“求和”，“方向”选择“方向 1”，“拉伸距离”输入 25，效果如图 2-2-66 所示，保存后退出。

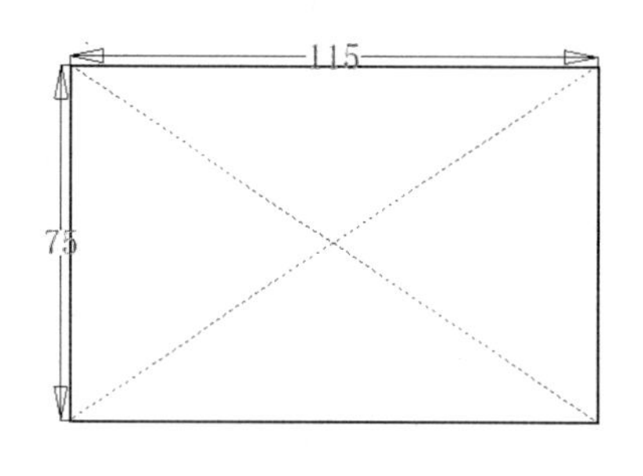

图 2-2-65　创建草图

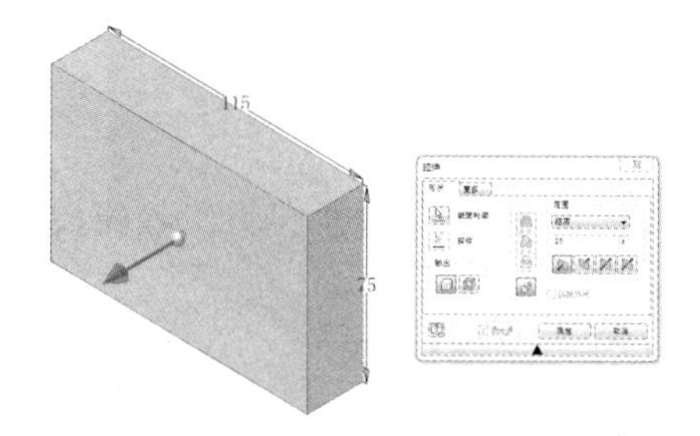

图 2-2-66　创建拉伸特征

（3）创建草图。绘制如图 2-2-67 所示草图，将草图全约束，完成后退出草图环境。

（4）创建拉伸特征。将步骤（3）创建的草图进行进行拉伸处理，“拉伸方式”选择“求和，“方向”选择“方向 1”，“拉伸距离”输入 20，效果如图 2-2-68，保存后退出。

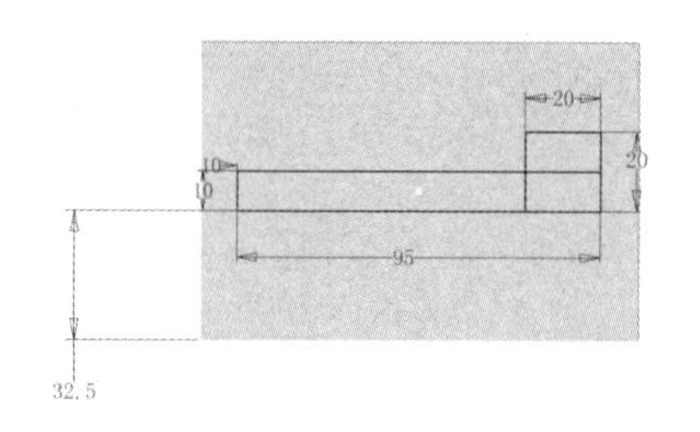

图 2-2-67　创建草图

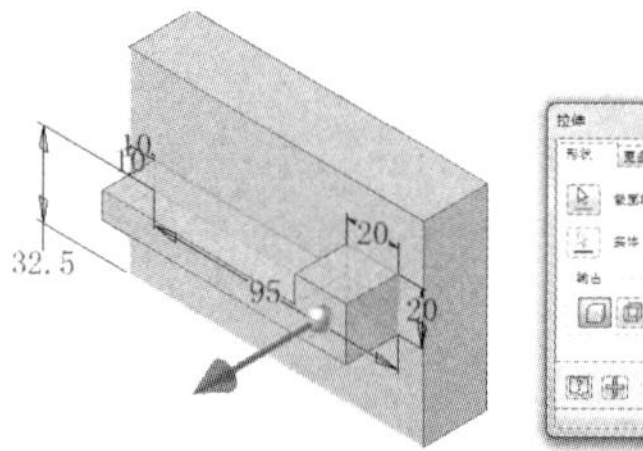

图 2-2-68　创建拉伸特征

（5）创建草图。绘制如图 2-2-69 所示草图，将草图全约束，完成后退出草图环境。

（6）创建拉伸特征。将步骤（5）创建的草图进行进行拉伸处理，“拉伸方式”选择“求差”，“方向”选择“方向 2”，“拉伸距离”输入 20mm，效果如图 2-2-70 所示，保存后退出。

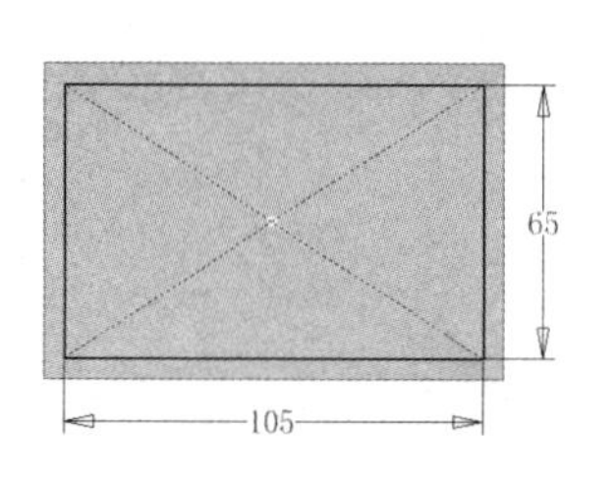

图 2-2-69　创建草图

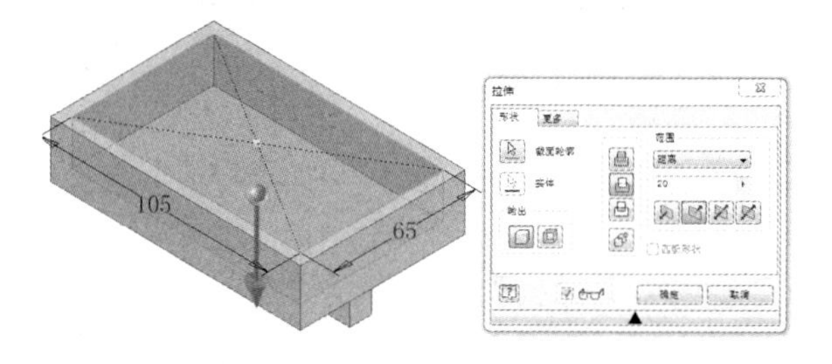

图 2-2-70　创建拉伸特征

（7）创建草图。绘制如图 2-2-71 所示草图，将草图全约束，完成后退出草图环境。

（8）创建孔特征。将步骤（7）创建的草图进行打孔处理，在“打孔”对话框中，“放置”选择“从草图”，“终止方式”选择“贯通”，“孔大小”为 6mm，效果如图 2-2-72 所示，保存后退出。

图 2-2-71　创建草图

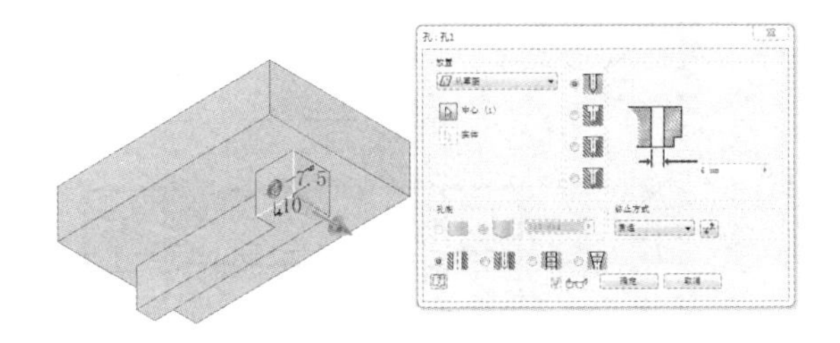

图 2-2-72　创建孔特征

任务 3　曲柄摇杆设计

曲柄摇杆实例如图 2-3-1 所示。

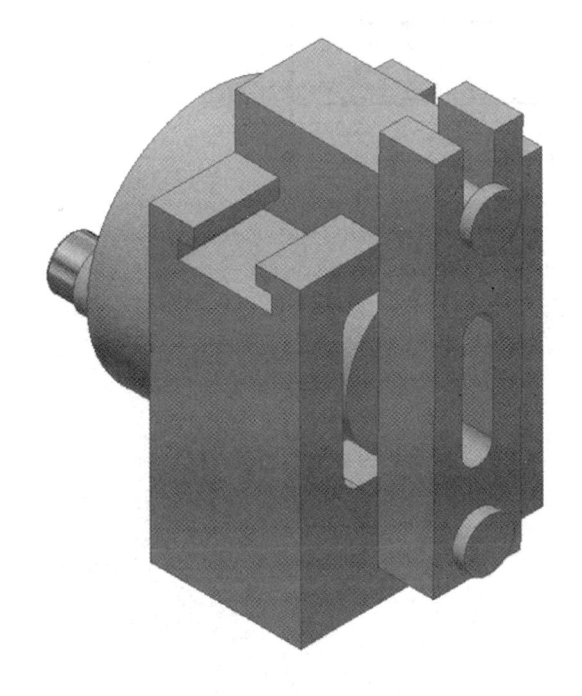

图 2-3-1　曲柄摇杆实例

设计步骤

1. 零件 1（零件设计工程图如图 2-3-2 所示）

（1）新建零件文件。新建零件文件并绘制如 2-3-3 所示草图，将草图全约束，完成后退出草图环境。

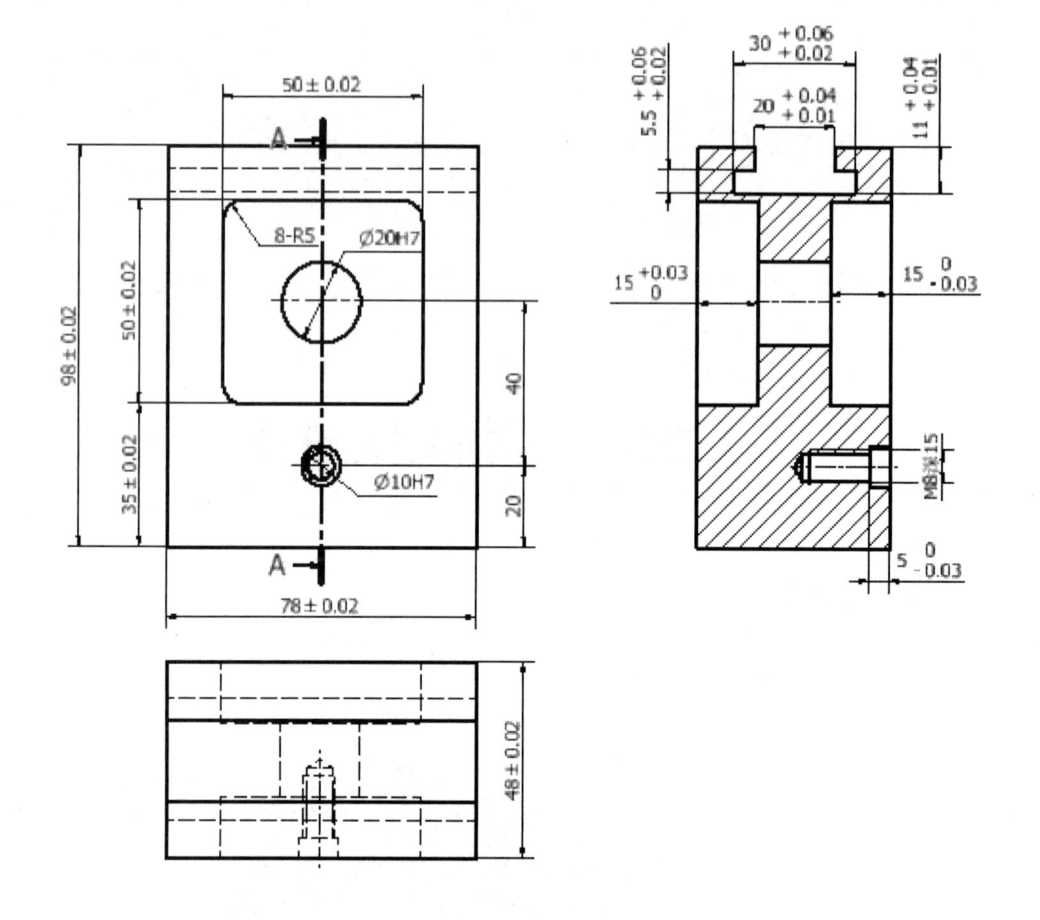

图 2-3-2　零件 1 设计工程图

（2）创建拉伸特征。将步骤（1）创建的草图进行拉伸处理，“拉伸方式”选择“新建实体”，“方向”选择“方向 1”，“拉伸距离”输入 78mm，效果如图 2-3-4 所示。

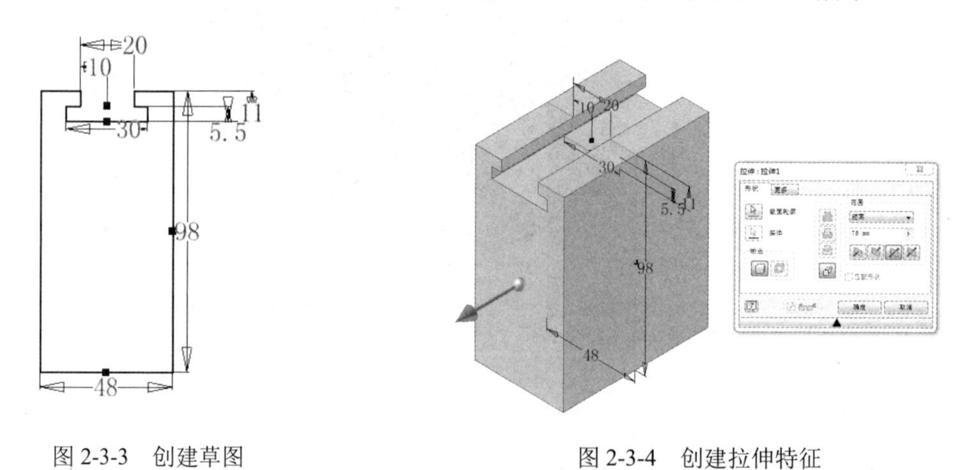

图 2-3-3　创建草图　　图 2-3-4　创建拉伸特征

（3）创建草图。绘制如图 2-3-5 所示草图，将草图全约束，完成后退出草图环境。

（4）创建拉伸特征。将步骤（3）创建的草图进行进行拉伸处理，“拉伸方式”选择“求差”，“方向”选择“方向 3”，选择“距离”为“贯通”，效果如图 2-3-6 所示，保存后退出。

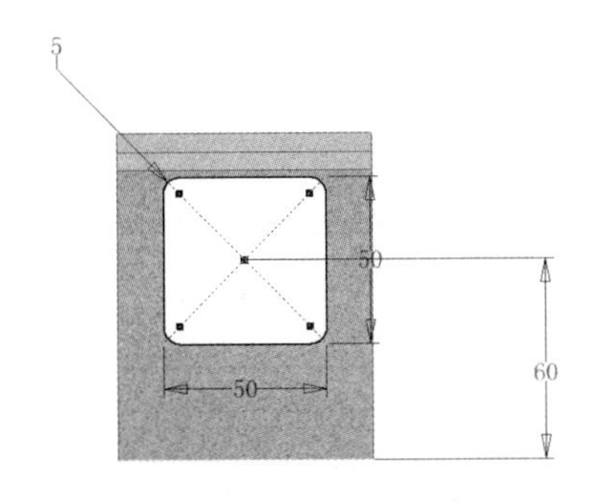

图 2-3-5　创建草图

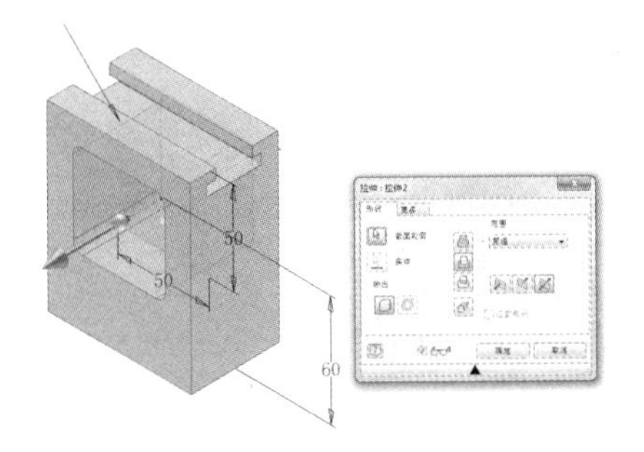

图 2-3-6　创建拉伸特征

（5）创建草图。绘制如图 2-3-7 所示草图，将草图全约束，完成后退出草图环境。

（6）创建拉伸特征。将步骤（5）创建的草图进行拉伸处理，“拉伸方式”选择“求和”，“方向”选择“方向 1”，“拉伸距离”输入 18mm，效果如图 2-3-8 所示。

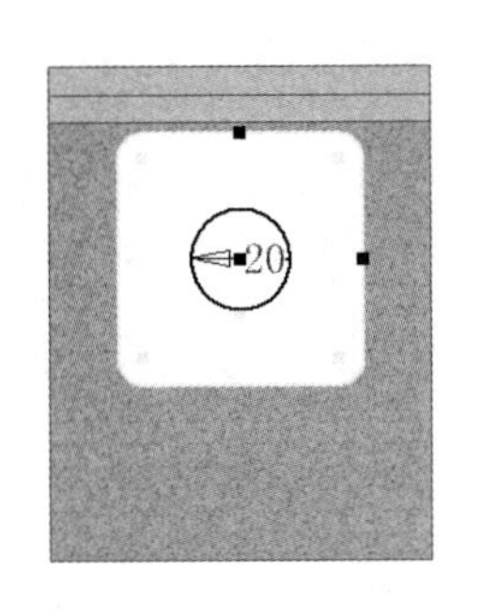

图 2-3-7　创建草图

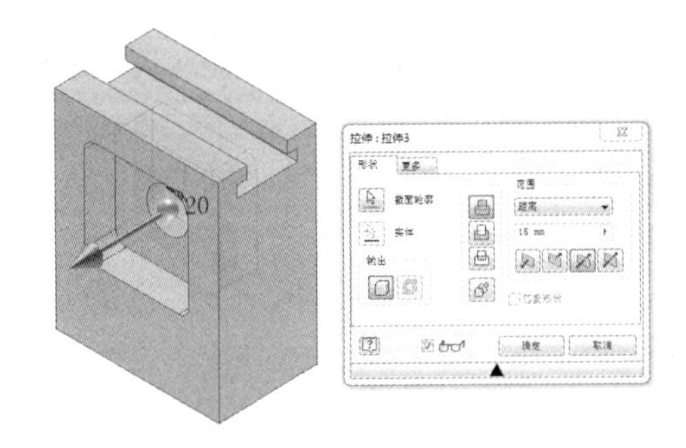

图 2-3-8　创建拉伸特征

（7）创建草图。绘制如图 2-3-9 所示草图，将草图全约束，完成后退出草图环境。

（8）创建孔特征。将步骤（3）创建的草图进行打孔处理，在“打孔”对话框中，“放置”选择“从草图”，“终止方式”选择“距离”，选择“螺纹孔”，“螺纹”选择“GB Metric profile”，“尺寸”选择 M8，选择“简单孔”，“沉头”选择“沉头孔”，“沉头孔大小”设置为 10mm，“沉头深度”设置为 5mm，“孔深”设置为 17mm，螺纹有效深度设置为 15mm，效果如图 2-3-10 所示，保存后退出。

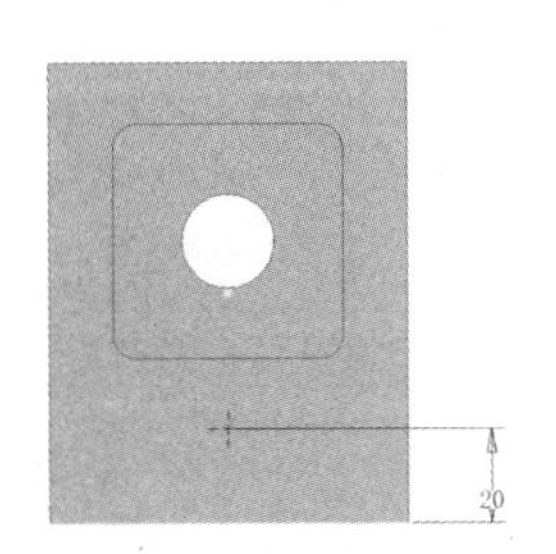

图 2-3-9　创建草图

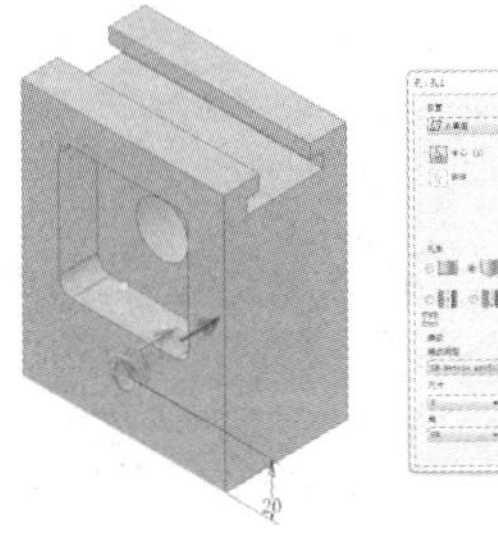

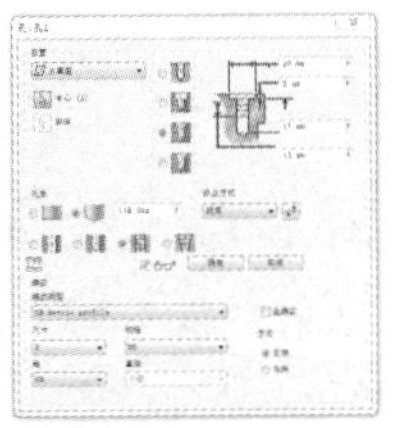

图 2-3-10　创建孔特征

2. 零件 2（零件设计工程图如图 2-3-11 所示）

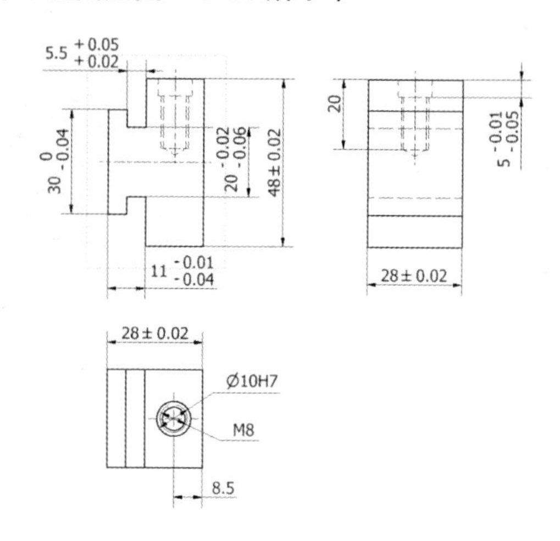

图 2-3-11　零件 2 设计工程图

（1）新建零件文件。新建零件文件并绘制如图 2-3-12 所示草图，将草图全约束，完成后退出草图环境。

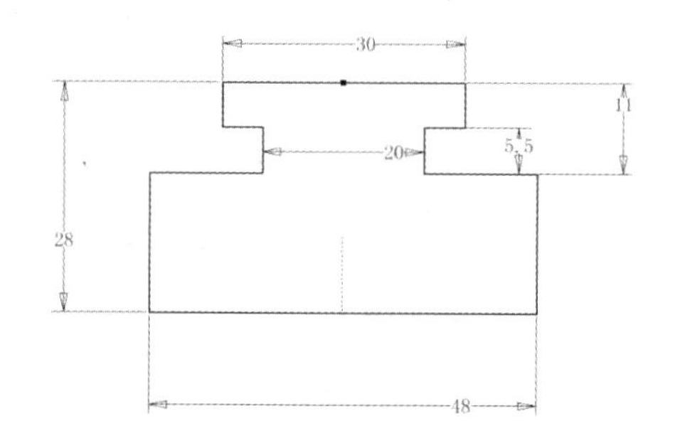

图 2-3-12　创建草图

（2）创建拉伸特征。将步骤（1）创建的草图进行拉伸处理，“拉伸方式”选择“新建实体”，“方向”选择“方向 1”，“拉伸距离”输入 28mm，效果如图 2-3-13 所示。

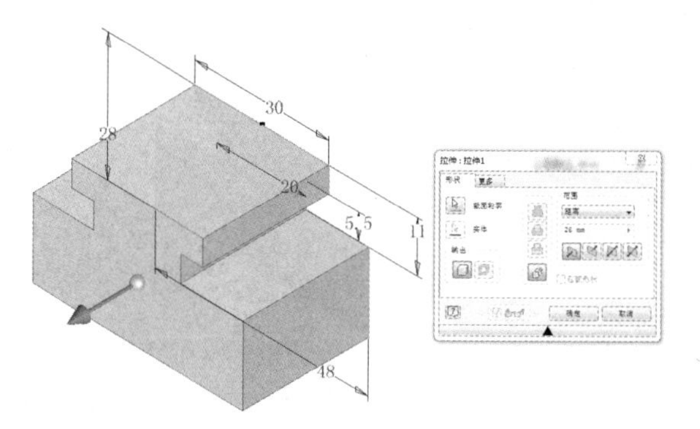

图 2-3-13　创建拉伸特征

（3）创建草图。绘制如图 2-3-14 所示草图，将草图全约束，完成后退出草图环境。

（4）创建孔特征。将步骤（3）创建的草图进行打孔处理，在“打孔”对话框中，“放置”选择“从草图”，“终止方式”选择“距离”，选择“螺纹孔”，“螺纹”选择“GB Metric profile”，“尺寸”选择 M8，选择“简单孔”，“沉头”选择“沉头孔”，“沉头孔大小”设置为 10mm，“沉头深度”设置为 5mm，“孔深”设置为 15mm，“螺纹”选择“全螺纹”，效果如图 2-3-15 所示，保存后退出。

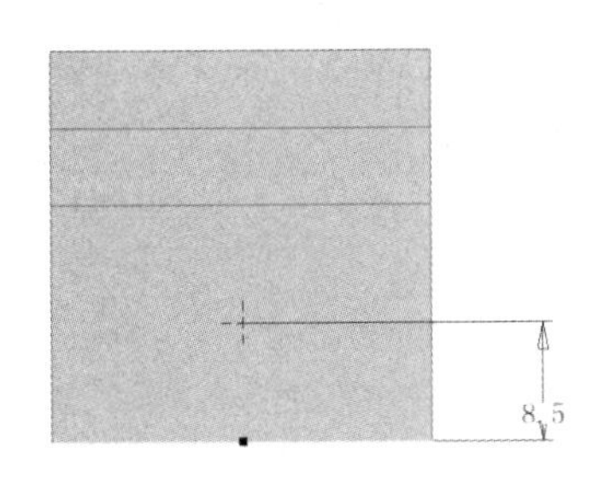

图 2-3-14　创建草图

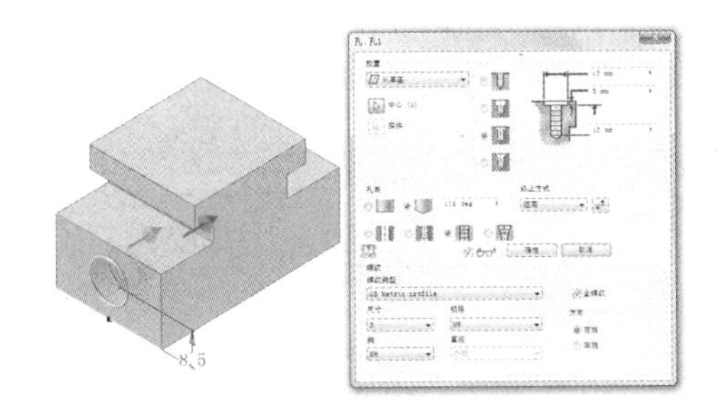

图 2-3-15　创建孔特征

3. 零件 3（零件设计工程图如图 2-3-16 所示）

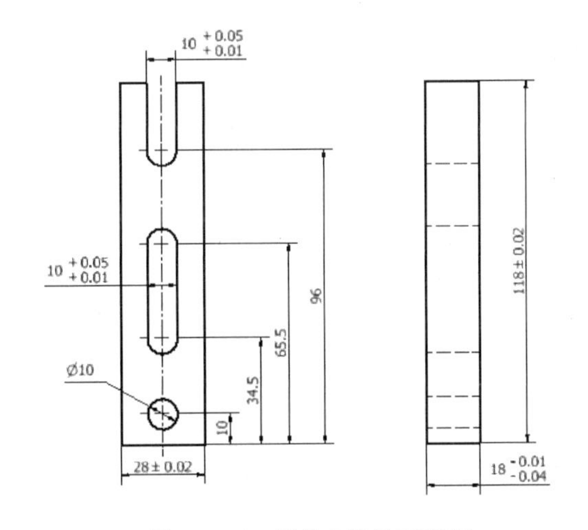

图 2-3-16　零件 3 设计工程图

（1）创建草图。绘制如图 2-3-17 所示草图，将草图全约束，完成后退出草图环境。

（2）创建拉伸特征。将步骤（1）创建的草图进行拉伸处理，“拉伸方式”选择“新建实体”，“方向”选择“方向 1”，“拉伸距离”输入 18mm，效果如图 2-3-18 所示。

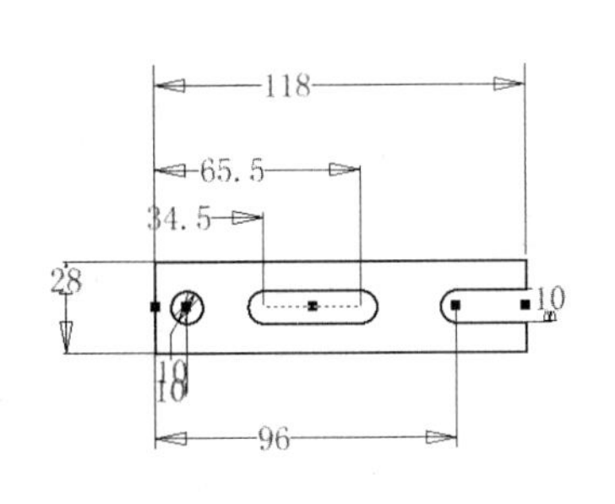

图 2-3-17　创建草图

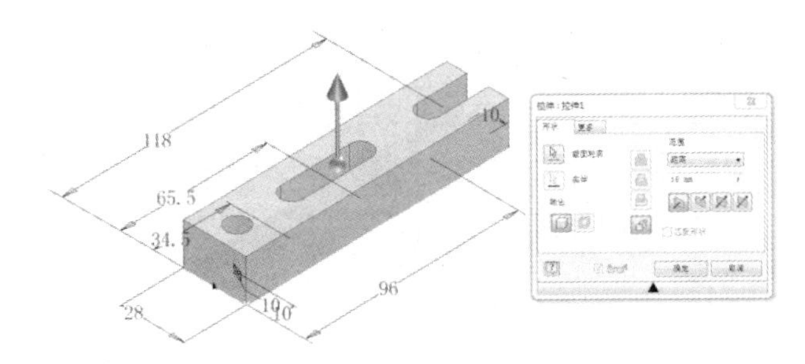

图 2-3-18　创建拉伸特征

4. 零件 4（零件设计工程图如图 2-3-19 所示）

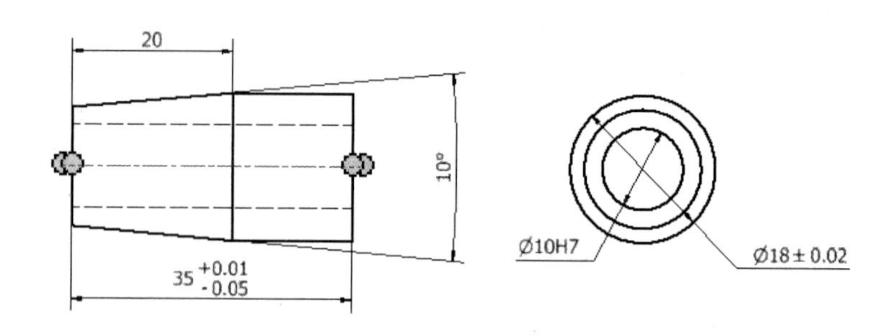

图 2-3-19　零件 4 设计工程图

（1）新建零件文件。新建零件文件并绘制如图 2-3-20 所示草图，将草图全约束，完成后退出草图环境。

（2）创建旋转特征。将步骤（1）创建的草图进行旋转，创建零件的主要轮廓，效果如图 2-3-21 所示。

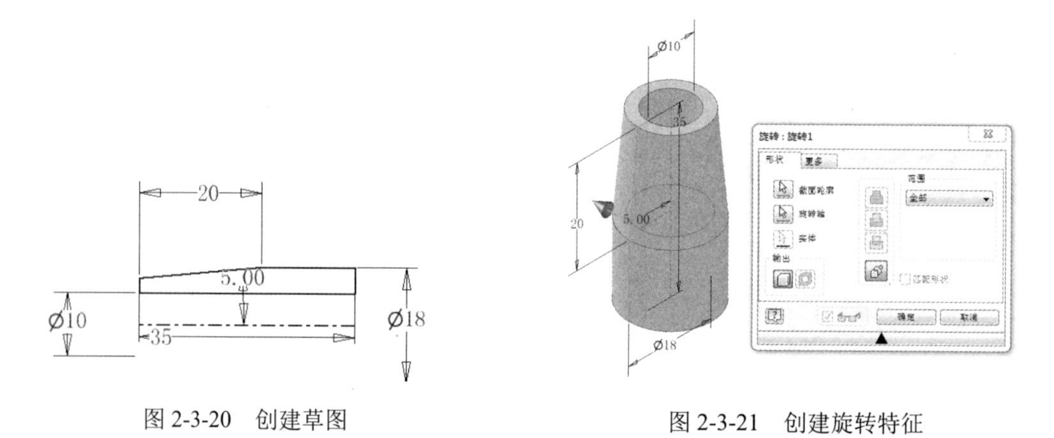

图 2-3-20　创建草图　　图 2-3-21　创建旋转特征

5. 零件 5（零件设计工程图如图 2-3-22 所示）

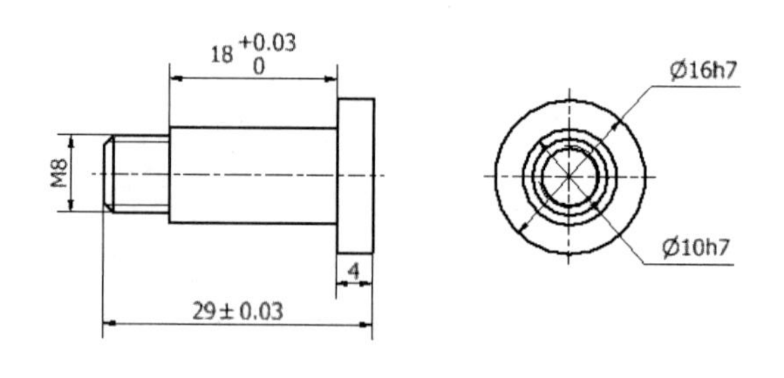

图 2-3-22　零件 5 设计工程图

（1）新建零件文件。新建零件文件并绘制如图 2-3-23 所示草图，将草图全约束，完成后退出草图环境。

（2）创建旋转特征。将步骤（1）创建的草图进行旋转，创建零件的主要轮廓，效果如图 2-3-24。

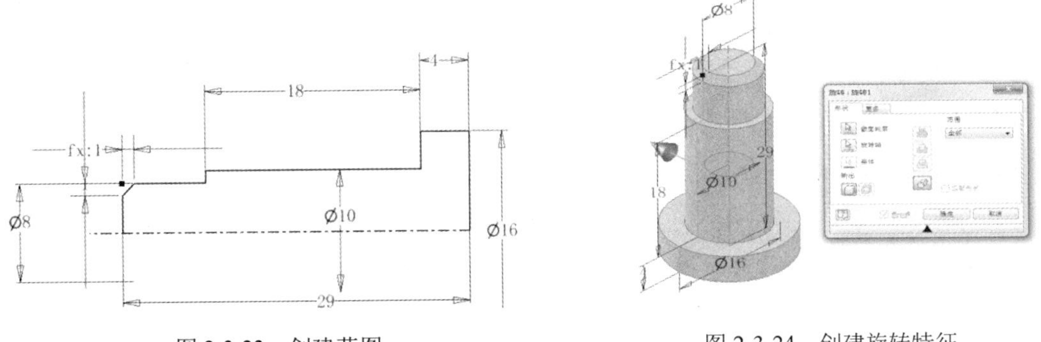

图 2-3-23　创建草图　　　　图 2-3-24　创建旋转特征

（3）创建螺纹特征。如图 2-3-25 所示，创建螺纹特征，“面”选择所示圆柱表面，“定义”栏“螺纹类型”选择“GB Metric profile”，“尺寸”选择 4mm。

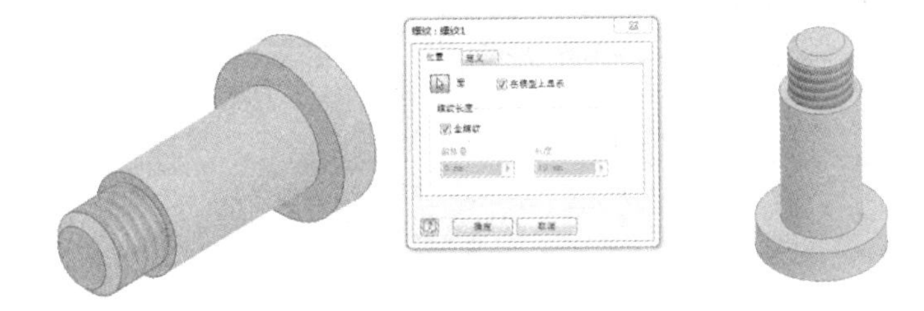

图 2-3-25　创建螺纹特征

6. 零件 6（零件设计工程图如图 2-3-26 所示）

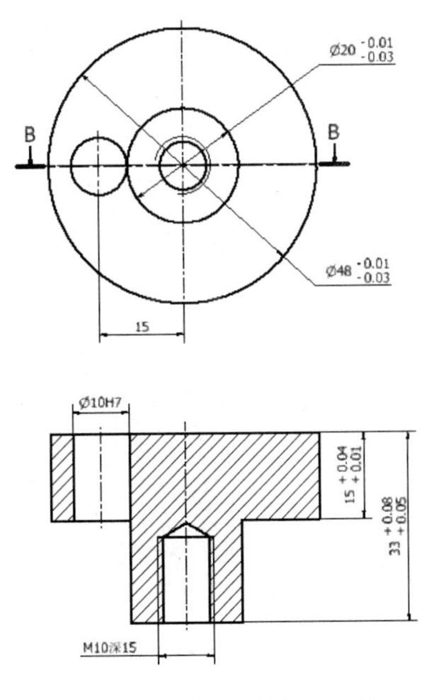

图 2-3-26　零件 6 设计工程图

（1）新建零件文件。新建零件文件并绘制如图 2-3-27 所示草图，将草图全约束，完成后退出草图环境。

（2）创建旋转特征。将步骤（1）创建的草图进行旋转，创建零件的主要轮廓，效果如图 2-3-28 所示。

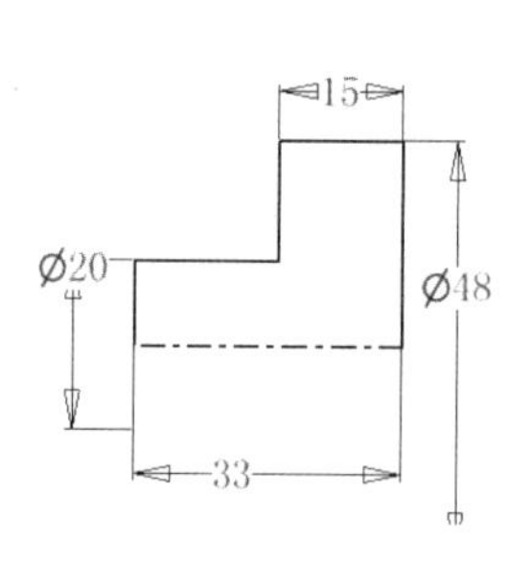

图 2-3-27　创建草图

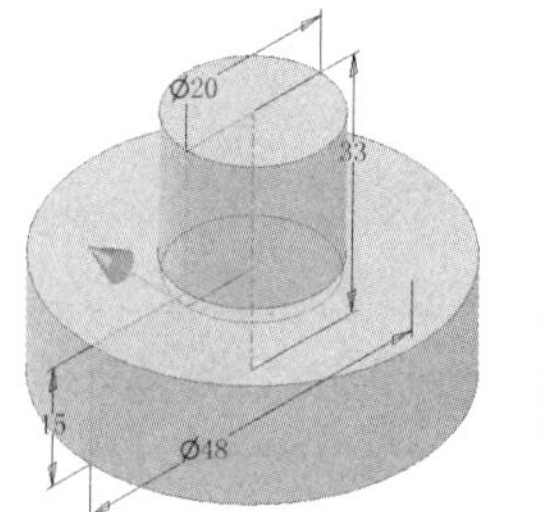

图 2-3-28　创建旋转特征

（3）创建草图。绘制如图图 2-3-29 所示草图，将草图全约束，完成后退出草图环境。

（4）创建拉伸特征。将步骤（3）创建的草图进行进行拉伸处理，“拉伸方式”选择“求差”，“方向”选择“方向 2”，“拉伸距离”选择“贯通”，效果如图 2-3-30 所示，保存后退出。

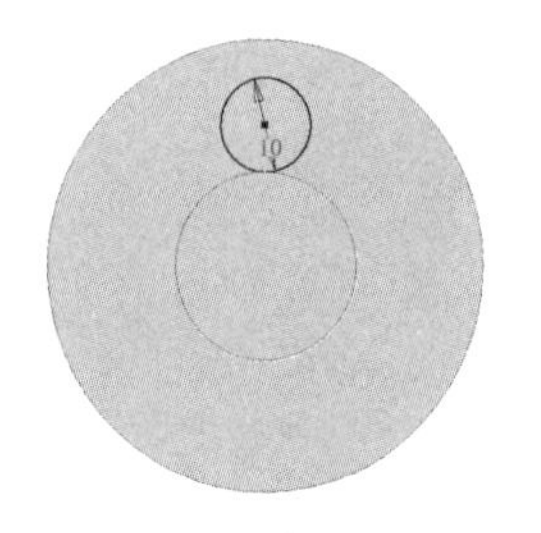

图 2-3-29　创建草图

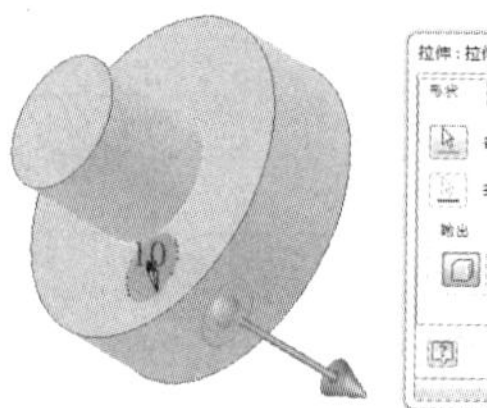

图 2-3-30　创建拉伸特征

（5）创建草图。绘制如图 2-3-31 所示草图，将草图全约束，完成后退出草图环境。

（6）创建孔特征。将步骤（5）创建的草图进行打孔处理，在“打孔”对话框中，“放置”选择“从草图”，“终止方式”选择“距离”，选择“螺纹孔”，“螺纹”选择“GB Metric profile”，“尺寸”选择 10，“孔深”设置为 15mm，“螺纹深度”设置为全螺纹，效果如图 2-3-32 所示，保存后退出。

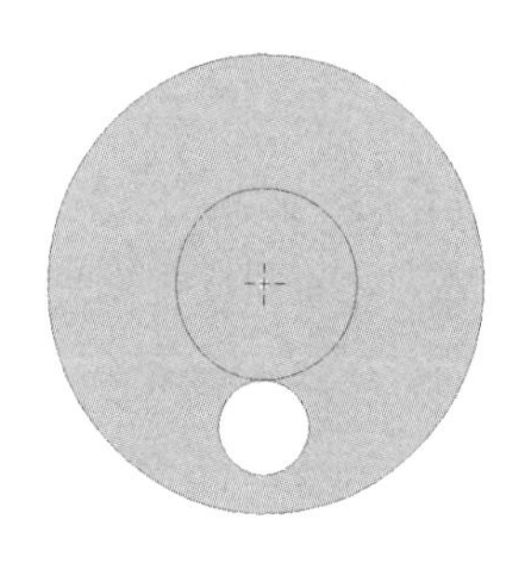

图 2-3-31　创建草图

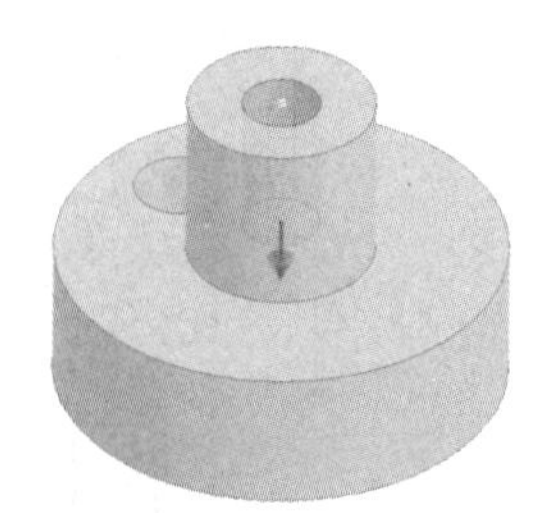

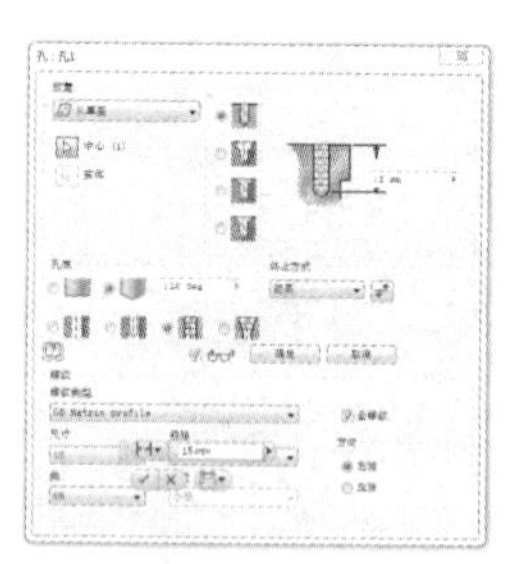

图 2-3-32　创建孔特征

7. 零件 7（零件设计工程图如图 2-3-33 所示）

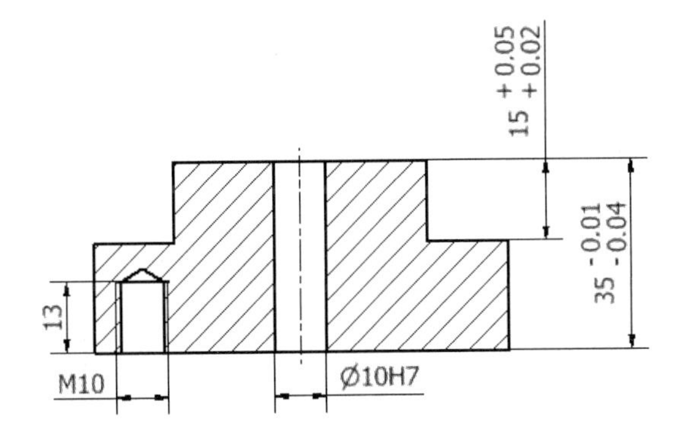

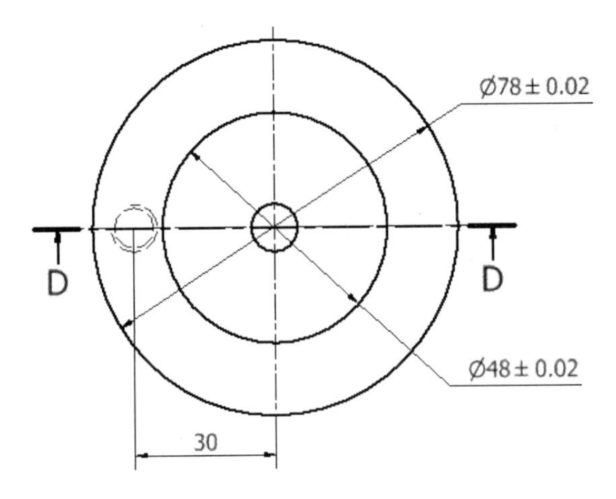

图 2-3-33　零件 7 设计工程图

（1）新建零件文件。新建零件文件并绘制如图 2-3-34 所示草图，将草图全约束，完成后退出草图环境。

（2）创建旋转特征。将步骤（1）创建的草图进行旋转，创建零件的主要轮廓，效果如图 2-3-35 所示。

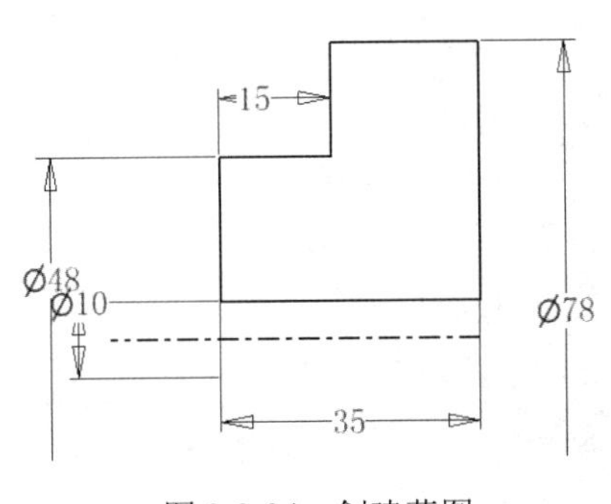

图 2-3-34　创建草图

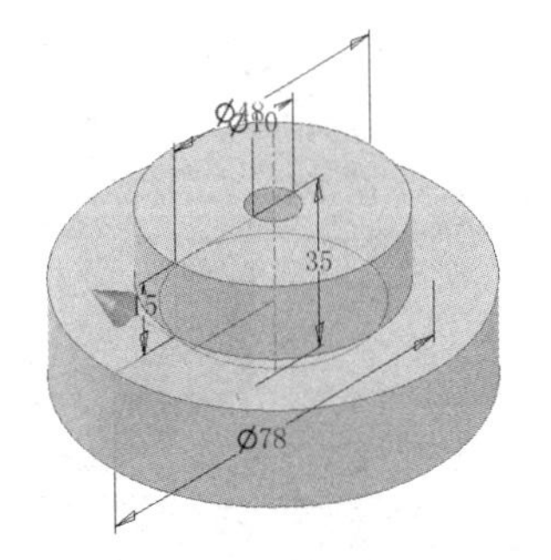

图 2-3-35　创建旋转特征

（3）创建草图。绘制如图 2-3-36 所示草图，将草图全约束，完成后退出草图环境。

（4）创建孔特征。将步骤（5）创建的草图进行打孔处理，在“打孔”对话框中，“放置”选择“从草图”，“终止方式”选择“距离”，选择“螺纹孔”，“螺纹”选择“GB Metric profile”，“尺寸”选择 10，“孔深”设置为 13mm，“螺纹深度”设置为全螺纹，效果如图 2-3-37 所示，保存后退出。

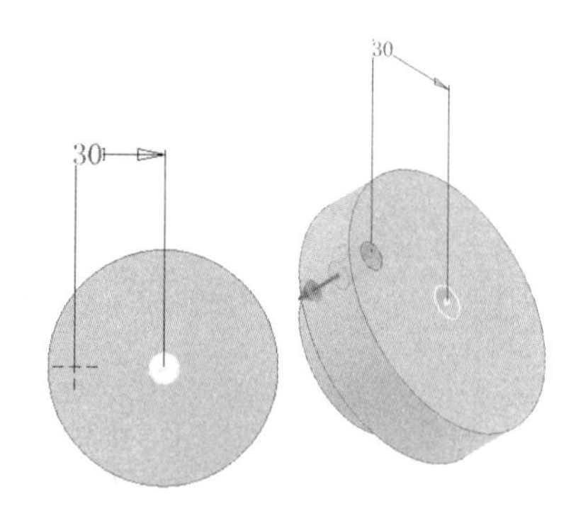

图 2-3-36　创建草图

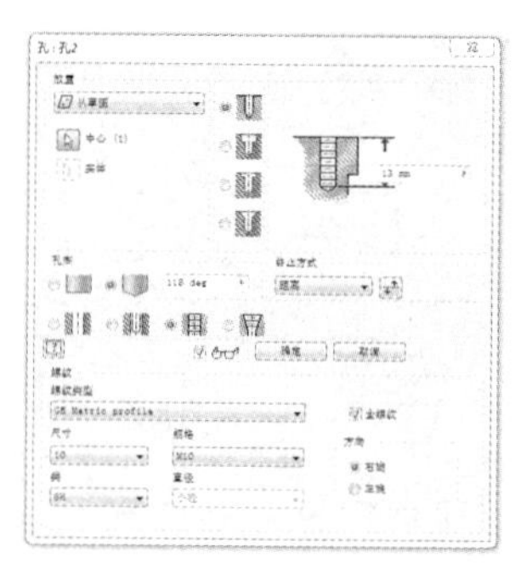

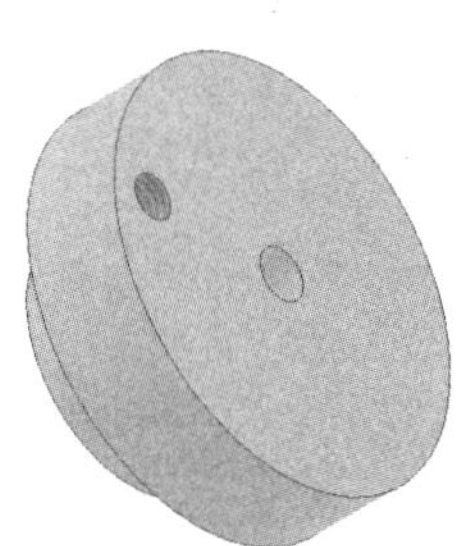

图 2-3-37　创建孔特征

任务 4　双万向联轴器设计

任务说明

双万向联轴器实例如图 2-4-1 所示。

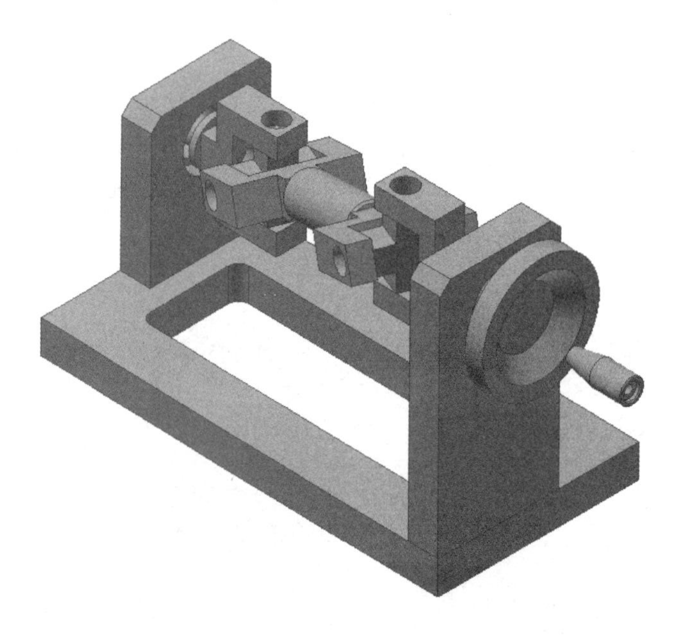

图 2-4-1　双万向联轴器实例

设计步骤

1. 零件 1（零件设计工程图如图 2-4-2 所示）

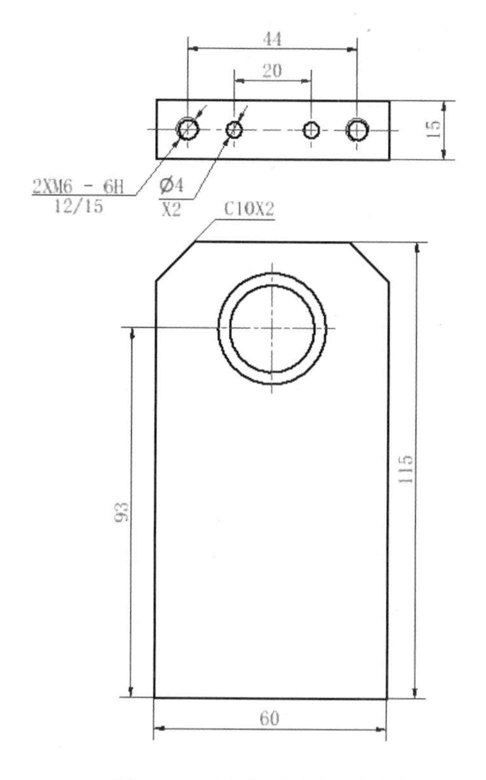

图 2-4-2 零件 1 设计工程图

（1）新建零件文件。新建零件文件并绘制如图 2-4-3 所示草图，将草图全约束，完成后退出草图环境。

（2）创建拉伸特征。将步骤（1）创建的草图进行拉伸处理，“拉伸方式”选择“新建实体”，“方向”选择“方向 1”，“拉伸距离”输入 15mm，效果如图 2-4-4 所示。

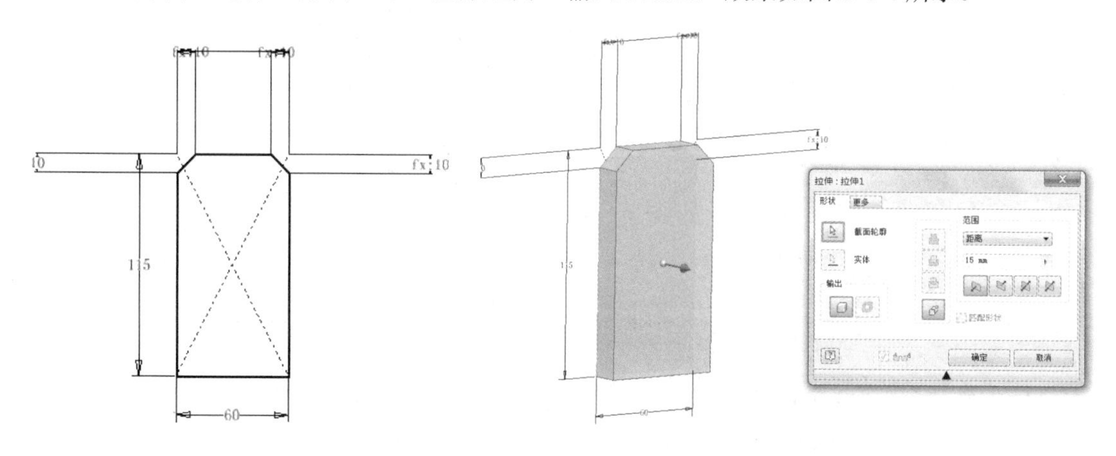

图 2-4-3 创建草图

图 2-4-4 创建拉伸特征

（3）新建零件文件。新建零件文件并绘制如图 2-4-5 所示草图，将草图全约束，完成后退出草图环境。

（4）创建孔特征。将步骤（3）创建的草图进行打孔处理，在“打孔”对话框中，“放置”选择“从草图”，“终止方式”选择“贯通”，选择“简单孔”，“沉头”选择“沉头孔”，“沉头孔大小”设置为 28，“沉头深度”设置为 6.5，“孔大小”设置为 22，如图 2-4-6 所示，保存后退出。

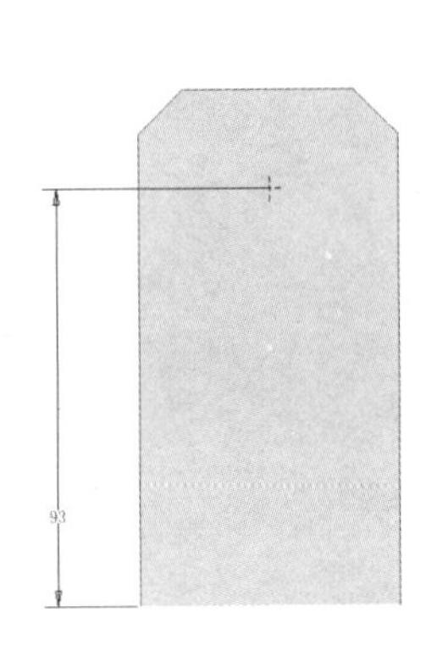

图 2-4-5　创建草图

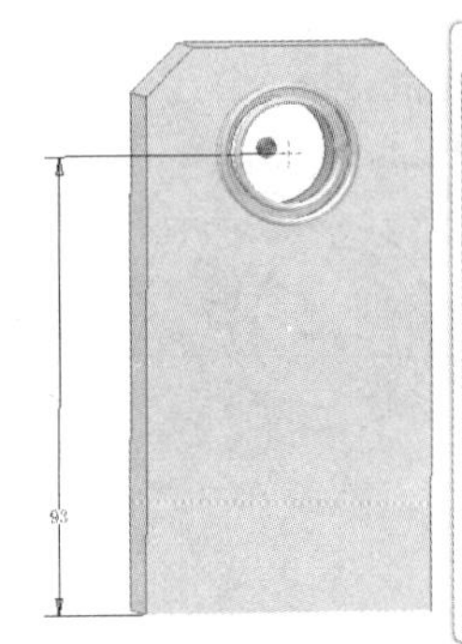

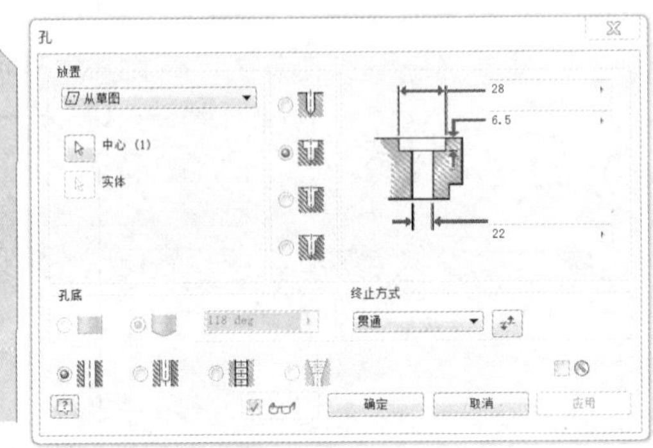

图 2-4-6　创建孔特征

（5）新建零件文件。新建零件文件并绘制如图 2-4-7 所示草图，将草图全约束，完成后退出草图环境。

（6）创建孔特征。将步骤（5）创建的草图进行打孔处理，在“打孔”对话框中，“放置”选择“从草图”，“终止方式”选择“距离”，选择“螺纹孔”，“螺纹”选择“GB Metric profile”，“尺寸”选择 6，“孔深”设置为 15mm，“螺纹有效深度”设置为 12mm，如图 2-4-8 所示。

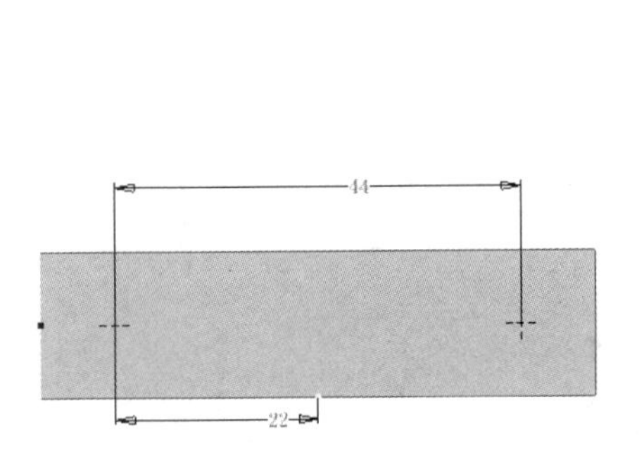

图 2-4-7　创建草图

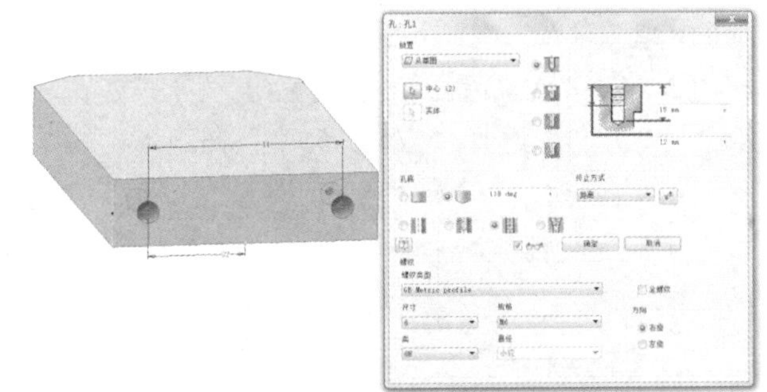

图 2-4-8　创建孔特征

（7）新建零件文件。新建零件文件并绘制如图 2-4-9 所示草图，将草图全约束，完成后退出草图环境。

（8）创建孔特征。将步骤（7）创建的草图进行打孔处理，在“打孔”对话框中，“放置”选择“从草图”，“终止方式”选择“距离”，选择“简单孔”，“孔深”设置为 15mm，“孔的大小”设置为 4mm，如图 2-4-10 所示，保存后退出。

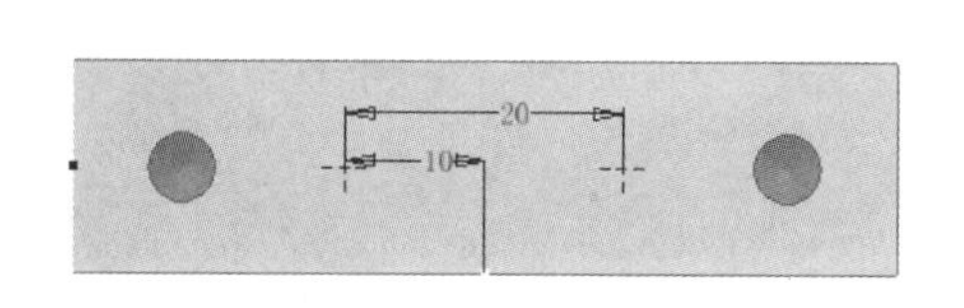

图 2-4-9　创建草图

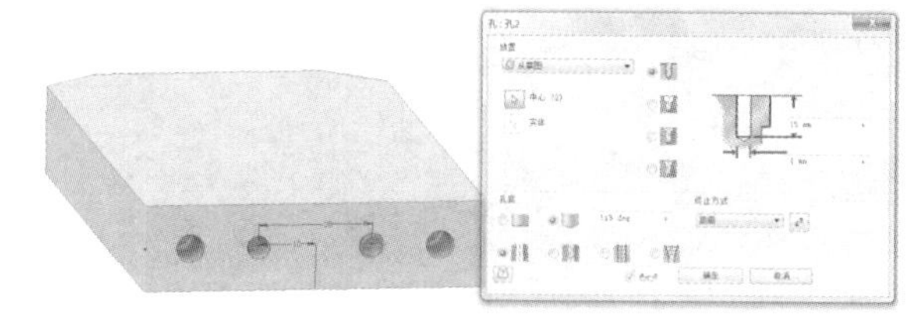

图 2-4-10　创建孔特征

2. 零件 2（零件设计工程图如图 2-4-11 所示）

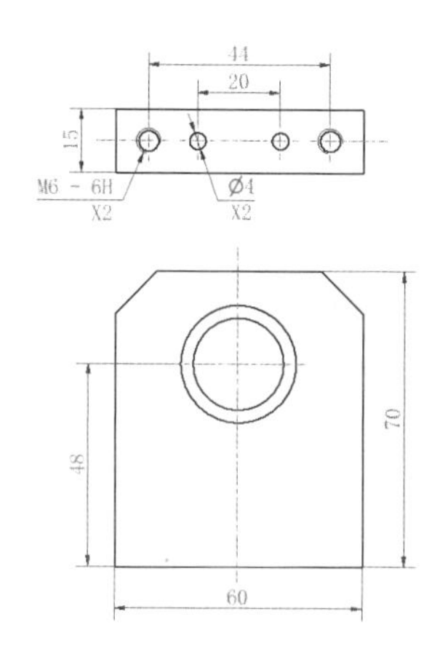

图 2-4-11　零件 2 设计工程图

（1）新建零件文件。新建零件文件并绘制如图 2-4-12 所示草图，将草图全约束，完成后退出草图环境。

（2）创建拉伸特征。将步骤（1）创建的草图进行拉伸处理，“拉伸方式”选择“新建实体”，“方向”选择“方向 1”，“拉伸距离”输入 15mm，效果如图 2-4-13 所示。

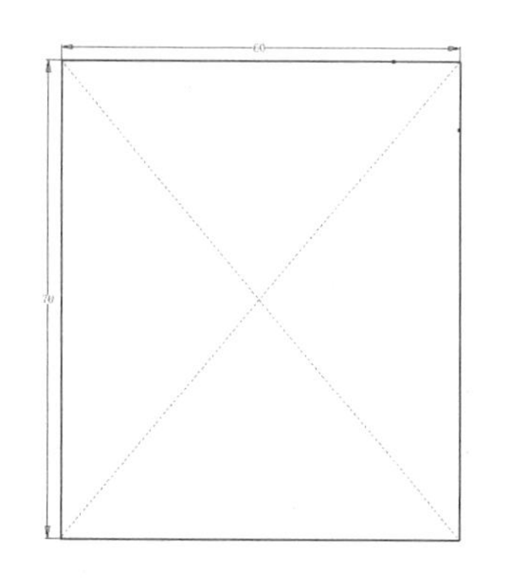

图 2-4-12　创建草图

图 2-4-13　创建拉伸特征

（3）创建草图。绘制如图 2-4-14 所示草图，将草图全约束，完成后退出草图环境。

（4）创建孔特征。将步骤（3）创建的草图进行打孔处理，在“打孔”对话框中，“放置”选择“从草图”，“终止方式”选择“距离”，选择“简单孔”，“沉头”选择“沉头孔”，

“沉头孔大小”设置为28mm，“沉头深度”设置为6.5mm，“孔大小”设置为22mm，“孔的深度”设置为20mm，如图2-4-15所示，保存后退出。

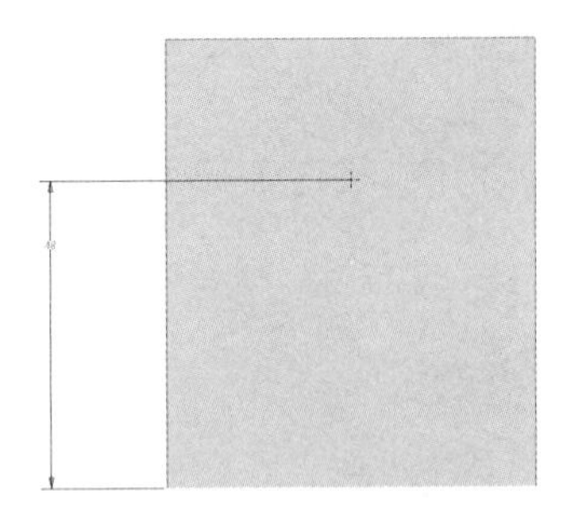

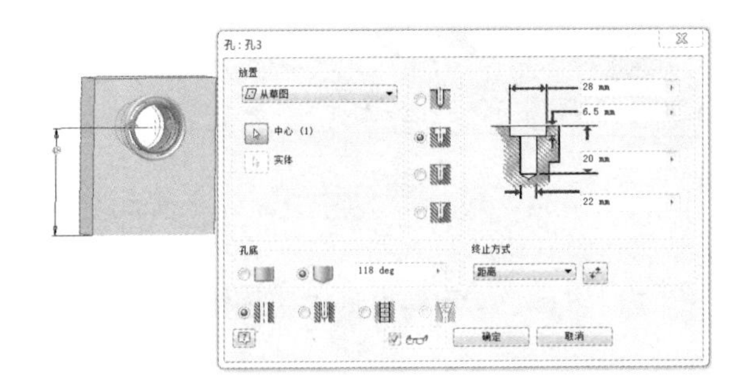

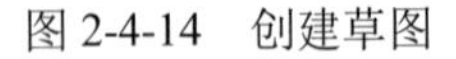

图2-4-14　创建草图

图2-4-15　创建孔特征

（5）创建草图。绘制如图2-4-16所示草图，将草图全约束，完成后退出草图环境。

（6）创建孔特征。将步骤（5）创建的草图进行打孔处理，在“打孔”对话框中，“放置”选择“从草图”，“终止方式”选择“距离”，选择“螺纹孔”，“螺纹”选择“GB Metric profile”，“尺寸”选择6，“孔深”设置为15mm，“螺纹有效深度”设置为12mm，如图2-4-17所示，保存后退出。

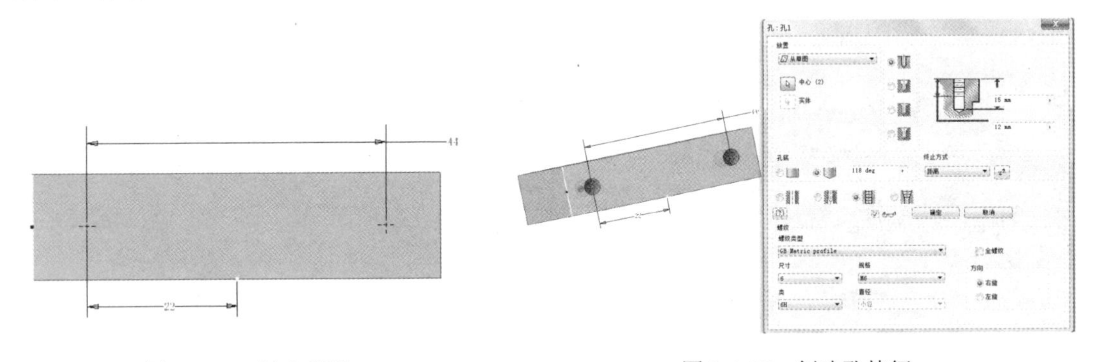

图2-4-16　创建草图

图2-4-17　创建孔特征

（7）创建草图，绘制如图2-4-18所示草图，将草图全约束，完成后退出草图环境。

（8）创建孔特征。将步骤（7）创建的草图进行打孔处理，在“打孔”对话框中，“放置”选择“从草图”，“终止方式”选择“距离”，选择“简单孔”，“尺寸”设置为4mm，“深度”设置为15mm，如图2-4-19所示，保存后退出。

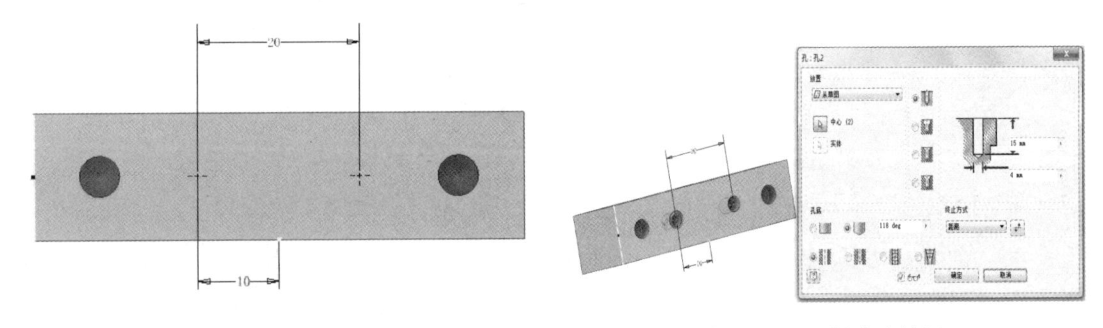

图2-4-18　创建草图

图2-4-19　创建孔特征

（9）创建倒角特征。将图 2-4-20 所示的边进行倒角处理，“倒角类型”选择“倒角边长”，“倒角边长”输入 10mm，效果如图 2-4-20 所示，保存后退出。

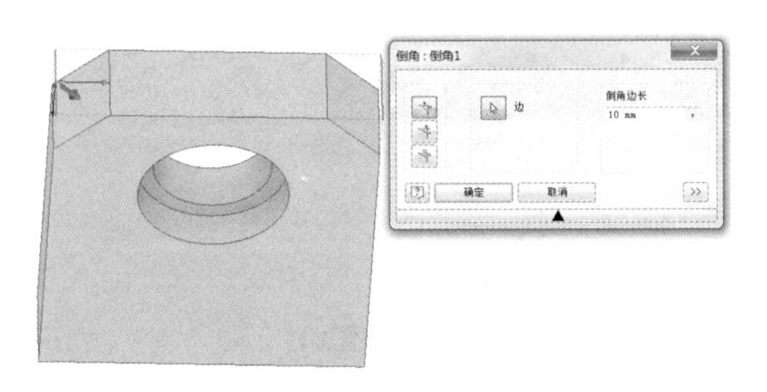

图 2-4-20　创建倒角特征

3. 零件 3（零件设计工程图如图 2-4-21 所示）

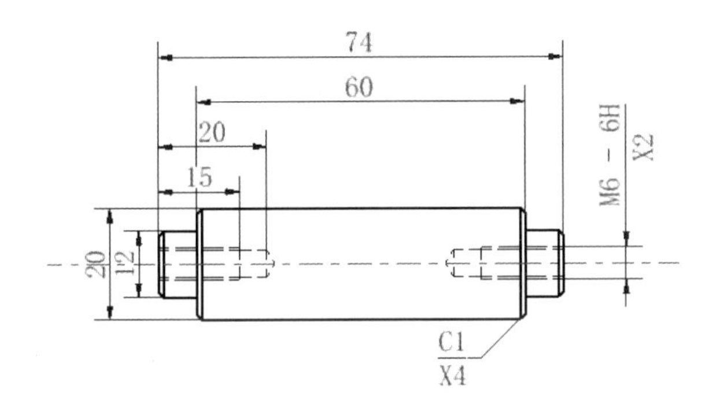

图 2-4-21　零件 3 设计工程图

（1）新建零件文件。新建零件文件并绘制如图 2-4-22 所示草图，将草图全约束，完成后退出草图环境。

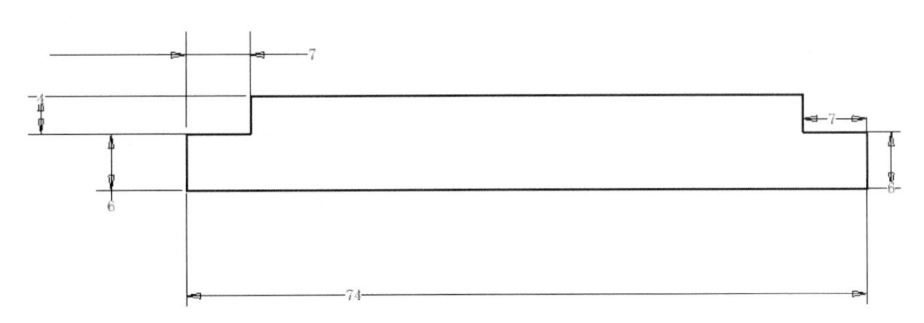

图 2-4-22　创建草图

（2）创建旋转特征。将步骤（1）创建的草图进行旋转，创建零件的主要轮廓，效果如图 2-4-23 所示。

（3）创建草图，绘制如图 2-4-24 所示草图，将草图全约束，完成后退出草图环境。

（4）创建孔特征。将步骤（3）创建的草图进行打孔处理，在“打孔”对话框中，“放置”选择“从草图”，“终止方式”选择“距离”，选择“螺纹孔”，“螺纹”选择“GB Metric profile”，“尺寸”选择 6，“孔深”设置为 20mm，“螺纹有效深度”设置为 15mm，如图 2-4-25

所示，保存后退出。

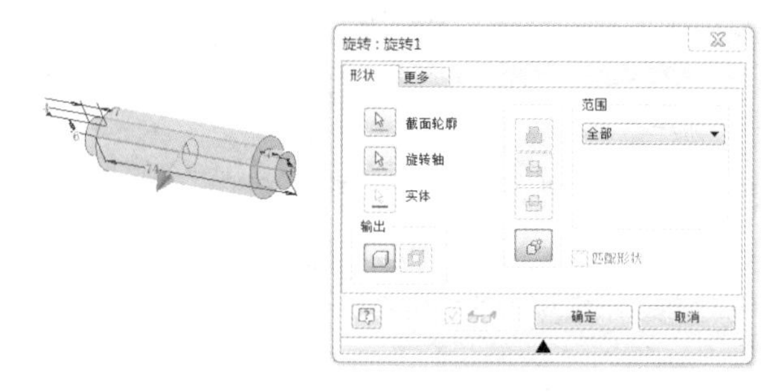

图 2-4-23　创建旋转特征

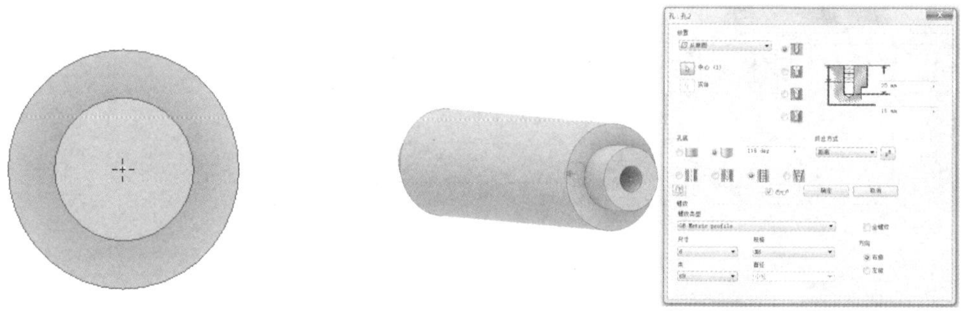

图 2-4-24　创建草图

图 2-4-25　创建孔特征

（5）创建倒角特征。将图 2-4-26 所示边进行倒角处理，“倒角类型”选择“倒角边长”，“倒角边长”输入 1，效果如图 2-4-26 所示，保存后退出。

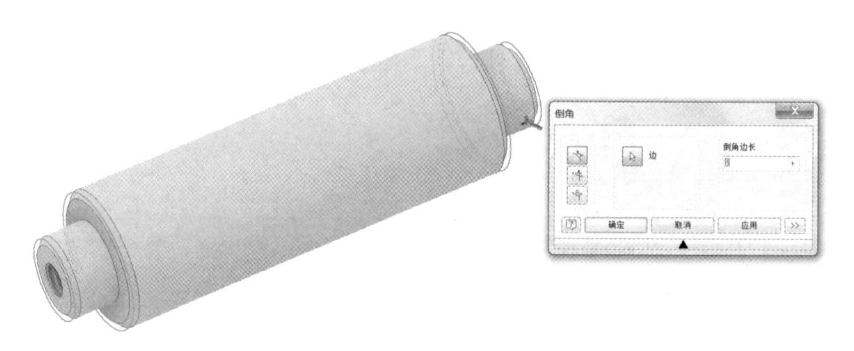

图 2-4-26　创建倒角特征

4．零件 4（零件设计工程图如图 2-4-27 所示）

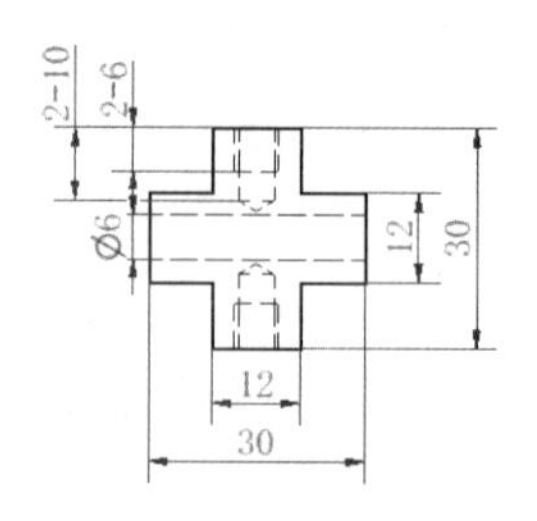

图 1-4-27　零件 4 设计工程图

（1）新建零件文件。新建零件文件并绘制如图 2-4-28 所示草图，将草图全约束，完成后退出草图环境。

（2）创建拉伸特征。将步骤（1）创建的草图进行拉伸处理，“拉伸方式”选择“新建实体”，“方向”选择“方向 1”，“拉伸距离”输入 12mm，效果如图 2-4-29 所示。

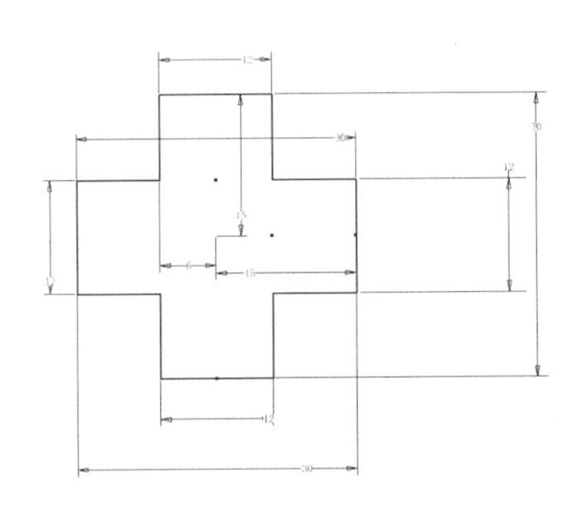

图 2-4-28　创建草图

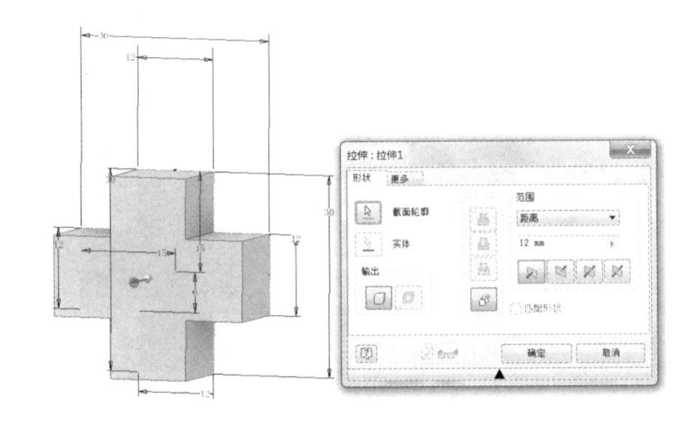

图 2-4-29　创建拉伸特征

（3）创建草图。绘制如图 2-4-30 所示草图，将草图全约束，完成后退出草图环境。

（4）创建孔特征。将步骤（3）创建的草图进行打孔处理，在“打孔”对话框中，“放置”选择“从草图”，“终止方式”选择“贯通”，选择“简单孔”，“孔的大小”设置为 6mm，如图 2-4-31 所示，保存后退出。

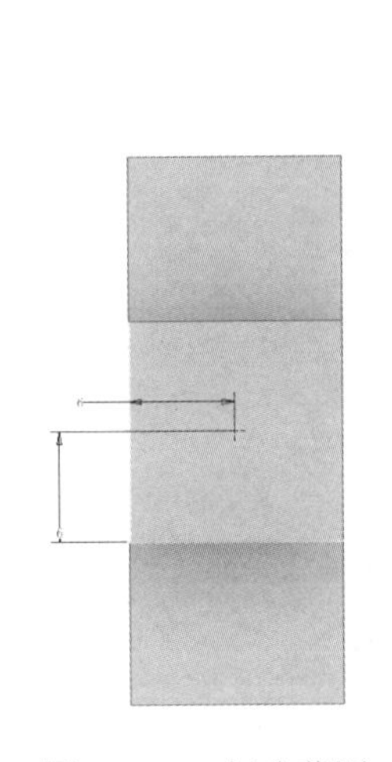

图 2-4-30　创建草图

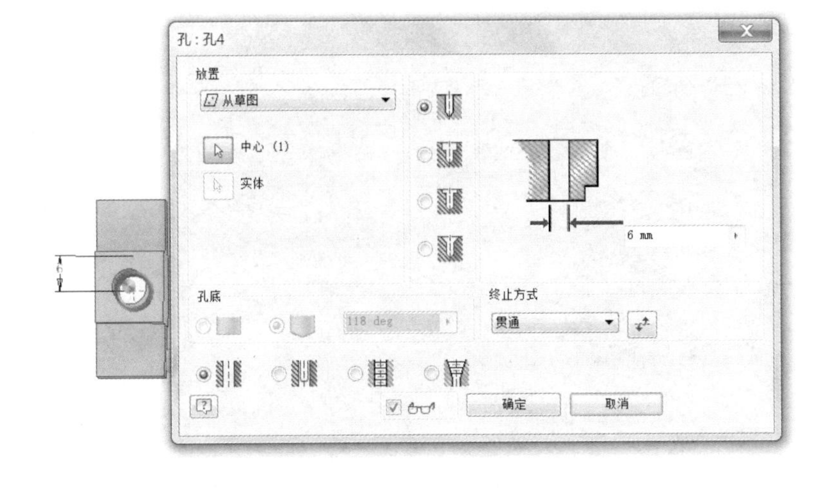

图 2-4-31　创建孔特征

（5）创建草图。绘制如图 2-4-32 所示草图，将草图全约束，完成后退出草图环境。

（6）创建孔特征。将步骤（5）创建的草图进行打孔处理，在“打孔”对话框中，“放置”选择“从草图”，“终止方式”选择“距离”，选择“螺纹孔”，“螺纹”选择“GB Metric profile”，“尺寸”选择 6，“孔深”设置为 10mm，“螺纹有效深度”设置为 6mm，如图 2-4-33 所示。

图 2-4-32　创建草图

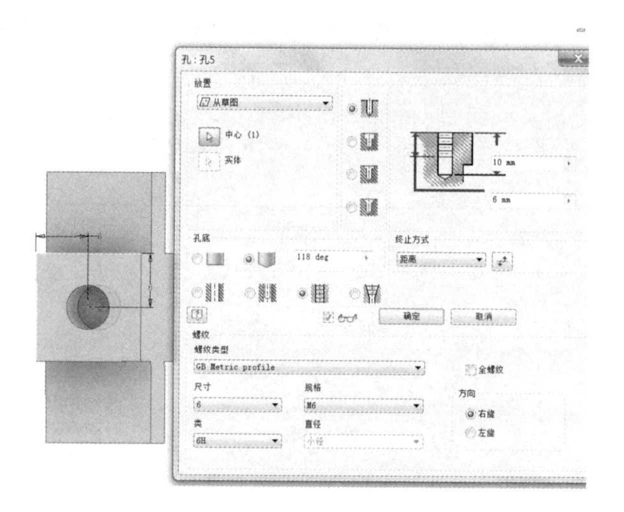

图 2-4-33　创建孔特征

（7）创建草图。绘制如图 2-4-34 所示草图，将草图全约束，完成后退出草图环境。

（8）创建孔特征。将步骤（5）创建的草图进行打孔处理，在“打孔”对话框中，“放置”选择“从草图”，“终止方式”选择“距离”，选择“螺纹孔”，“螺纹”选择“GB Metric profile”，“尺寸”选择 6，“孔深”设置为 10mm，“螺纹有效深度”设置为 6mm，如图 2-4-35 所示，保存后退出。

图 2-4-34　创建草图

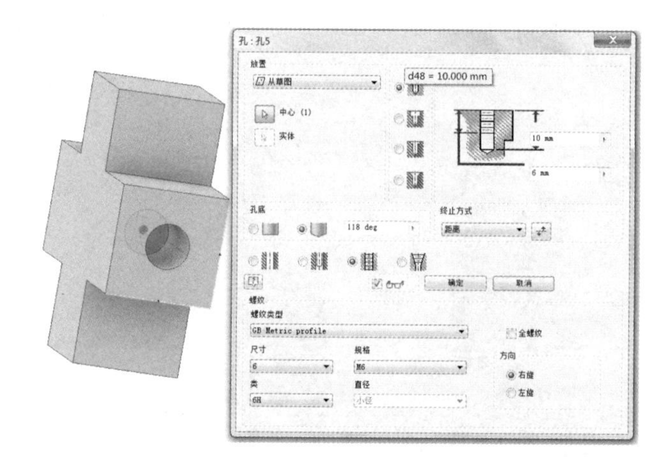

图 2-4-35　创建孔特征

5. 零件 5（零件设计工程图如图 2-4-36 所示）

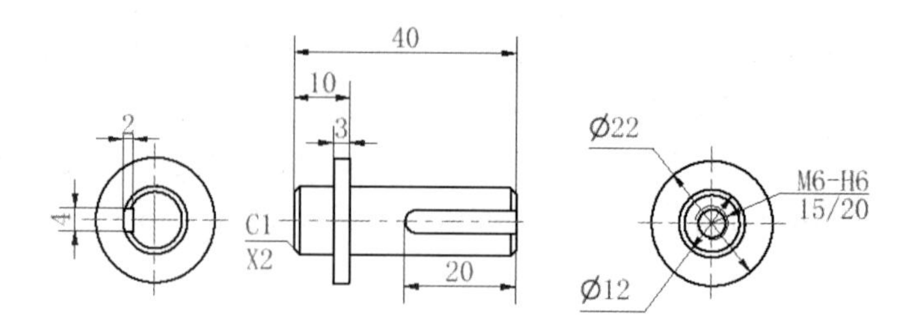

图 2-4-36　零件 5 设计工程图

（1）新建零件文件。新建零件文件并绘制如图 2-4-37 所示草图，将草图全约束，完成后退出草图环境。

（2）创建旋转特征。将步骤（1）创建的草图进行旋转，创建零件的主要轮廓，效果如图 2-4-38。

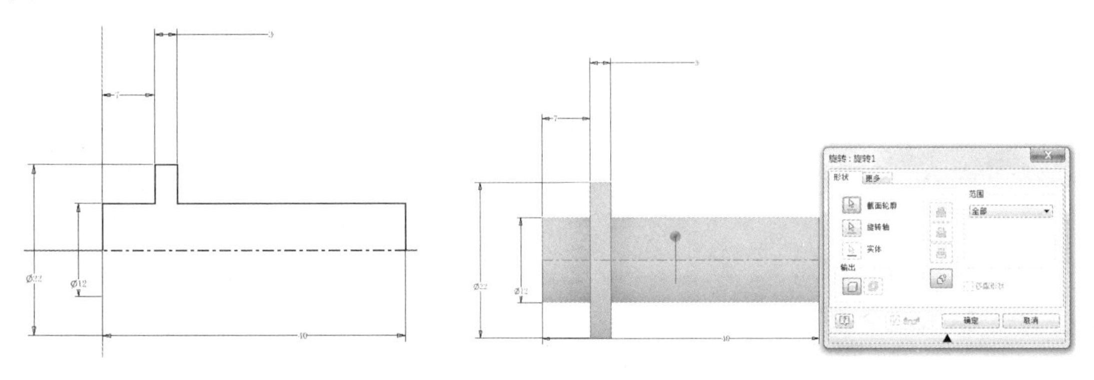

图 2-4-37　创建草图　　　　图 2-4-38　创建旋转特征

（3）创建草图。绘制如图 2-4-39 所示草图，将草图全约束，完成后退出草图环境。

（4）创建拉伸特征。将步骤（3）创建的草图进行进行拉伸处理，“拉伸方式”选择“求差”，“方向”选择“方向 2”，“拉伸距离”输入 20mm，效果如图 2-4-40 所示，保存后退出。

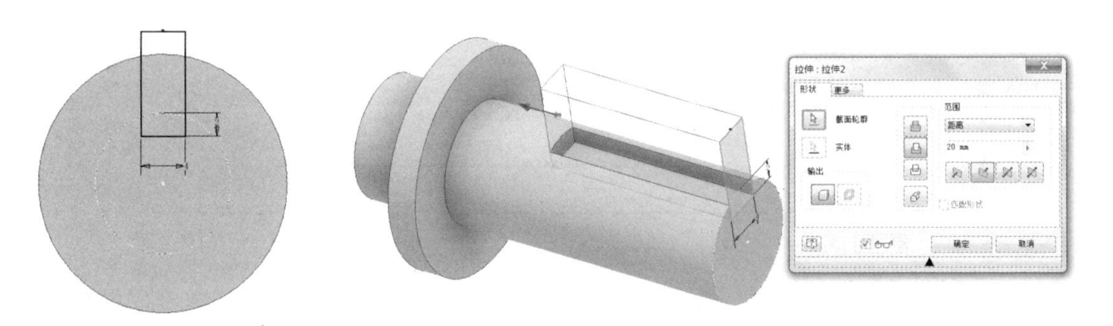

图 2-4-39　创建草图　　　　图 2-4-40　创建拉伸特征

（5）创建草图。绘制如图 2-4-41 所示草图，将草图全约束，完成后退出草图环境。

（6）创建孔特征。将步骤（5）创建的草图进行打孔处理，在“打孔”对话框中，“放置”选择“从草图”，“终止方式”选择“距离”，选择“螺纹孔”，“螺纹”选择“GB Metric profile”，“尺寸”选择 6，“孔深”设置为 20mm，“螺纹有效深度”设置为 15mm，如图 2-4-42 所示。

（7）创建倒角特征。将图 2-4-43 所示的边进行倒角处理，“倒角类型”选择“倒角边长”，“倒角边长”输入 1mm，效果如图 2-4-43 所示。

（8）创建圆角特征。将图 2-4-44 所示的边进行圆角处理，“圆角类型”选择“边圆角”，“等半径”输入 2mm，效果如图 2-4-44 所示，保存后退出。

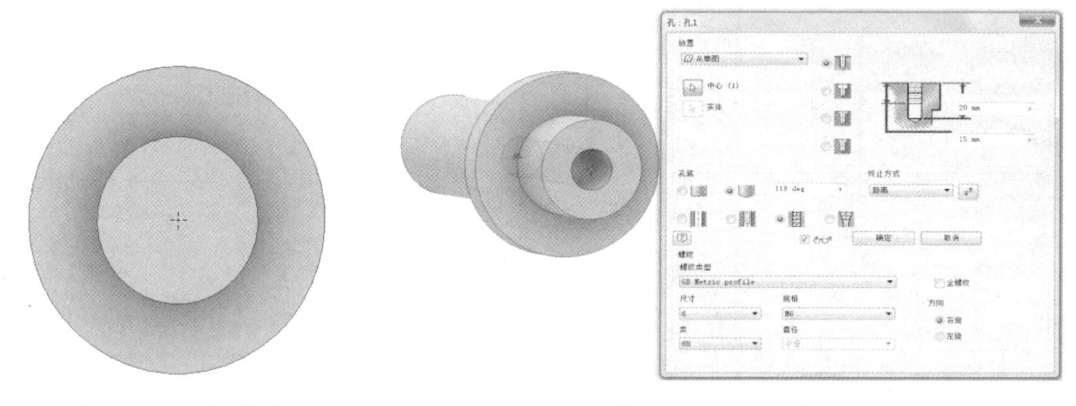

图 2-4-41　创建草图　　　　图 2-4-42　创建孔特征

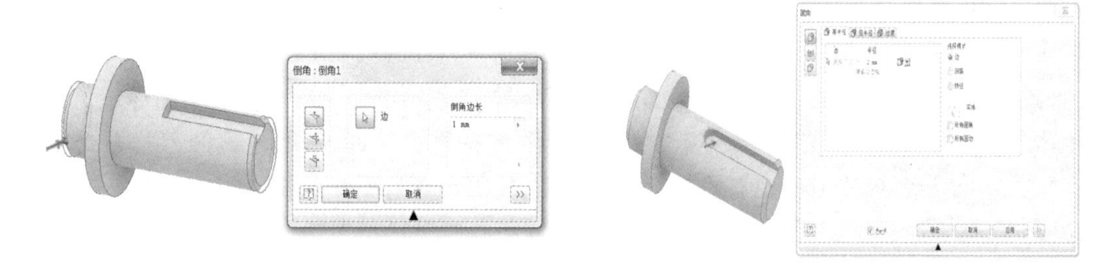

图 2-4-43　创建倒角特征　　　　图 2-4-44　创建圆角特征

6．零件 6（零件设计工程图如图 2-4-45 所示）

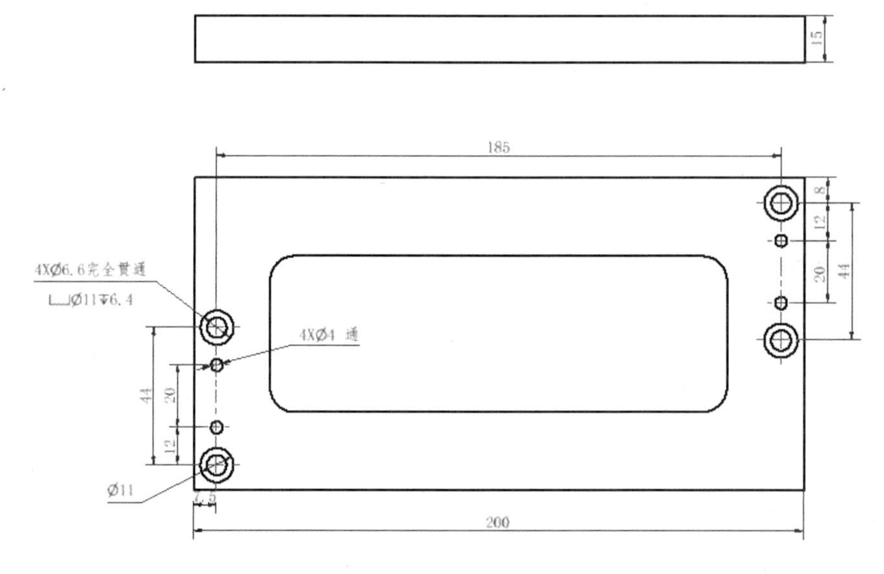

图 2-4-45　零件 6 设计工程图

（1）新建零件文件。新建零件文件并绘制如图 2-4-46 所示草图，将草图全约束，完成后退出草图环境。

（2）创建草图。绘制如图 2-4-47 所示草图，将草图全约束，完成后退出草图环境。

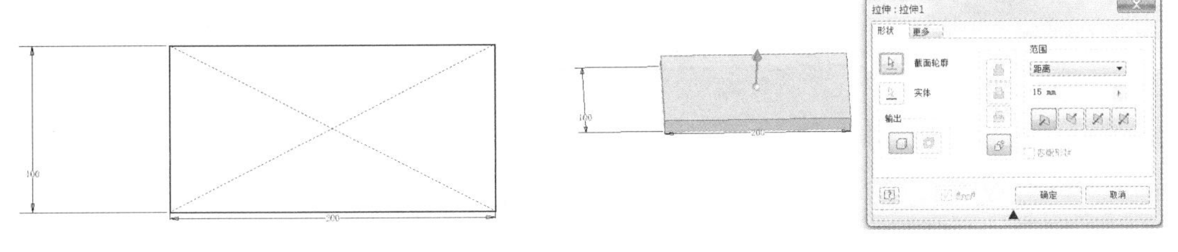

图 2-4-46　创建草图　　　　图 2-4-47　创建拉伸特征

（3）创建拉伸特征。将步骤（2）创建的草图进行进行拉伸处理，“拉伸方式”选择“求差”，“方向”选择“方向 2”，“拉伸距离”输入 15mm，效果如图 2-4-48 所示。

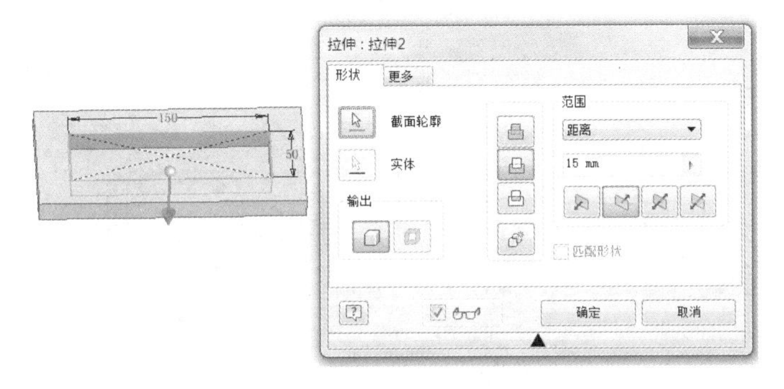

图 2-4-48　创建拉伸特征

（4）创建圆角特征。将图 2-4-49 所示的边进行圆角处理，“圆角类型”选择“边圆角”，“等半径”输入 8mm，效果如图 2-4-49 所示。

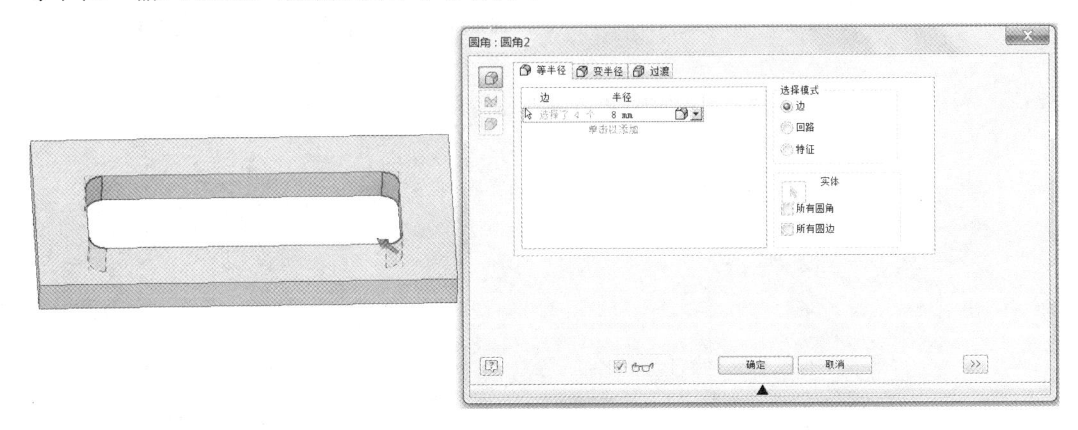

图 2-4-49　创建圆角特征

（5）创建草图。绘制如图 2-4-50 所示草图，将草图全约束，完成后退出草图环境。

（6）创建孔特征。将步骤（5）创建的草图进行打孔处理，在“打孔”对话框中，“放置”选择“从草图”，“终止方式”选择“贯通”，选择“简单孔”，“沉头”选择“沉头孔”，“沉头孔大小”设置为 11mm，“沉头深度”设置为 6.4mm，“孔大小”设置为 6.6mm，如图 2-1-51 所示。

图 2-4-50　创建草图

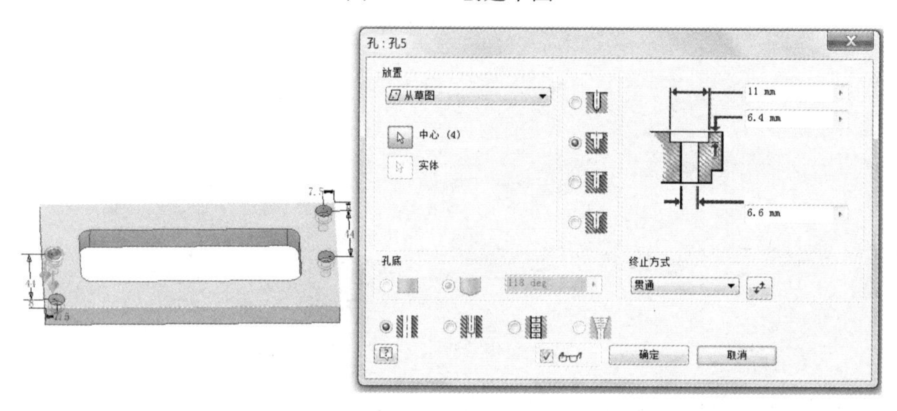

图 2-4-51　创建孔特征

（7）创建草图。绘制如图 2-4-52 所示草图，将草图全约束，完成后退出草图环境。

图 2-4-52　创建草图

（8）创建孔特征。将步骤（7）创建的草图进行打孔处理，在“打孔”对话框中，“放置”选择“从草图”，“终止方式”选择“贯通”，选择“简单孔”，如图 2-4-53 所示，保存后退出。

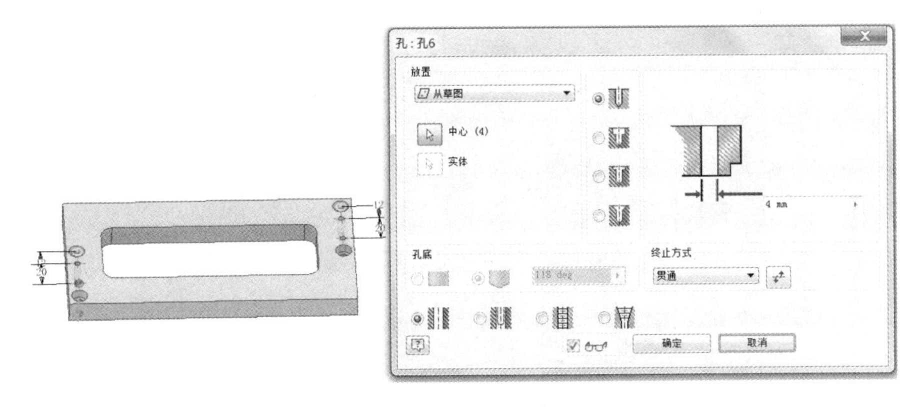

图 2-4-53 创建孔特征

7. 零件 7（零件设计工程图如图 2-4-54 所示）

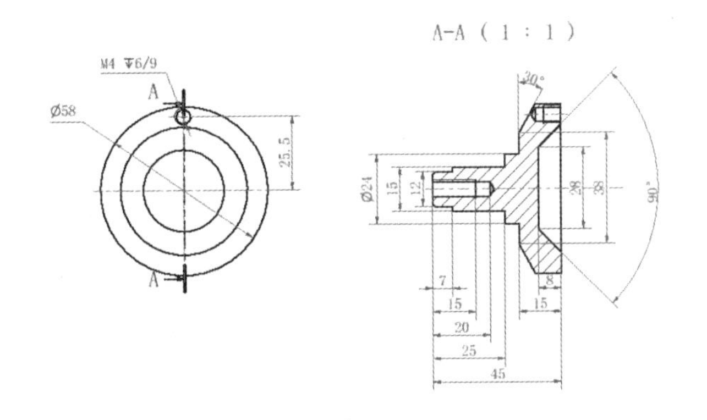

图 2-4-54 零件 7 设计工程图

（1）新建零件文件。新建零件文件并绘制如图 2-4-55 所示草图，将草图全约束，完成后退出草图环境。

（2）创建旋转特征。将步骤（1）创建的草图进行旋转，创建零件的主要轮廓，效果如图 2-4-56 所示。

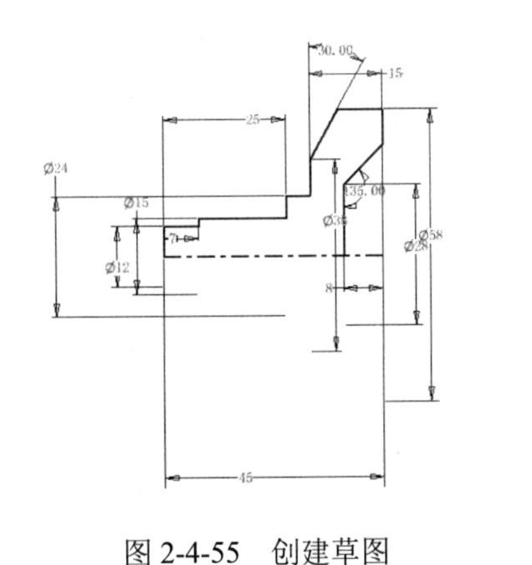

图 2-4-55 创建草图

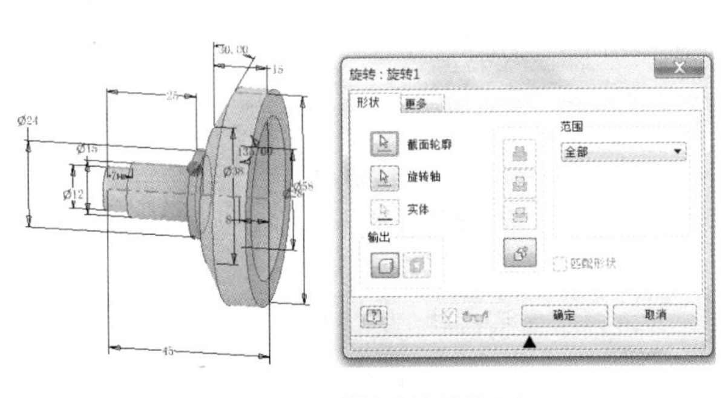

图 2-4-56 创建旋转特征

（3）创建倒角特征。将图 2-4-57 所示边进行倒角处理，“倒角类型”选择“倒角边长”，“倒角边长”输入 1mm，效果如图 2-4-57 所示。

（4）创建草图。绘制如图 2-4-58 所示草图，将草图全约束，完成后退出草图环境。

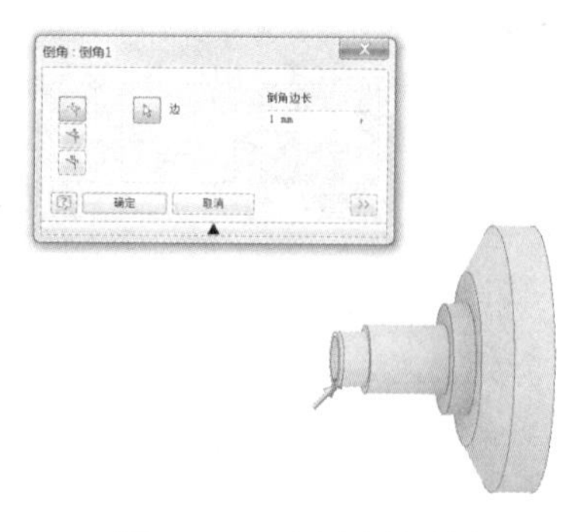

图 2-4-57　创建倒角特征

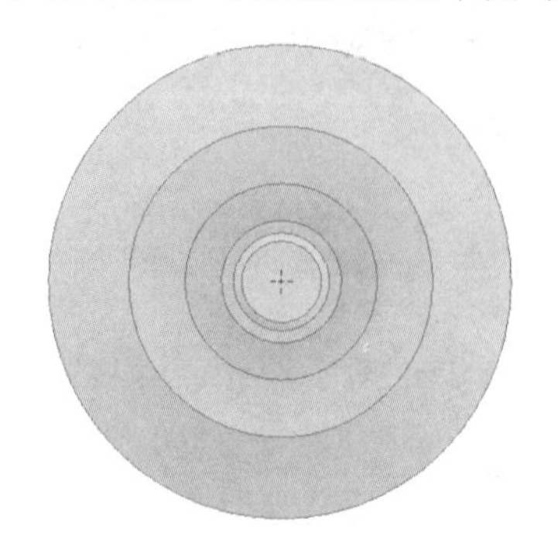

图 2-4-58　创建草图

（5）创建孔特征。将步骤（4）创建的草图进行打孔处理，在“打孔”对话框中，“放置”选择“从草图”“终止方式”选择“距离”，选择“螺纹孔”，“螺纹”选择“GB Metric profile”，“尺寸”选择 6，“孔深”设置为 20mm，“螺纹有效深度”设置为 15mm，如图 2-4-59 所示。

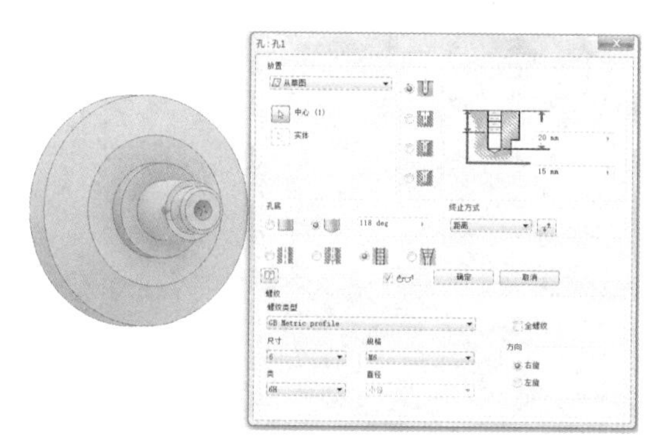

图 2-4-59　创建孔特征

（6）创建草图。绘制如图 2-4-60 所示草图，将草图全约束，完成后退出草图环境。

（7）创建孔特征。将步骤（6）创建的草图进行打孔处理，在“打孔”对话框中，“放置”选择“从草图”，“终止方式”选择“距离”，选择“螺纹孔”，“螺纹”选择“GB Metric profile”，“尺寸”选择 6，“孔深”设置为 9mm，“螺纹有效深度”设置为 6mm，如图 2-4-61 所示，保存后退出。

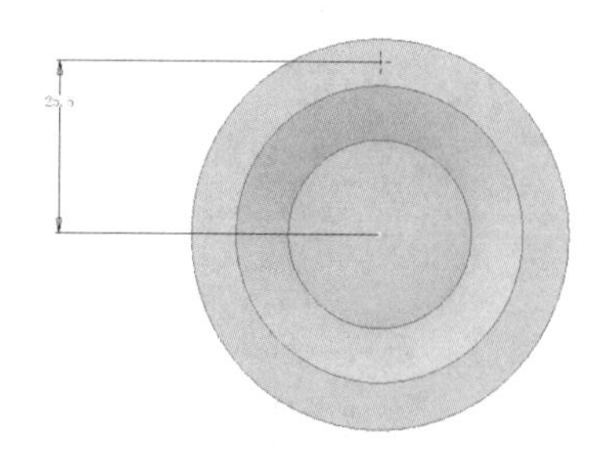

图 2-4-60　创建草图

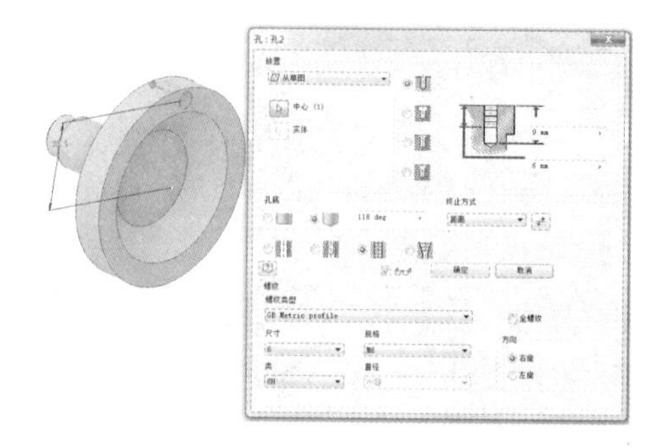

图 2-4-61　创建孔特征

8. 零件 8（零件设计工程图如图 2-4-62 所示）

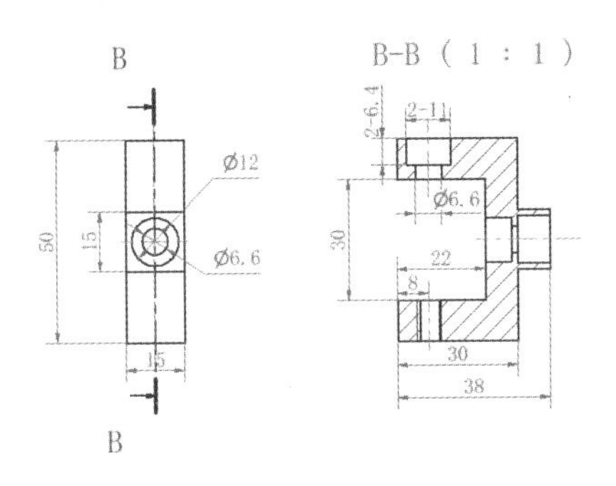

图 2-4-62　零件 8 设计工程图

（1）新建零件文件。新建零件文件并绘制如图 2-4-63 所示草图，将草图全约束，完成后退出草图环境。

（2）创建拉伸特征。将步骤（1）创建的草图进行拉伸处理，“拉伸方式”选择“新建实体”，“方向”选择“方向 1”，“拉伸距离”输入 15mm，效果如图 2-4-64 所示。

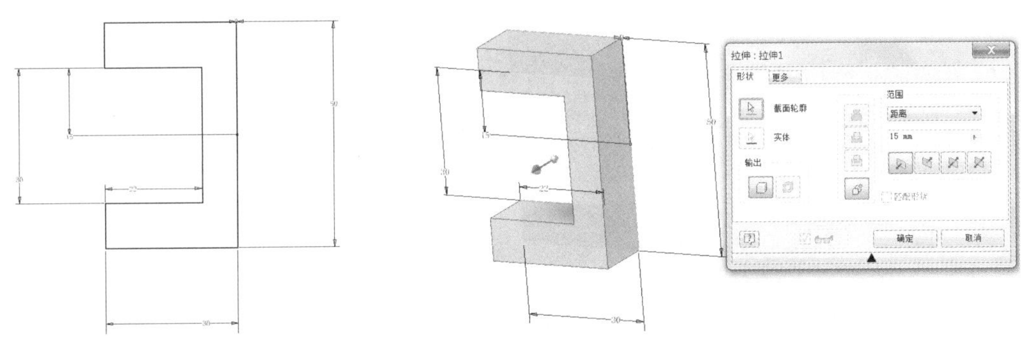

图 2-4-63　创建草图

图 2-4-64　创建拉伸特征

（3）创建草图。绘制如图 2-4-65 所示草图，将草图全约束，完成后退出草图环境。

（4）创建拉伸特征。将步骤（3）创建的草图进行拉伸处理，“拉伸方式”选择“新建实体”，“方向”选择“方向 1”，“拉伸距离”输入 8mm，效果如图 2-4-66 所示。

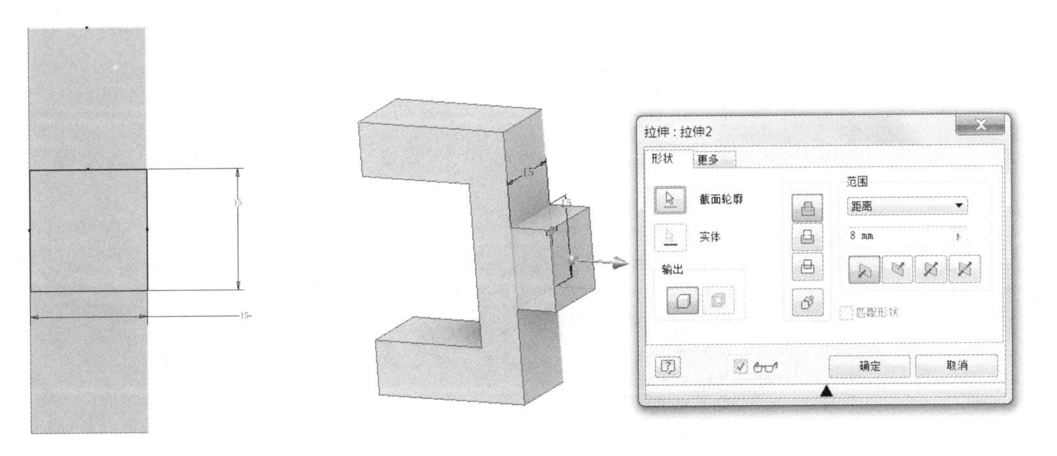

图 2-4-65　创建草图

图 2-4-66　创建拉伸特征

（5）创建草图。绘制如图 2-4-67 所示草图，将草图全约束，完成后退出草图环境。

（6）创建孔特征。将步骤（5）创建的草图进行打孔处理，在“打孔”对话框中，“放置”选择“从草图”，“终止方式”选择“贯通”，选择“简单孔”，“沉头”选择“沉头孔”，沉头孔大小设置为 12mm，“沉头深度”设置为 8mm，“孔大小”设置为 6.6mm，如图 2-4-68 所示。

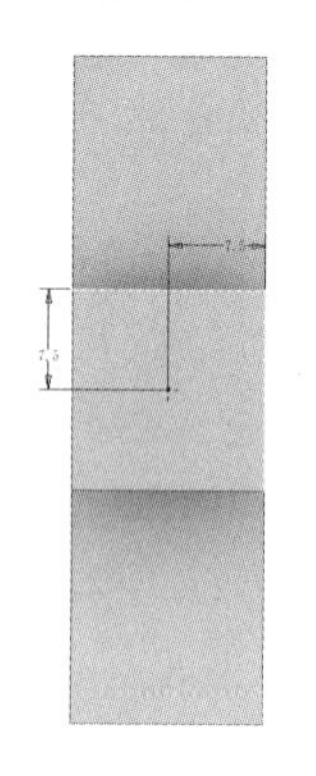

图 2-4-67　创建草图

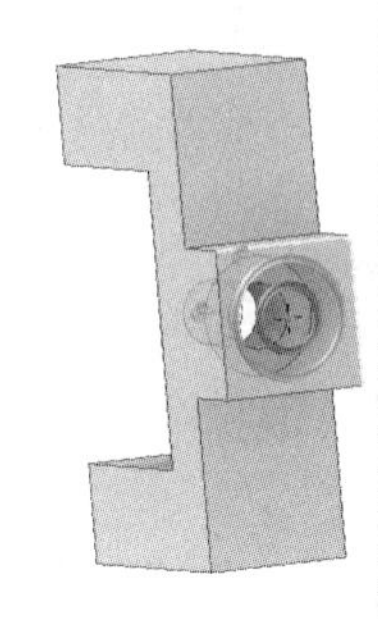

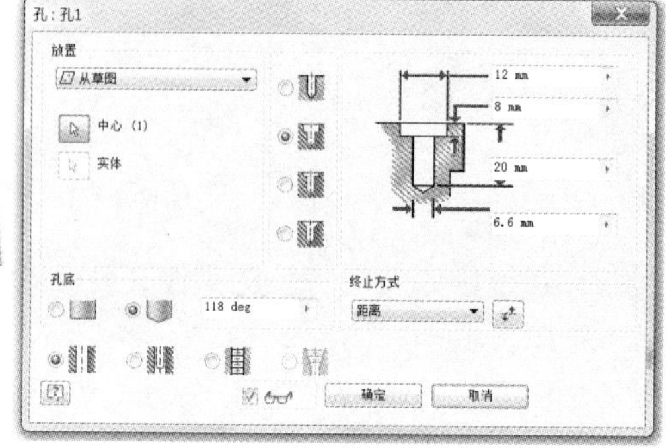

图 2-4-68　创建孔特征

（7）创建草图。绘制如图 2-4-69 所示草图，将草图全约束，完成后退出草图环境。

（8）创建孔特征。将步骤（7）创建的草图进行打孔处理，在“打孔”对话框中，“放置”选择“从草图”，“终止方式”选择“贯通”，选择“简单孔”，“沉头”选择“沉头孔”，“沉头孔大小”设置为 11mm，“沉头深度”设置为 6.4mm，“孔大小”设置为 6.6mm，如图 2-4-70 所示。

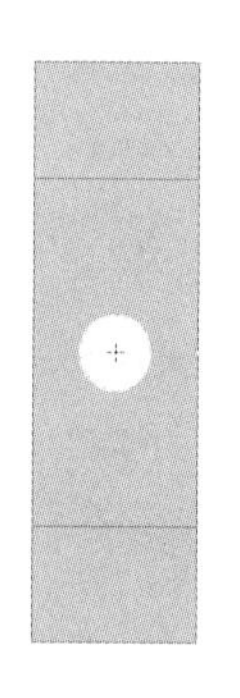

图 2-4-69　创建草图

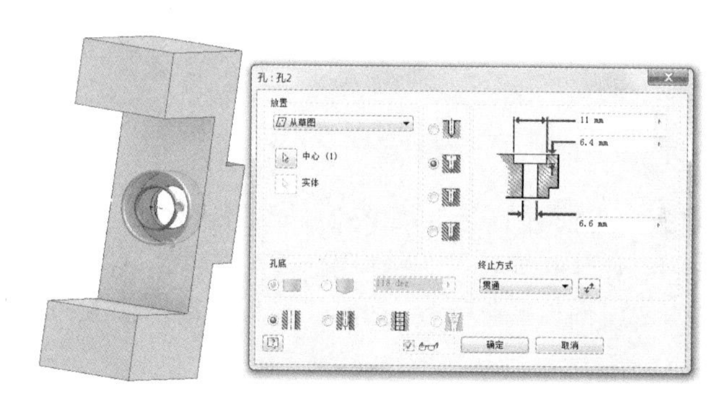

图 2-4-70　创建孔特征

（9）创建草图。绘制如图 2-4-71 所示草图，将草图全约束，完成后退出草图环境。

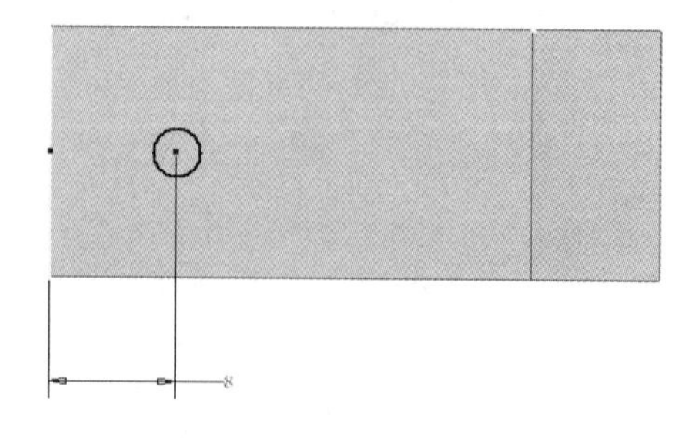

图 2-4-71　创建草图

（10）创建孔特征。将步骤（9）创建的草图进行打孔处理，在“打孔”对话框中，“放置”选择“从草图”，“终止方式”选择“贯通”，选择“简单孔”，“沉头”选择“沉头孔”，“沉头孔大小”设置为 11mm，“沉头深度”设置为 6.4mm，“孔大小”设置为 6.6mm，如图 2-4-72 所示。

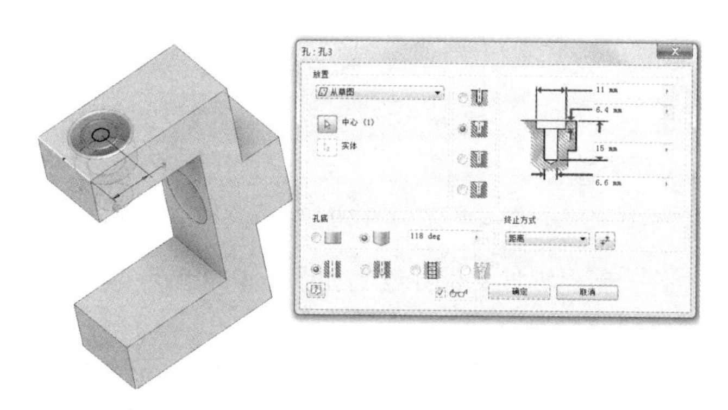

图 2-4-72　创建孔特征

（11）创建草图。绘制如图 2-4-73 所示草图，将草图全约束，完成后退出草图环境。

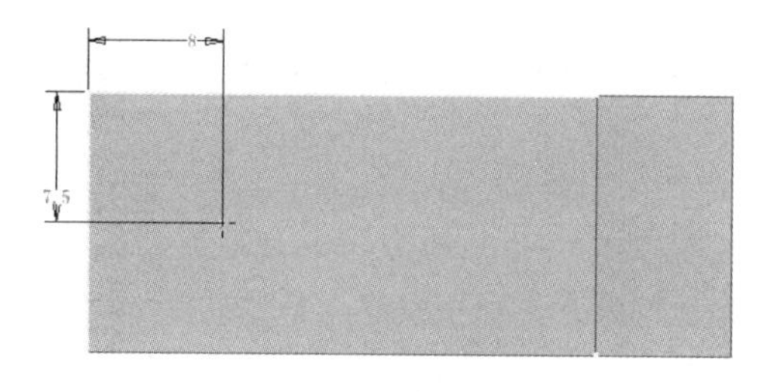

图 2-4-73　创建草图

（12）创建孔特征。将步骤（11）创建的草图进行打孔处理，在“打孔”对话框中，“放置”选择“从草图”，“终止方式”选择“距离”，选择“螺纹孔”，“螺纹”选择“GB Metric profile”，“尺寸”选择 6，“孔深”设置为 11mm，“螺纹有效深度”设置为 12mm，如图 2-4-74 所示，保存后退出。

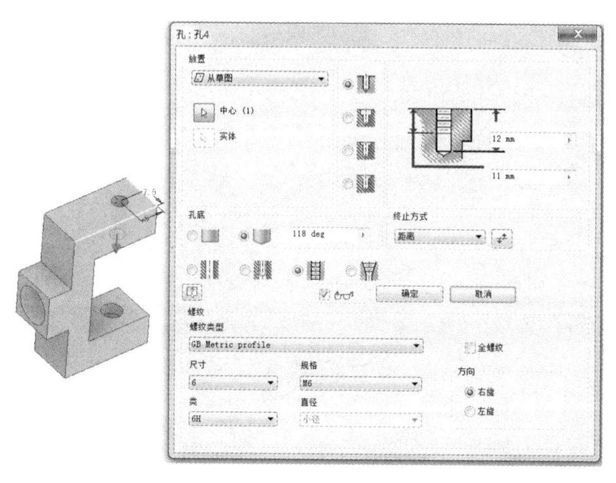

图 2-4-74　创建孔特征

9. 零件 9（零件设计工程图如图 2-4-75 所示）

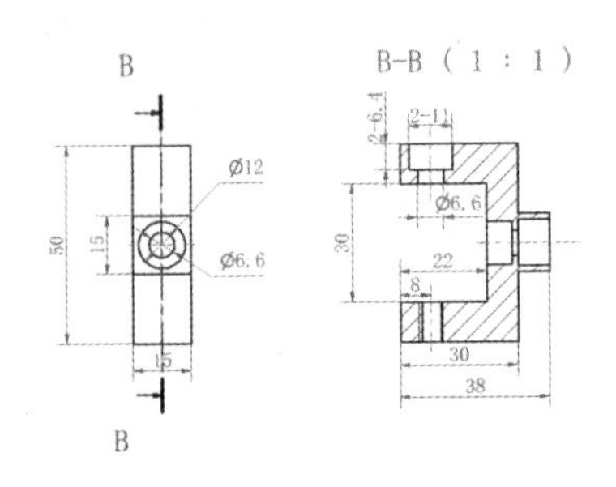

图 2-4-75　零件 9 设计工程图

（1）新建零件文件。新建零件文件并绘制如图 2-4-76 所示草图，将草图全约束，完成后退出草图环境。

（2）创建拉伸特征。将步骤（1）创建的草图进行拉伸处理，“拉伸方式”选择“新建实体”，“方向”选择“方向 1”，“拉伸距离”输入 15mm，效果如图 2-4-77 所示。

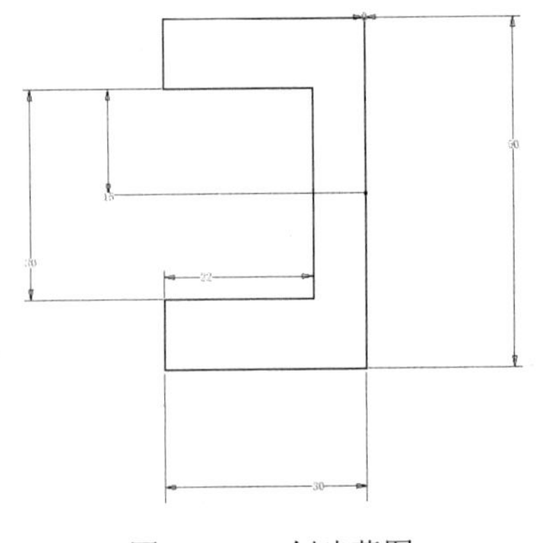

图 2-4-76　创建草图

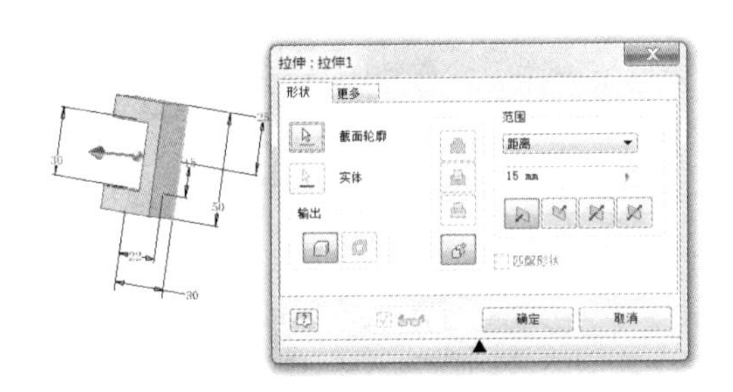

图 2-4-77　创建拉伸特征

（3）创建草图。绘制如图 2-4-78 所示草图，将草图全约束，完成后退出草图环境。

（4）创建拉伸特征。将步骤（3）创建的草图进行拉伸处理，“拉伸方式”选择“新建实体”，“方向”选择“方向 1”，“拉伸距离”输入 8mm，效果如图 2-4-79 所示。

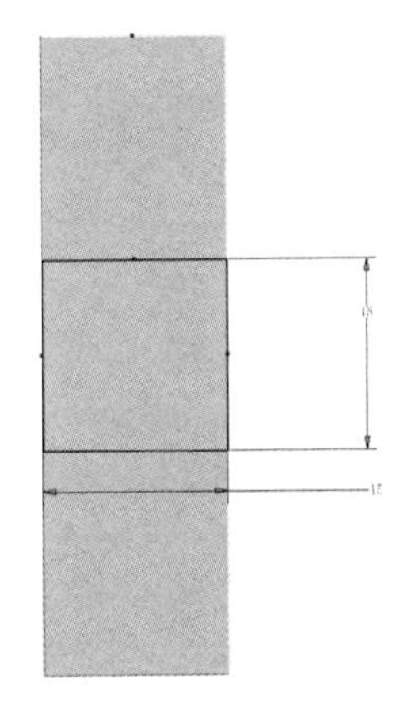

图 2-4-78　创建草图

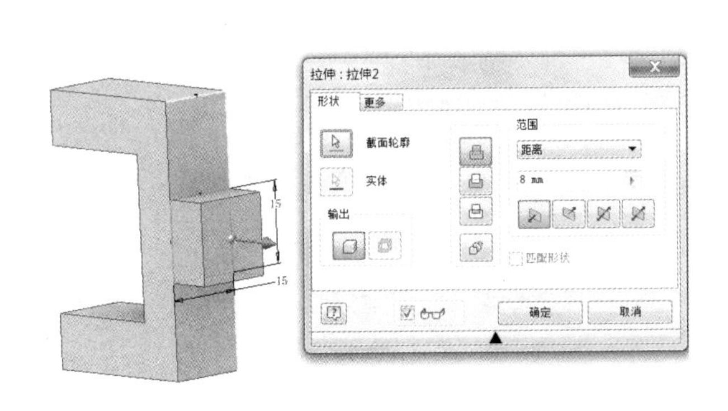

图 2-4-79　创建拉伸特征

（5）创建草图。绘制如图 2-4-80 所示草图，将草图全约束，完成后退出草图环境。

（6）创建孔特征。将步骤（5）创建的草图进行打孔处理，在“打孔”对话框中，“放置”选择“从草图”，“终止方式”选择“距离”，选择“简单孔”，“沉头”选择“沉头孔”，“沉头孔大小”设置为 12mm，“沉头深度”设置为 8mm，“孔大小”设置为 6.6mm，“孔的深度”设置为 20，如图 2-4-81 所示，保存后退出。

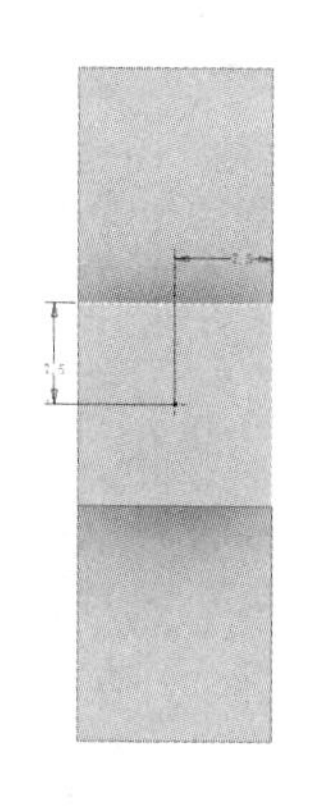

图 2-4-80　创建草图

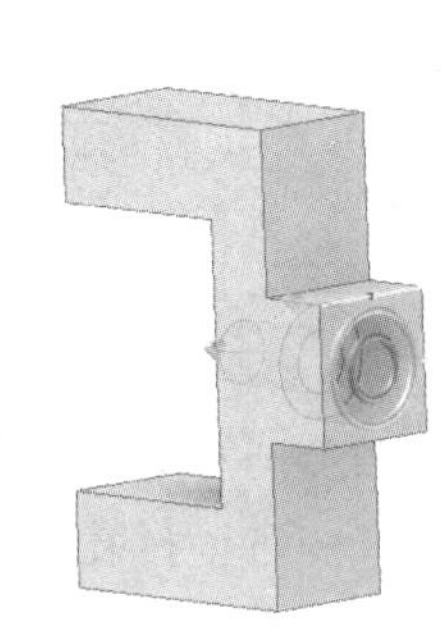

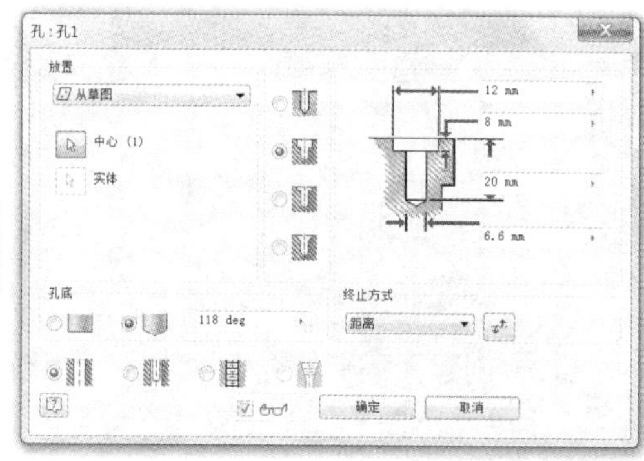

图 2-4-81　创建孔特征

（7）创建草图。绘制如图 2-4-82 所示草图，将草图全约束，完成后退出草图环境。

（8）创建孔特征。将步骤（7）创建的草图进行打孔处理，在“打孔”对话框中，“放置”选择“从草图”，“终止方式”选择“贯通”，选择“简单孔”，“沉头”选择“沉头孔”，“沉头孔大小”设置为 11mm，“沉头深度”设置为 6.4mm，“孔大小”设置为 6.6mm，如图 2-4-83 所示。

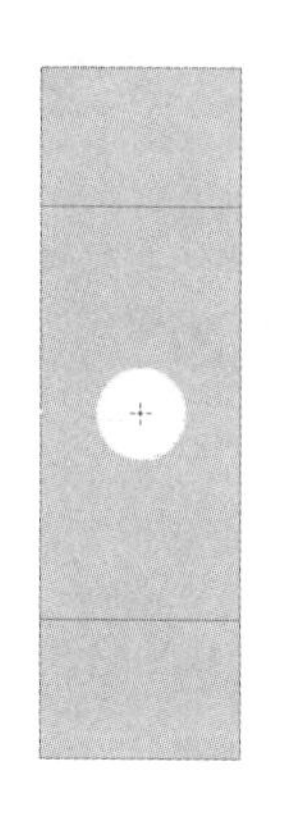

图 2-4-82　创建草图

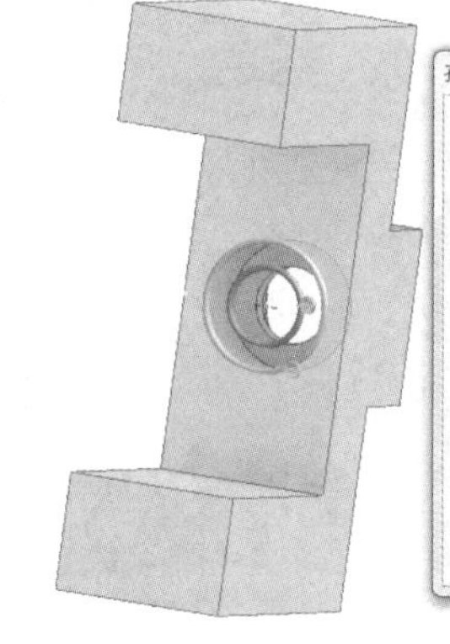

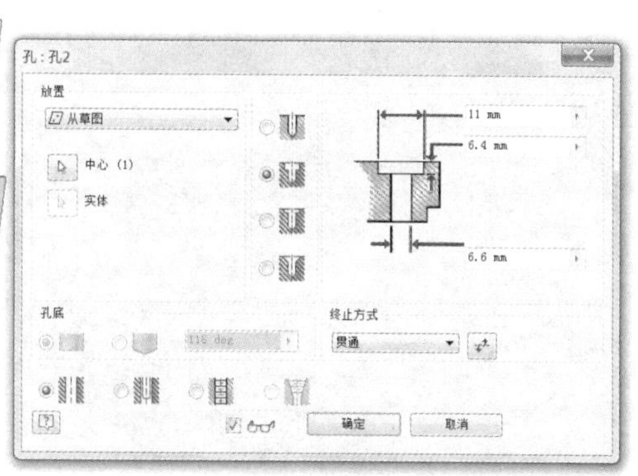

图 2-4-83　创建孔特征

（9）创建草图，绘制如图 2-4-84 所示草图，将草图全约束，完成后退出草图环境。

（10）创建孔特征。将步骤（9）创建的草图进行打孔处理，在“打孔”对话框中，“放置”选择“从草图”，“终止方式”选择“距离”，选择“简单孔”，“沉头”选择“沉头孔”，“沉头孔大小”设置为 11mm，“沉头深度”设置为 8mm，“孔大小”设置为 6.6mm，“孔的深度”设置为 15mm，如图 2-4-85 所示，保存后退出。

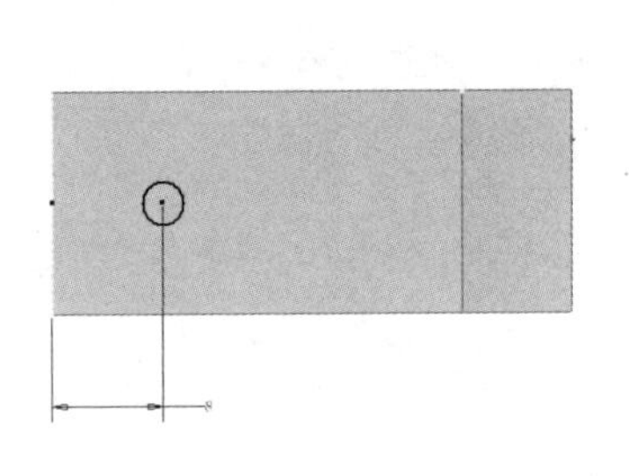

图 2-4-84　创建草图

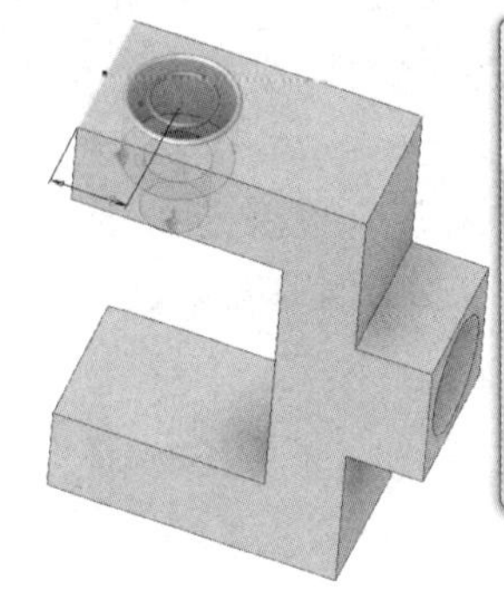

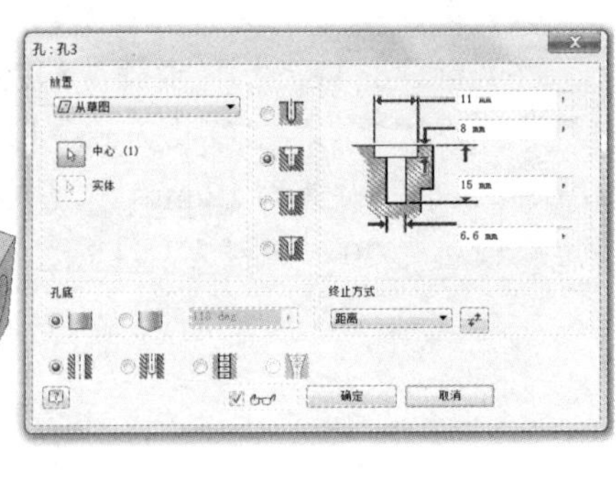

图 2-4-85　创建孔特征

（11）创建草图。绘制如图 2-4-86 所示草图，将草图全约束，完成后退出草图环境。

（12）创建孔特征。将步骤（11）创建的草图进行打孔处理，在“打孔”对话框中，“放置”选择“从草图”，“终止方式”选择“距离”，选择“简单孔”，“沉头”选择“沉头孔”，“沉头孔大小”设置为 11mm，“沉头深度”设置为 8mm，“孔大小”设置为 6.6mm，“孔的深度”设置为 15mm，如图 2-4-87 所示，保存后退出。

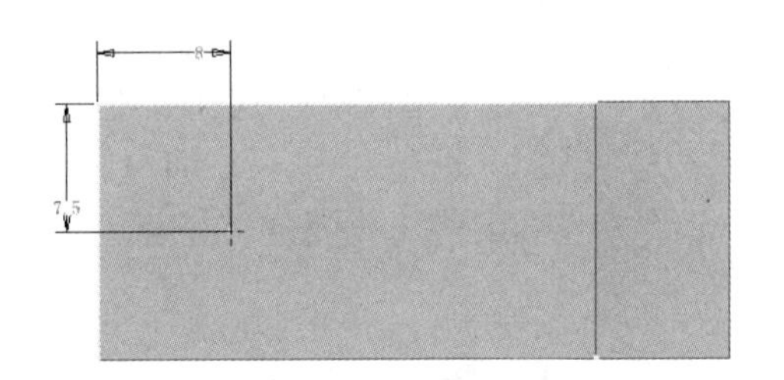

图 2-4-86　创建草图

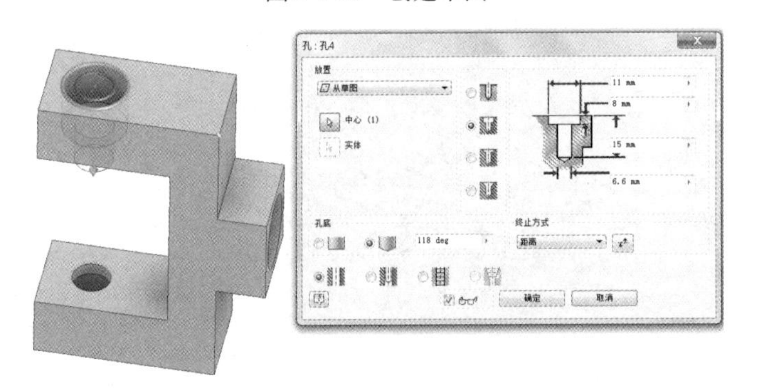

图 2-4-87　创建孔特征

10. 零件 10（零件设计工程图如图 2-4-88 所示）

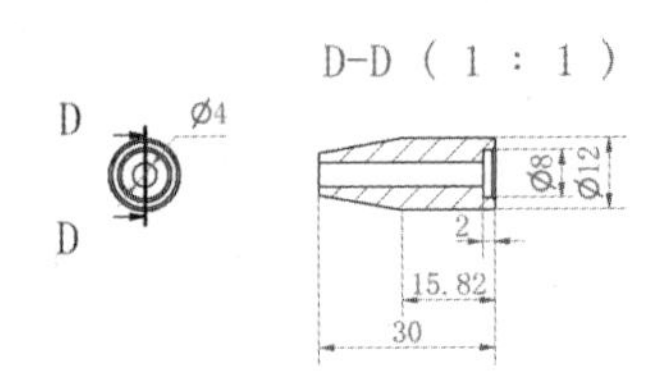

图 2-4-88　零件 10 设计工程图

（1）新建零件文件。新建零件文件并绘制如图 2-4-89 所示草图，将草图全约束，完成后退出草图环境。

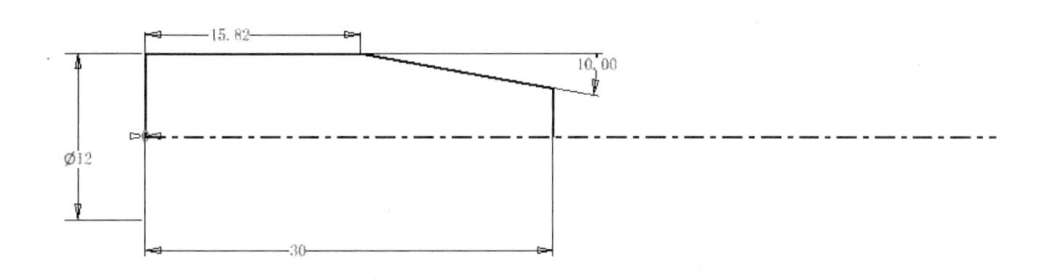

图 2-4-89 创建草图

（2）创建旋转特征。将步骤（1）创建的草图进行旋转，创建零件的主要轮廓，效果如图 2-4-90 所示。

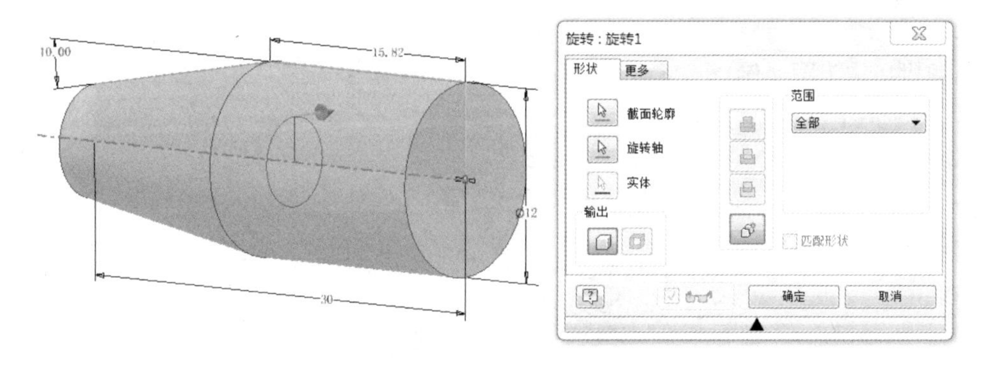

图 2-4-90 创建旋转特征

（3）创建草图，绘制如图 2-4-91 所示草图，将草图全约束，完成后退出草图环境。

（4）创建孔特征。将步骤（3）创建的草图进行打孔处理，在“打孔”对话框中，“放置”选择“从草图”，“终止方式”选择“贯通”，选择“简单孔”，“沉头”选择“沉头孔”，“沉头孔大小”设置为 8mm，“沉头深度”设置为 2mm，“孔大小”设置为 4mm，如图 2-4-92 所示。

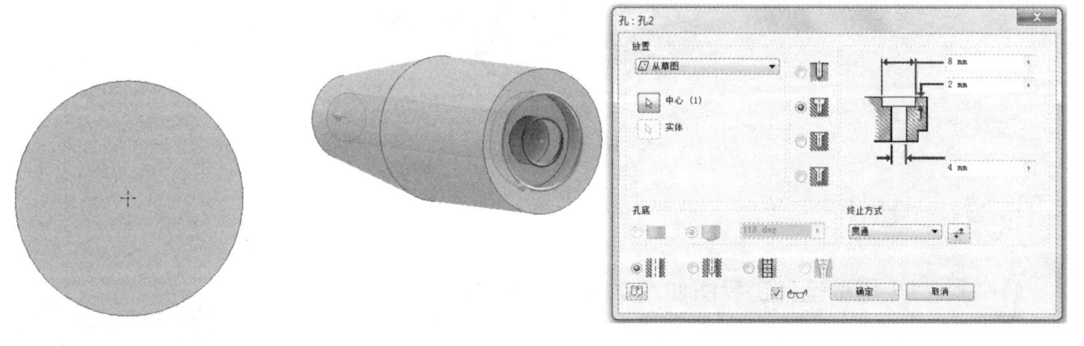

图 2-4-91 创建草图

图 2-4-92 创建孔特征

（5）创建倒角特征。将图 2-4-93 所示的边进行倒角处理，“倒角类型”选择“倒角边长”，“倒角边长”输入 0.5mm，效果如图 2-4-93 所示，保存后退出。

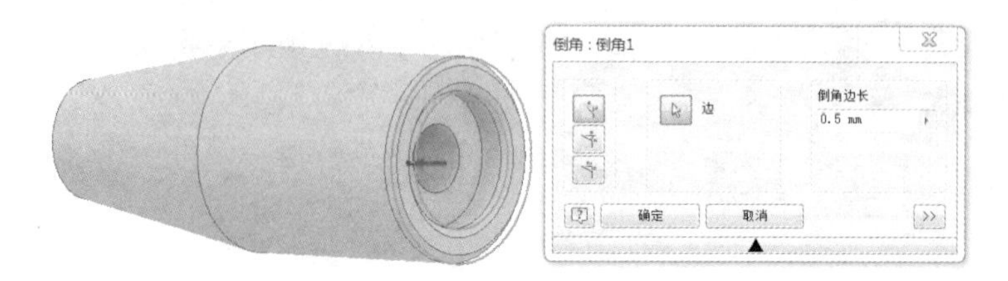

图 2-4-93　创建倒角特征

任务 5　剥线机机构设计

任务说明

剥线机机构（图 2-5-1）

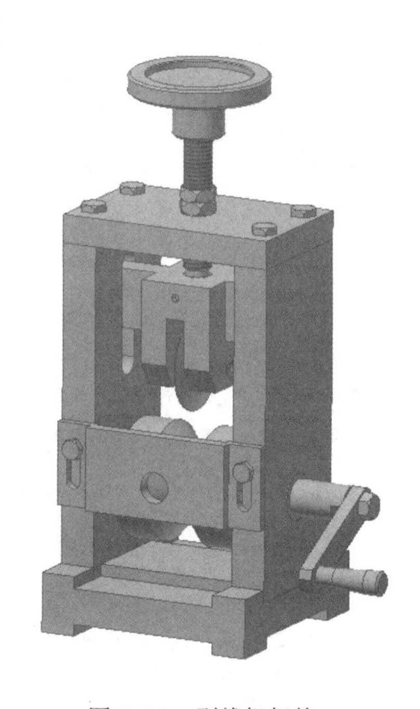

图 2-5-1　剥线机机构

设计步骤

1. 零件 1（零件设计工程图如图 2-5-2 所示）

（1）新建零件文件。新建零件文件并绘制如图 2-5-3 所示草图，将草图全约束，完成后退出草图环境。

（2）创建拉伸特征。将步骤（1）创建的草图进行拉伸处理，“拉伸方式”选择“求和”，“方向”选择“双向拉伸”，“拉伸距离”输入 15mm，效果如图 2-5-4 所示。

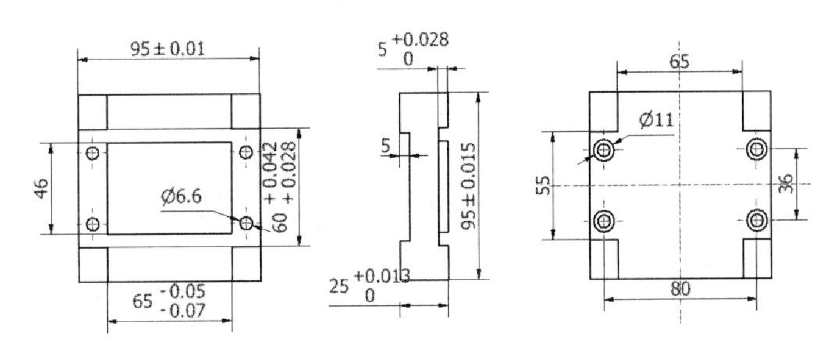

图 2-5-2　零件 1 设计工程图

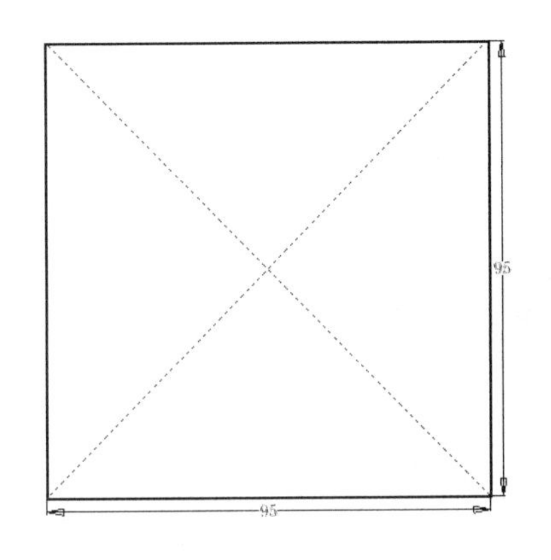

图 2-5-3　创建草图

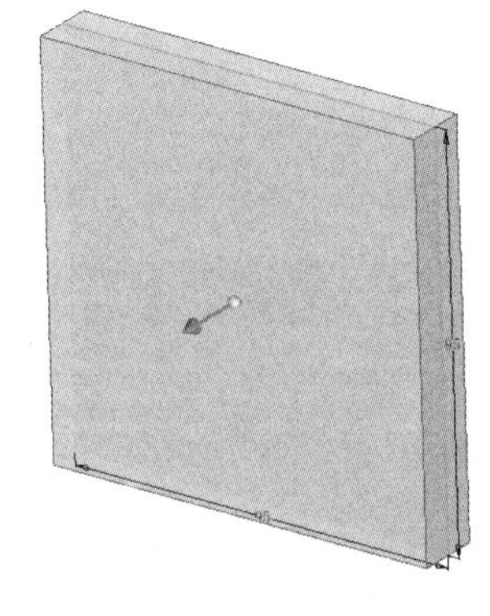

图 2-5-4　创建拉伸特征

（3）创建草图。绘制如图 2-5-5 所示草图，将草图全约束，完成后退出草图环境。

（4）创建拉伸特征。将步骤（3）创建的草图进行拉伸处理，“拉伸方式”选择“求和”，“方向”选择“方向 1”，“拉伸距离”输入 5mm，效果如图 2-5-6 所示。

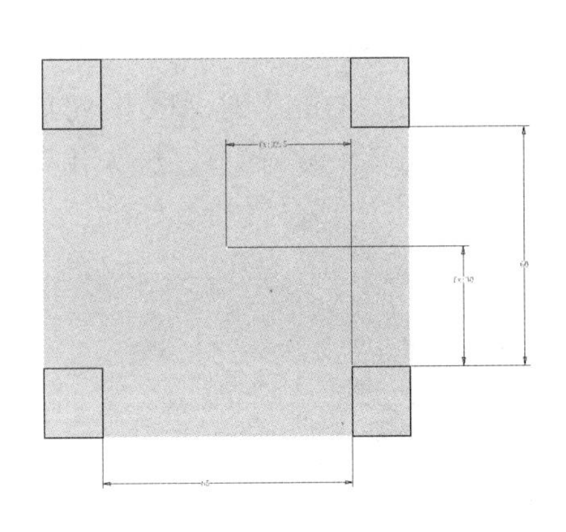

图 2-5-5　创建草图

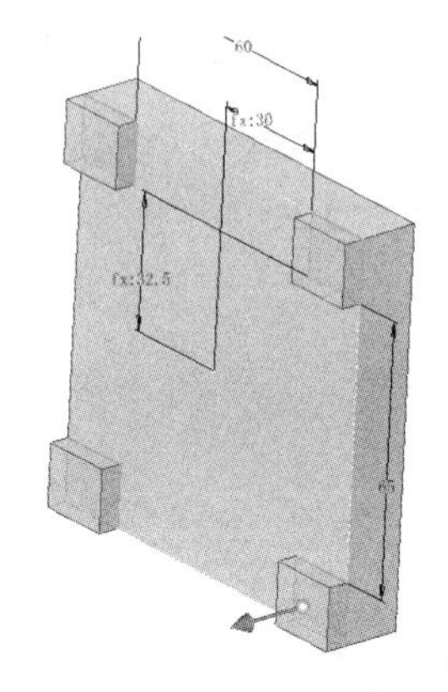

图 2-5-6　创建拉伸特征

（5）创建草图。绘制如图 2-5-7 所示草图，将草图全约束，完成后退出草图环境。

（6）创建拉伸特征。将步骤（5）创建的草图进行拉伸处理，“拉伸方式”选择“求和”，“方向”选择“方向 1”，“拉伸距离”输入 5mm，效果如图 2-5-8 所示。

（7）创建草图。绘制如图 2-5-9 所示草图，将草图全约束，完成后退出草图环境。

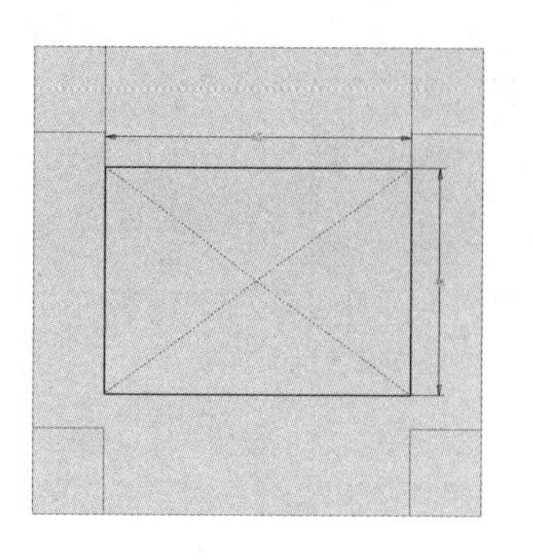

图 2-5-7　创建草图

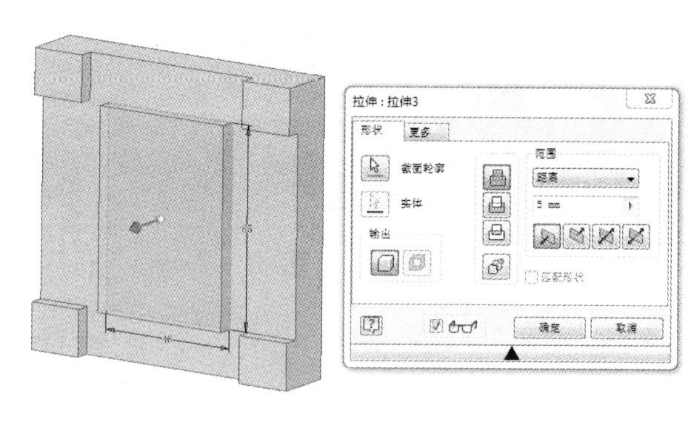

图 2-5-8　创建拉伸特征

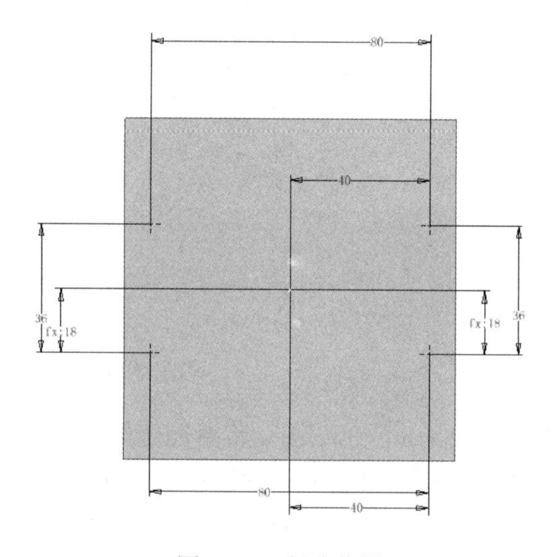

图 2-5-9　创建草图

（8）创建孔特征。将步骤（7）创建的草图进行打孔处理，在“打孔”对话框中，“放置”选择“从草图”，“终止方式”选择“贯通”，选择“简单孔”，“沉头”选择“沉头孔”，“沉头孔大小”设置为 11mm，“沉头深度”设置为 10mm，“孔大小”设置为 6.6mm，如图 2-5-10 所示。

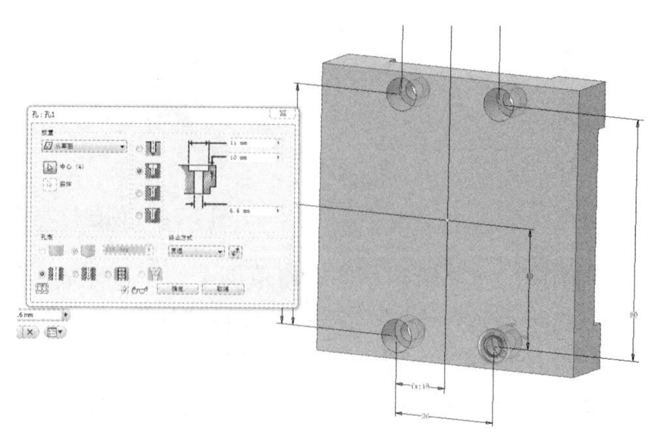

图 2-5-10　创建孔特征

（9）创建草图。绘制如图 2-5-11 所示草图，将草图全约束，完成后退出草图环境。

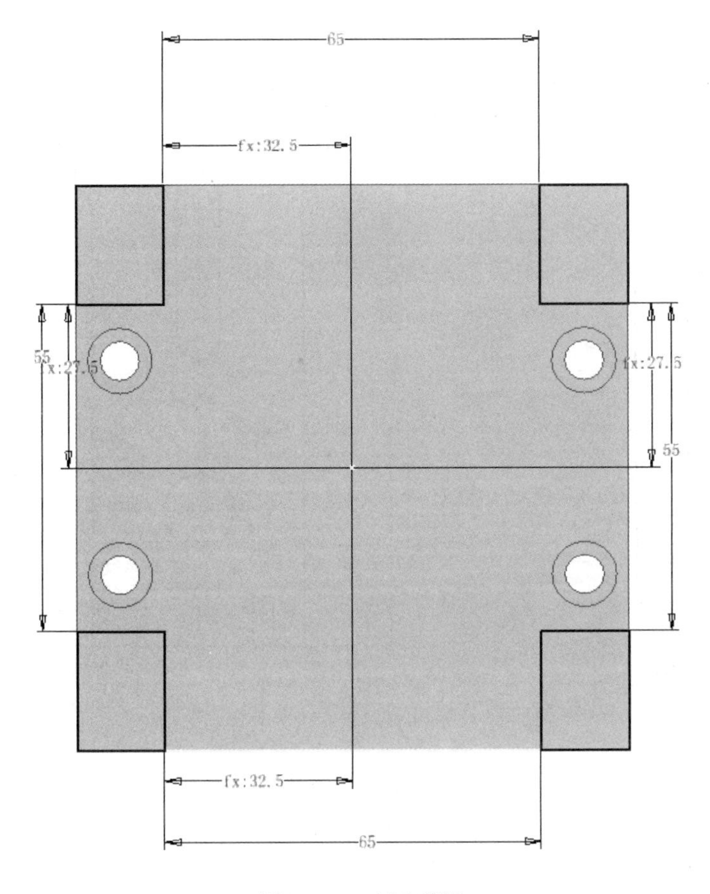

图 2-5-11　创建草图

（10）创建拉伸特征。将步骤（11）创建的草图进行拉伸处理，“拉伸方式”选择“求和”，“方向”选择“方向 1”，“拉伸距离”输入 5mm，效果如图 2-5-12 所示。

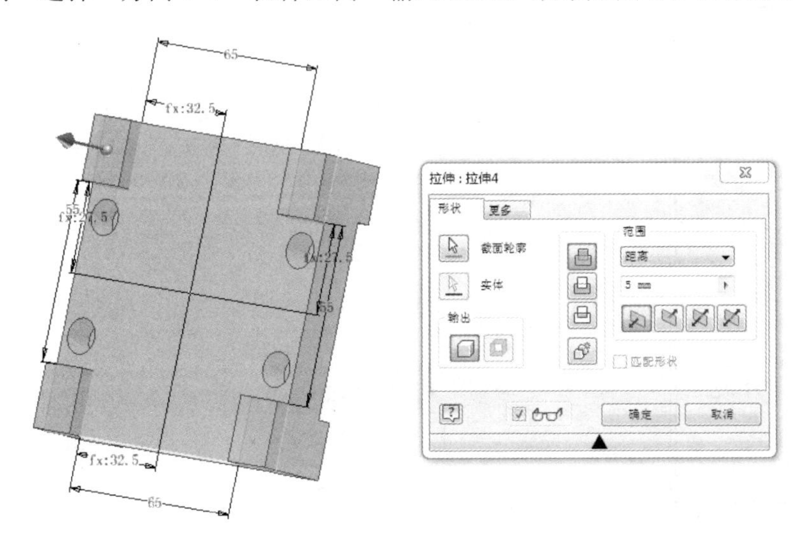

图 2-5-12　创建拉伸特征

2. 零件 2（零件设计工程图如图 2-5-13 所示）

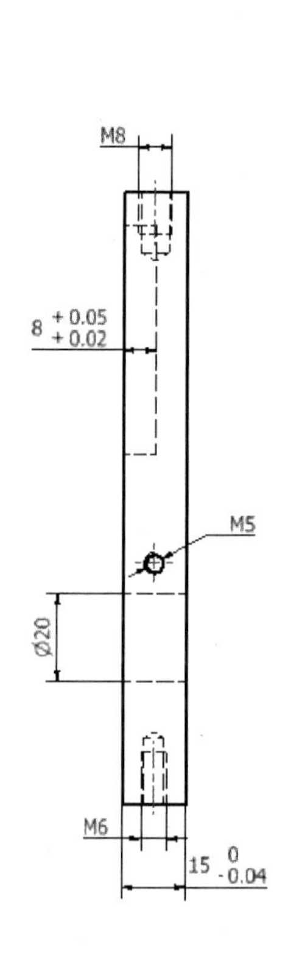

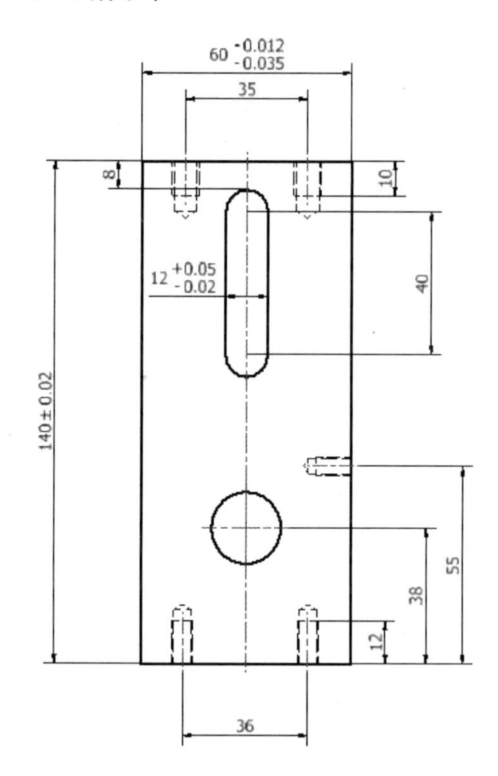

图 2-5-13　零件 2 设计工程图

（1）新建零件文件。新建零件文件并绘制如图 2-5-14 所示草图，将草图全约束，完成后退出草图环境。

（2）创建拉伸特征。将步骤（1）创建的草图进行拉伸处理，“拉伸方式”选择“求和”，“方向”选择“双向拉伸”，“拉伸距离”输入 15mm，效果如图 2-5-15 所示。

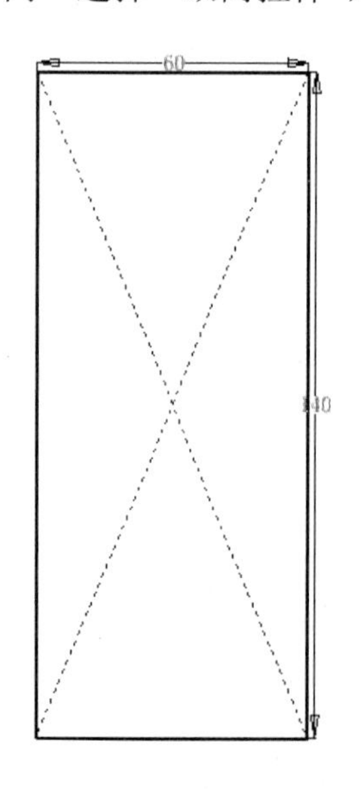

图 2-5-14　创建草图

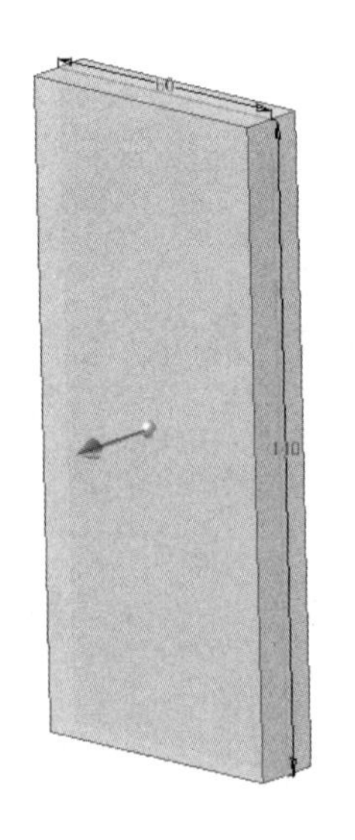

图 2-5-15　创建拉伸特征

（3）创建草图。绘制如图 2-5-16 所示草图，将草图全约束，完成后退出草图环境。

（4）创建拉伸特征。将步骤（3）创建的草图进行拉伸处理，“拉伸方式”选择“求差”，“方向”选择“方向 1”，“拉伸距离”输入 8mm，效果如图 2-5-17 所示。

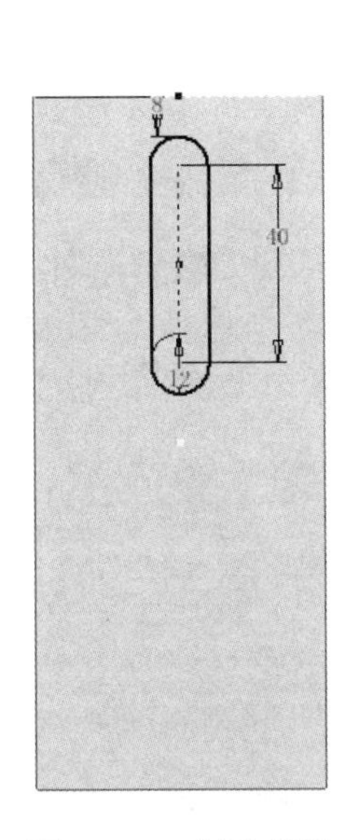

图 2-5-16　创建草图

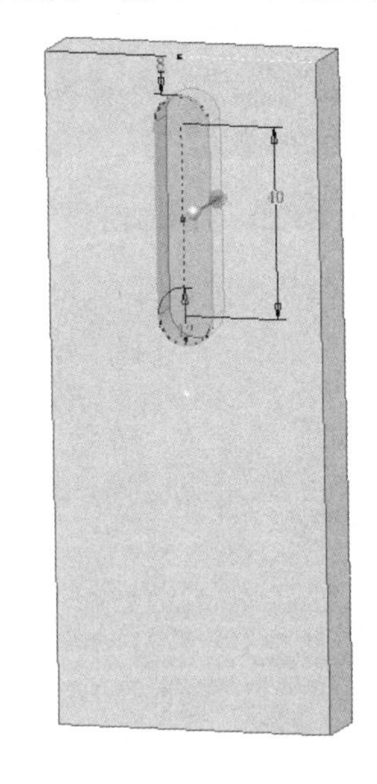

图 2-5-17　创建拉伸特征

（5）创建草图。绘制如图 2-5-18 所示草图，将草图全约束，完成后退出草图环境。

（6）创建孔特征。将步骤（5）创建的草图进行打孔处理，在“打孔”对话框中，“放置”选择“从草图”，“终止方式”选择“贯通”，“尺寸”选择 20mm，如图 2-5-19 所示。

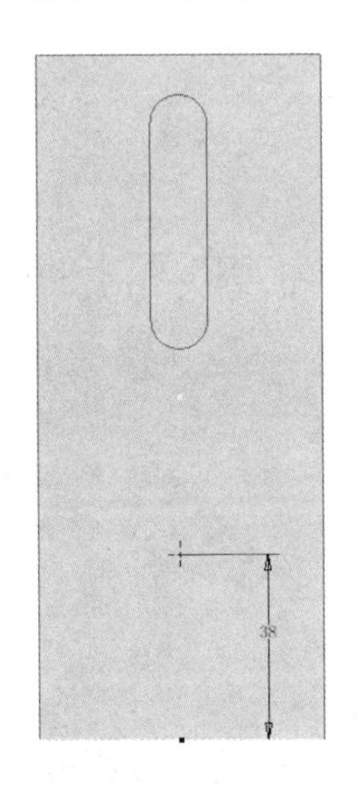

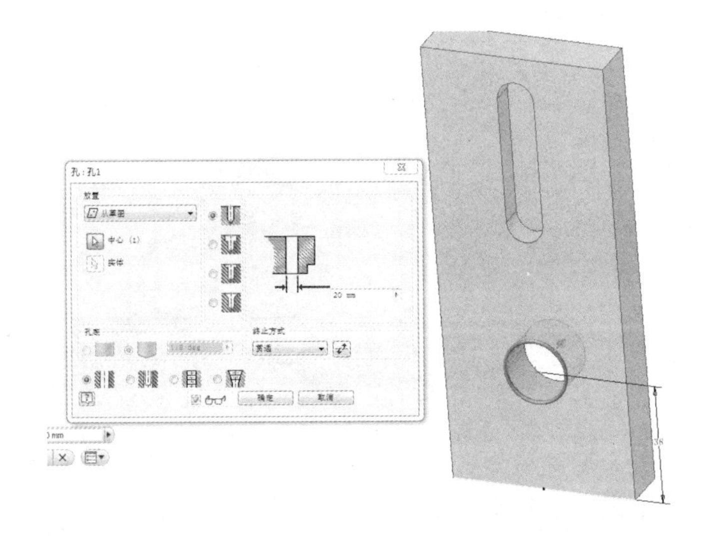

图 2-5-18　创建草图

图 2-5-19　创建孔特征

（7）创建草图。绘制如图 2-5-20 所示草图，将草图全约束，完成后退出草图环境。

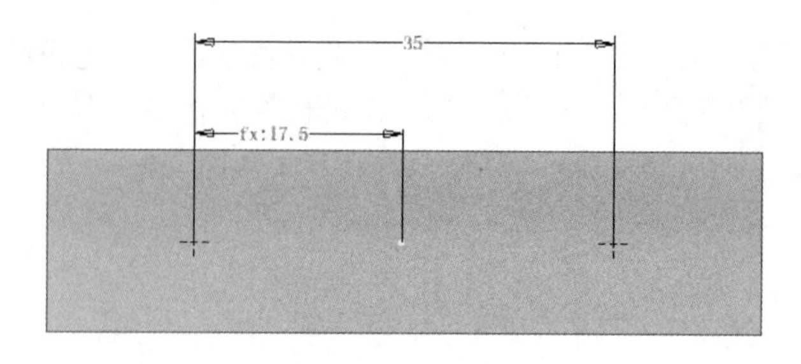

图 2-5-20　创建草图

（8）创建孔特征。将步骤（7）创建的草图进行打孔处理，在“打孔”对话框中，“放置”选择“从草图”，“终止方式”选择“距离”，选择“螺纹孔”，“螺纹”选择“GB Metric profile”，“尺寸”选择 8，“孔深”设置为 14，“螺纹有效深度”设置为 10，效果如图 2-5-21 所示，保存后退出。

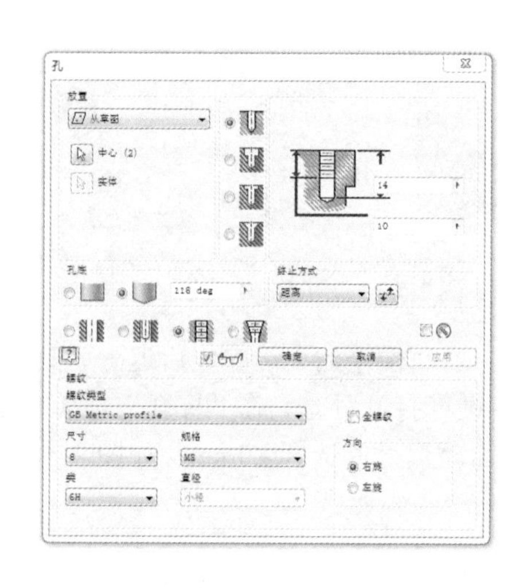

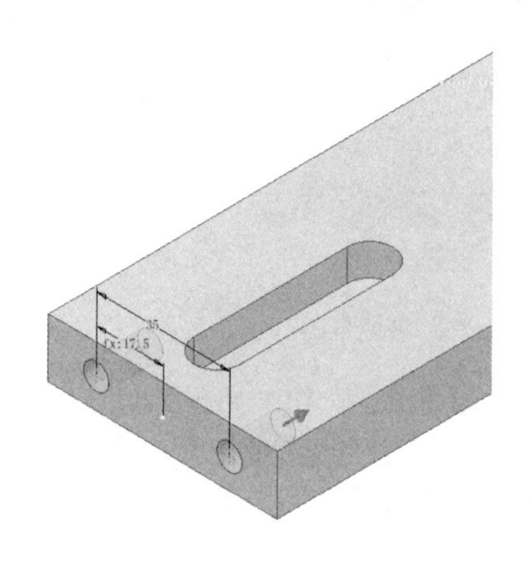

图 2-5-21　创建孔特征

（9）创建草图。绘制如图 2-5-22 所示草图，将草图全约束，完成后退出草图环境。

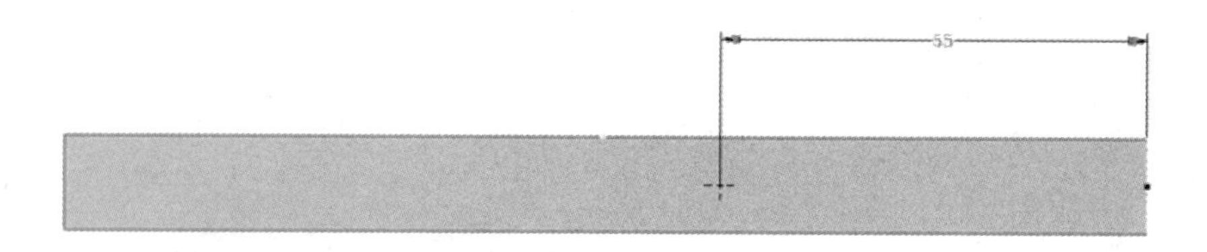

图 2-5-22　创建草图

（10）创建孔特征。将步骤（7）创建的草图进行打孔处理，在“打孔”对话框中，“放置”选择“从草图”，“终止方式”选择“距离”，选择“螺纹孔”，“螺纹”选择“GB Metric profile”，“尺寸”选择 5，“孔深”设置为 12mm，“螺纹有效深度”设置为 10mm，效果如图 2-5-23 所示，保存后退出。

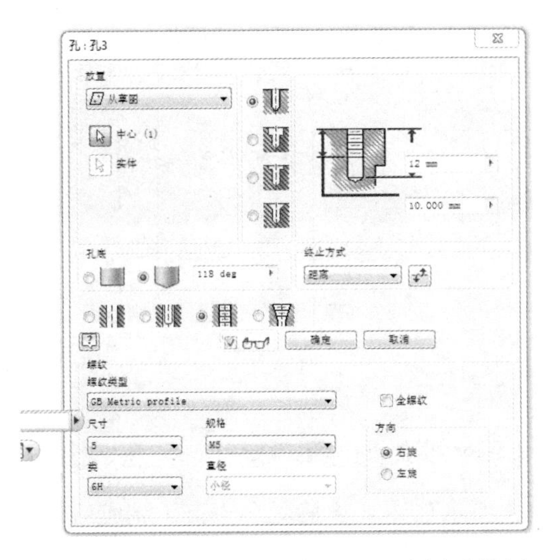
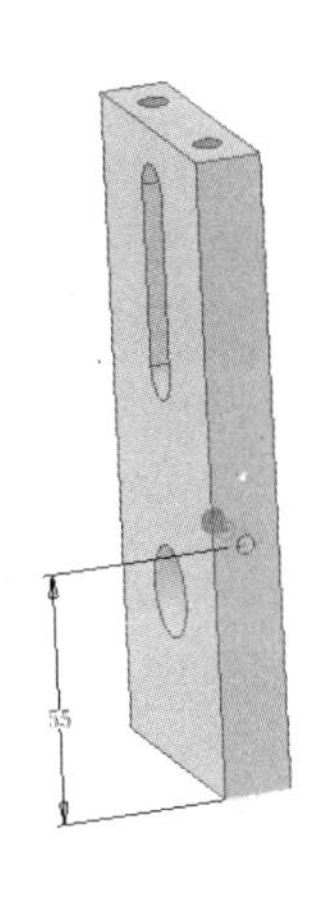

图 2-5-23　创建孔特征

（11）创建草图。绘制如图 2-5-24 所示草图，将草图全约束，完成后退出草图环境。

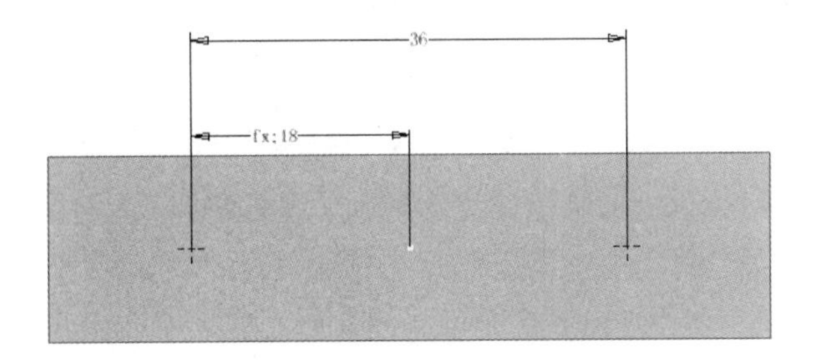

图 2-5-24　创建草图

（12）创建孔特征。将步骤（11）创建的草图进行打孔处理，在“打孔”对话框中，“放置”选择“从草图”，“终止方式”选择“距离”，选择“螺纹孔”，“螺纹”选择“GB Metric profile”，“尺寸”选择 6，“孔深”设置为 15，“螺纹有效深度”设置为 12，效果如图 2-5-25 所示，保存后退出。

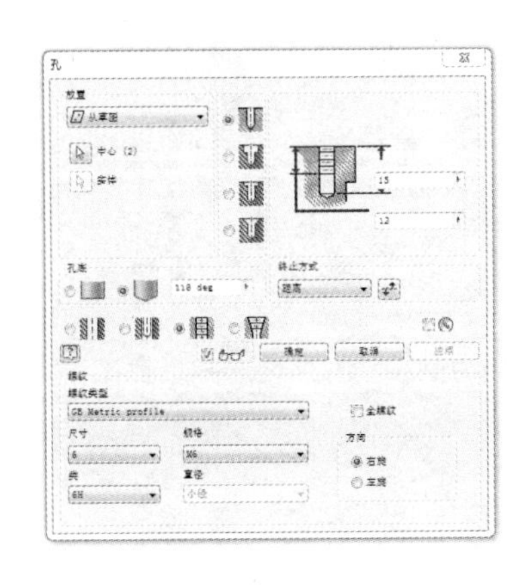
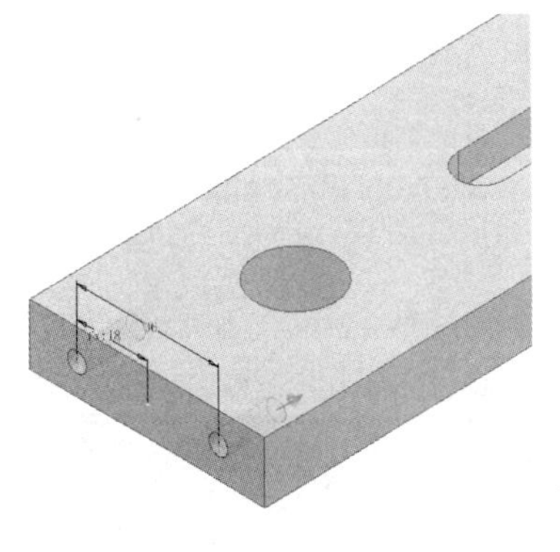

图 2-5-25　创建孔特征

3. 零件 3（零件设计工程图如图 2-5-26 所示）

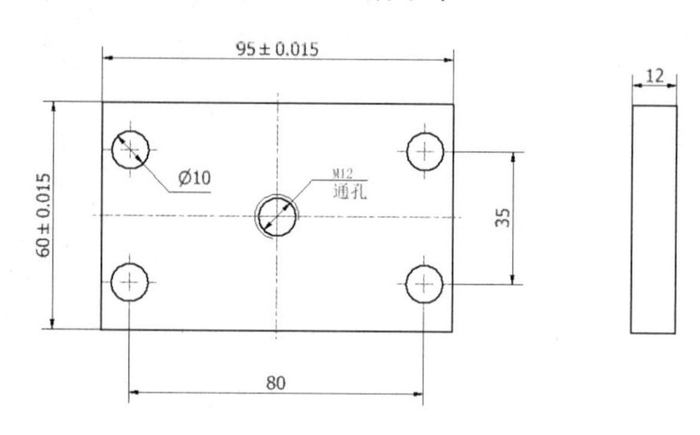

图 2-5-26　零件设计工程 3 图

（1）创建草图。绘制如图 2-5-27 所示草图，将草图全约束，完成后退出草图环境。

（2）创建拉伸特征。将步骤（3）创建的草图进行拉伸处理，“拉伸方式”选择“求和”，“方向”选择“双向拉伸”，“拉伸距离”输入 12mm，效果如图 2-5-28 所示。

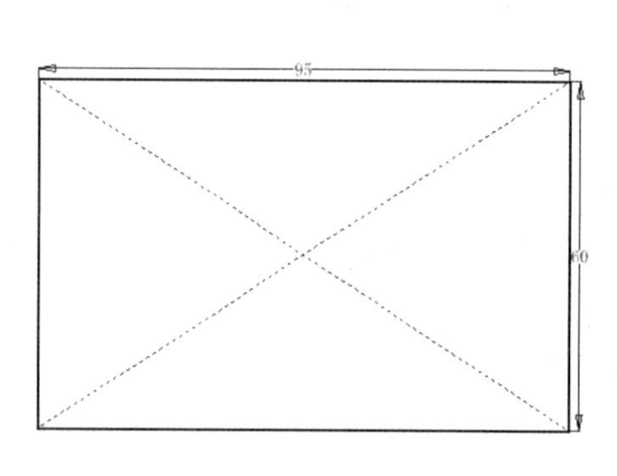

图 2-5-27　创建草图

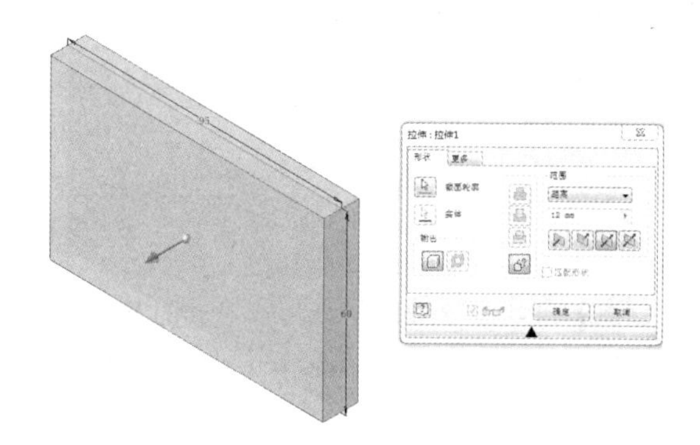

图 2-5-28　创建拉伸特征

（3）创建草图。绘制如图 2-5-29 所示草图，将草图全约束，完成后退出草图环境。

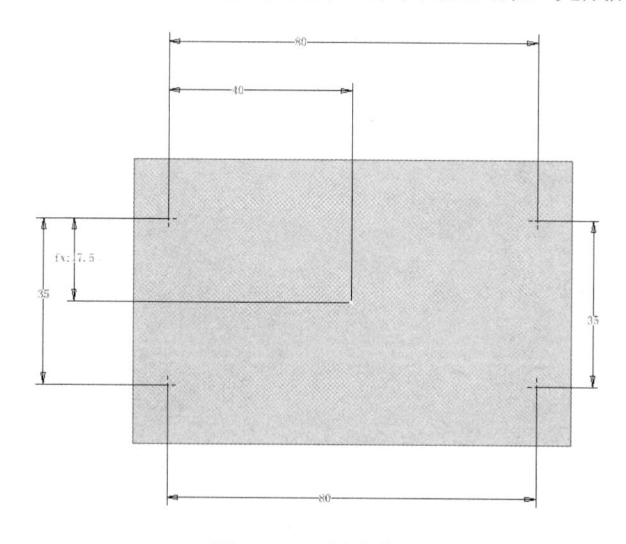

图 2-5-29　创建草图

（4）创建孔特征。将步骤（3）创建的草图进行打孔处理，在“打孔”对话框中，“放置”选择“从草图”，“终止方式”选择“贯通”，“孔直径”为10，如图2-5-30所示。

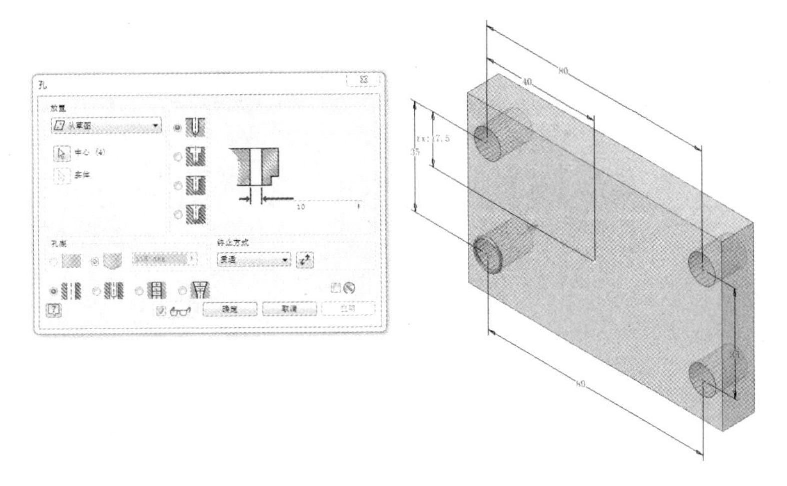

图2-5-30　创建孔特征

（5）创建草图。绘制如图2-5-31所示草图，将草图全约束，完成后退出草图环境。

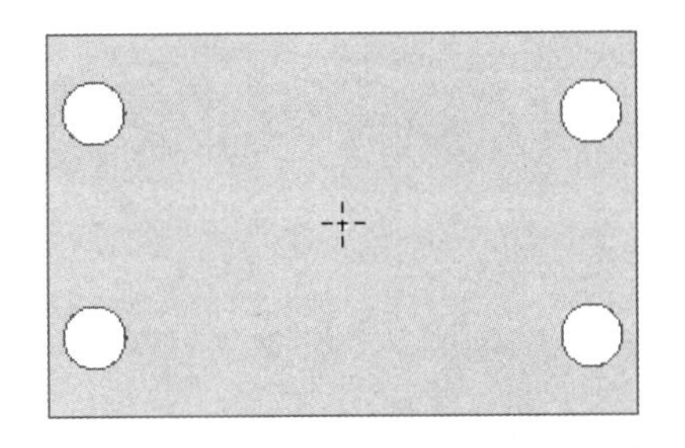

图2-5-31　创建草图

（6）创建孔特征。将步骤（5）创建的草图进行打孔处理，在“打孔”对话框中，“放置”选择“从草图”，“终止方式”选择“贯通”，选择“螺纹孔”，“螺纹”选择“GB Metric profile”，“尺寸”选择6，效果如图2-5-32所示，保存后退出。

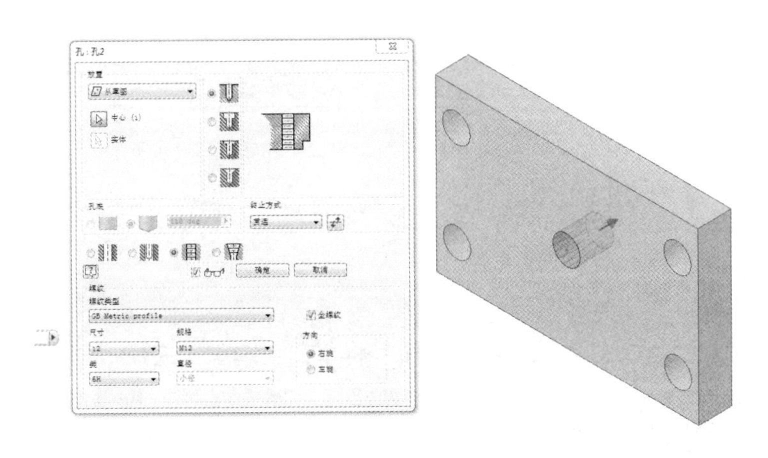

图2-5-32　创建孔特征

4. 零件 4（零件设计工程图如图 2-5-33 所示）

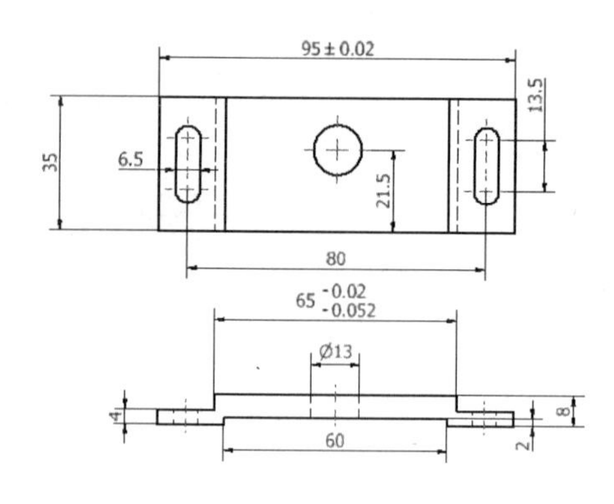

图 2-5-33　零件 4 设计工程图

（1）新建零件文件。新建零件文件并绘制如图 2-5-34 所示草图，将草图全约束，完成后退出草图环境。

（2）创建拉伸特征。将步骤（1）创建的草图进行拉伸处理，“拉伸方式”选择“求和”，“方向”选择“双向拉伸”，“拉伸距离”输入 8mm，效果如图 2-5-35 所示。

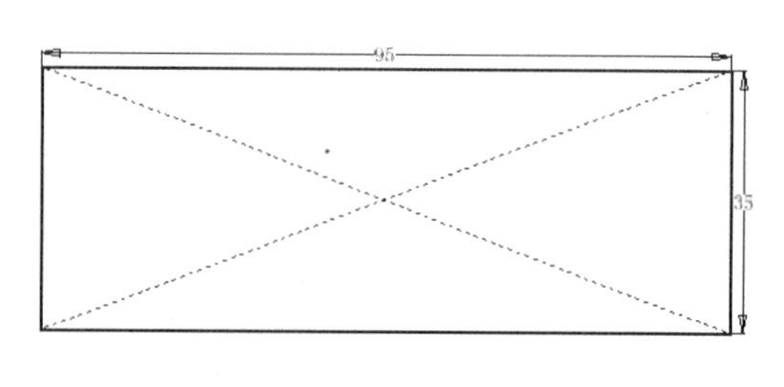

图 2-5-34　创建草图

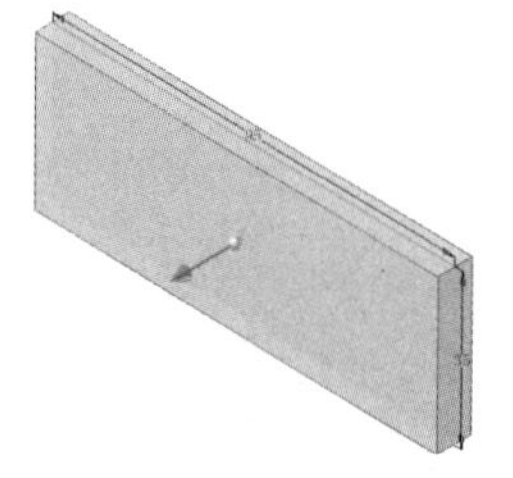

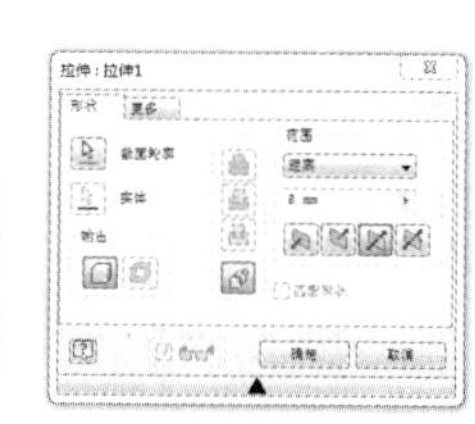

图 2-5-35　创建拉伸特征

（3）创建草图。绘制如图 2-5-36 所示草图，将草图全约束，完成后退出草图环境。

（4）创建拉伸特征。将步骤（3）创建的草图进行拉伸处理，“拉伸方式”选择“求差”，“方向”选择“方向 2”，“拉伸距离”输入 4mm，效果如图 2-5-37 所示。

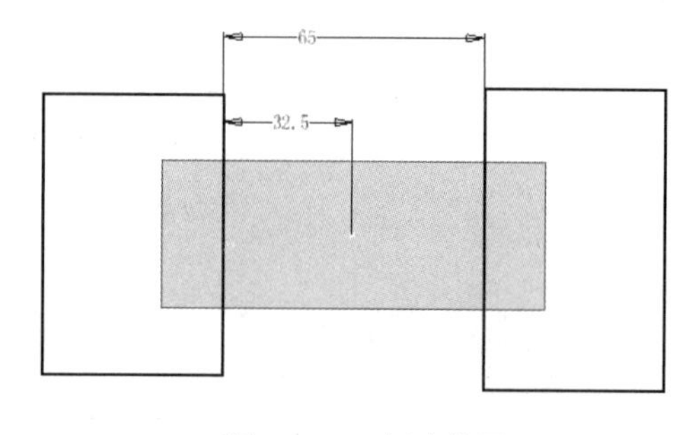

图 2-5-36　创建草图

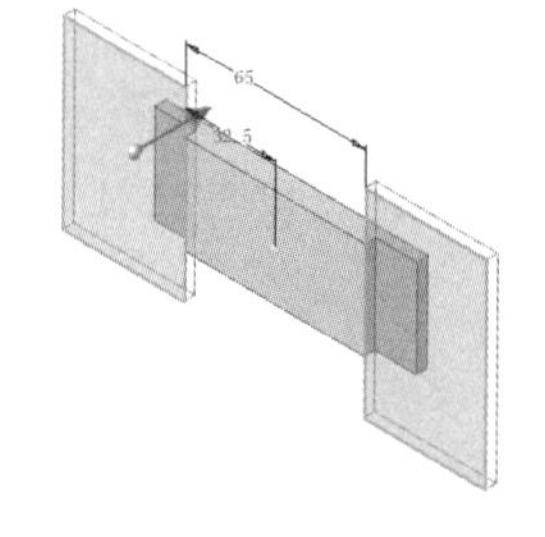

图 2-5-37　创建拉伸特征

（5）创建草图。绘制如图 2-5-38 所示草图，将草图全约束，完成后退出草图环境。

（6）创建拉伸特征。将步骤（5）创建的草图进行拉伸处理，“拉伸方式”选择“求差”，“方向”选择“方向 2”，“拉伸距离”输入 66.5mm，效果如图 2-5-39 所示。

（7）创建草图。绘制如图 2-5-40 所示草图，将草图全约束，完成后退出草图环境。

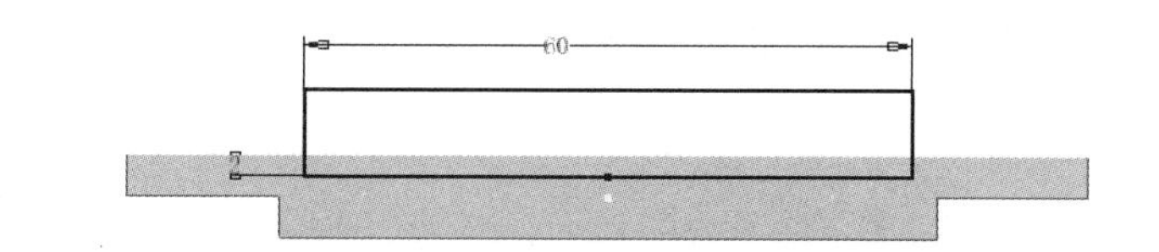

图 2-5-38　创建草图

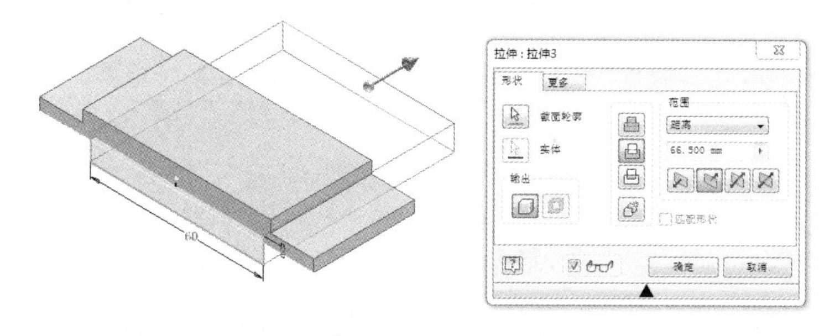

图 2-5-39　创建拉伸特征

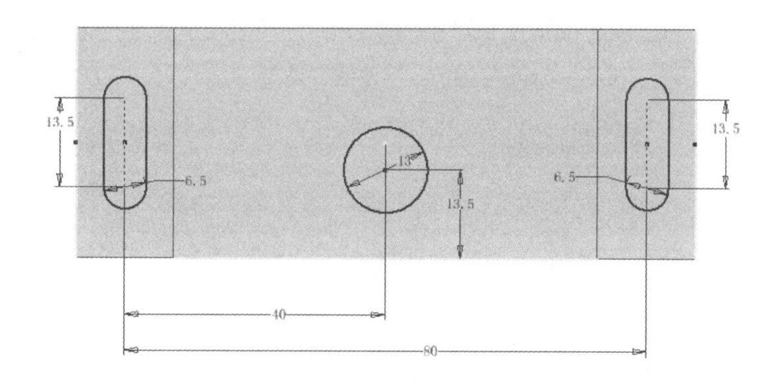

图 2-5-40　创建草图

（8）创建拉伸特征。将步骤（7）创建的草图进行拉伸处理，“拉伸方式”选择“求差”，“方向”选择“方向 2”，“拉伸距离”输入 66.5mm，效果如图 2-5-41 所示，保存后退出。

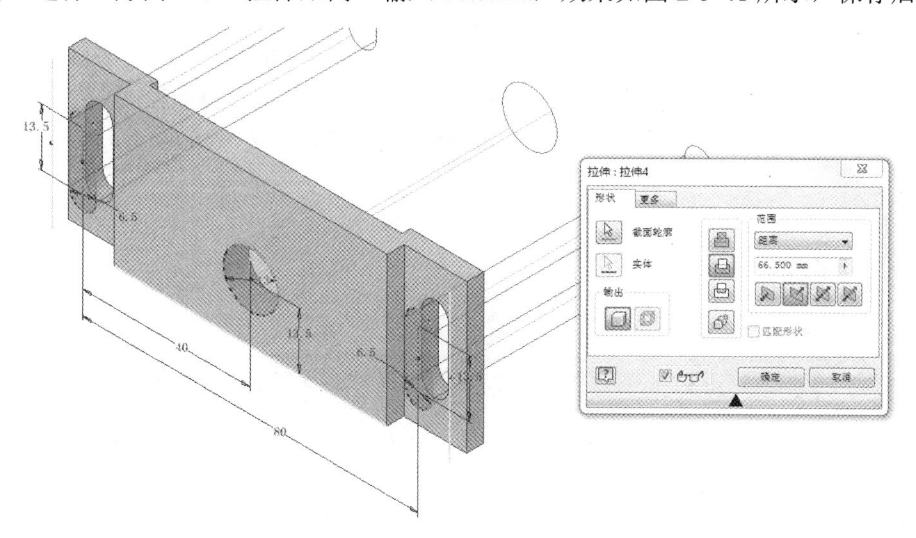

图 2-5-41　创建拉伸特征

5. 零件 5（零件设计工程图如图 2-5-42 所示）

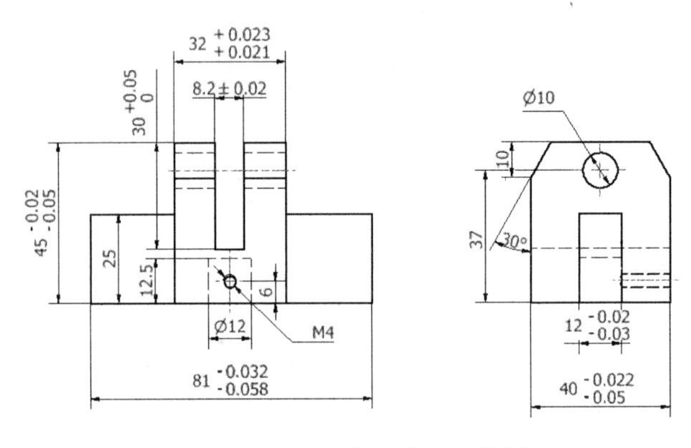

图 2-5-42　零件 5 设计工程图

（1）新建零件文件。新建零件文件并绘制如图 2-5-43 所示草图，将草图全约束，完成后退出草图环境。

（2）创建拉伸特征。将步骤（1）创建的草图进行拉伸处理，“拉伸方式”选择“求差”，“方向”选择“方向 2”，“拉伸距离”输入 32mm，效果如图 2-5-44 所示。

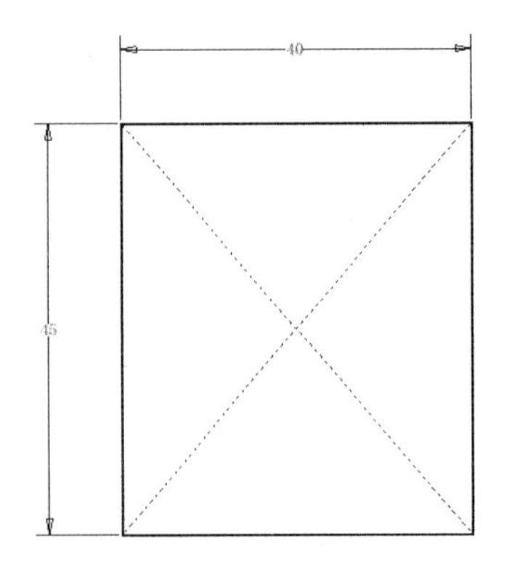

图 2-5-43　创建草图

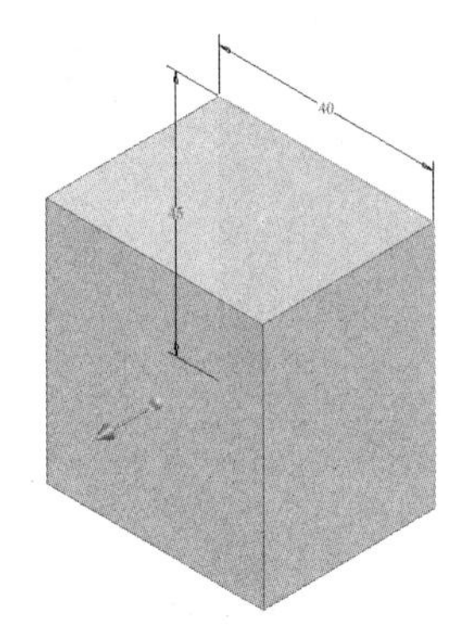

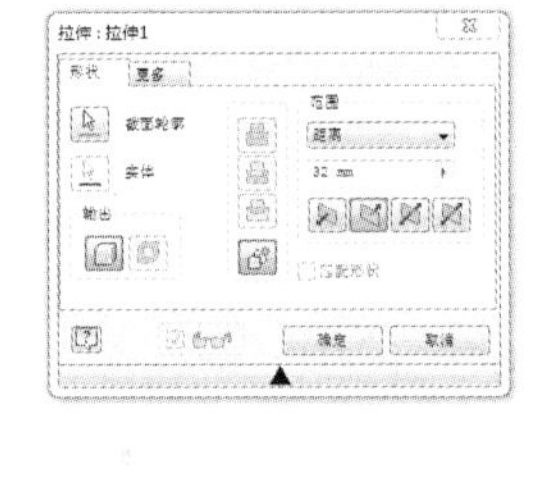

图 2-5-44　创建拉伸特征

（3）创建草图。绘制如图 2-5-45 所示草图，将草图全约束，完成后退出草图环境。

（4）创建拉伸特征。将步骤（3）创建的草图进行拉伸处理，“拉伸方式”选择“求差”，“方向”选择“方向 2”，“拉伸距离”输入 56.5mm，效果如图 2-5-46 所示。

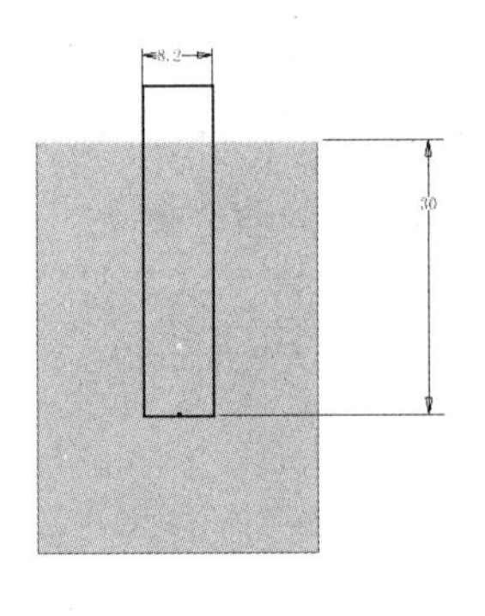

图 2-5-45　创建草图

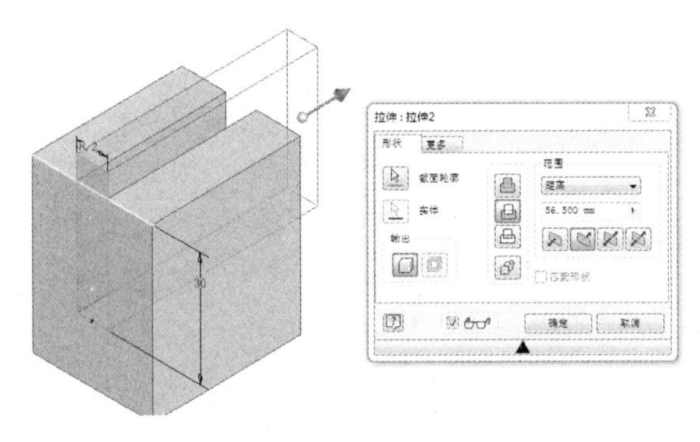

图 2-5-46　创建拉伸特征

（5）创建草图。绘制如图 2-5-47 所示草图，将草图全约束，完成后退出草图环境。

（6）创建拉伸特征。将步骤（5）创建的草图进行拉伸处理，“拉伸方式”选择“求差”，“方向”选择“方向 2”，“拉伸距离”输入 36.5mm，效果如图 2-5-48 所示。

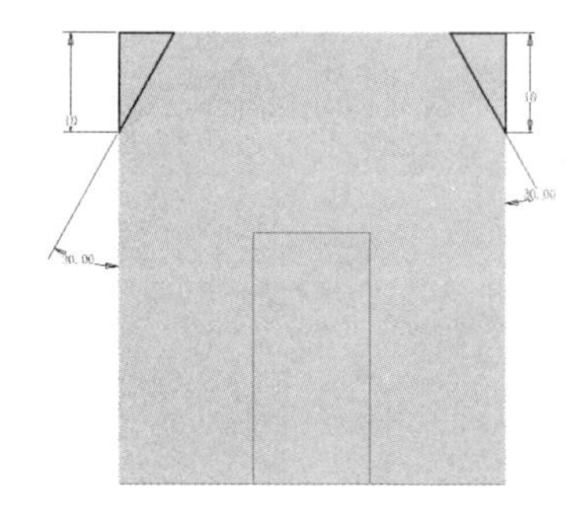

图 2-5-47　创建草图

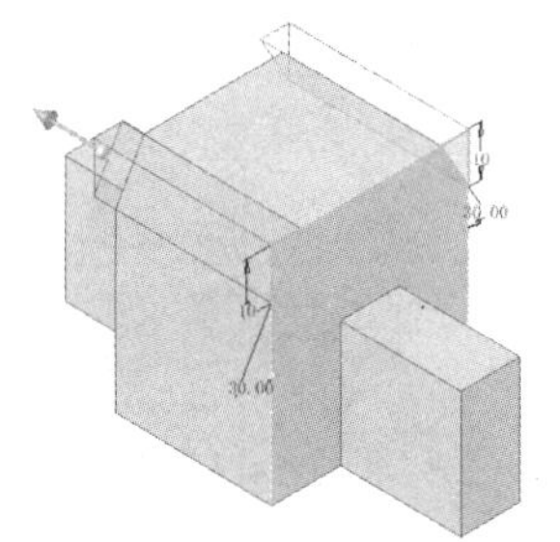

图 2-5-48　创建拉伸特征

（7）创建草图。绘制如图 2-5-49 所示草图，将草图全约束，完成后退出草图环境。

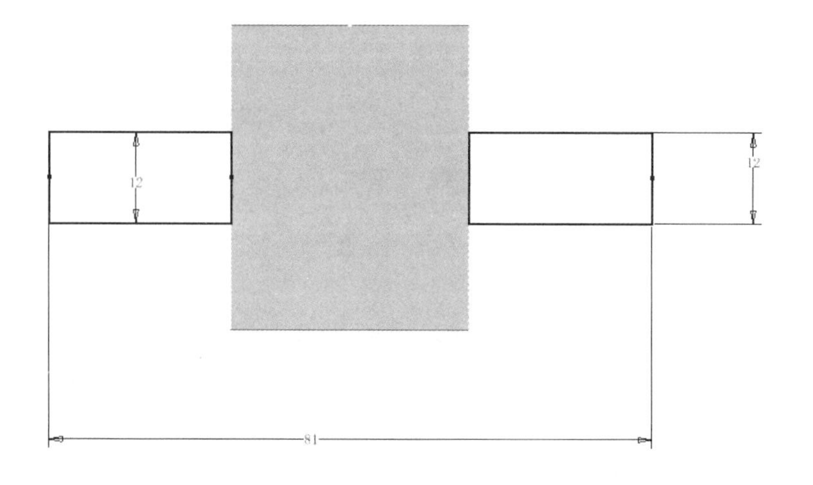

图 2-5-49　创建草图

（8）创建拉伸特征。将步骤（7）创建的草图进行拉伸处理，“拉伸方式”选择“求和”，“方向”选择“方向 2”，“拉伸距离”输入 25mm，如图 2-5-50 所示。

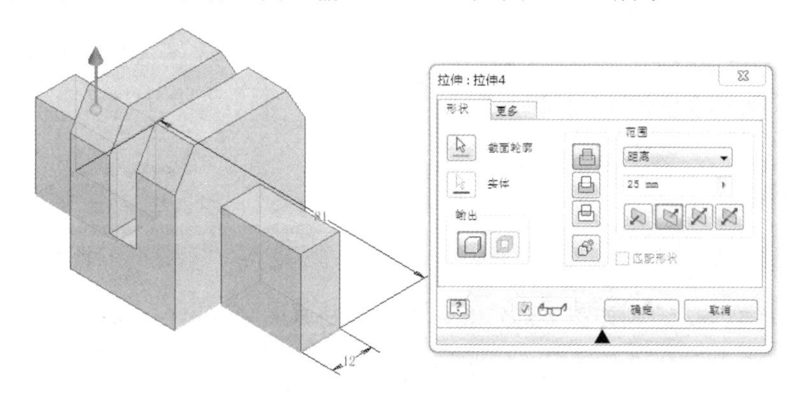

图 2-5-50　创建拉伸特征

（9）创建草图。绘制如图 2-5-51 所示草图，将草图全约束，完成后退出草图环境。

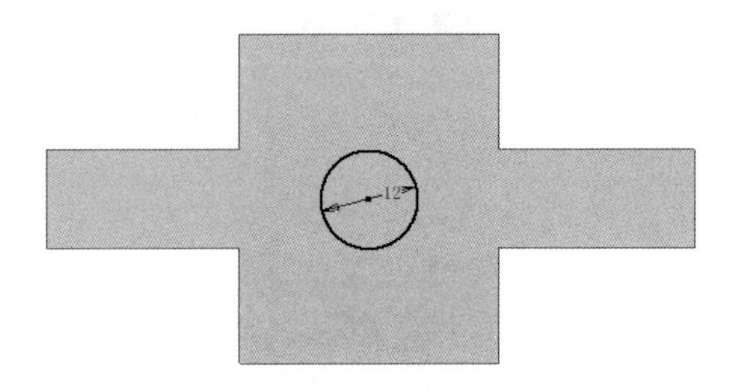

图 2-5-51　创建草图

（10）创建拉伸特征。将步骤（9）创建的草图进行拉伸处理，“拉伸方式”选择“求差”，“方向”选择“方向 2”，“拉伸距离”输入 12.5mm，如图 2-5-52 所示。

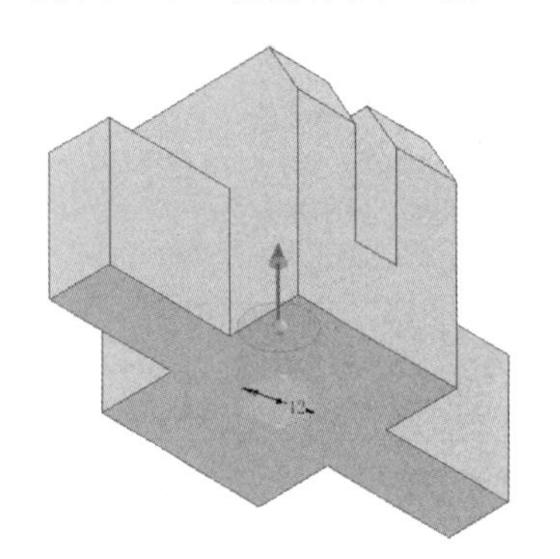

图 2-5-52　创建拉伸特征

（11）创建草图。绘制如图 2-5-53 所示草图，将草图全约束，完成后退出草图环境。

（12）创建拉伸特征。将步骤（11）创建的草图进行拉伸处理，“拉伸方式”选择“求差”，“方向”选择“方向 2”，“拉伸距离”输入 33.25mm，如图 2-5-54 所示。

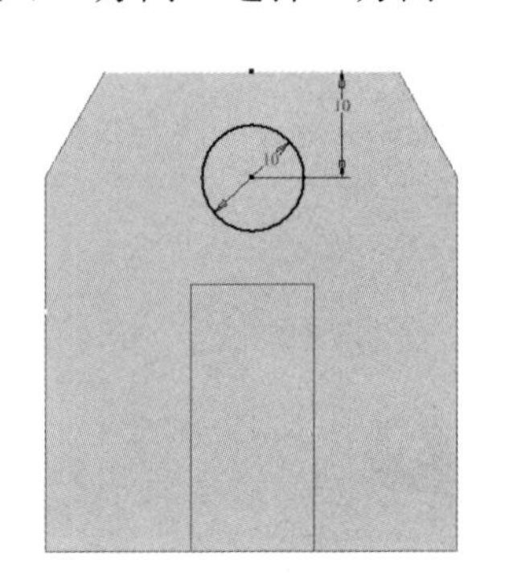

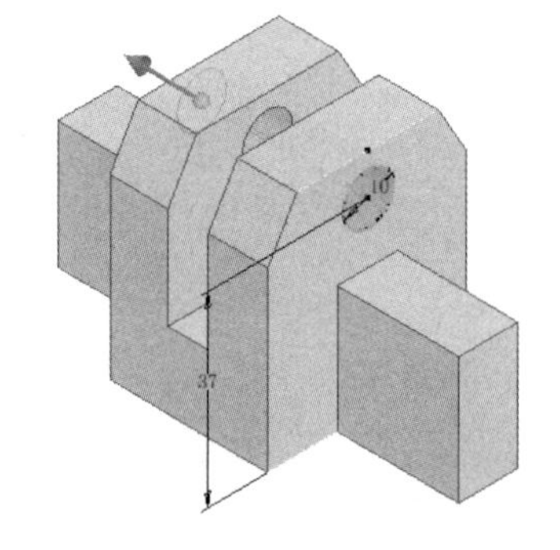

图 2-5-53　创建草图

图 2-5-54　创建拉伸特征

（13）创建草图。绘制如图 2-5-55 所示草图，将草图全约束，完成后退出草图环境。

（14）创建孔特征。将步骤（13）创建的草图进行打孔处理，在“打孔”对话框中，“放置”选择“从草图”，“终止方式”选择“到”，选择“螺纹孔”，“螺纹”选择“GB Metric profile”，

“尺寸”选择 4，效果如图 2-5-56 所示，保存后退出。

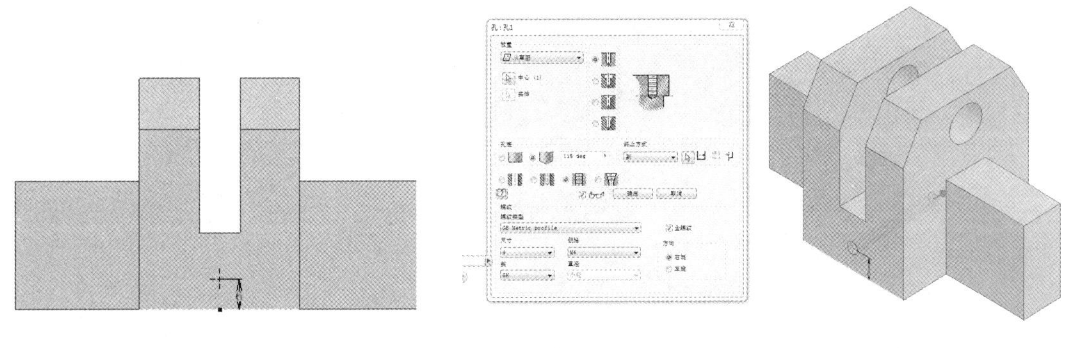

图 2-5-55　创建草图　　　　图 2-5-56　创建孔特征

6. 零件 6（零件设计工程图如图 2-5-57 所示）

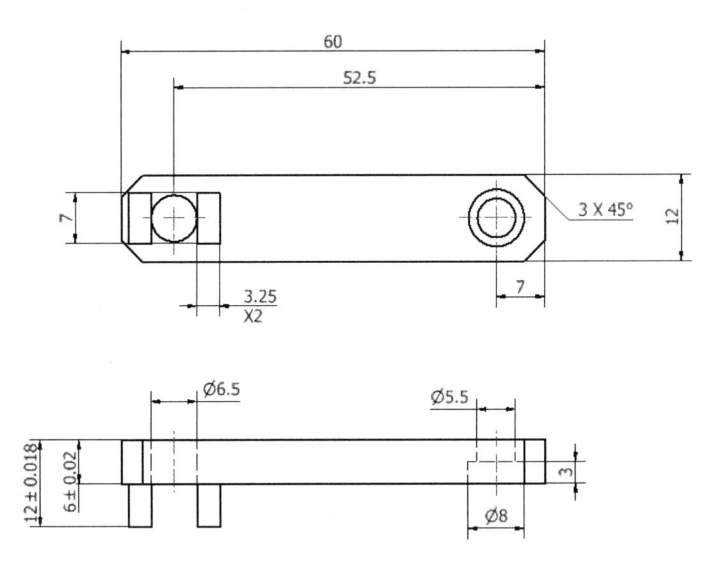

图 2-5-57　零件 6 设计工程图

（1）创建草图。绘制如图 2-5-58 所示草图，将草图全约束，完成后退出草图环境。

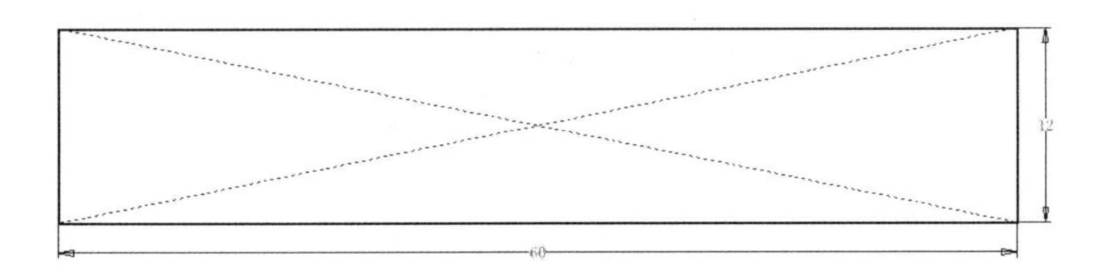

图 2-5-58　创建草图

（2）创建拉伸特征。将步骤（1）创建的草图进行拉伸处理，“拉伸方式”选择“求和”，“方向”选择“方向 1”，“拉伸距离”输入 6mm，如图 2-5-59 所示。

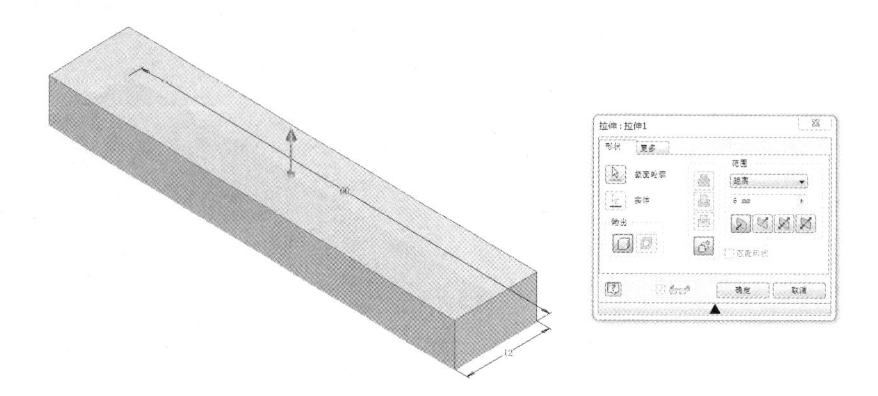

图 2-5-59　创建拉伸特征

（3）创建倒角特征。将图 2-5-60 所示的边进行倒角处理，“倒角类型”选择“倒角边长”，“倒角边长”输入 3mm，效果如图 2-5-60 所示。

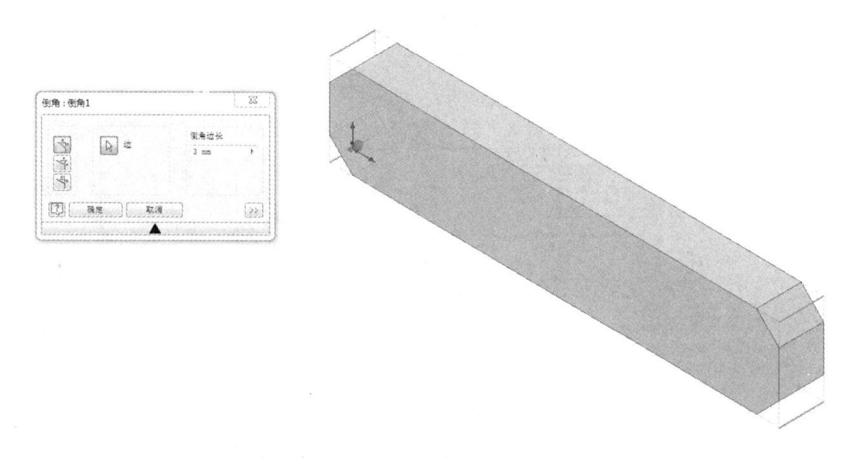

图 2-5-60　创建倒角特征

（4）创建草图。绘制如图 2-5-61 所示草图，将草图全约束，完成后退出草图环境。

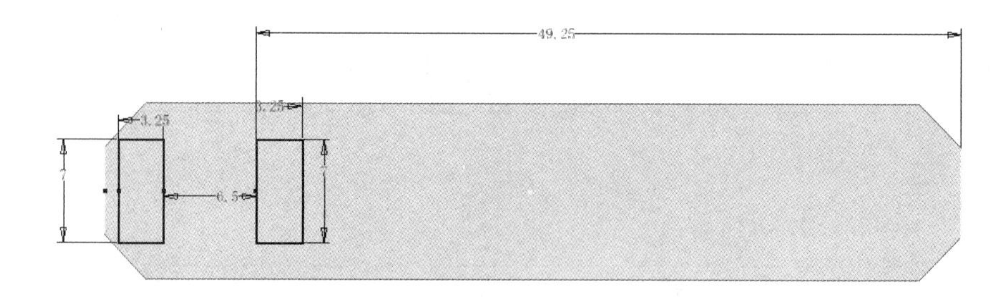

图 2-5-61　创建草图

（5）创建拉伸特征。将步骤（4）创建的草图进行拉伸处理，“拉伸方式”选择“求和”，“方向”选择“方向 1”，“拉伸距离”输入 6mm，如图 2-5-62 所示。

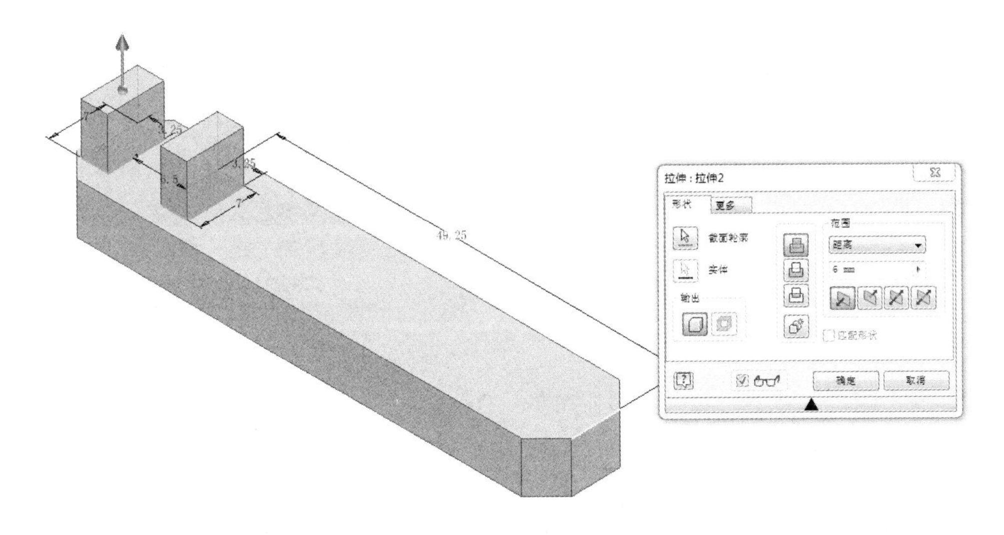

图 2-5-62　创建拉伸特征

（6）创建草图。绘制如图 2-5-63 所示草图，将草图全约束，完成后退出草图环境。

图 2-5-63　创建草图

（7）创建拉伸特征。将步骤（6）创建的草图进行拉伸处理，“拉伸方式”选择“求差”，“方向”选择“方向 2”，“拉伸距离”输入 13.25mm，如图 2-5-64 所示。

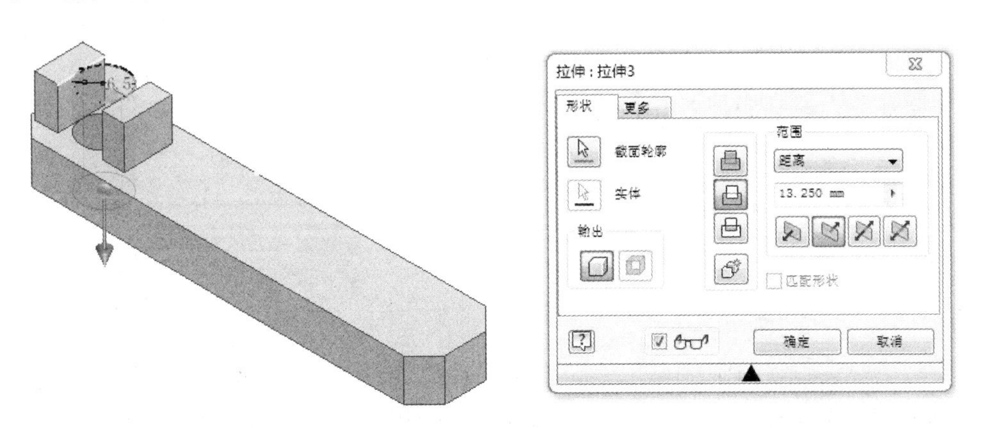

图 2-5-64　创建拉伸特征

（8）创建草图。绘制如图 2-5-65 所示草图，将草图全约束，完成后退出草图环境。

图 2-5-65　创建草图

（9）创建孔特征。将步骤（8）创建的草图进行打孔处理，在“打孔”对话框中，“放置”选择“从草图”，“终止方式”选择“贯通”，选择“简单孔”，“沉头”选择“沉头孔”，“沉头孔大小”设置为 8mm，“沉头深度”设置为 3mm，“孔大小”设置为 5.5mm，效果如图 2-5-66 所示，保存后退出。

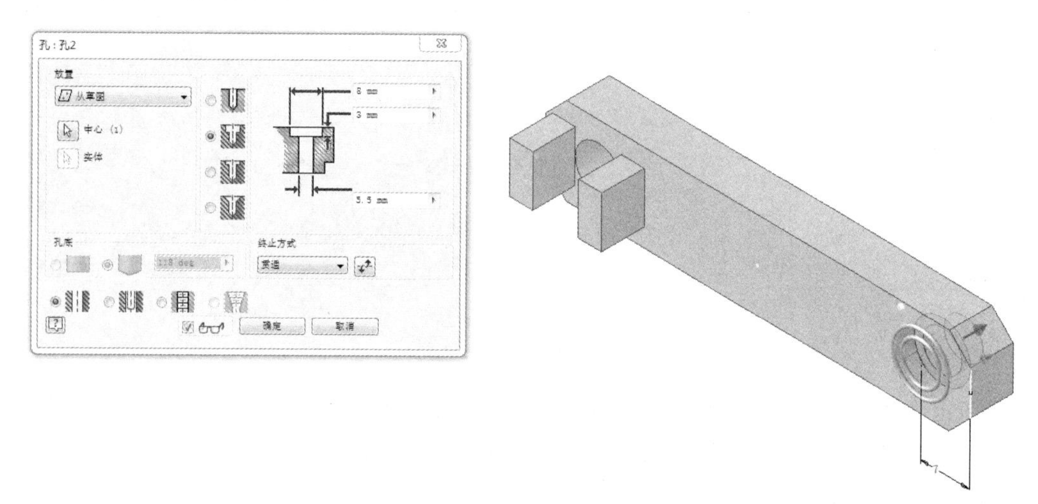

图 2-5-66　创建孔特征

7. 零件 7（零件设计工程图如图 2-5-67 所示）

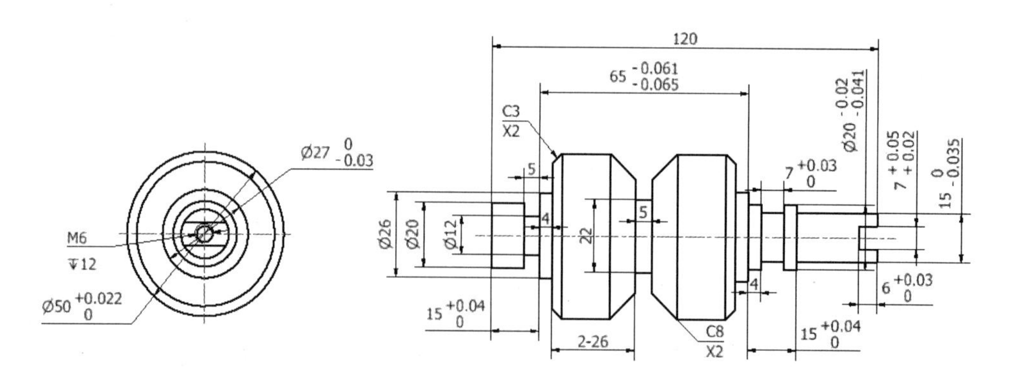

图 2-5-67　零件 7 设计工程图

（1）新建零件文件。新建零件文件并绘制如图 2-5-68 所示草图，将草图全约束，完成后退出草图环境。

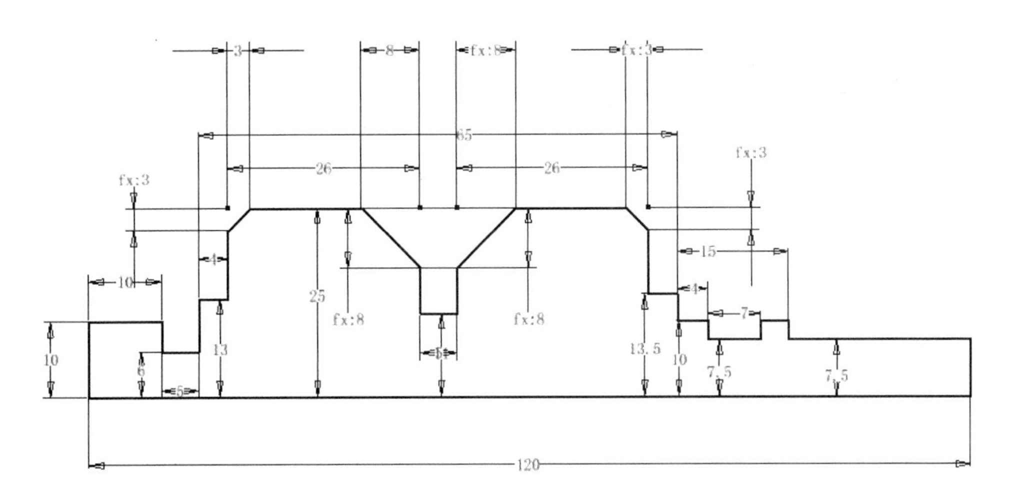

图 2-5-68　创建草图

（2）创建旋转特征。将步骤（1）创建的草图进行旋转，创建零件的主要轮廓，效果如图 2-5-69 所示。

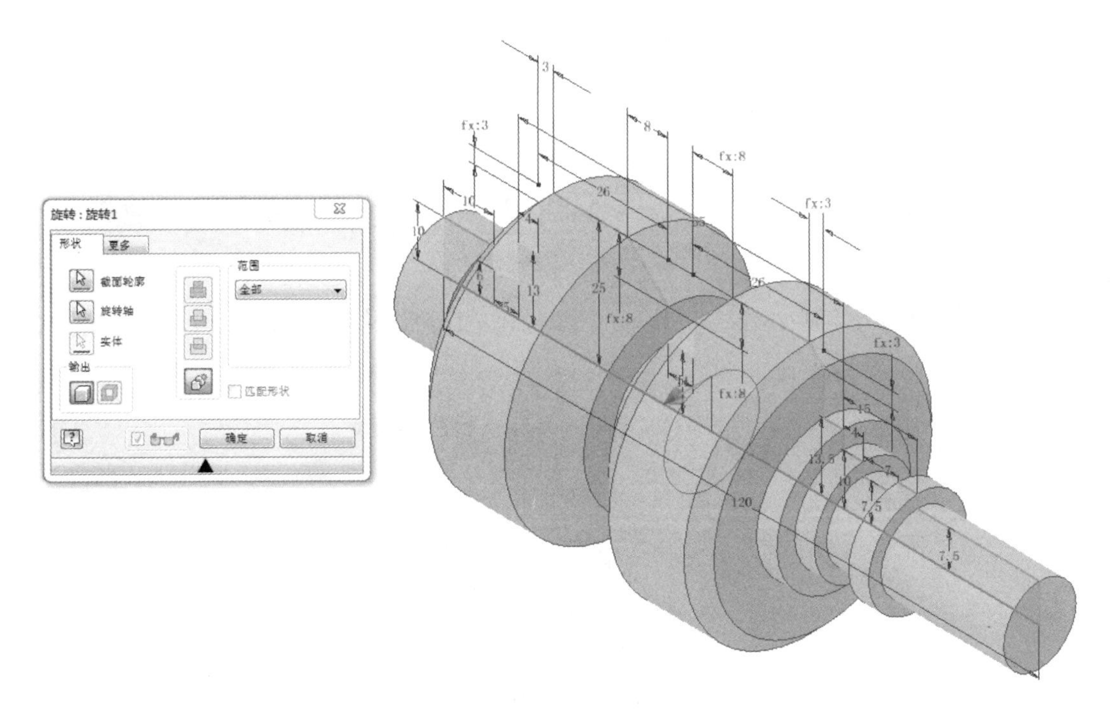

图 2-5-69　创建旋转特征

（3）创建草图。绘制如图 2-5-70 所示草图，将草图全约束，完成后退出草图环境。

（4）创建拉伸特征。将步骤（3）创建的草图进行拉伸处理，“拉伸方式”选择“求差”，“方向”选择“方向 2”，“拉伸距离”输入 6mm，如图 2-5-71 所示。

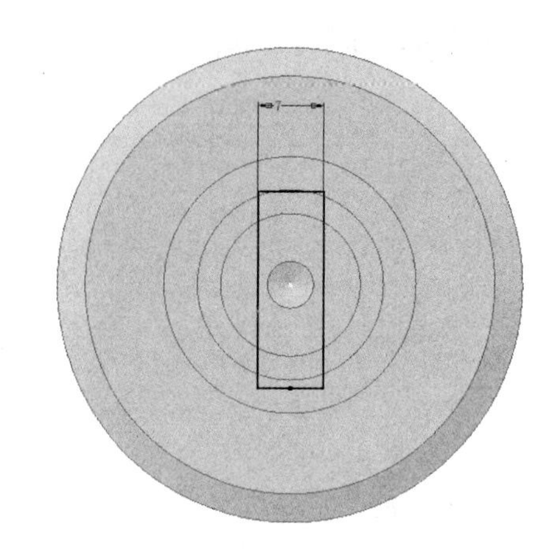

图 2-5-70　创建草图

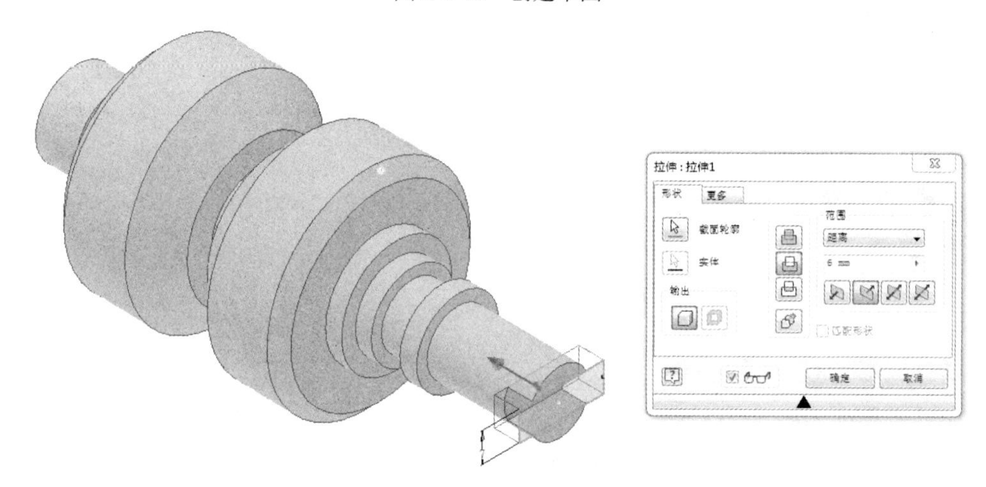

图 2-5-71　创建拉伸特征

（5）创建草图。绘制如图 2-5-72 所示草图，将草图全约束，完成后退出草图环境。

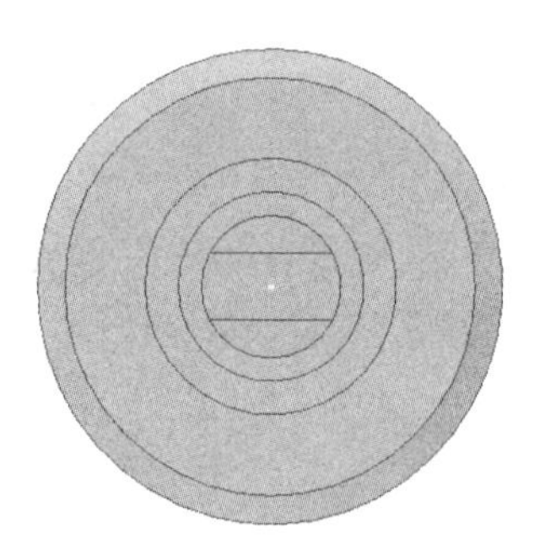

图 2-5-72　创建草图

（6）创建孔特征。将步骤（5）创建的草图进行打孔处理，在“打孔”对话框中，“放置”选择“从草图”，“终止方式”选择“距离”，选择“螺纹孔”，“螺纹”选择“GB Metric profile”，“尺寸”选择 6，“孔深”设置为 12mm，“全螺纹”，如图 2-5-73 所示，保存后退出。

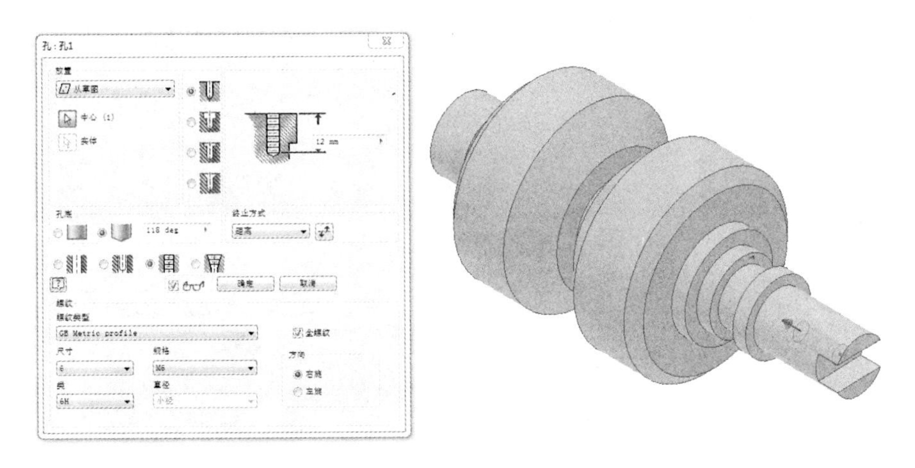

图 2-5-73　创建孔特征

8. 零件 8（零件设计工程图如图 2-5-74 所示）

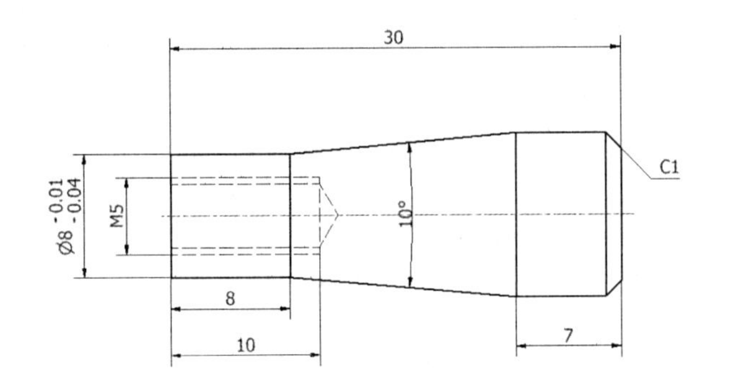

图 2-5-74　零件 8 设计工程图

（1）新建零件文件。新建零件文件并绘制如图 2-5-75 所示草图，将草图全约束，完成后退出草图环境。

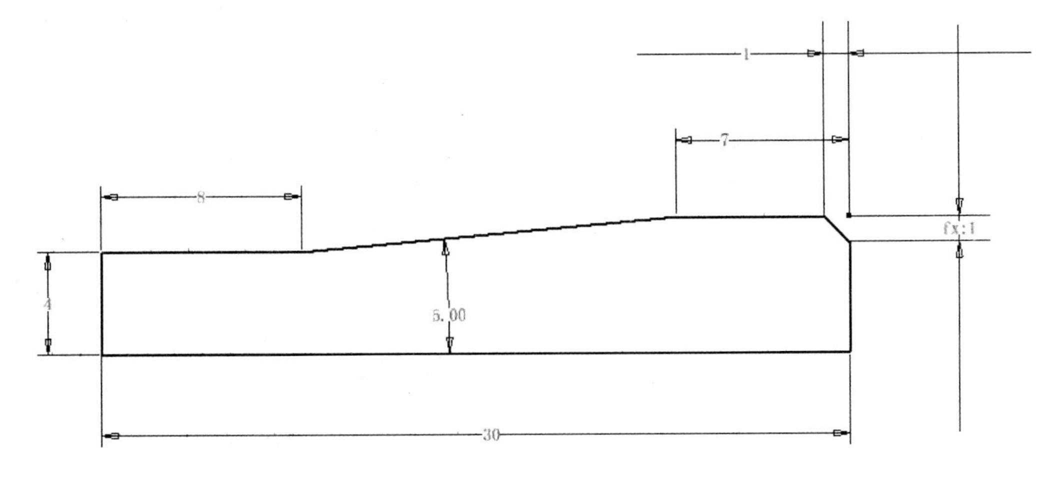

图 2-5-75　创建草图

（2）创建旋转特征。将步骤（1）创建的草图进行旋转，创建零件 8 的主要轮廓，效果如图 2-5-76 所示。

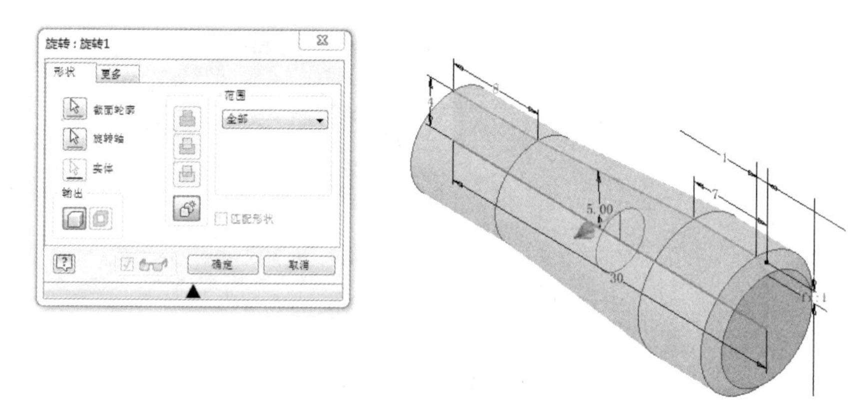

图 2-5-76　创建旋转特征

（3）创建草图。绘制如图 2-5-77 所示草图，将草图全约束，完成后退出草图环境。

图 2-5-77　创建草图

（4）创建孔特征。将步骤（3）创建的草图进行打孔处理，在“打孔”对话框中，“放置”选择“从草图”，“终止方式”选择“距离”，选择“螺纹孔”，“螺纹”选择“GB Metric profile”，“尺寸”选择 5，“孔深”设置为 10mm，“全螺纹”，效果如图 2-5-78 所示，保存后退出。

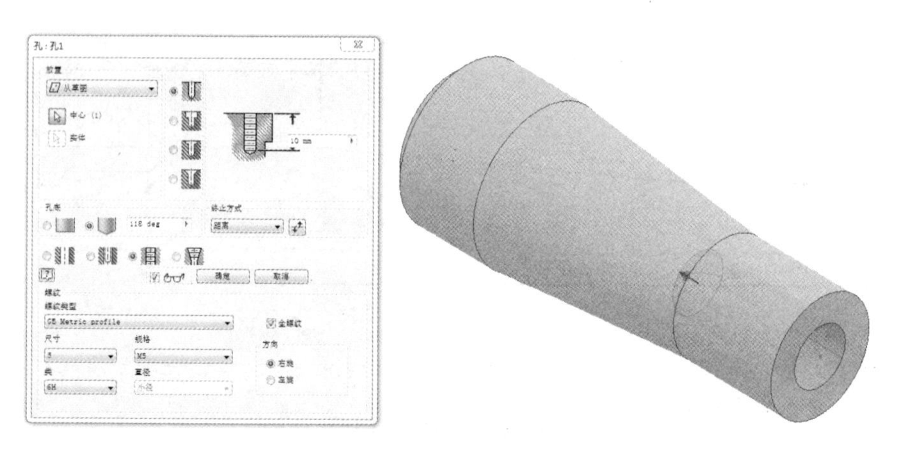

图 2-5-78　创建孔特征

9. 零件 9（零件设计工程图如图 2-5-79 所示）

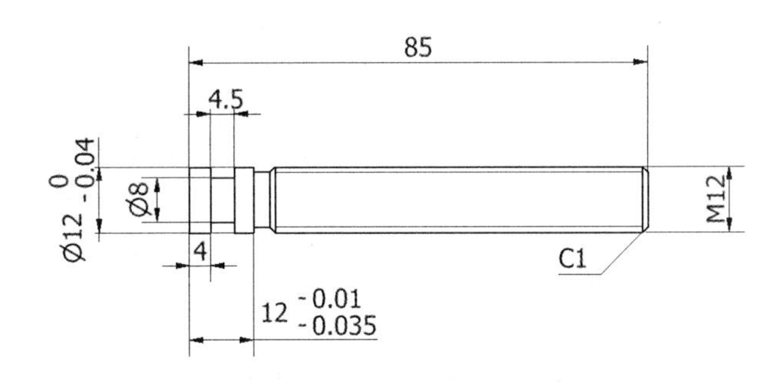

图 2-5-79　零件 9 设计工程图

（1）新建零件文件。新建零件文件并绘制如图 2-5-80 所示草图，将草图全约束，完成后退出草图环境。

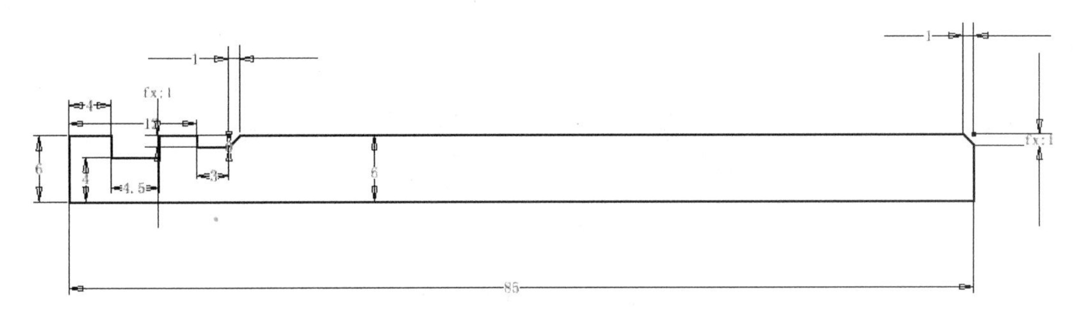

图 2-5-80　创建草图

（2）创建旋转特征。将步骤（1）创建的草图进行旋转，创建零件 9 的主要轮廓，效果如图 2-5-81 所示。

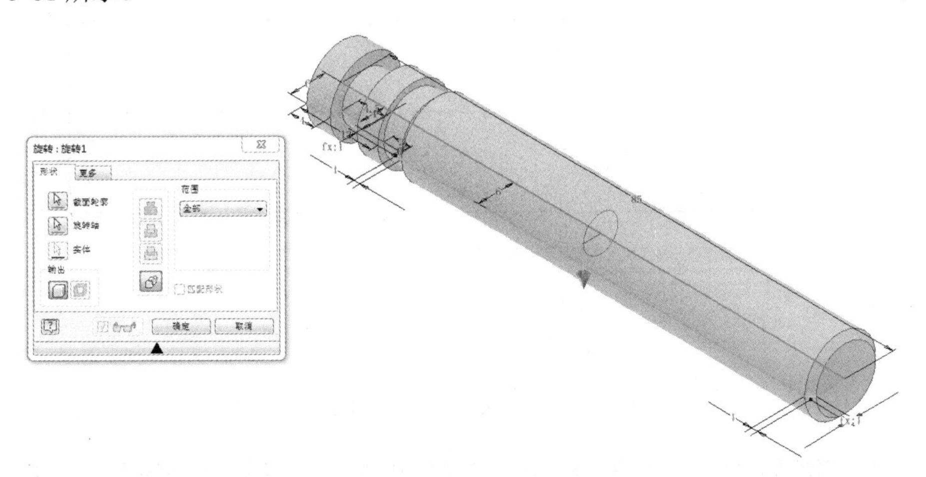

图 2-5-81　创建旋转特征

（3）创建螺纹特征，“螺纹”选择“GB Metric profile”，“全螺纹”，效果如图 2-5-82 所示，保存后退出。

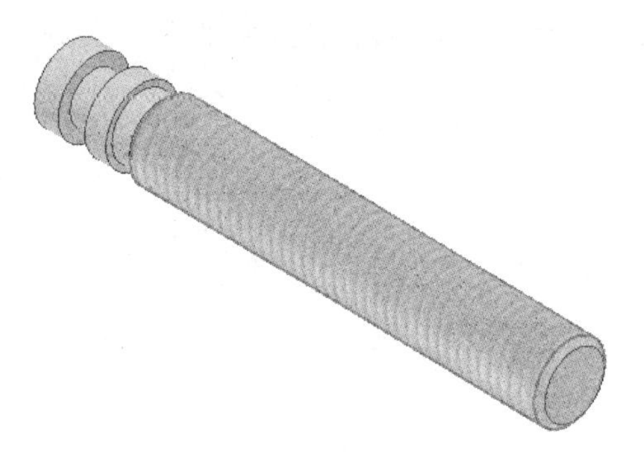

图 2-5-82　创建螺纹特征

10. 零件 10（零件设计工程图如图 2-5-83 所示）

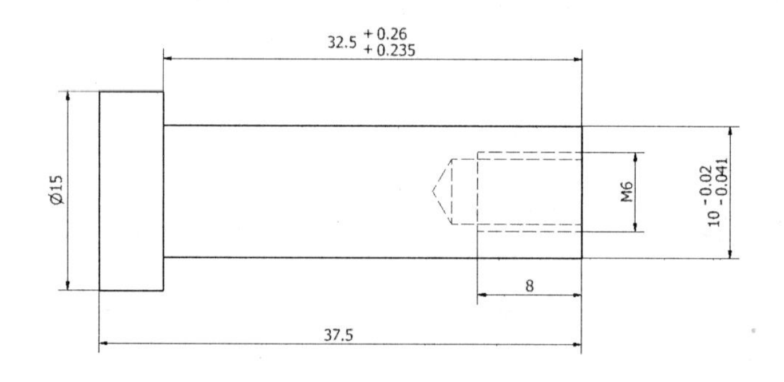

图 2-5-83　零件 10 设计工程图

（1）新建零件文件。新建零件文件并绘制如图 2-5-84 所示草图，将草图全约束，完成后退出草图环境。

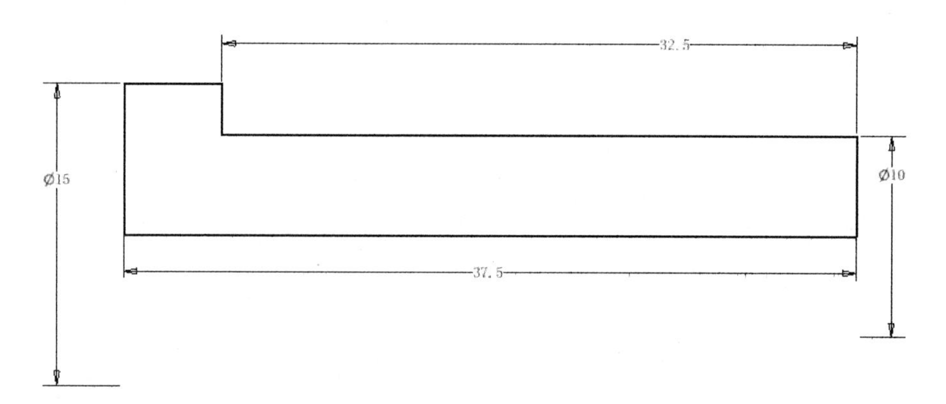

图 2-5-84　创建草图

（2）创建旋转特征。将步骤（1）创建的草图进行旋转，创建零件的主要轮廓，效果如图 2-5-85 所示。

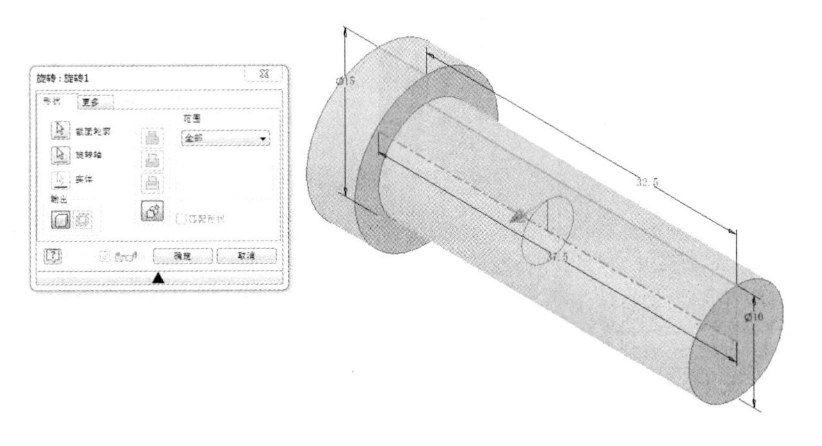

图 2-5-85　创建旋转特征

（3）创建草图。绘制如图 2-5-86 所示草图，将草图全约束，完成后退出草图环境。

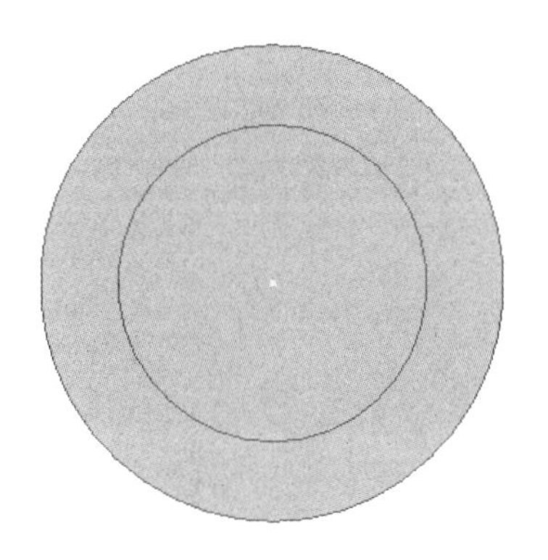

图 2-5-86　创建草图

（4）创建孔特征。将步骤（3）创建的草图进行打孔处理，在“打孔”对话框中，“放置”选择“从草图”，“终止方式”选择“距离”，选择“螺纹孔”，“螺纹”选择“GB Metric profile”，“尺寸”选择 6，“孔深”设置为 10mm，“螺纹有效深度”设置为 8mm，如图 2-5-87 所示，保存后退出。

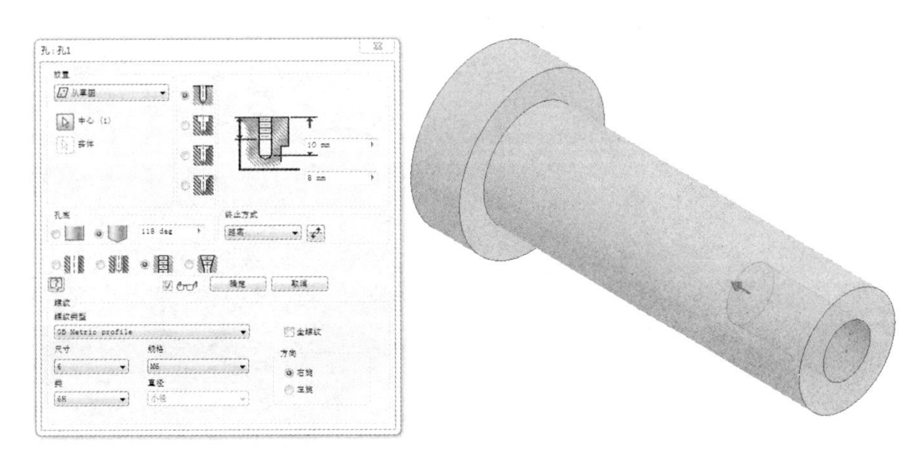

图 2-5-87　创建孔特征

11. 零件 11（零件设计工程图如图 2-5-88 所示）

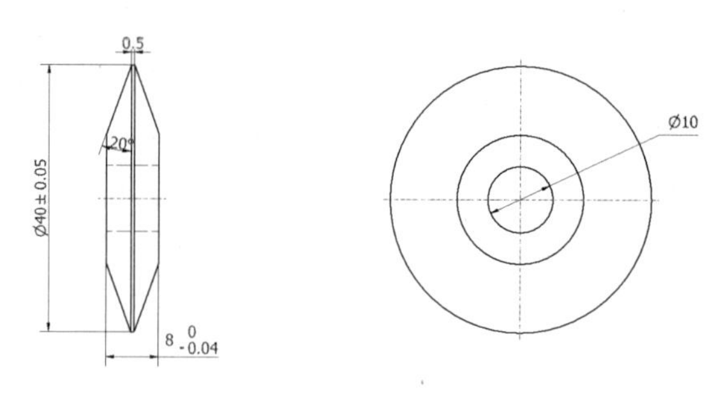

图 2-5-88　零件 11 设计工程图

（1）新建零件文件。新建零件文件并绘制如图 2-5-89 所示草图，将草图全约束，完成后退出草图环境。

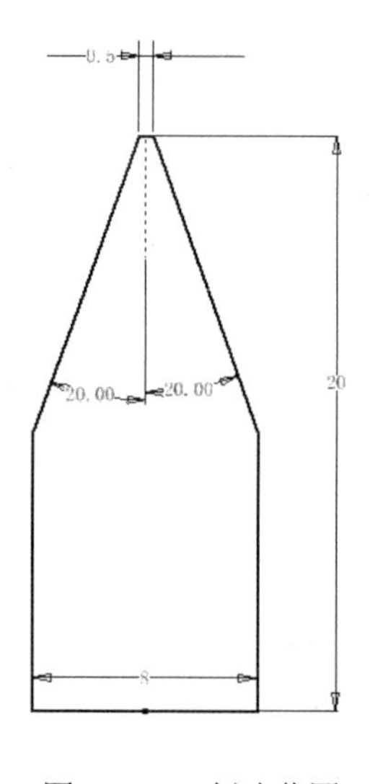

图 2-5-89　创建草图

（2）创建旋转特征。将步骤（1）创建的草图进行旋转，创建零件的主要轮廓，效果如图 2-5-90 所示。

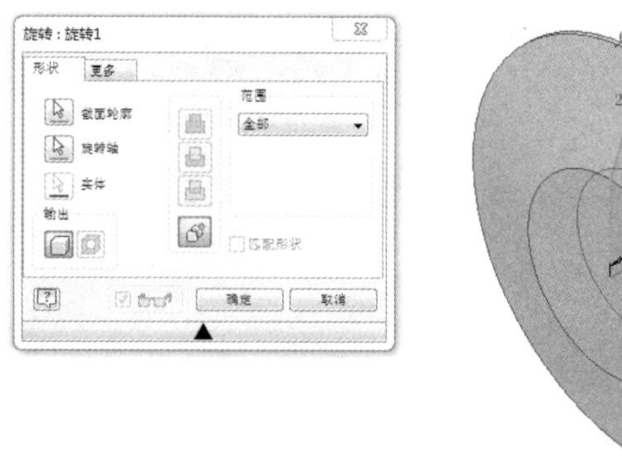

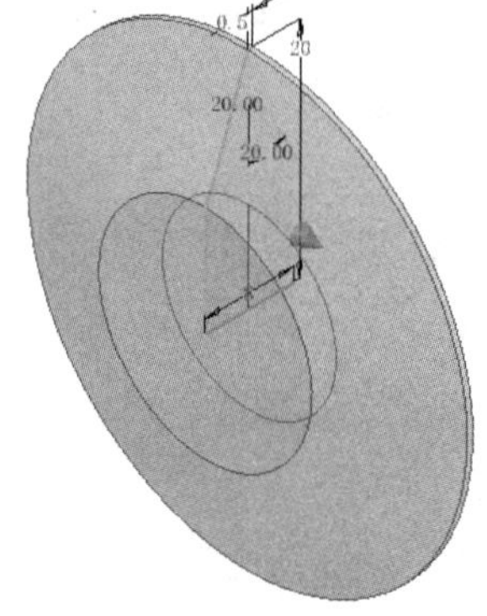

图 2-5-90　创建旋转特征

（3）创建草图。绘制如图 2-5-91 所示草图，将草图全约束，完成后退出草图环境。

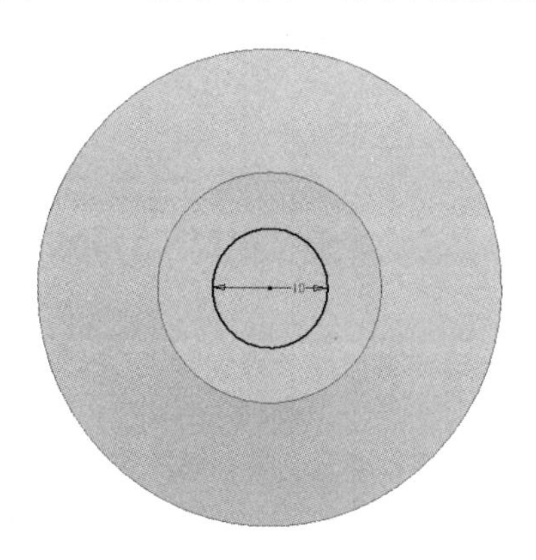

图 2-5-91　创建草图

（4）创建拉伸特征。将步骤（3）创建的草图进行拉伸处理，“拉伸方式”选择“求差”，“方向”选择“方向 2”，“拉伸距离”输入 10mm，如图 2-5-92 所示，保存后退出。

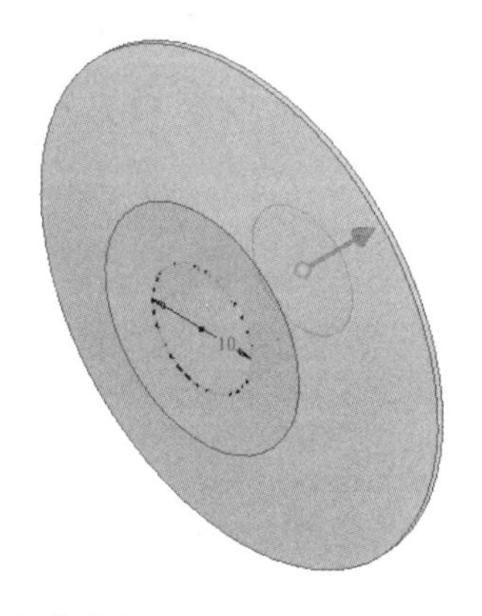

图 2-5-92　创建拉伸特征

12. 零件 12（零件设计工程图如图 2-5-93 所示）

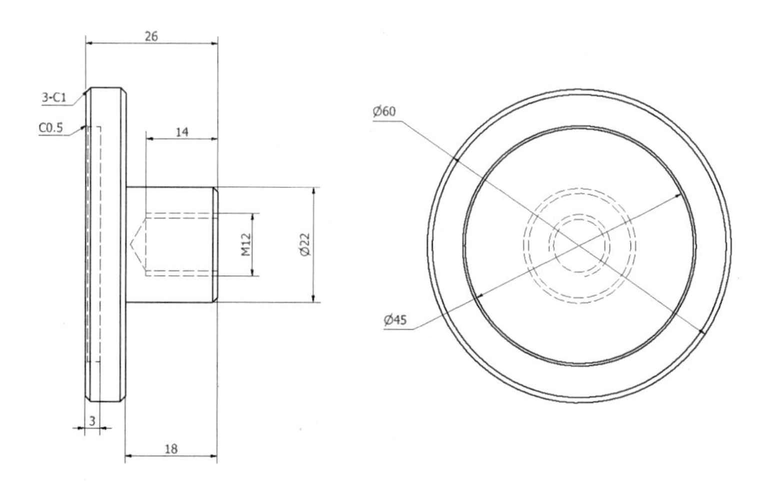

图 2-5-93　零件 12 设计工程图

（1）新建零件文件。新建零件文件并绘制如图 2-5-94 所示草图，将草图全约束，完成后退出草图环境。

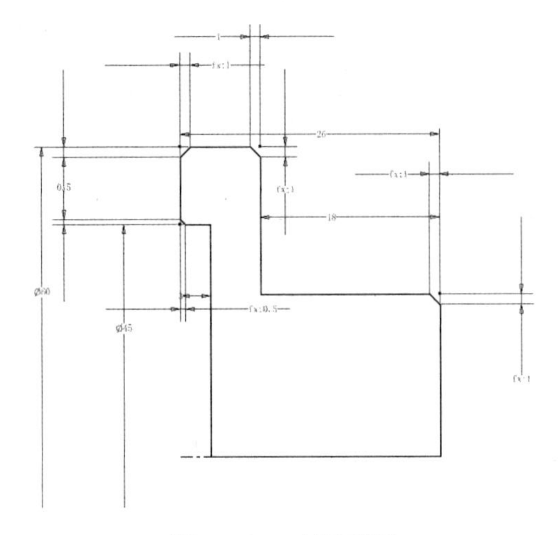

图 2-5-94　创建草图

（2）创建旋转特征。将步骤（1）创建的草图进行旋转，创建零件的主要轮廓，效果如图 2-5-95 所示。

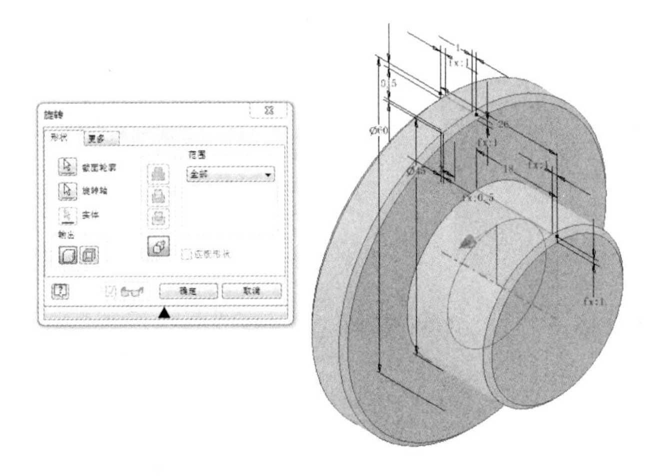

图 2-5-95　创建旋转特征

（3）创建草图。绘制如图 2-5-96 所示草图，将草图全约束，完成后退出草图环境。

图 2-5-96　创建草图

（4）创建孔特征。将步骤（3）创建的草图进行打孔处理，在“打孔”对话框中，“放置”选择“从草图”，“终止方式”选择“距离”，选择“螺纹孔”，“螺纹”选择“GB Metric profile”，“尺寸”选择 12，“孔深”设置为 14mm，“全螺纹”，如图 2-5-97 所示，保存后退出。

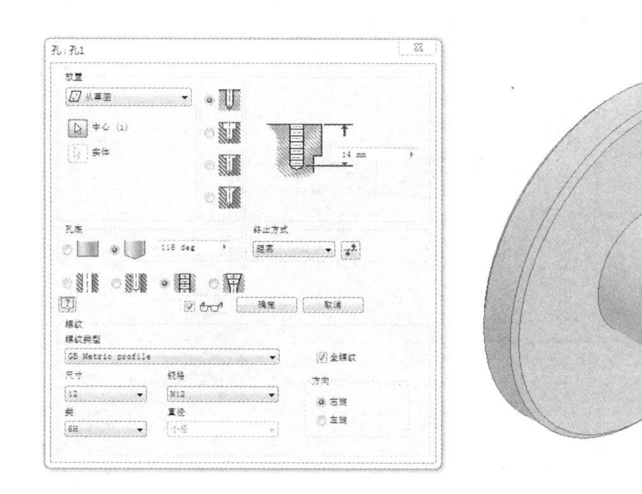

图 2-5-97　创建孔特征

思考与练习

请根据发动机工程图（图 2-1～图 2-9）创建零件三维实体。

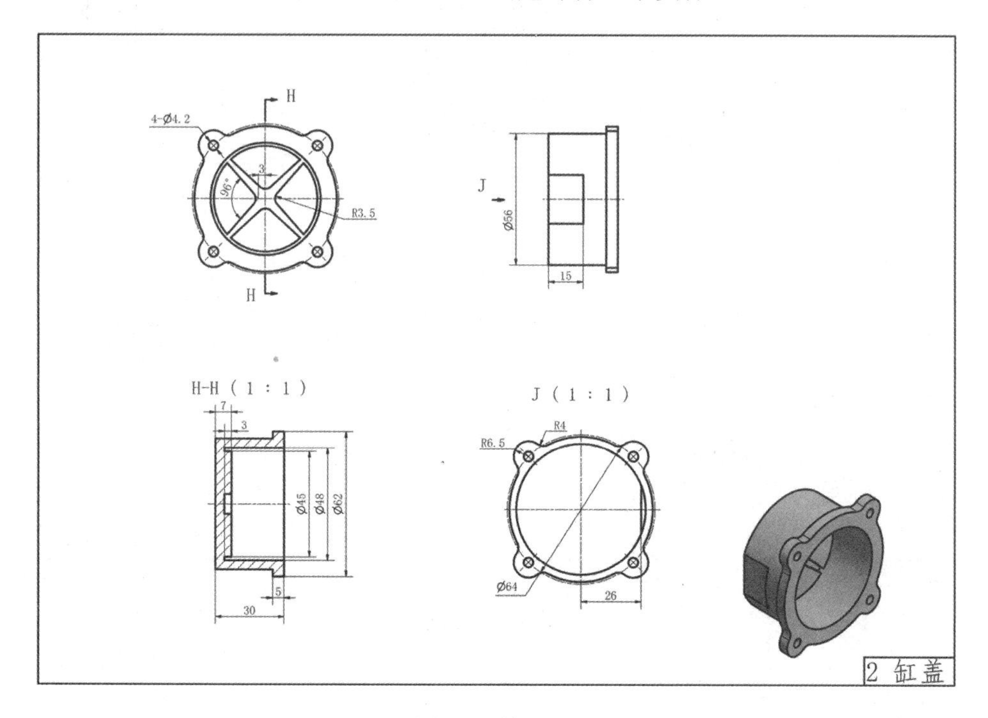

图 2-1　练习题 1

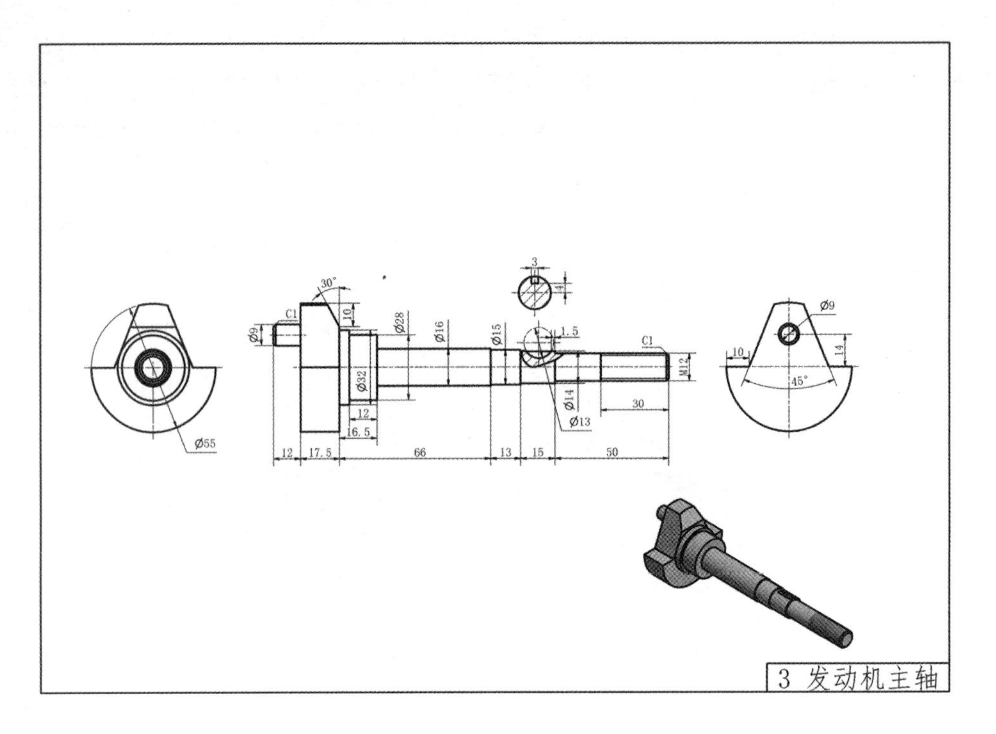

图 2-2　练习题 2

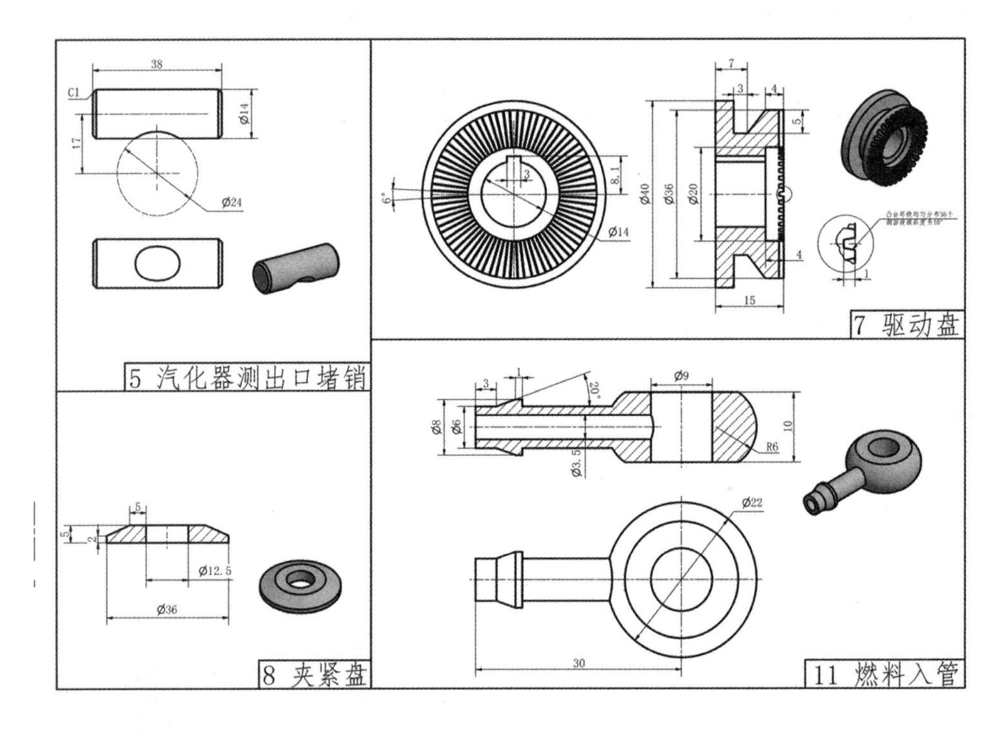

图 2-3　练习题 3

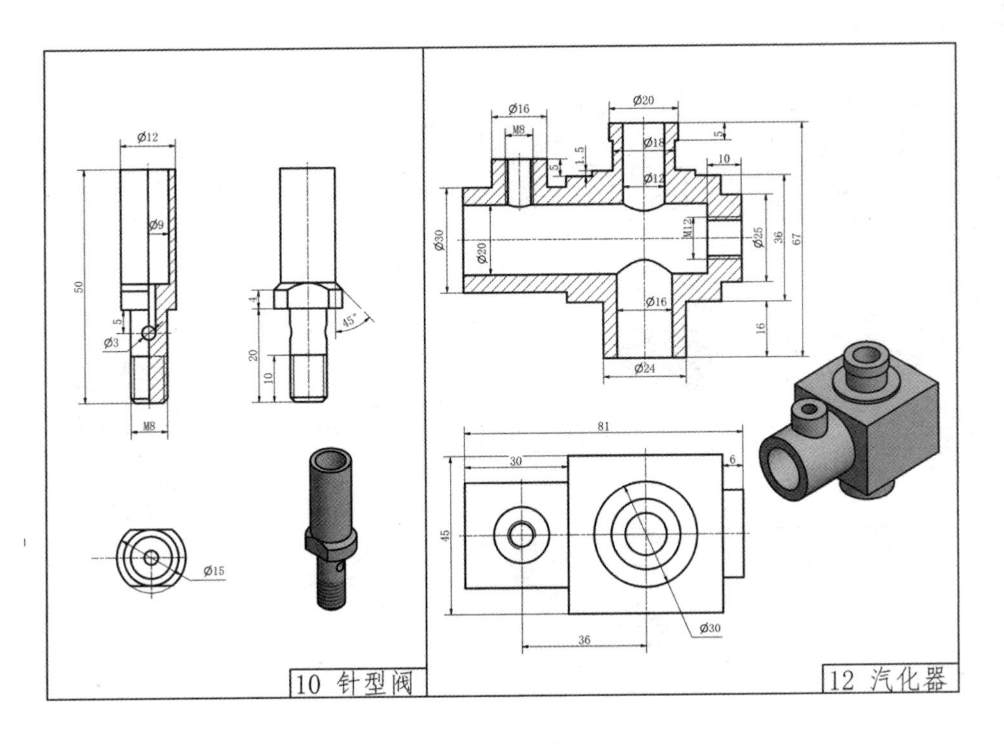

图 2-4　练习题 4

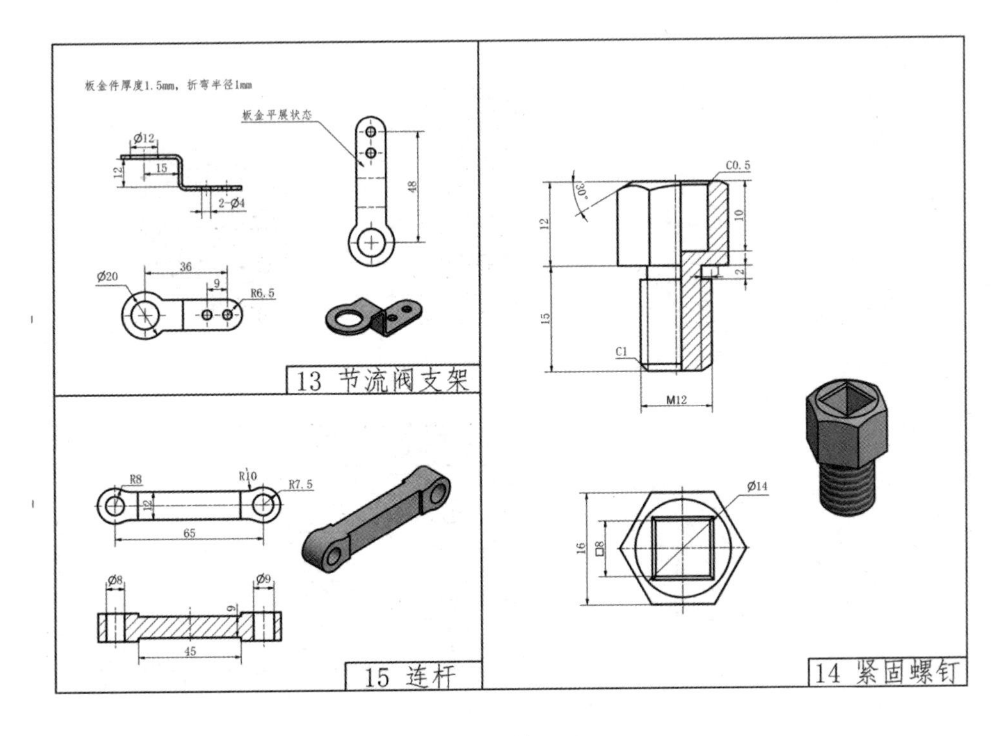

图 2-5　练习题 5

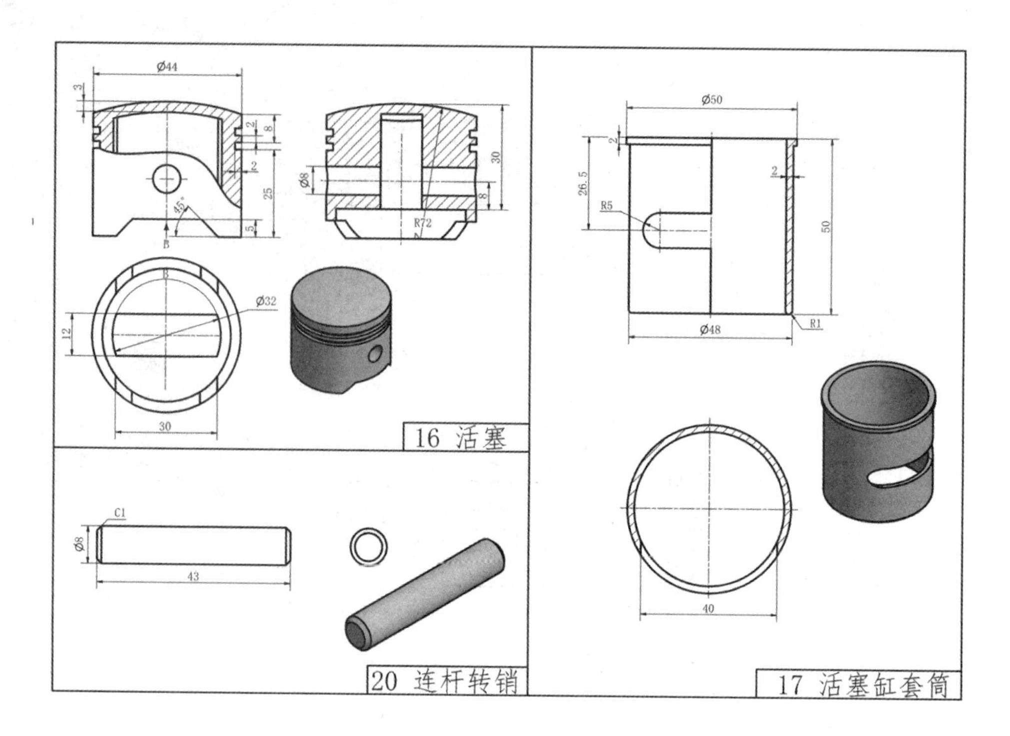

图 2-6　练习题 6

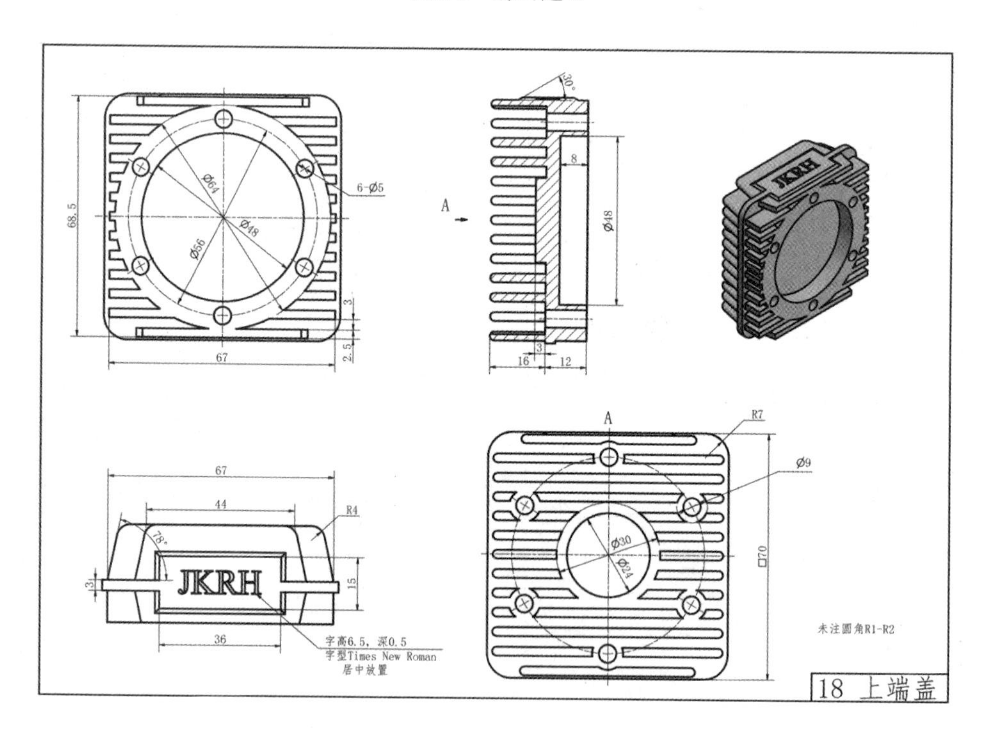

图 2-7　练习题 7

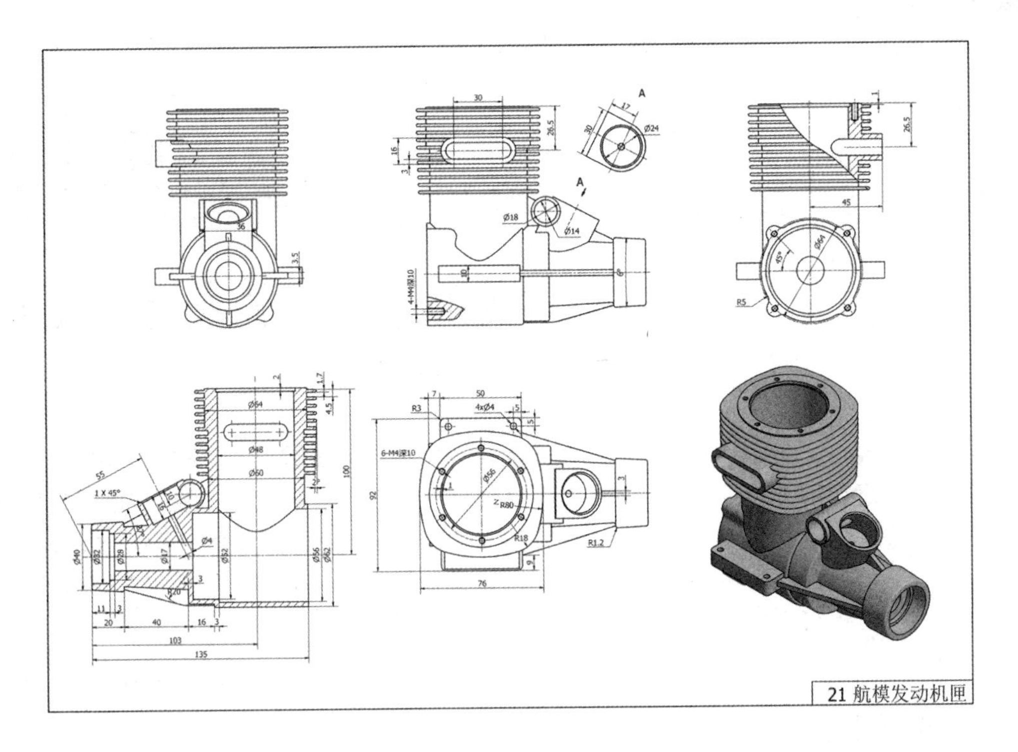

图 2-8　练习题 8

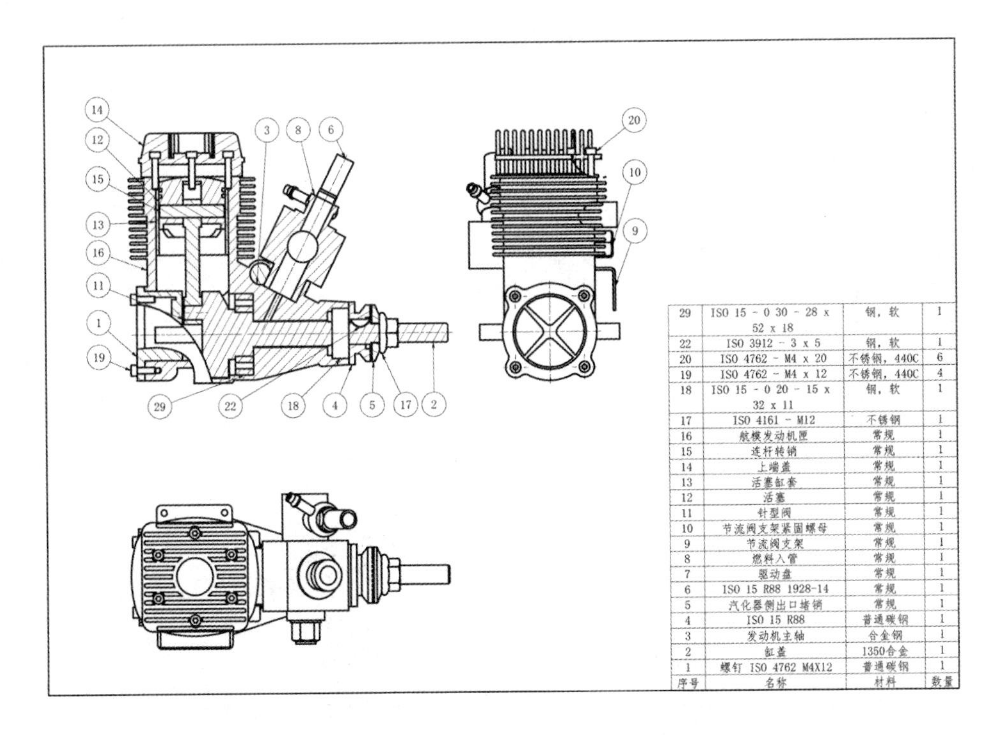

序号	名称	材料	数量
29	ISO 15 - 0 30 - 28 x 52 x 18	钢，软	1
22	ISO 3912 - 3 x 5	钢，软	1
20	ISO 4762 - M4 x 20	不锈钢，440C	6
19	ISO 4762 - M4 x 12	不锈钢，440C	4
18	ISO 15 - 0 20 - 15 x 32 x 11	钢，软	1
17	ISO 4161 - M12	不锈钢	1
16	航模发动机匣	常规	1
15	连杆转销	常规	1
14	上端盖	常规	1
13	活塞缸套	常规	1
12	活塞	常规	1
11	针型阀	常规	1
10	节流阀支架紧固螺母	常规	1
9	节流阀支架	常规	1
8	燃料入管	常规	1
7	驱动盘	常规	1
6	ISO 15 R88 1928-14	常规	1
5	汽化器侧出口堵销	常规	1
4	ISO 15 R88	普通碳钢	1
3	发动机主轴	合金钢	1
2	缸盖	1350合金	1
1	螺钉 ISO 4762 M4X12	普通碳钢	1

图 2-9　练习题 9

项目三

机械机构装配体设计

前面我们学习了零件的造型设计，在实际设计中，绝大多数的产品都不是由一个零件组成的，而是包含多个零件，如何将多个零件组装在一起？本项目中，我们将根据世界技能大赛“综合机械与自动化”项目选手训练的机构设计进行相应的讲解。在 Inventor 中，我们将组合在一起的多个零件称为部件，零件是特征的组合，而部件就是零件的组合。本项目将通过机构实例介绍零件的装配方法。

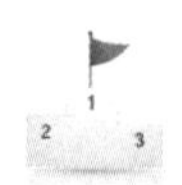

准备工作

基本环境及管理

1. 用户界面

如图 3-0-1 所示为部件环境界面。

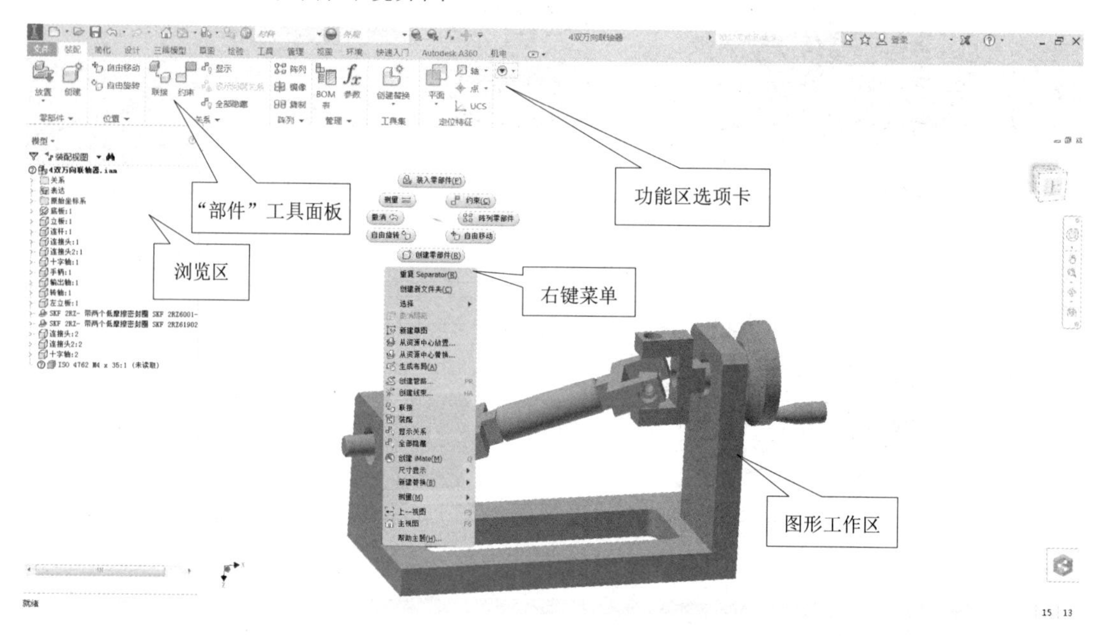

图 3-0-1　部件环境界面

2. 项目管理

在一个部件中可能包含很多零件即多个文件，因此必须掌握多个文件的管理方法。在 Inventor 中是用“项目”来管理文件的。

（1）项目的创建。在尚未打开任何文件的 Inventor 中，可以在“启动”功能选项中单击“项目”选项，如图 3-0-2 所示，弹出“项目”对话框，如图 3-0-3 所示，单击下面的“新建”按钮，弹出“项目向导”对话框 1，选择“新建单用户项目”，如图 3-0-4（a）所示。单击“下一步”按钮，进入“项目”向导对话框 2，要求用户输入项目名称、项目文件夹，如图 3-0-4（b）所示，最后单击“完成”按钮，完成项目的创建。

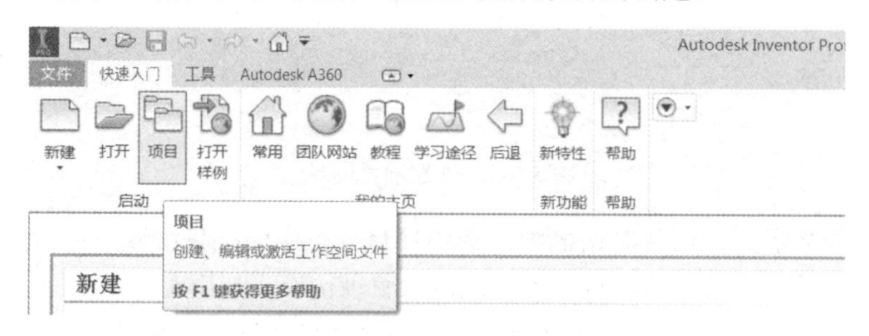

图 3-0-2　项目图标

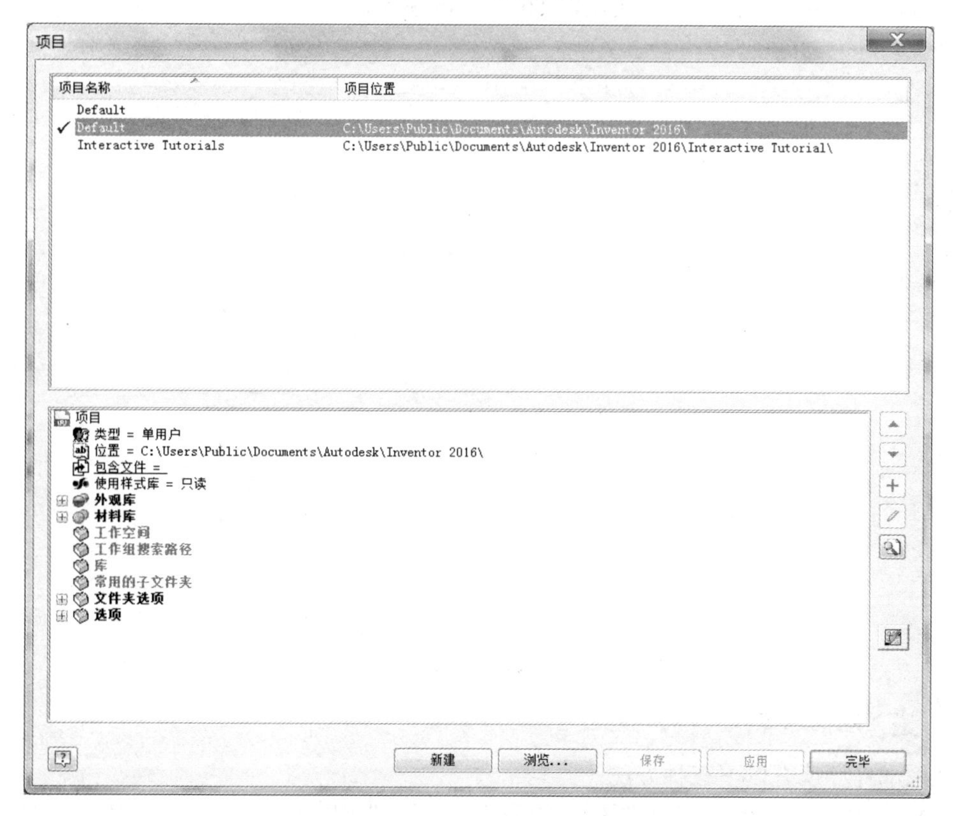

图 3-0-3　“项目”对话框

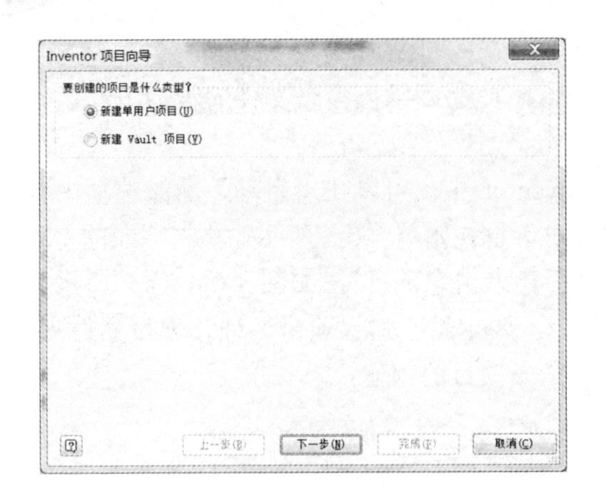

（a）

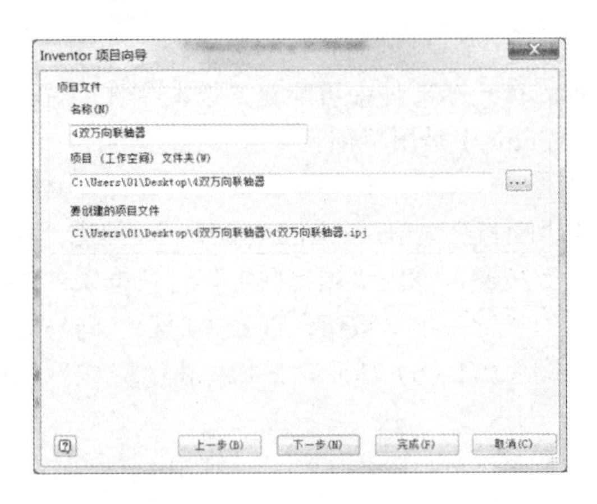

（b）

图 3-0-4　创建项目向导

（2）项目的激活。在项目对话框中，选中项目列表中的项目，双击或者单击“应用”按钮，即把该项目激活为当前项目。当前激活项目前面有个小对号图标。

项目的数据文件是以 ipj 为扩展名的文件。另外项目文件的创建也可以通过单击“新建文件”对话框中的“项目”按钮实现，如图 3-0-5 所示。

图 3-0-5　在“新建文件”对话框中建立项目文件

3. 进入部件环境

进入部件环境有以下三种方法：

（1）依次单击应用程序菜单图标上的箭头、“新建”按钮右边的箭头、部件，如图 3-0-6 所示。

（2）单击“快速访问”工具栏的“新建”按钮旁边的下拉箭头，选择“部件”，如图 3-0-7 所示。

（3）单击“启动”工具面板上的“新建”按钮，弹出“新建文件”对话框，选择“Standard.iam”，如图 3-0-8 所示。

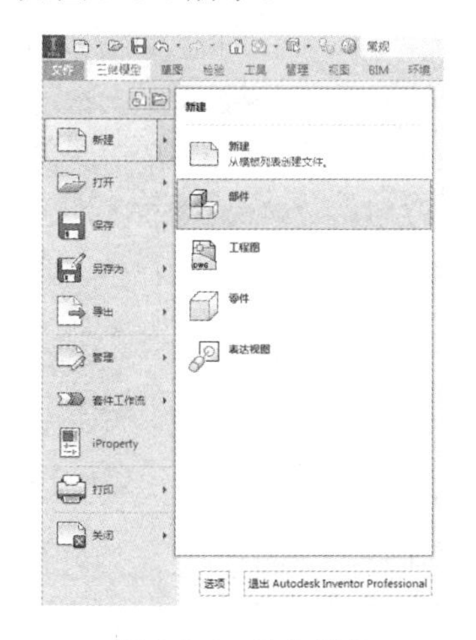

图 3-0-6　进入部件环境方法 1

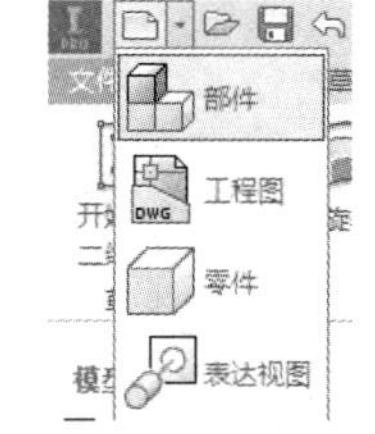

图 3-0-7　进入部件环境方法 2

图 3-0-8　进入部件环境方法 3

4. 装入零部件

单击“零部件”工具面板上的“放置”按钮，打开“装入零部件”对话框，查找并选择需要装入的零部件，如图 3-0-9 所示。然后单击“打开”按钮，将零部件装入部件环境中。这时图形工作区已经装入选择的零部件，继续按住【Ctrl】键单击鼠标可多次装入。如果不需要，就单击鼠标右键，选择“确定”命令，来结束零部件的放置，如图 3-0-10 所示。

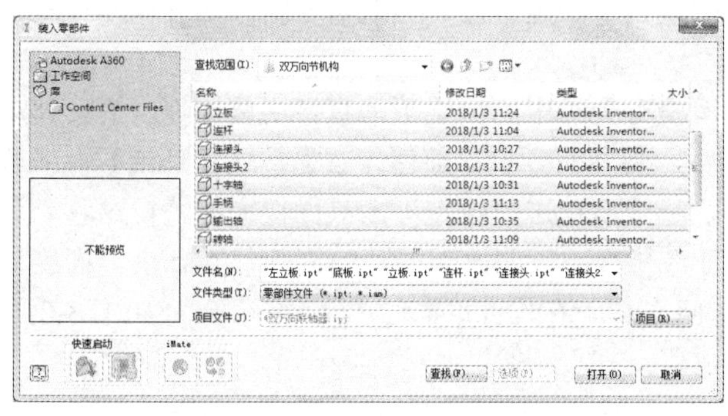

图 3-0-9　“装入零部件”对话框

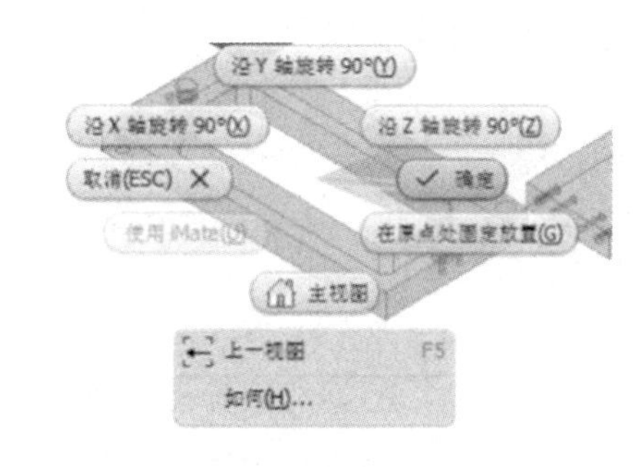

图 3-0-10　确定零部件的放置

如果装入多个零部件，可以采取另一种方法：打开放置零部件的文件夹，选中要装入的零部件，然后将其直接拖入部件环境中。

另外装入标准件时，可从资源中心装入。如图 3-0-11 所示，单击“从资源中心装入”按钮后，打开“从资源中心放置”对话框，如图 3-0-12 所示，从里面找到需要装入的标准件进行装入。

说明：在 Inventor 中装入的第一个零件默认是固定的，标志就是在浏览器中第一个装入的零部件图标上有个圈钉图标，如图 3-0-13 所示，其不可以在图形区随意拖动，随后装入的零部件不再固定，可以在图形区随意拖动。要改变这种情况的方法，就是在图形区的本部件上，或者在浏览器中零部件的名称上单击鼠标右健，在快捷菜单中取消对“固定”复选框的选择，解除固定即可。反之要想固定一个零部件，就选中“固定”复选框。

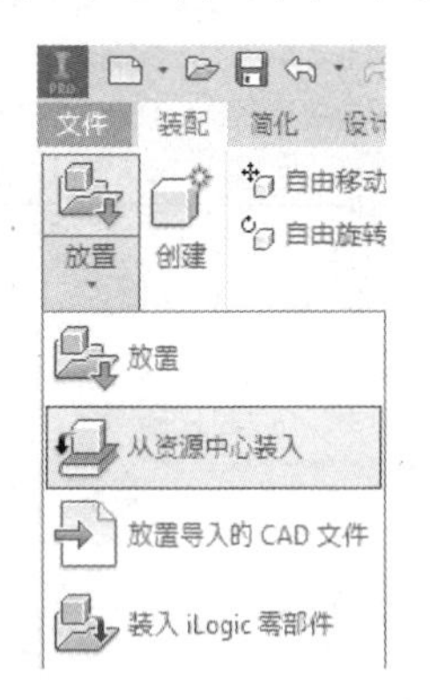

图 3-0-11　从资源中心装入

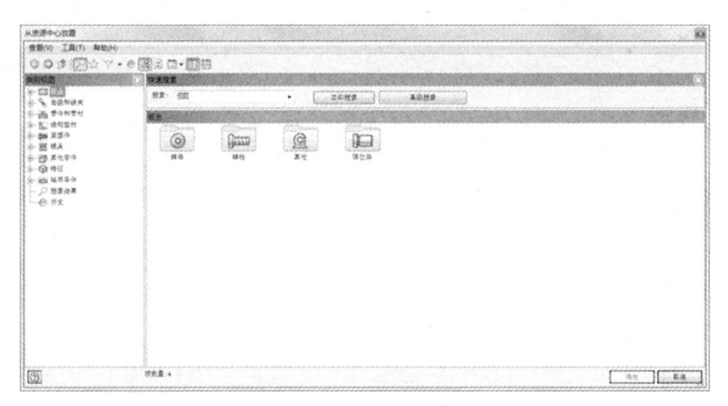

图 3-0-12　资源中心库

图 3-0-13　圈钉图标

5. 移动和旋转零部件

有时在装配零部件时，零部件当前的视角不一定合适，这就需要将零部件移动或者旋转，从而调整其视角。

（1）移动零部件。在零部件的自由度没有全约束的情况下，直接用鼠标拖动需要移动的零部件。这种方法只能移动单个零部件，要移动多个零部件，首先按住【Shift】键或者【Ctrl】键的同时，单击要移动的零部件，选中后单击“位置”工具面板上的“自由移动”按钮，在图形区中，拖动鼠标即可将其移动。如果要移动的零部件其各个自由度均进行了约束，那么移动后，单击“快速访问”工具条上的“本地更新”按钮，如图 3-0-14 所示，移动后的零部件就会返回原来的位置。

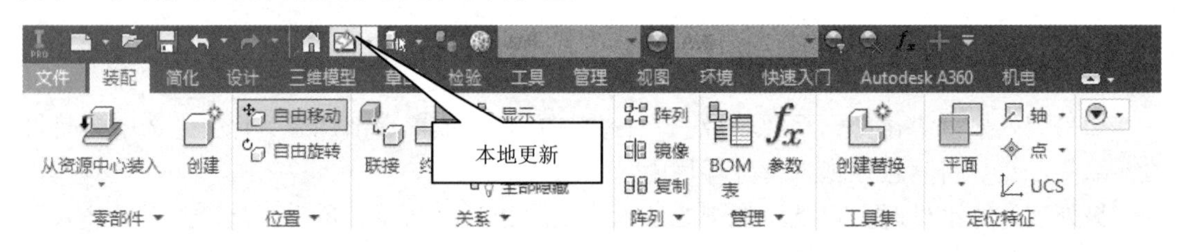

图 3-0-14　移动零部件

（2）旋转零部件。首先单击“位置”工具面板上的“自由旋转”按钮，然后在图形区单击要旋转的零部件，该零部件周围出现动态观察器。在动态观察器的内部拖动鼠标，可以向任意方向旋转零部件；在动态观察器的外部拖动鼠标，零部件只能绕某个轴旋转，如图 3-0-15 所示。当鼠标悬停在动态观察器的不同位置时，鼠标指针的形状也是不一样的。

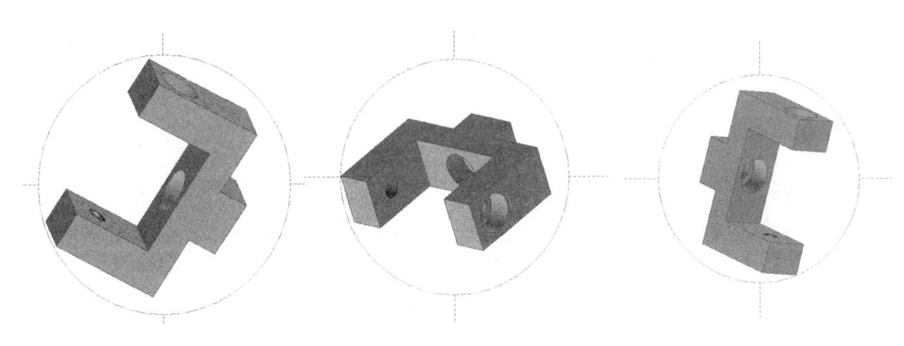

图 3-0-15　旋转零部件

6. 可见、隐藏零部件

部件中零件比较多时，会相互遮挡，这就需要将暂时不需要装配的零部件隐藏，方法有两种。

（1）可见性。该方法是通过在部件图形区域或在浏览器中，在需要隐藏或可见的零部件上单击鼠标右键，在快捷菜单中取消或勾选“可见性”复选框，来隐藏或可见某一个或者多个零部件，如图 3-0-16（a）所示。

（2）隔离。该方法是选中一个零部件后，单击鼠标右键，在快捷菜单中选择“隔离”复选框，则除了选中的零部件，其他零部件均不可见。如要其他零部件再次可见，只须在可见零部件的右键菜单中选中“撤销隔离”命令即可，如图 3-0-16（b）所示。

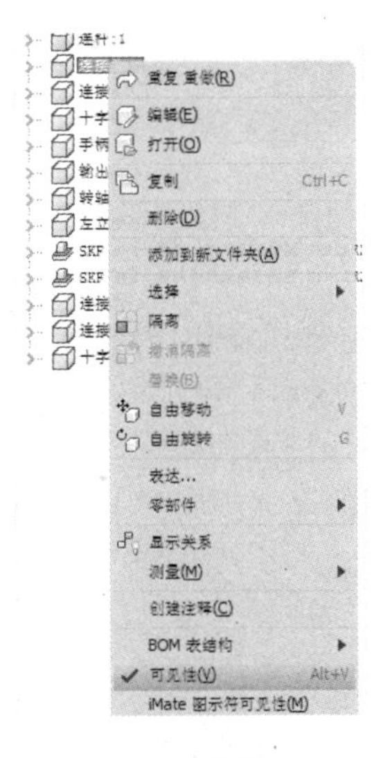

（a）可见性

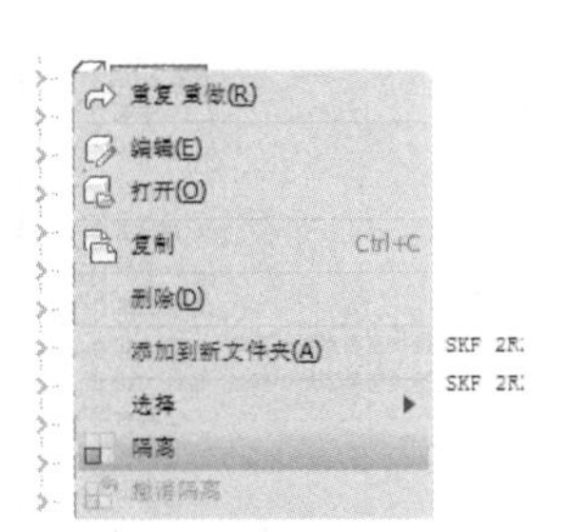

（b）隔离

图 3-0-16　可见、隐藏零部件

所谓约束即零部件组合在一起的方式。零部件的约束有两种：一种是位置约束，另一种是运动关系的约束。单击“位置”工具面板上的“约束”按钮，弹出“放置约束”对话框，如图 3-0-17 所示。在该对话框中有四个选项卡，分别是“部件”“运动”“过渡”“约束集合”。“部件”选项卡用来添加位置约束；“运动”“过渡”选项卡用于添加运动约束；“约束集合”选项卡用于坐标系的约束，使用较少，在本教材中不做介绍。

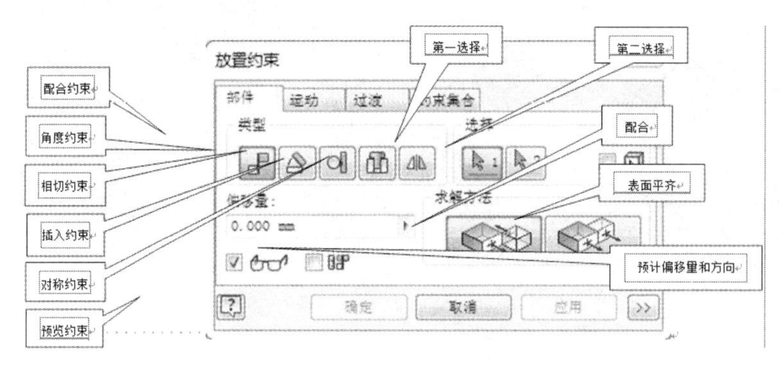

图 3-0-17 “放置约束”对话框

7. 位置关系约束

（1）配合约束：用于面、线、点之间的重合约束，在图 3-0-18 中：

（a）图是配合约束应用以前的状态。

（b）图是采用 *B*-*B* 面重合约束、*C*-*C* 面表面平齐约束、*E*-*A* 面表面平齐且轴向距离为 5mm 的约束，此时零件的所有自由度均已经约束。

（c）图是“线-线”重合约束、“点-点”重合约束后的结果，拖动零件可以绕交线转动。

（d）图是只有“点-点”重合约束后的结果，拖动零件可以在任意方向上转动，但始终保持两点重合。

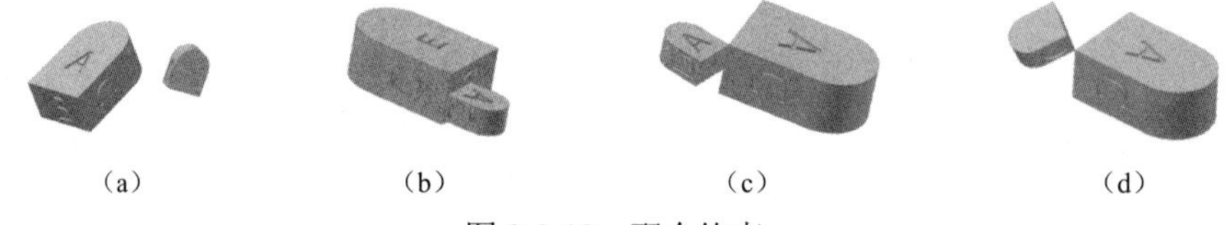

（a）　　（b）　　（c）　　（d）

图 3-0-18 配合约束

（2）角度约束：用来定义线、面之间的角度关系，如图 3-0-19（a）所示为角度约束对话框。“定向角度”指定义的角度具有方向性，按照右手法则判定；“未定向角度”指定义的角度没有方向性，只有大小；“明显参考矢量”是指通过添加第三次选择，来制定 *Z* 轴矢量方向，从 *Z* 轴顶端方向看，角度方向为第一次选择的面（或者线）逆时针旋转至第二次选择的面（或者线）。如图 3-0-19（b）所示模型就是定义了“线-线”重合约束、“面-面”角度约束后的效果。

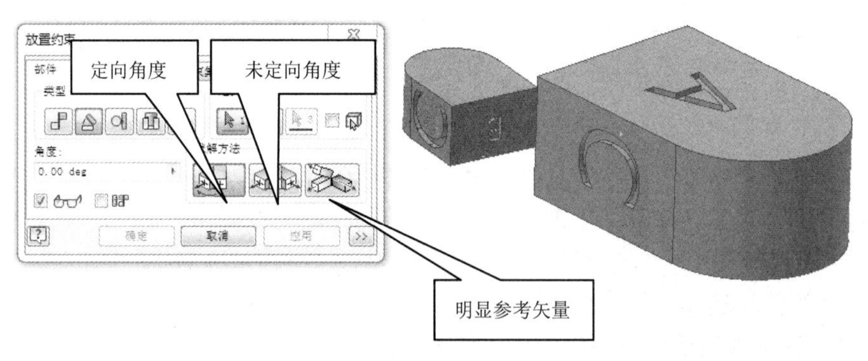

（a）角度约束　　（b）效果

图 3-0-19 角度约束

（3）相切约束：用来定义平面、柱面、球面、锥面在切点或者切线处相结合，图 3-0-20 为相切约束对话框。在图 3-0-21 中，（a）图为在 *E*–*E* 表面平齐的定义下，两圆柱面相内切的情况；（b）图为在 *E*–*E* 表面平齐的定义下，两圆柱面相外切的情况。

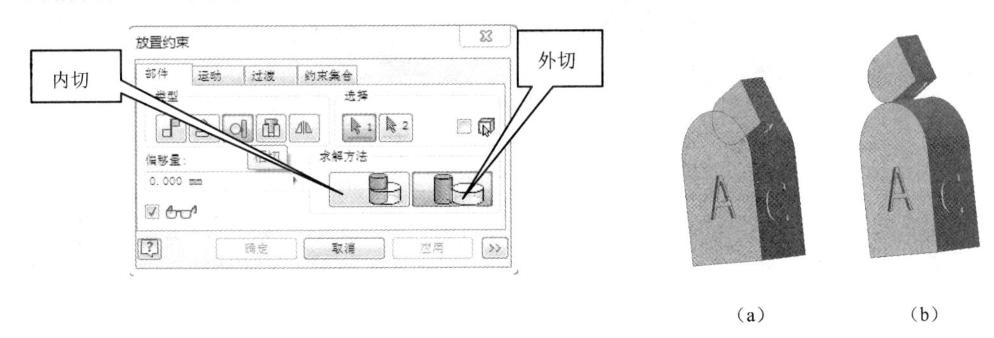

图 3-0-20　相切约束　　图 3-0-21　相切约束实例

（4）插入约束：插入约束是个约束集合，是指两个零部件之间轴-轴之间的重合约束与面-面之间的配合约束的集合。“反向约束”是指轴对轴重合约束、面跟面重合约束；“对齐约束”是指轴对轴重合约束、面跟面平齐约束，图 3-0-22 即“放置约束”对话框。图 3-0-23 中，（a）图为单击“插入约束”后第一次选择，（b）图为单击“插入约束”后第二次选择，（c）图为在“反向约束”情况下的执行结果，（d）图为在“对齐约束”方式下的执行结果。

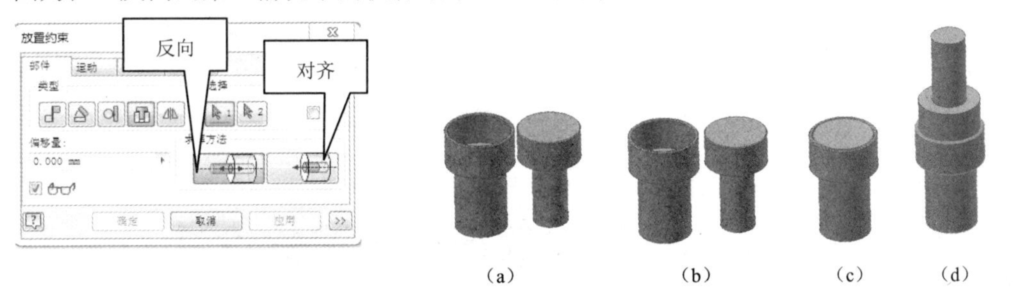

图 3-0-22　插入约束　　图 3-0-23　插入约束实例

8. 运动关系约束

运动关系约束用来指定零部件在运动过程中所遵循的规律。在“放置约束”对话框中，“运动”“过渡”两个选项卡是用来添加运动关系约束的。

（1）运动：“运动”选项卡用于指定“转动-转动”“转动-平动”两种类型的运动关系，一般用来定义齿轮-齿轮、齿轮-齿条之间的运动关系，“运动”选项卡如图 3-0-24 所示。如图 3-0-25 所示为典型的运动关系约束。

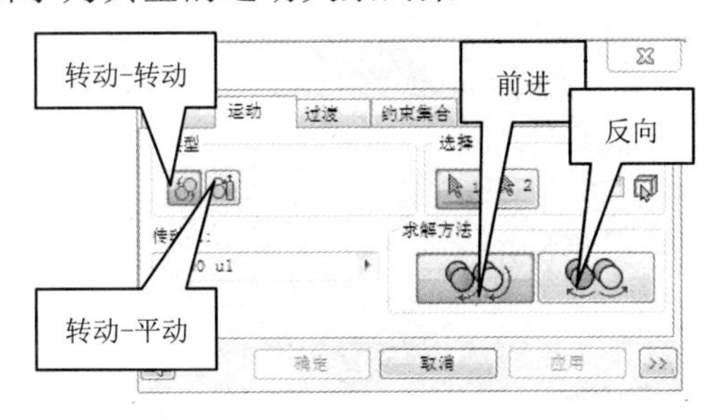

图 3-0-24　“运动”选项卡

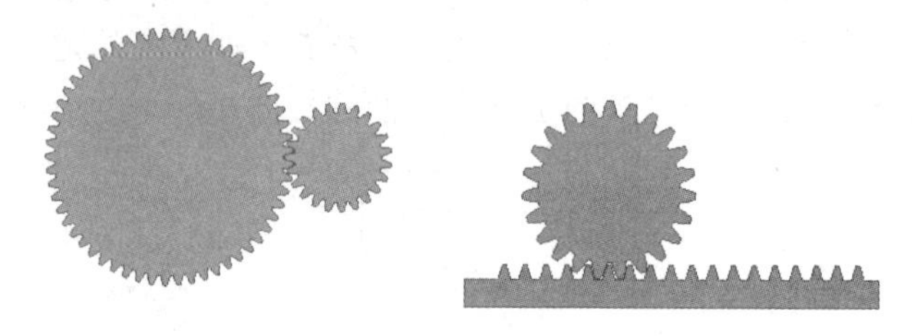

图 3-0-25　典型的运动关系约束

（2）过渡约束：过渡约束用于使不同的零部件的两个表面在运动过程中始终保持接触，通常用来定义凸轮机构的运动关系。“过渡”选项卡如图 3-0-26 所示。如图 3-0-27 所示为典型的过渡关系约束。

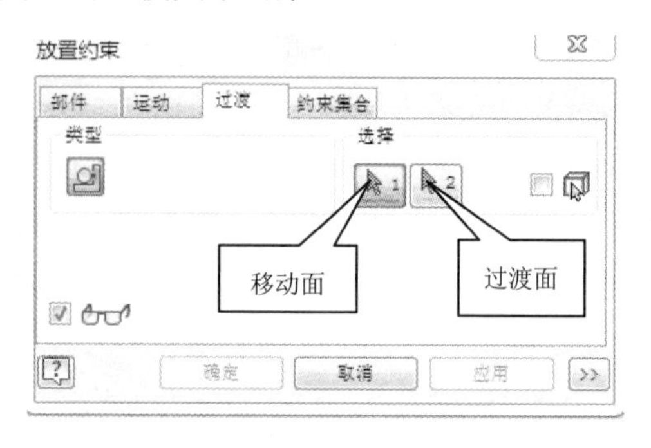

图 3-0-26　“过渡”选项卡

图 3-0-27　典型的过渡关系约束

任务 1　十字联接器装配体设计

任务说明

十字联接器装配体实例如图 3-1-1 所示。

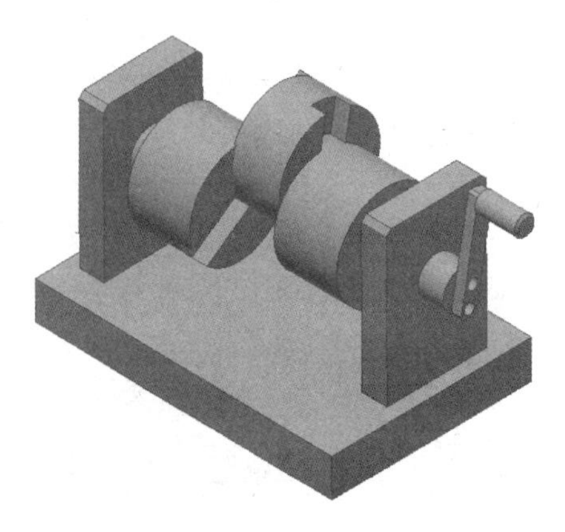

图 3-1-1　十字联接器装配体实例

设计步骤

1. 激活项目文件

将“项目三\十字联接器\十字联接器.ipj”文件设置为当前项目文件，如图 3-1-2 所示。

图 3-1-2　激活项目文件

2. 十字联接器装配体设计

（1）放置零部件。新建部件文件，在“项目三\十字联接器”下，先后置入“零件 2”“零件 5”两个零部件，如图 3-1-3 所示。

（2）约束零部件。单击“约束”按钮，打开“放置约束”对话框。选择“部件”选项卡下的“配合”约束，将鼠标指针放到“零件 2”零部件上，出现一个红色的轴线，如图 3-1-4 所示，单击该轴线，然后再单击“零件 5”的轴线，将两条轴线重合约束。然后将另外一个孔也约束好，如图 3-1-5（a）所示，拖动“零件 2”发现它只能在轴线上移动，用约束将“零件 2”和“零件 5”的两平面相重合，如图 3-1-5（b）所示。

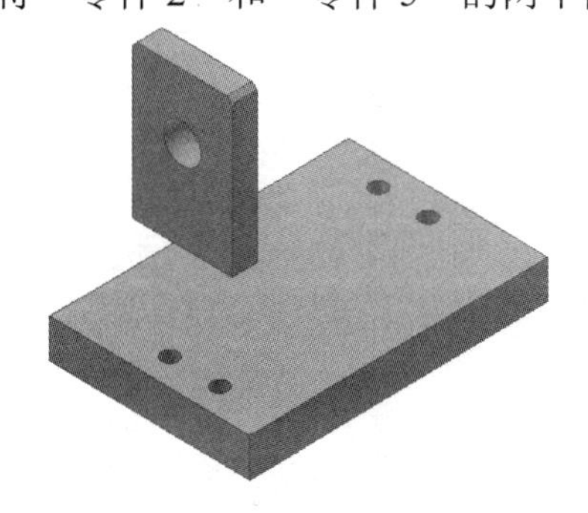

图 3-1-3　放置零部件

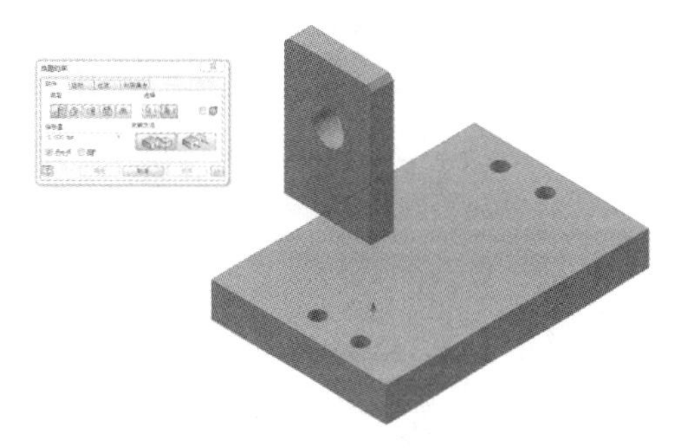

图 3-1-4　约束零部件

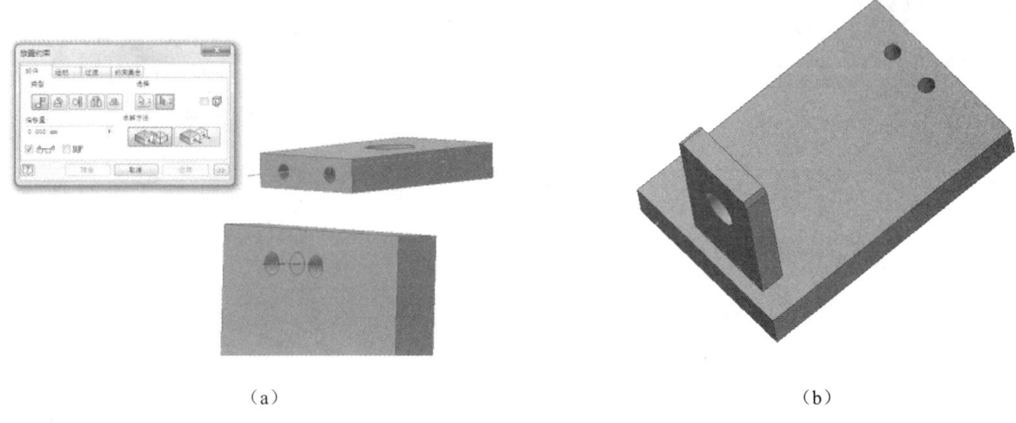

（a）　　　　（b）

图 3-1-5　约束零部件

（3）打开激活识别器，进入“检验”选项卡，在该选项卡下，单击“激活接触识别器”按扭，将其激活，如图 3-1-6 所示。在测数器中的“零件 5”零部件上，单击鼠标右键，在快捷菜单中选择“接触集合”命令，如图 3-1-7 所示，同样在“零件 2”零部件的快捷菜单中也选中“接触集合”命令，浏览器的零部件图标上添加了接触集合标志，如图 3-1-8 所示。这时施动“零件 2”零部件，已不能将“零件 2”零部件穿透“零件 5”零部件，最后将文件保存为“底座.iam”文件。

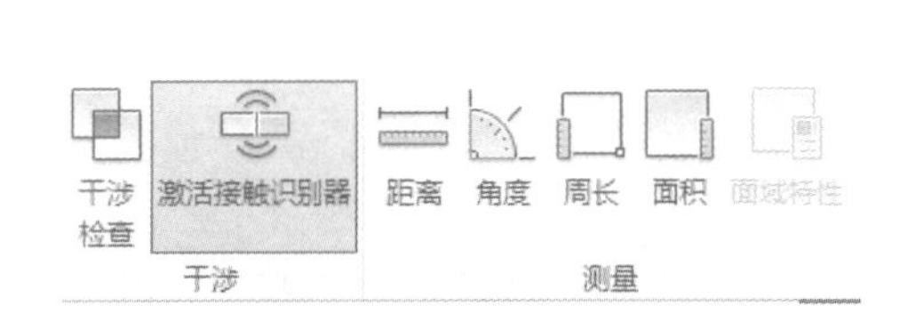

图 3-1-6　“激活接触识别器”按钮

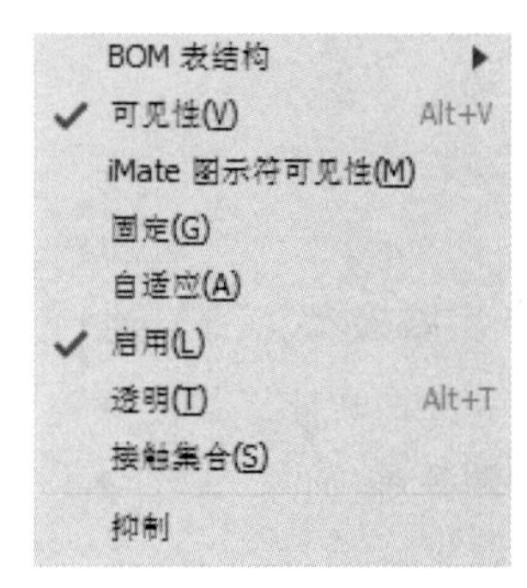

图 3-1-7　接触集合

图 3-1-8　接触集合标志

3. 挖掘机臂总装配的设计

（1）放置零部件。新建部件文件，在“\项目三\十字联接器\”下，先后置入“零件 1.ipt”“零件 3.ipt”“零件 4.ipt”“底座.iam”“零件 6.ipt”“零件 7.ipt”几个零部件，如图 3-1-9 所示。

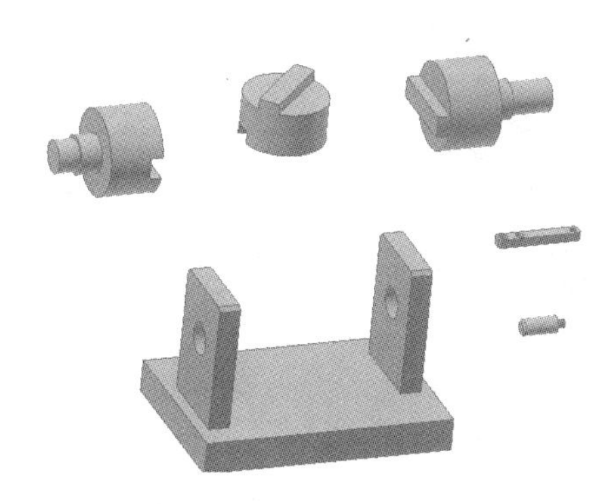

图 3-1-9　放置零部件

（2）柔性设置。置入零部件后，发现“底座”子装配的零件 2 已经不能在油缸内移动。如果让子装配的约束关系在总装配中继续生效，须对子装配进行“柔性”设置。在浏览器的“底座.iam”零部件图标上单击鼠标右键，在快捷菜单中选择“柔性”命令，如图 3-1-10 所示，完成后，浏览器的零部件图标上添加了柔性标志，如图 3-1-11 所示。

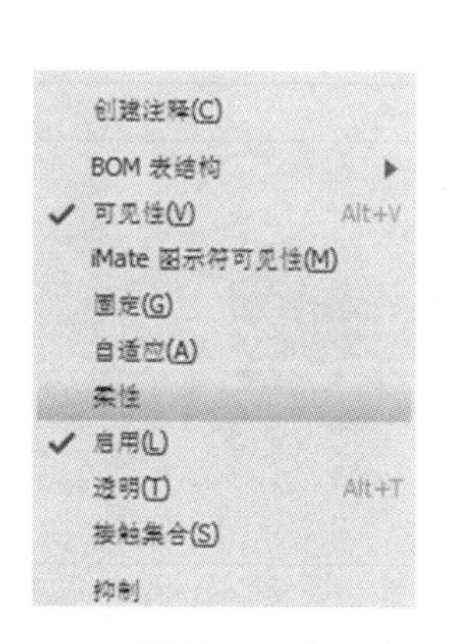

图 3-1-10　柔性

图 3-1-11　柔性标志

（3）打开激活识别器。在“检验”选项卡下，打开“激活识别器”，并在“零部件 1”“零部件 3”“零部件 4”“零部件 6”“零部件 7”零部件的快捷菜单中选中“接触激活”。

（4）总装配的设计。单击“约束”按钮，打开“放置约束”对话框。

插入约束装配。在“部件”选项卡下，单击“插入”约束类型，分别单击“底座”和

“零部件 1”的孔处，如图 3-1-12（a）所示。单击“应用”按钮后，效果如图 3-1-12（b）所示。重复命令，将“零部件 1”跟“零部件 3”、“零部件 3”跟“零部件 4”、“零部件 1”跟“底座”、“底座”跟“零部件 4”、“底座”跟“零部件 6”、“零部件 6”跟“零部件 7”也进行插入约束，效果如图 3-1-13 所示。

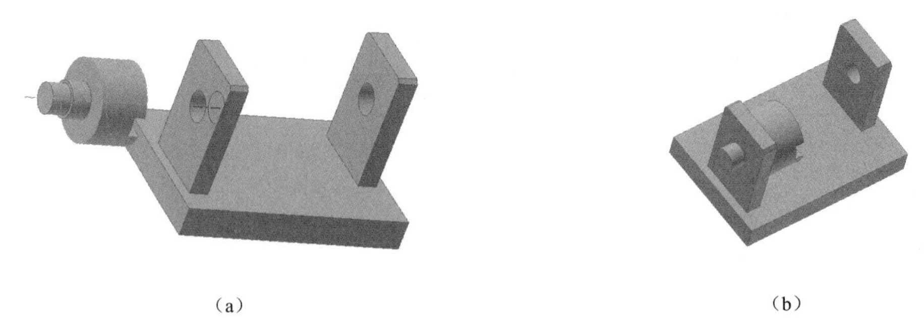

（a）　　（b）

图 3-1-12　部件之间的约束

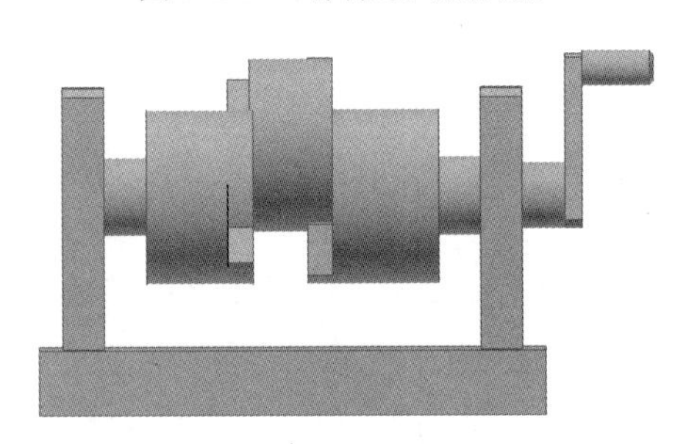

图 3-1-13　约束后的效果

角度约束装配。在“部件”选项卡下单击“角度”约束类型，选择“未定向角度”，分别单击“零件 2”“零件 6”的面，在“角度”文本框中输入 20，单击“应用”按钮。所选面如图 3-1-14 所示。这时再用鼠标拖动“零件 2”“零件 6”零部件，发现其均不能转动，说明对它们的各个自由度均已进行了约束。

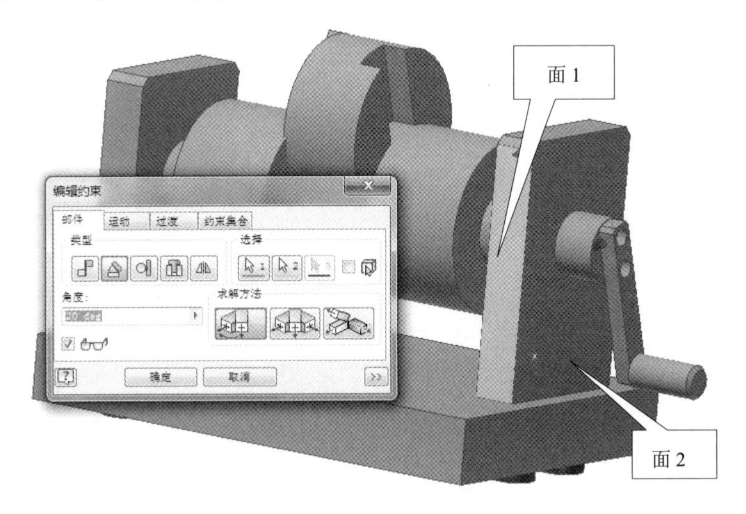

图 3-1-14　角度约束

（5）置入标准件。在“零部件”功能面板上，单击“从资源中心装入”按钮，打开“从资源中心放置”对话框，如图 3-1-15 所示。

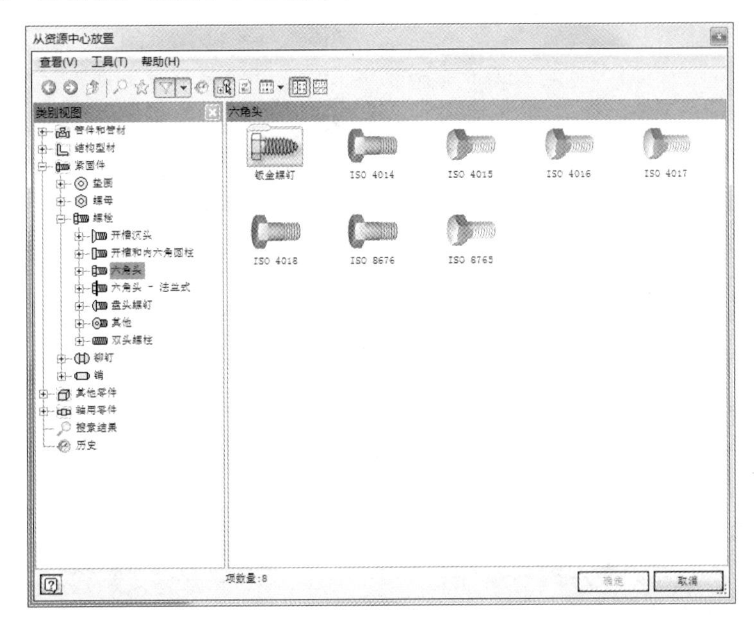

图 3-1-15 “从资源中心放置”对话框

在“类别视图”中先后单击“紧固件—螺栓—六角头”，在“六角头”图形区，选中“ISO 4016”，单击“确定”按钮后，进入部件环境。在图形区单击鼠标，弹出“ISO 4016”对话框，“螺栓类型”选择“M6”，“螺栓长度”选择 30，如图 3-1-16 所示。单击“确定”按钮后，返回到部件环境。在图形区连续单击鼠标 4 次，然后单击鼠标右键选择“完毕”命令，装入 4 个“ISO 4016”，如图 3-1-17 所示。

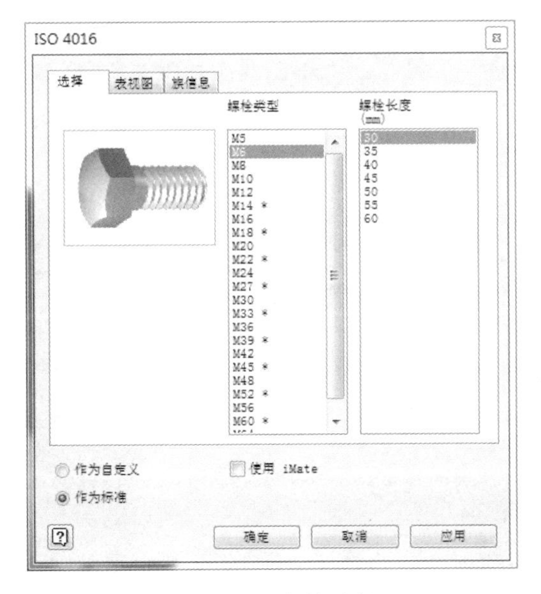

图 3-1-16 螺栓选择

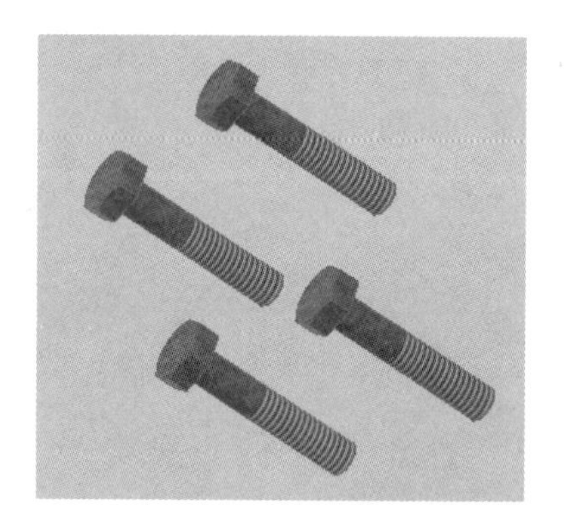

图 3-1-17　完成螺栓装入

将 4 个“ISO 4016”的螺栓与“零件 2”进行轴配合约束，除插入约束外，还要与螺栓添加表面平齐约束，如图 3-1-18 所示，最终效果如图 3-1-19 所示。

图 3-1-18　进行约束

图 3-1-19　最终效果图

4. 约束的编辑与驱动

（1）重命名约束名称。单击浏览器中“零件 6：1”零部件前面的箭头将其展开，如图 3-1-20 所示。在“角度:1 (80.00 deg)”上单击两次，在“名称”文本框中输入“零件 6-360 驱动”，如图 3-1-21 所示。然后在其他空白处单击，完成重命名。

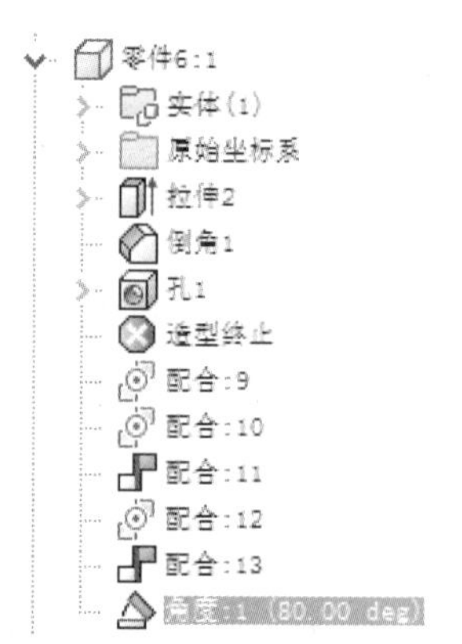

图 3-1-20　展开特征

图 3-1-21　修改约束名称

（2）约束的编辑。在浏览器中的约束名称上，单击鼠标右键，弹出快捷菜单，如图 3-1-22 所示。

编辑约束。在快捷菜单中，选择“编辑”，弹出“编辑约束”对话框。在该对话框中可以对约束类型、选择对象、约束角度等进行编辑，如图 3-1-23 所示。单击“确定”按钮，完成约束的编辑。

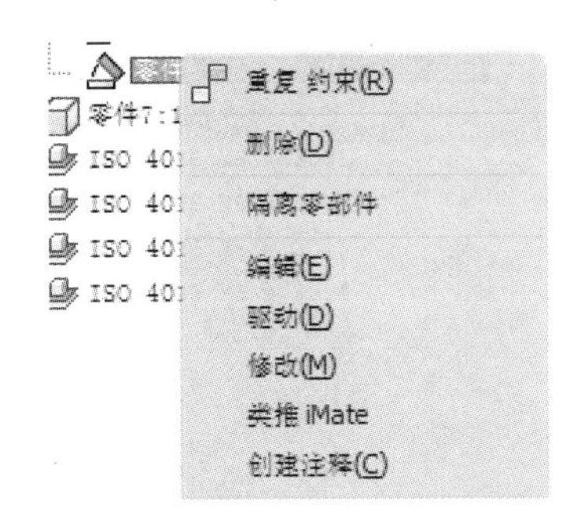

图 3-1-22　约束的编辑

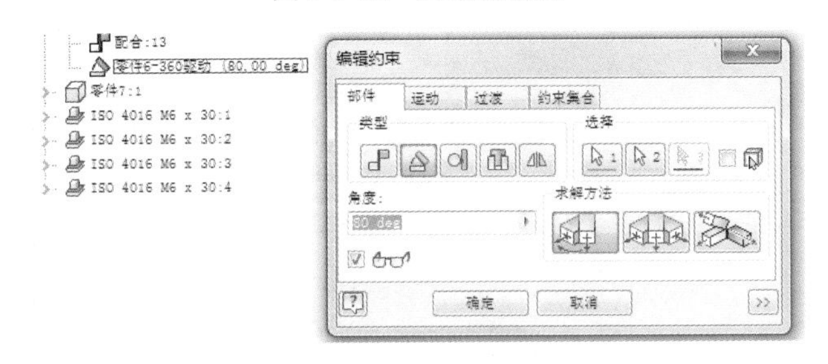

图 3-1-23　“编辑约束”对话框

（3）约束的驱动。在图 3-1-22 所示的快捷菜单中选择“驱动”命令，弹出“驱动”对话框。单击对话框右下角的箭头按钮，可将对话框展开，用来设置播放速度等参数。在“开始”文本框输入 20，“结束”文本框输入 360，如图 3-1-24 所示。单击“正向播放”按钮，即可播放约束的驱动过程。

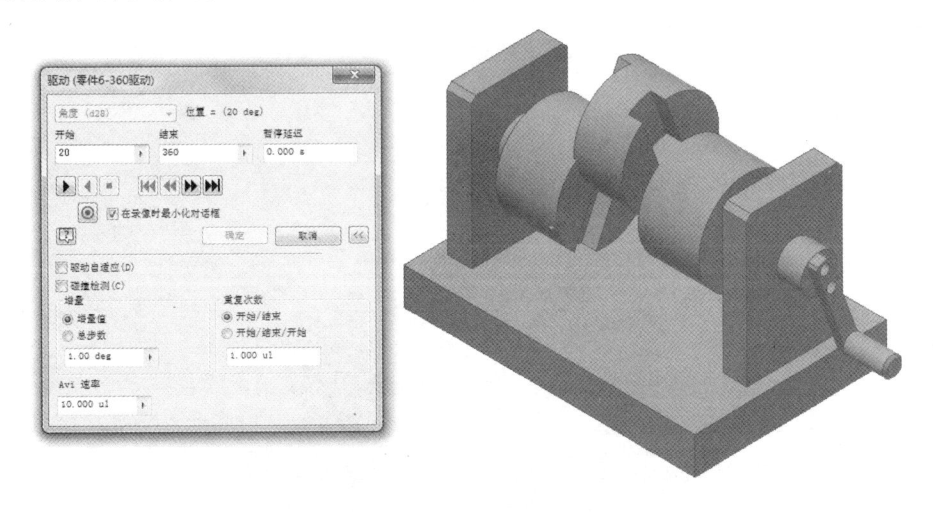

图 3-1-24　约束驱动设置

单击“录像”按钮◉，弹出“另存为”对话框，在如图 3-1-25 所示对话框的“保存类型”选项中选择“AVI 文件”类型，“文件名”文本框输入“摇杆驱动”。单击“保存”按钮，弹出“视频压缩”对话框。在该对话框可进行压缩程序、压缩质量的设置，在这里“压缩程序”选择“Microsoft Video 1”，如图 3-1-26 所示。单击“确定”按钮后，再单击“正向播放”按钮，即可对约束的驱动过程进行录像并保存。

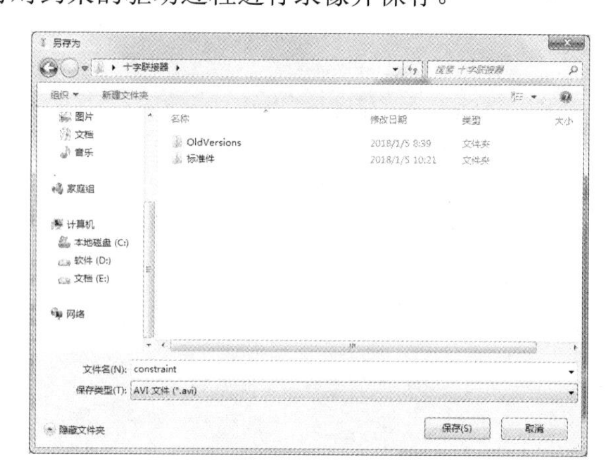

图 3-1-25　“另存为”对话框

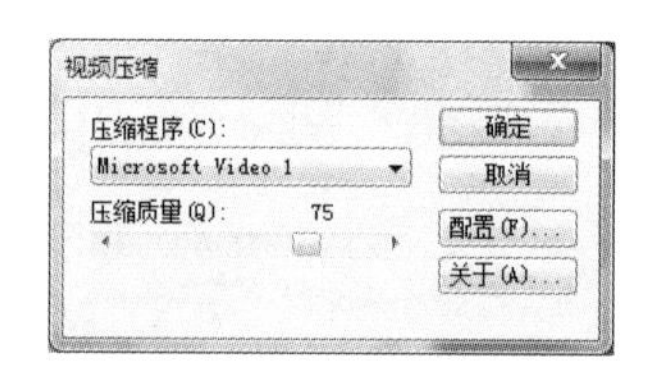

图 3-1-26　“视频压缩”对话框

任务 2　双万向联轴器装配体设计

任务说明

双万向联轴器装配体实例如图 3-2-1 所示。

图 3-2-1　双万向联轴器装配体实例

设计步骤

1. 激活项目文件

将“项目三\双万向联轴器\双万向联轴器.ipj”文件设置为当前项目文件，如图 3-2-2 所示。

图 3-2-2　选择项目文件

2. 双万向联轴器装配体设计

（1）放置零部件。新建部件文件，在“双万向联轴器”下，先后置入“底板”“立板”两个部件。

（2）部件坐标系对准。单击“创建替换”按钮，再单击坐标系对准，然后将鼠标放到“底板”零部件上，单击将零部件固定为基准，如图 3-2-3 所示。

（3）约束零部件。单击“约束”按钮，打开“放置约束”对话框。选择“部件”选项卡下的“配合”约束，将鼠标放到“立板”零部件上，出现一条红色的轴线，如图 3-2-4 所示，单击该轴线，然后再单击“底板”的轴线，将两条轴线重合约束。然后将另外一个孔也约束好，拖动“立板”发现它只能在轴线上移动，用约束将“立板”和“底板”的两个平面相重合，如图 3-2-5 所示。

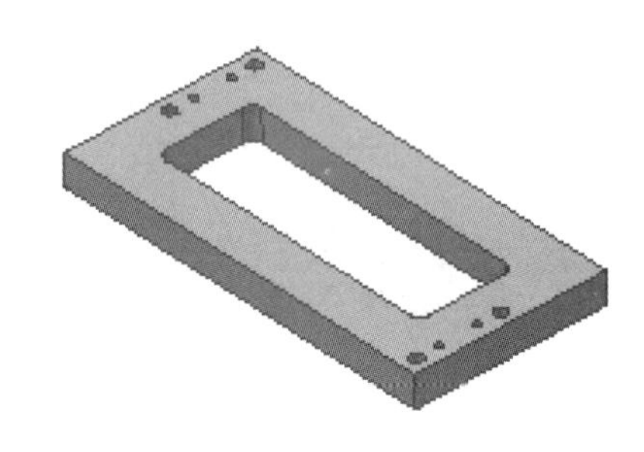

图 3-2-3　部件坐标系对准

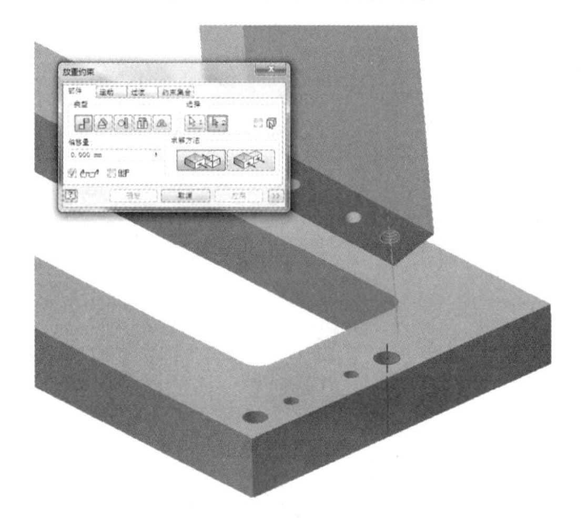

图 3-2-4　约束零部件

图 3-2-5　约束零部件

3. 双万向联轴器总装配的设计

（1）放置零部件。新建部件文件，从“\项目三\双万向联轴器\”将其余部件全部置入，如图 3-2-6 所示。

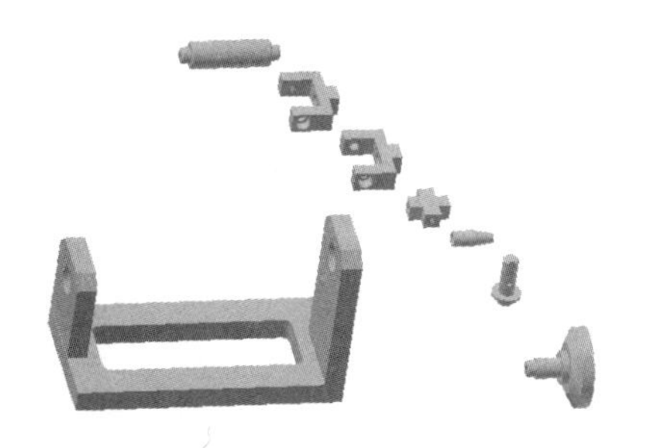

图 3-2-6　放置零部件

（2）置入标准件。在“零部件”功能面板上，单击“从资源中心装入”按钮，打开“从资源中心放置”对话框，如图 3-2-7 所示。在“搜索”栏中输入“2RZ”，单击“SKF 2RZ”，“尺寸规格”选择“6001-2RZ”，如图 3-2-8 所示，单击“确定”按钮。

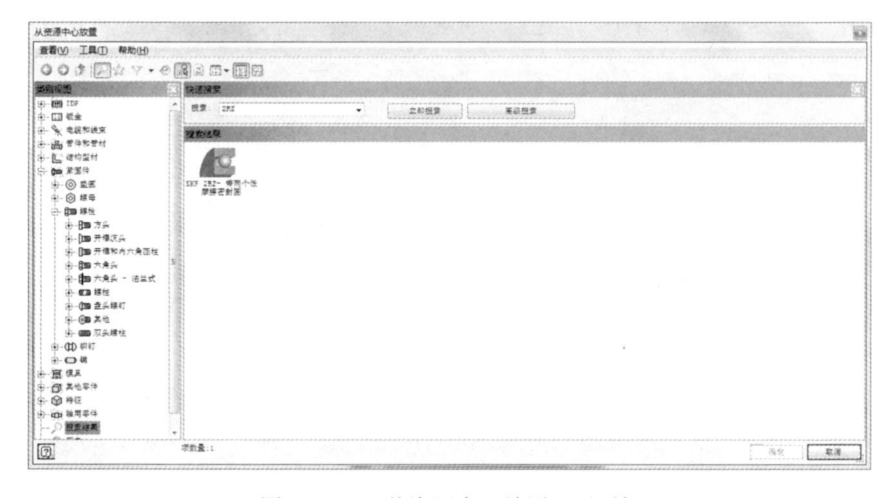

图 3-2-7　“从资源中心放置”对话框

图 3-2-8　轴承选择

（3）将“61902-2RZ 轴承”“转轴”“手柄”的轴线依次约束，再将平面约束，如图 3-2-9 所示。

（4）将“6001 轴承”“输出轴”在“立板 2”上约束拼装起来，如图 3-2-10 所示。

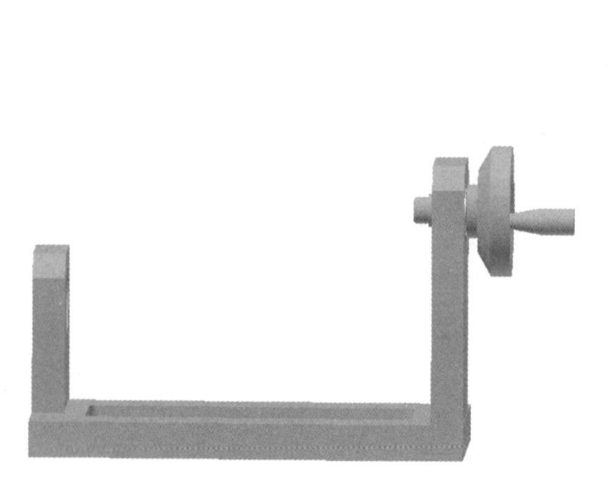

图 3-2-9　零部件约束

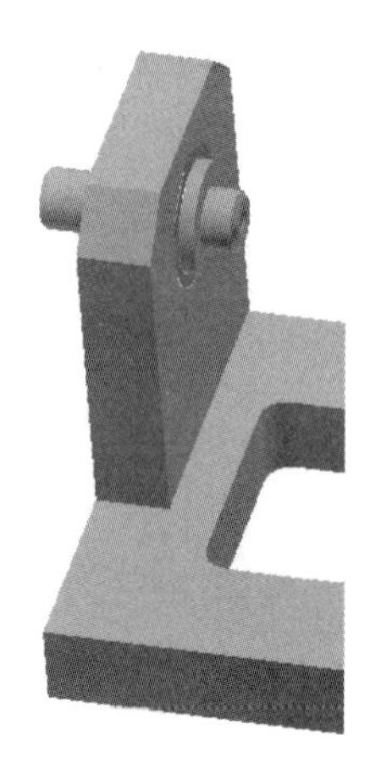

图 3-2-10　零部件约束

（5）将“连接头 2”“十字轴”“连杆”单独装配为一体，如图 3-2-11 所示。

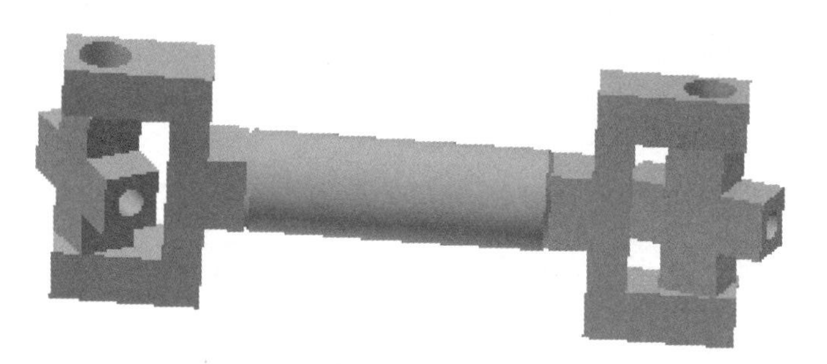

图 3-2-11　零部件约束

（6）将“连接头”轴线约束起来，如图 3-2-12 所示。

图 3-2-12　零部件约束

（7）将第（5）步跟主体约束在一起，如图 3-2-13 所示。

图 3-2-13　零部件约束

（8）在“资源中心”将内六角螺丝按规格导出装入，如图 3-2-14 所示。

图 3-2-14　零部件约束

任务 3　剥线机机构装配体设计

任务说明

剥线机机构装配体实例如图 3-3-1 所示。

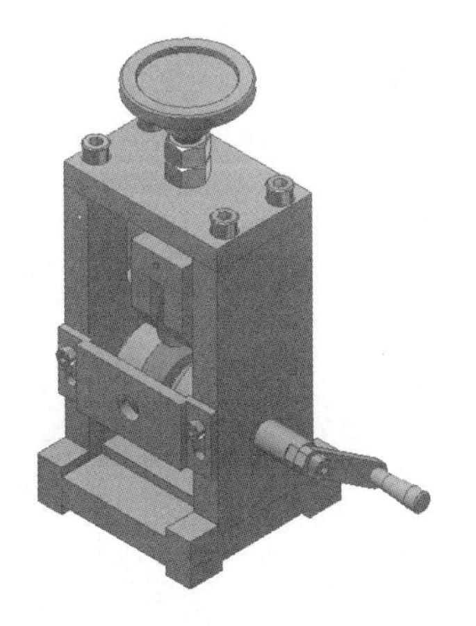

图 3-3-1　剥线机机构装配体实例

设计步骤

1. 激活项目文件

将“项目三\剥线机机构\剥线机机构.ipj”文件设置为当前项目文件，如图 3-3-2 所示。

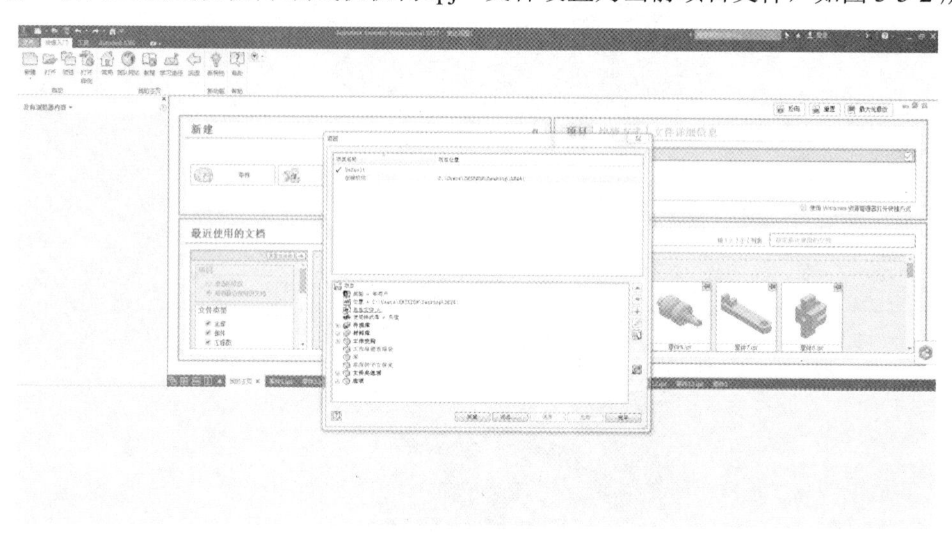

图 3-3-2　选择项目文件

2. 剥线机机构装配体设计

（1）放置零部件。新建部件文件，在“剥线机机构”下，先后置入“零件 1”“零件 2”两个部件，如图 3-3-3 所示。

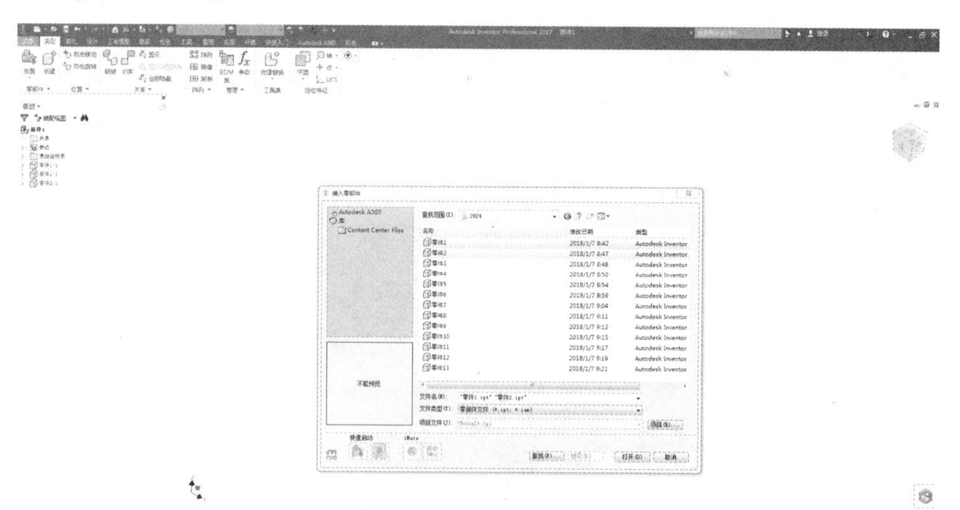

图 3-3-3　放置零部件

（2）约束零部件。单击“约束”按钮，打开“放置约束”对话框。选择“部件”选项卡下的“配合”约束，将鼠标指针放到“零件 1”零部件上，出现一条红色的轴线，如图 3-3-4（a）所示，单击该轴线，然后再单击“零件 2”的轴线，将两条轴线重合约束。然后将另外一个孔也约束好，拖动“零件 2”发现它只能在轴线上移动，用约束将“零件 1”

和“零件 2”的两个平面相重合，如图 3-3-4（b）所示。

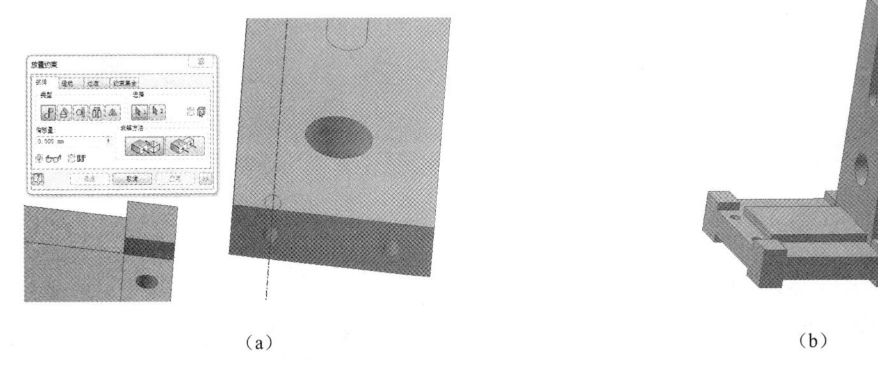

（a）　　　　（b）

图 3-3-4　约束零部件

（3）将零件 2 进行镜像，如图 3-3-5 所示。

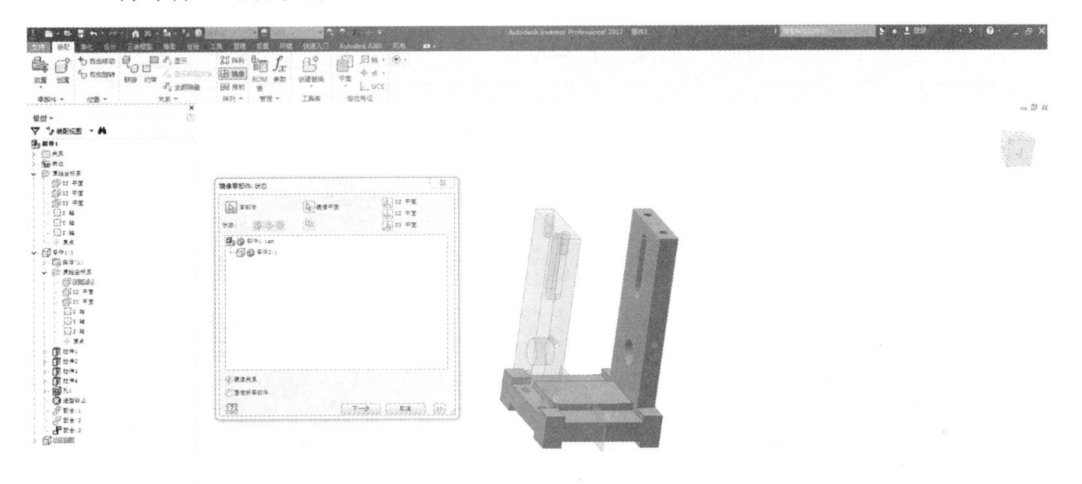

图 3-3-5　镜像零件

（4）将剩下的零件全部导出，如图 3-3-6 所示。

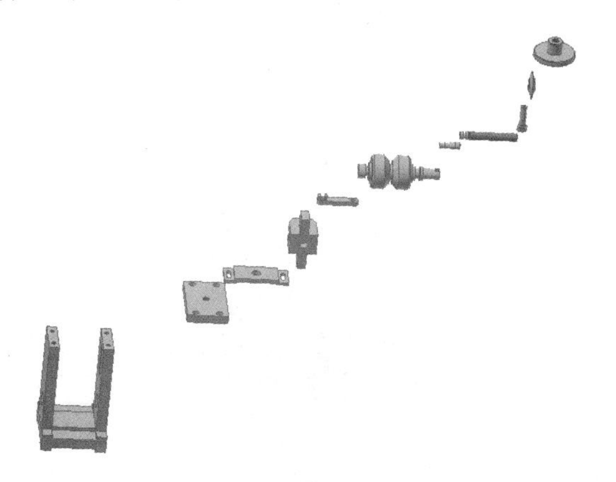

图 3-3-6　导出零件

（5）将零件 6、零件 11、零件 12 装配起来，如图 3-3-7 所示。

（6）将其装入大体里，如图 3-3-8 所示。

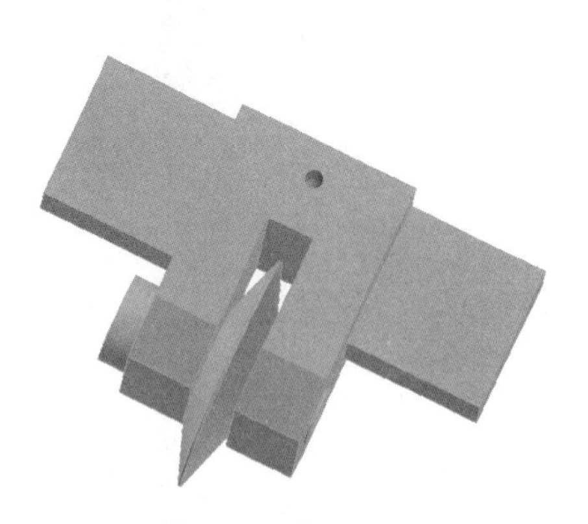

图 3-3-7　装配零件

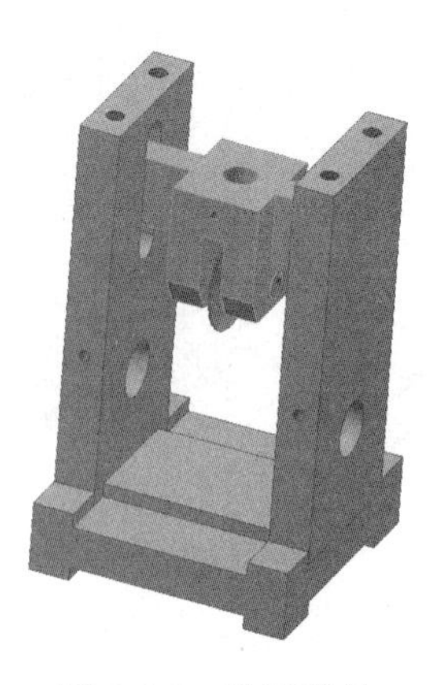

图 3-3-8　装配零件

（7）将零件 8 装入大体里，如图 3-3-9 所示。

（8）装配零件 7、零件 9（手柄），如图 3-3-10 所示。

图 3-3-9　装配零件

图 3-3-10　装配零件

（9）将顶盖和旁盖装好，如图 3-3-11 所示。

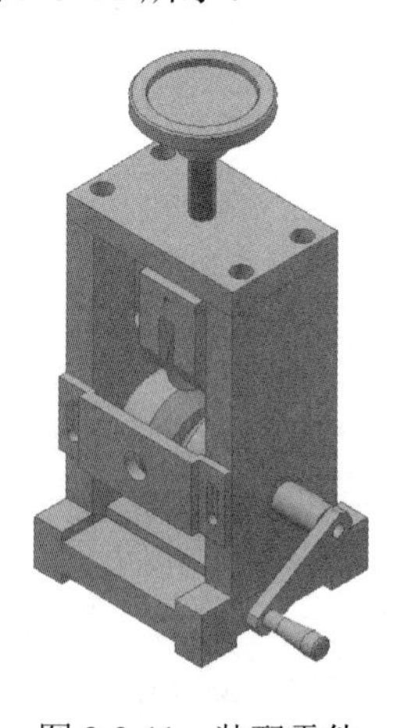

图 3-3-11　装配零件

（10）在“资源中心”将螺丝按规格导出装入大体，如图 3-3-12 所示。

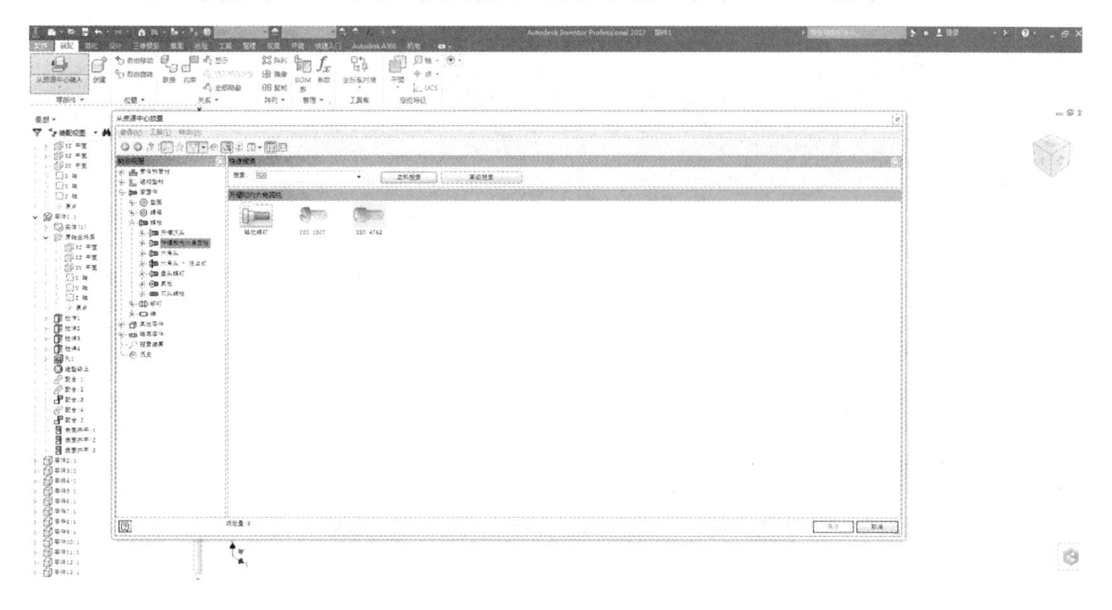

图 3-3-12　资源中心中添加螺丝

思考与练习

1．请根据平口钳零件工程图（图 3-1 到 3-4）创建零件三维实体，并进行平口钳装配体设计。

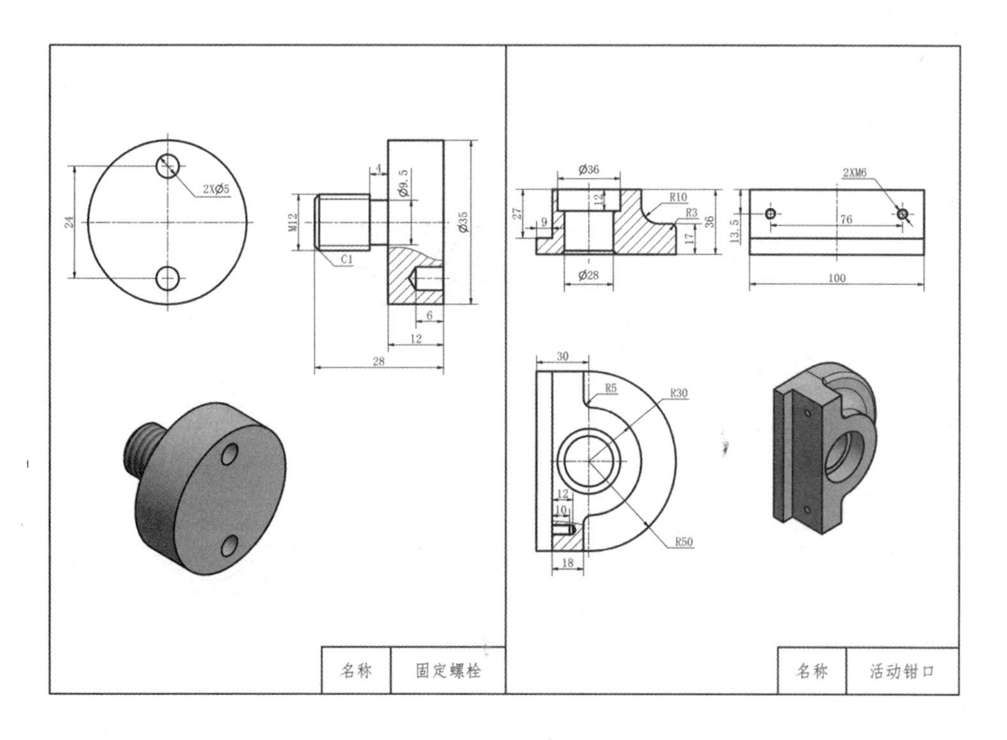

图 3-1　练习题 1

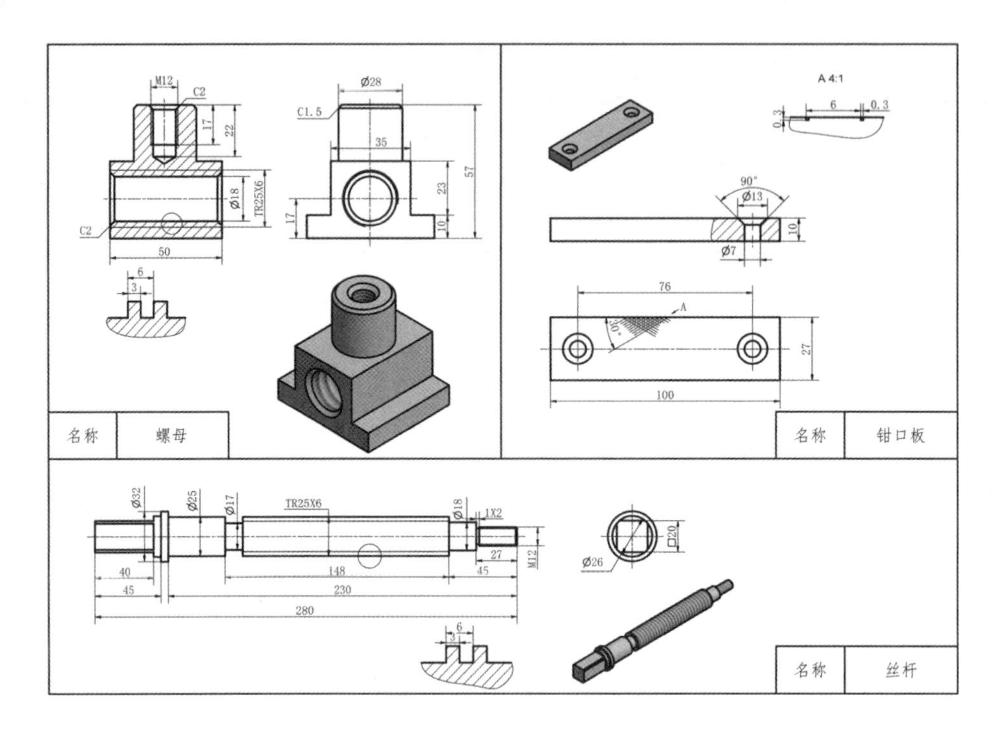

图 3-2　练习题 2

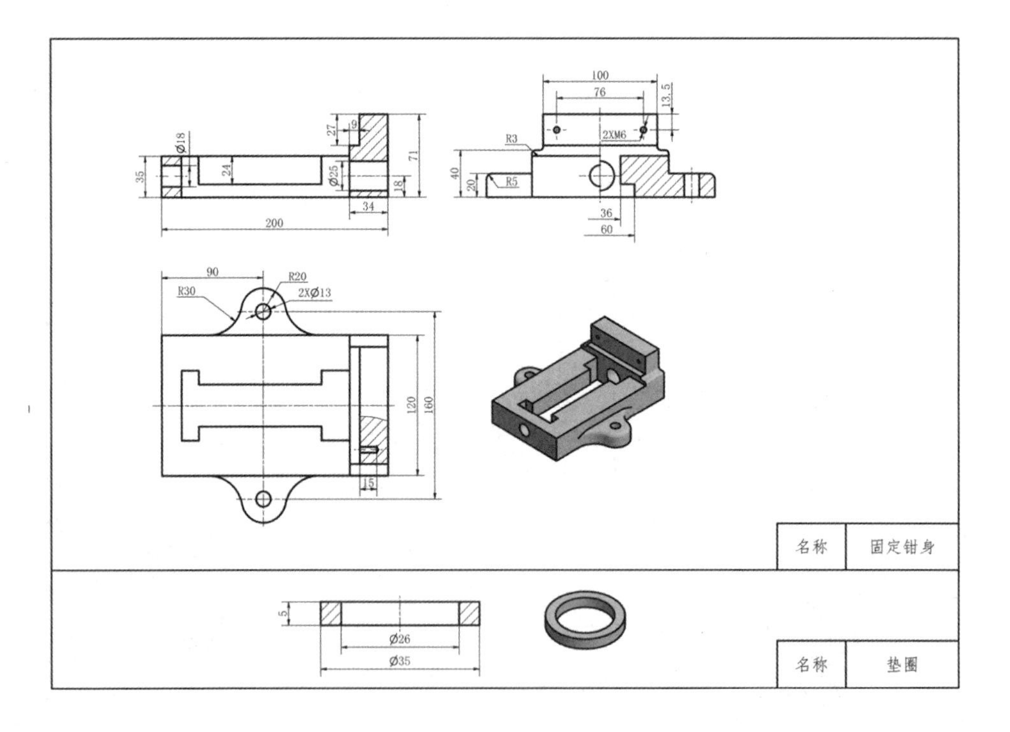

图 3-3　练习题 3

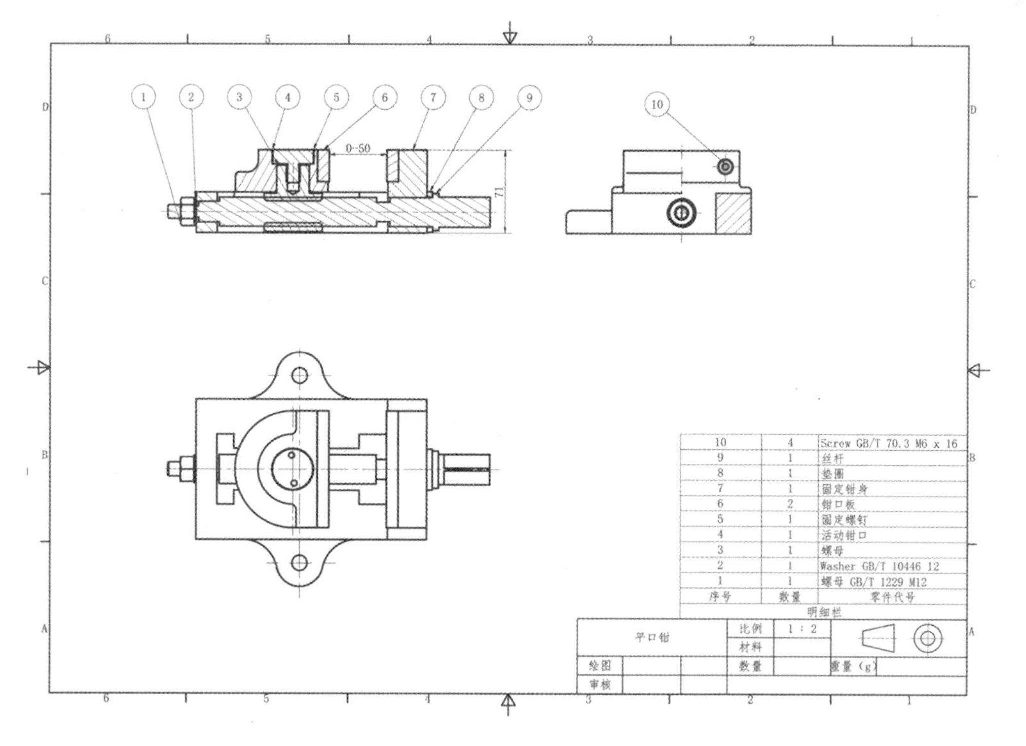

序号	数量	零件代号
10	4	Screw GB/T 70.3 M6 x 16
9	1	丝杆
8	1	垫圈
7	1	固定钳身
6	2	钳口板
5	1	固定螺钉
4	1	活动钳口
3	1	螺母
2	1	Washer GB/T 10446 12
1	1	螺母 GB/T 1229 M12

明细栏

图 3-4　练习题 4

2．请根据项目二的思考与练习创建的发动机零件三维实体，进行发动机装配体设计。

项目四

表达视图设计

Inventor 表达视图是用来表现部件中各个零件之间装配关系的。我们可以用表达视图文件创建部件的分解视图，利用分解视图可以创建带有引出序号和零件明细栏的工程视图，即平常所说的爆炸图。也可以使用表达视图文件创建动画，动态演示部件中各零件的装配过程和装配位置，并可以将动画录制成 AVI/WMV 格式文件。另外表达视图是基于部件的，因此当部件发生改变时，表达视图也会自动更新。本项目将通过两个实例来介绍表达视图的设计。

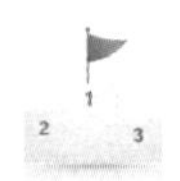

准备工作

表达视图环境

1. 用户界面

表达视图环境如图 4-0-1 所示。

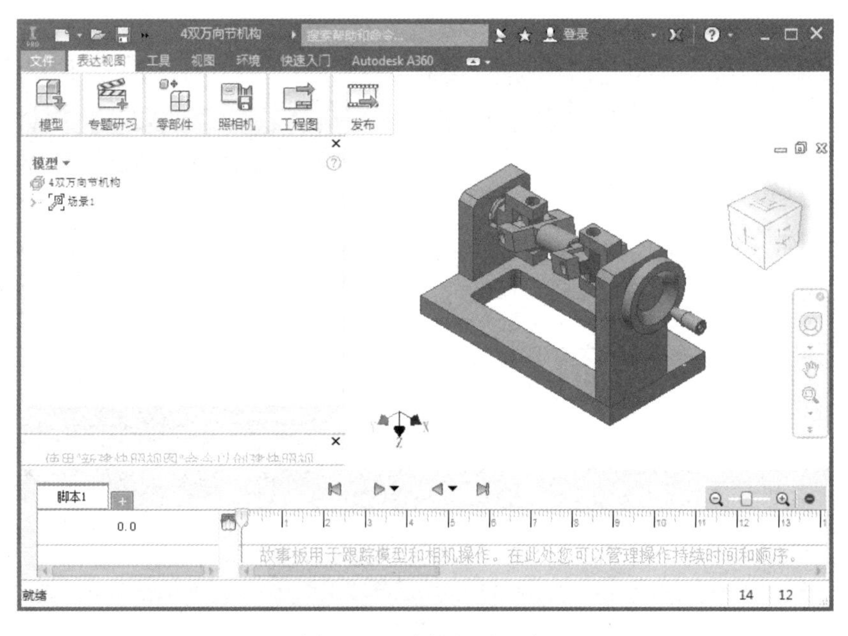

图 4-0-1　表达视图环境

2. 进入表达视图环境

进入表达视图环境有以下三种方法：

（1）依次单击应用程序菜单图标、“新建”选项右边的箭头、表达视图，如图 4-0-2 所示。

（2）单击“快速访问”工具栏的“新建”按钮，在如图 4-0-3 所示的菜单中选择“表达视图”。

图 4-0-2　进入表达视图环境方法 1

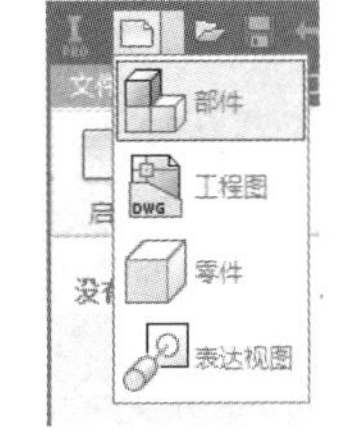

图 4-0-3　进入表达视图环境方法 2

（3）单击“启动”工具面板上的“新建”按钮，在“新建文件”对话框中选择“Standard(mm).ipn”，如图 4-0-4 所示。

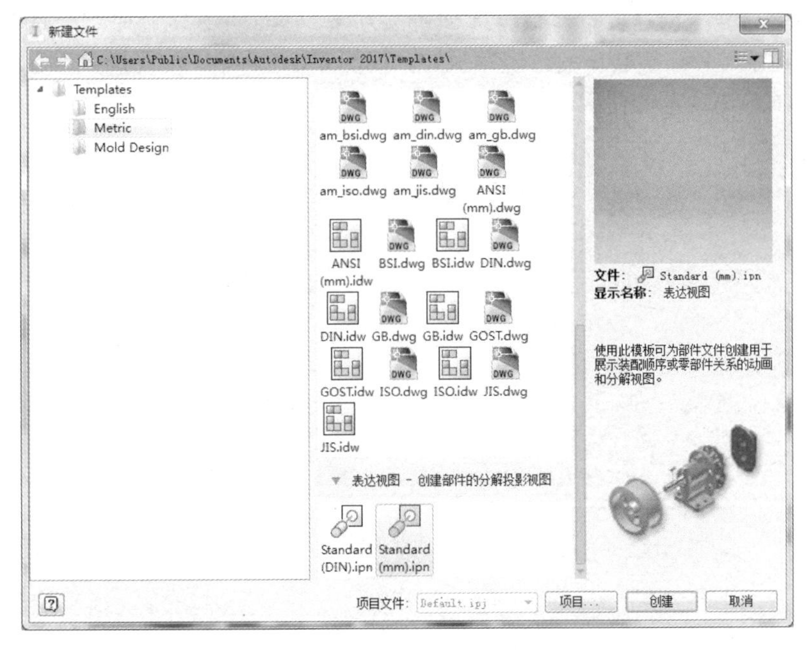

图 4-0-4　进入表达视图环境方法 3

3. 创建视图

进入表达视图环境后，表达视图的“创建”工具面板上只有“创建视图”按钮可用，其他按钮均显示为灰色，如图 4-0-5 所示。单击该按钮，弹出“选择部件”对话框，如图 4-0-6 所示。

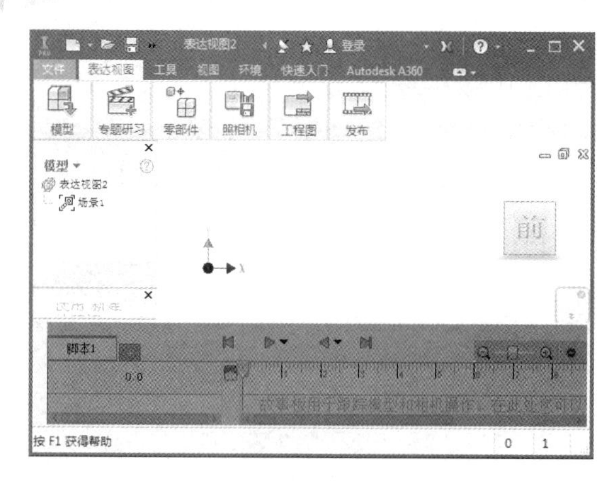

图 4-0-5　表达视图初始环境

图 4-0-6　“选择部件”对话框

在对话框中：

（1）单击“浏览”按钮，找到要创建表达视图的部件文件。

（2）单击“选项”按钮，弹出“文件打开选项”对话框，如图 4-0-7 所示。在该对话框中可对部件中位置表达、详细等级表达等选项进行选择，本项目不做介绍。

4. 调整零部件位置

单击“创建”工具面板上的“调整零部件位置”按钮，弹出“调整零部件位置”对话框。在该对话框中，“创建位置参数”选项包括方向、零部件、轨迹原点、是否显示轨迹；“变换”选项包括平移、旋转、编辑现有轨迹，如图 4-0-8 所示。仅在选中“旋转”方式下，“仅空间坐标轴”选项方可使用。

图 4-0-7　“文件打开选项”对话框

图 4-0-8　调整零部件位置

5. 视频制作

Inventor 的视频功能可以创建部件表达视图的装配视频，并可将视频录制为视频文件，以便在脱离 Inventor 环境下动态重现部件装配过程。方法是单击主面板上的“视频”按钮，弹出“发布为视频”对话框，如图 4-0-9 所示。展开对话框后，可对动画的顺序进行调整。

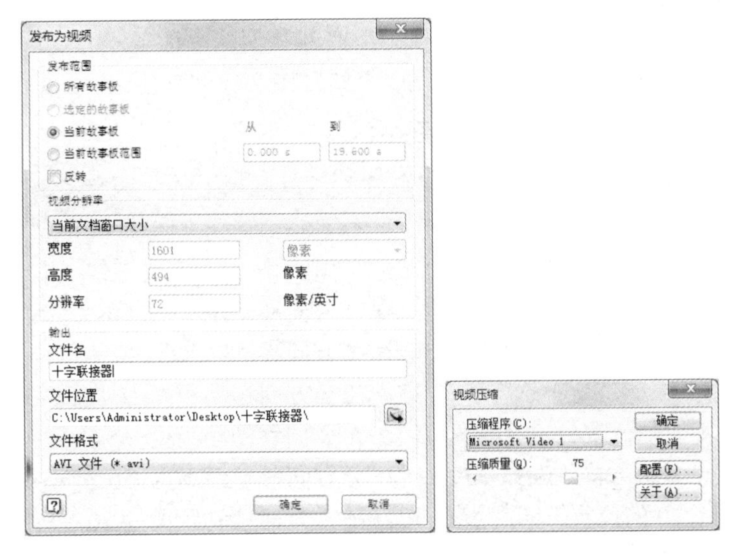

图 4-0-9　“发布为视频”对话框

任务 1　十字联接器的表达视图设计

任务说明

十字联接器的表达视图设计实例如图 4–1–1 所示。

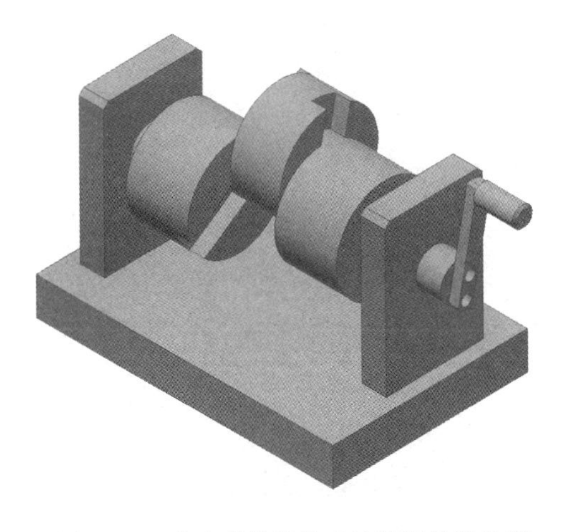

图 4-1-1　十字联接器的表达视图设计实例

设计步骤

1. 创建表达视图文件

新建表达视图文件后，单击表达视图下“创建”工具面板上的“创建视图”按钮，弹出“选择部件”对话框，单击“浏览”按钮，找到要创建表达视图的部件文件“\项目四\十字联接器.iam”。单击“确定”按钮，完成表达视图文件的创建。

2. 调整零部件的位置（图 4-1-2、图 4-1-3）

（1）调整“零件 1”的位置。单击“创建”工具面板上的“调整零部件位置”按钮，选择零件 1；根据零件 1 上的坐标轴方向，单击零件 1 轴线方向箭头，“轨迹”选择“无轨迹”，填写移动距离-40，持续时间 2s，单击“确定”按钮，完成零件 1 的位置调整。

（2）调整零件 6 的位置。选择零件 7，在 *Z* 方向移动距离为-60。

（3）调整零件 5 的位置。选择零件 5，在 *Z* 方向移动距离为 40。

（4）调整零件 13 的位置。选择零件 13，在 *Z* 方向移动距离为-80。

（5）调整零件 4 的位置。选择零件 4，在 *X* 方向移动距离为-65。

（6）调整零件 2 的位置。选择零件 2，在 *Z* 方向移动距离为-50。

（7）调整零件 10 的位置。选择零件 10，在 *X* 方向移动距离为 30。

（8）调整零件 11 的位置。选择零件 11，在 *Z* 方向移动距离为-40。

（9）调整零件 12 的位置。选择零件 12，在 *Y* 方向移动距离为-30。

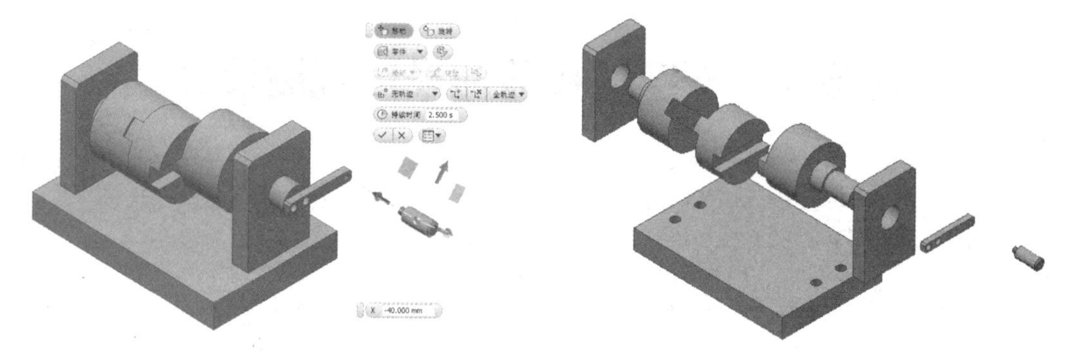

图 4-1-2　调整零件 1 位置　　　图 4-1-3　表达视图完成

3. 调整时间轴

（1）在视图下方有时间轴，之前调整的位置在这里都有顺序记录，鼠标左键按住深色部分可左右拖拉，移动之后，那一段的视频也会跟着变化，如图 4-1-4 所示。

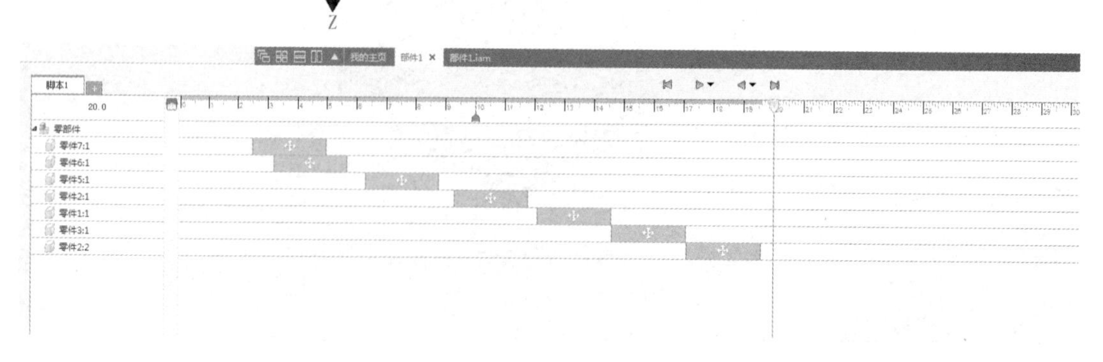

图 4-1-4　调整时间轴

（2）右击深色部分，单击“编辑时间”选项，可以调整视频的播放速度，单击“编辑位置参数”选项可以调整零部件的位置距离，如图 4-1-5 所示。

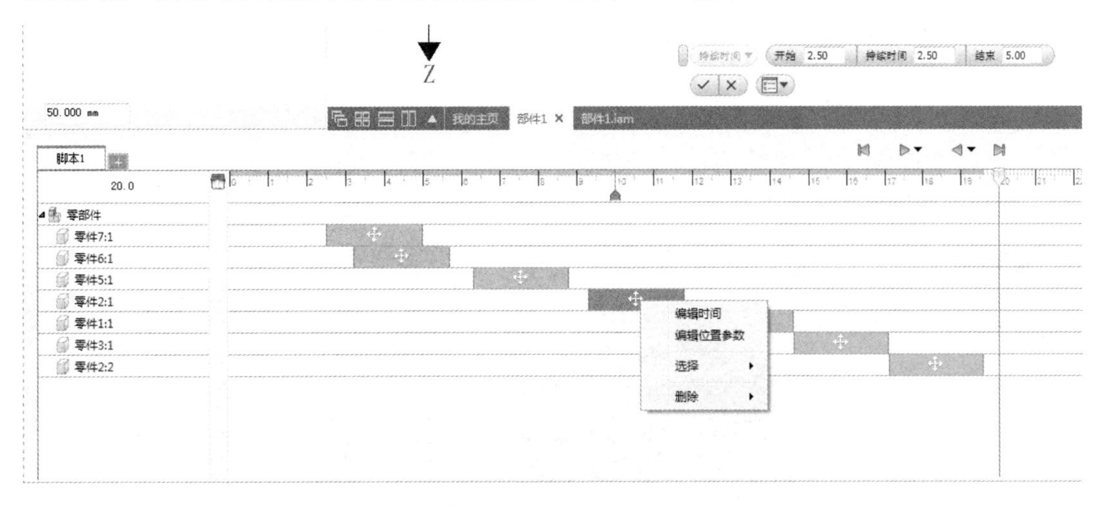

图 4-1-5　动画编辑

4. 录制视频文件

单击“创建”工具面板上的“视频”按钮，弹出“发布为视频”对话框，“文件格式”选择“AVI 文件”，“文件名”输入“十字联接器”，选择保存路径，单击“确定”按钮，弹出“视频压缩”对话框，“压缩程序”选择“Microsoft Video 1”，如图 4-1-6 所示，单击“确定”按钮即可。

图 4-1-6　录制视频文件

任务2　曲柄滑块的表达视图设计

任务说明

曲柄滑块表达视图设计实例如图 4-2-1 所示。

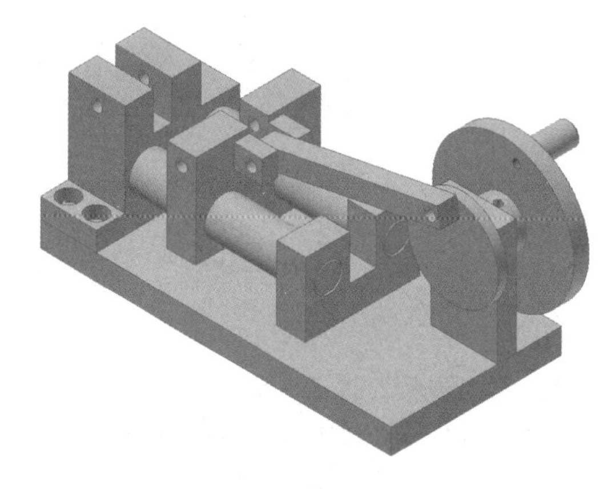

图 4-2-1　曲柄滑块表达视图设计实例

设计步骤

1. 创建表达视图文件

新建表达视图文件后，单击表达视图下“创建”工具面板上的“创建视图”按钮，弹出“选择部件”对话框，单击“浏览”按钮，找到要创建表达视图的部件文件“\项目四\曲柄滑块.iam”。单击“确定”按钮，完成表达视图文件的创建。

2. 调整零部件的位置（图 4-2-2）

（1）调整“零件 1”的位置。单击“创建”工具面板上的“调整零部件位置”按钮，再单击零件 1，会出现 3 轴方向的箭头，单击箭头可填写移动距离。

（2）调整零件 2 的位置。选择零件 2，在 *Y* 方向移动距离为 60。

（3）调整零件 3 的位置。选择零件 3，在 *Y* 方向移动距离为 30。

（4）调整零件 4 的位置。选择零件 4，在 *Y* 方向移动距离为−50。

（5）调整零件 5 的位置。选择零件 5，在 *Z* 方向移动距离为 100。

（6）调整零件 6 的位置。选择零件 6，在 *Z* 方向移动距离为 100。

（7）调整零件 7 的位置。选择零件 7，在 *X* 方向移动距离为 100。

（8）调整零件 8 的位置。选择零件 8，在 *X* 方向移动距离为 60。

（9）调整零件 9 的位置。选择零件 9，在 *X* 方向移动距离为 20。

（10）调整零件 10 的位置。选择零件 10，在 *X* 方向移动距离为 20。

（11）调整零件 11 的位置。选择零件 11，在 Z 方向移动距离为 50，如图 4-2-3 所示。

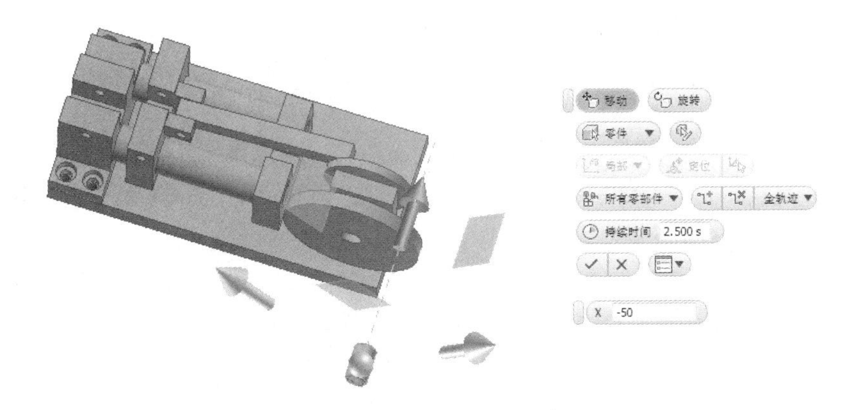

图 4-2-2　调整零部件的位置

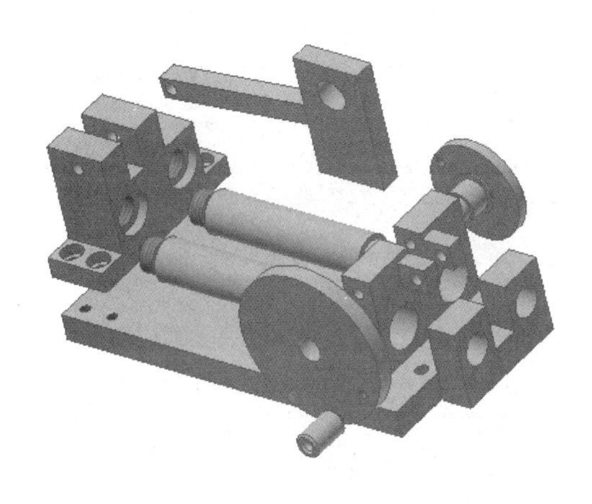

图 4-2-3　表达视图完成

3. 调整时间轴

（1）在视图下方有时间轴，之前调整的位置在这里都有顺序记录，鼠标左键按住深色部分可左右拖拉，移动之后，那一段的视频也会跟着变化，如图 4-2-4 所示。

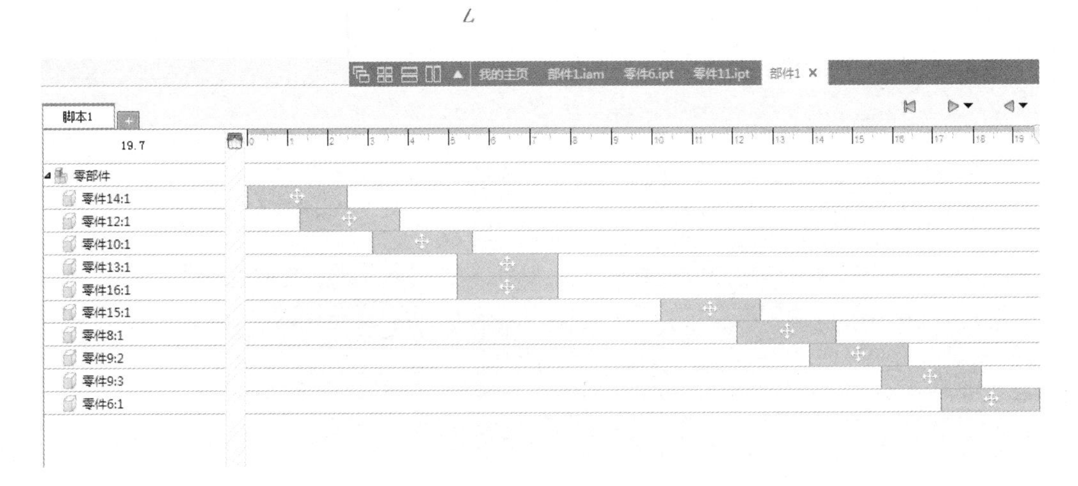

图 4-2-4　调整时间轴

（2）右击深色部分，单击“编辑时间”选项可以调整视频的播放速度，单击“编辑位置参数”选项可以调整零部件的位置距离，如图 4-2-5 所示。

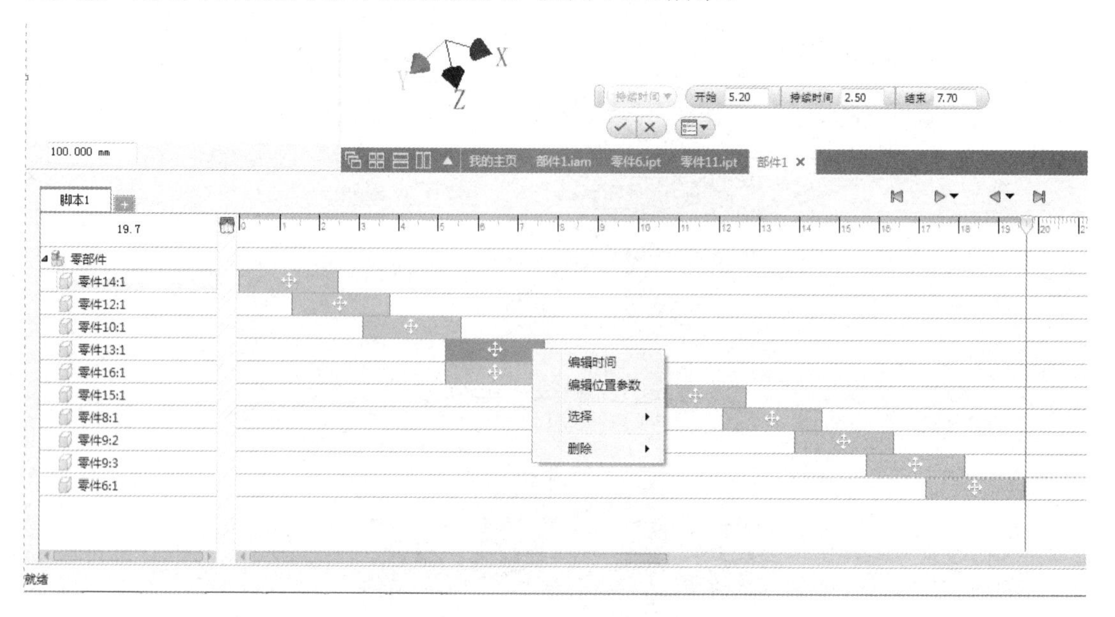

图 4-2-5　调整时间轴

4. 录制视频文件

单击“创建”工具面板上的“视频”按钮，弹出“发布为视频”对话框，“文件格式”选择“AVI 文件”，“文件名”输入“曲柄滑块”，选择保存路径。单击“确定”按钮，弹出“视频压缩”对话框，压缩程序选择“Microsoft Video 1”，单击“确定”按钮即可，如图 4-2-6 所示。

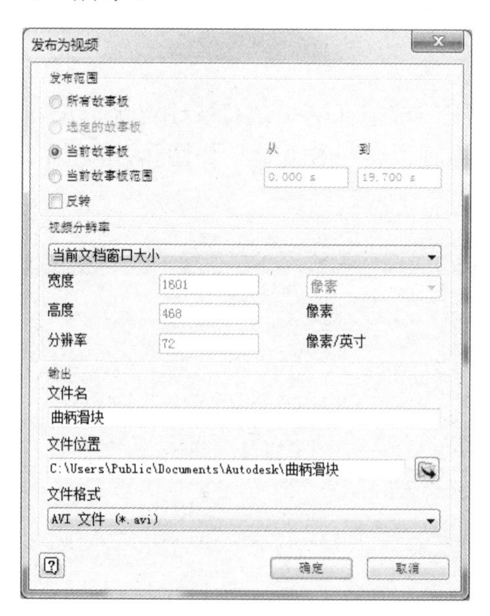

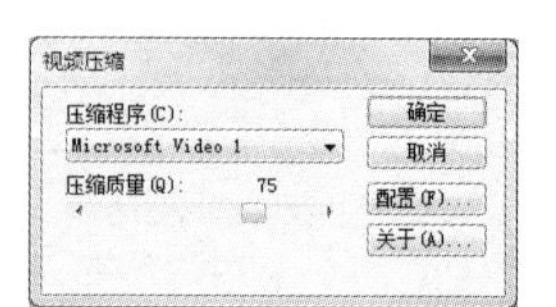

图 4-2-6　录制视频文件

任务3　剥线机机构的表达视图设计

任务说明

剥线机机构表达视图设计实例如图 4-3-1 所示。

图 4-3-1　剥线机机构表达视图设计实例

设计步骤

1. 创建表达视图文件

新建表达视图文件后，单击表达视图下“创建”工具面板上的“创建视图”按钮，弹出“选择部件”对话框，单击“浏览”按钮，找到要创建表达视图的部件文件“\项目四\剥线机机构.iam”。单击“确定”按钮，完成表达视图文件的创建，如图 4-3-2 所示。

图 4-3-2　创建表达视图文件

2. 调整零部件的位置（图 4-3-3）

（1）调整“零件 12”的位置。单击“创建”工具面板上的“调整零部件位置”按钮，再单击零件，会出现 3 轴方向的箭头，单击箭头可填写移动距离。

（2）调整零件 7 的位置。选择零件 7，在 Z 方向移动距离为 100。

（3）调整零件 9 的位置。选择零件 9，在 X 方向移动距离为 50。

（4）调整零件 4 的位置。选择零件 4，在 Z 方向移动距离为 30。

（5）调整零件 8 的位置。选择零件 8，在 Z 方向移动距离为−40。

（6）调整零件 10 的位置。选择零件 10，在 X 方向移动距离为 10。

（7）调整零件 2 的位置。选择零件 2，在 Z 方向移动距离为−40。

（8）调整零件 6 的位置。选择零件 6，在 X 方向移动距离为−40。

（9）调整零件 11 的位置。选择零件 11，在 Y 方向移动距离为−30。

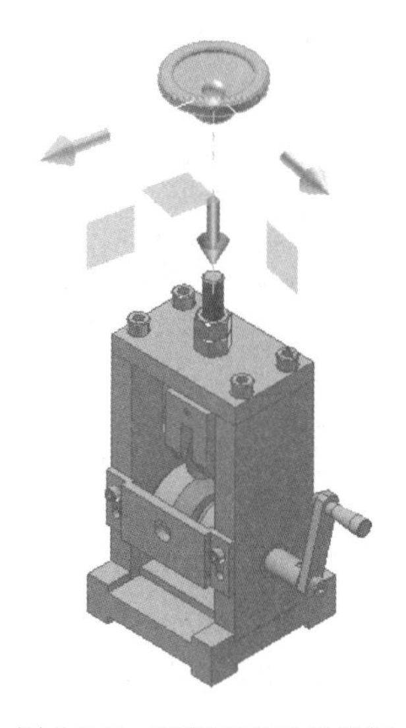

图 4-3-3　调整零部件的位置

3. 调整时间轴

（1）在视图下方有时间轴，之前调整的位置在这里都有顺序记录，鼠标左键按住深色部分可左右拖拉，移动之后，那一段的视频也会跟着变化，如图 4-3-4 所示。

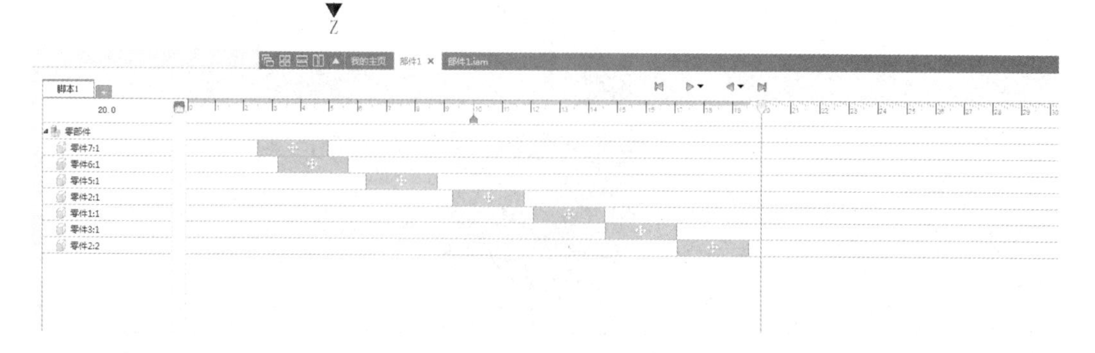

图 4-3-4　调整时间轴

（2）右击深色部分，单击“编辑时间”选项可以调整视频的播放速度，单击“编辑位置参数”选项可以调整零部件的位置距离，如图 4-3-5 所示。

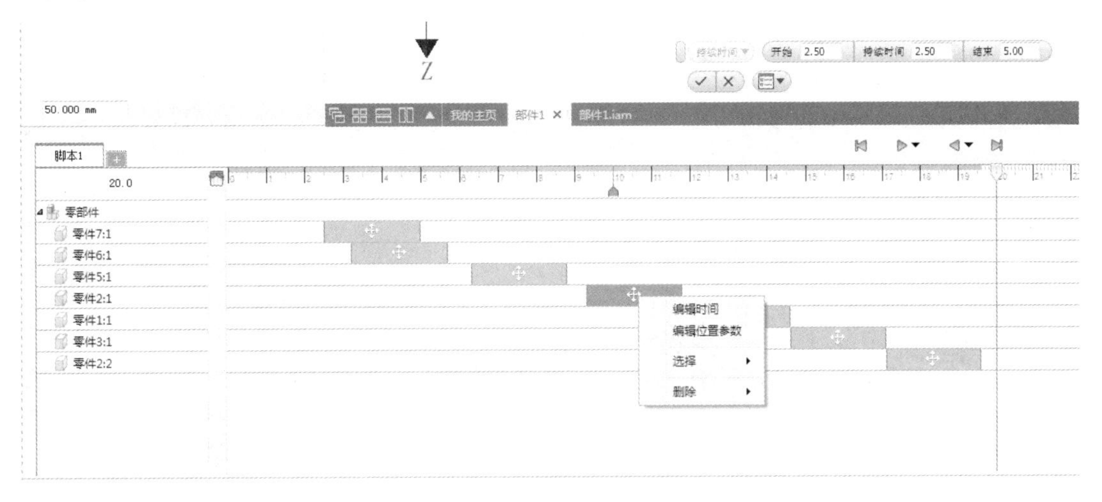

图 4-3-5　调整时间轴

4. 录制视频文件

单击“创建”工具面板上的“视频”按钮，弹出“发布为视频”对话框，“文件格式”选择“AVI 文件”，“文件名”输入“剥线机机构”，选择保存路径，如图 4-30 所示。单击“确定”按钮，弹出“视频压缩”对话框，“压缩程序”选择“Microsoft Video 1”，如图 4-3-6 所示，单击“确定”按钮即可。

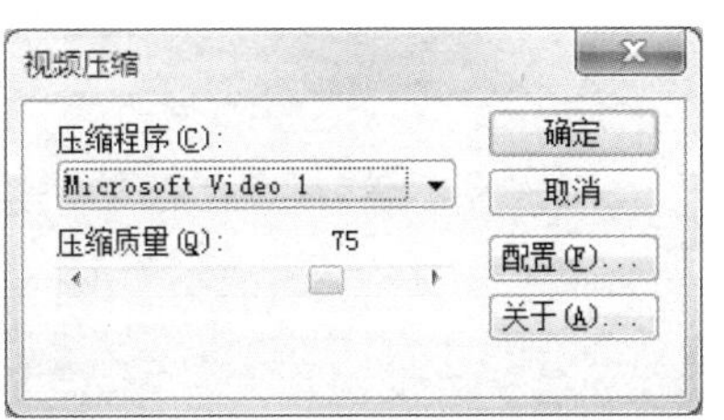

图 4-3-6　录制视频文件

思考与练习

1. 请根据项目三的思考与练习的平口钳装配体，进行平口钳的表达视图设计。
2. 请根据项目三的思考与练习的发动机装配体，进行发动机的表达视图设计。

项目五

工程图设计

目前，国内的加工制造还不能够完全达到无图化生产加工的条件，因此工程图仍然是表达产品信息的主要媒介，是表达零部件信息的重要方式，是设计者与生产制造者交流的载体。绘制工程图是机械设计的最后一步，Inventor 为用户提供了比较成熟和完善的工程图处理功能，可以实现二维工程图与三维实体零件模型之间的关联更新，方便了设计过程的修改。本项目通过几个实例来介绍二维工程图的创建和编辑等相关知识。

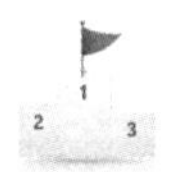

准备工作

工程图设计环境

1. 用户界面

如图 5-0-1 所示为工程图环境下的“放置视图”和标注功能的选项卡环境。

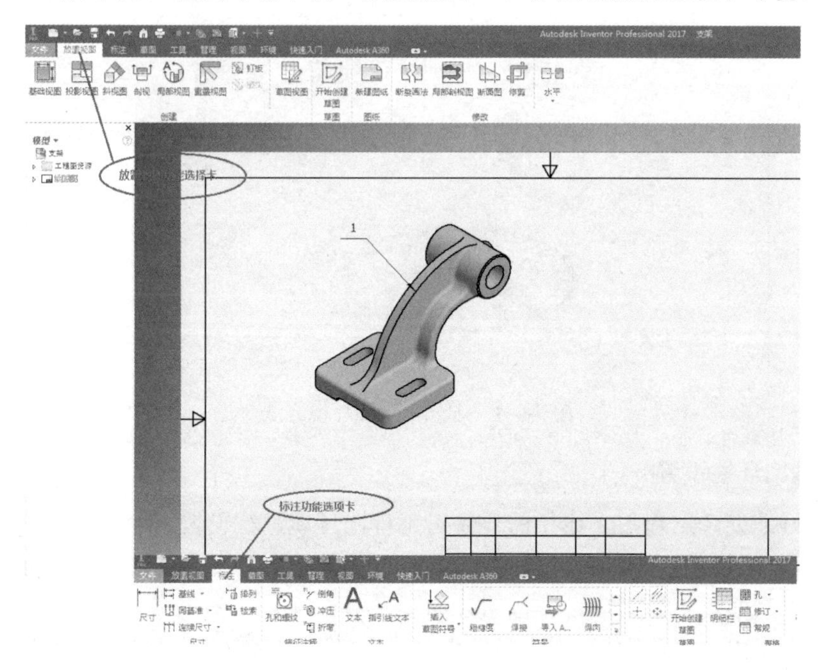

图 5-0-1　用户界面

2. 进入工程图环境

进入工程图环境有三种方法。

（1）依次单击应用程序菜单图标上的箭头、“新建”选项右边的箭头、“工程图”，如图 5-0-2 所示。

（2）在快速访问工具栏上单击“新建”按钮旁边的下拉箭头，选择“工程图”，如图 5-0-3 所示。

（3）单击“启动”工具面板上的“新建”按钮，弹出“新建文件”对话框，选择“工程图”，如图 5-0-4 所示。

图 5-0-2　进入工程图环境方法 1

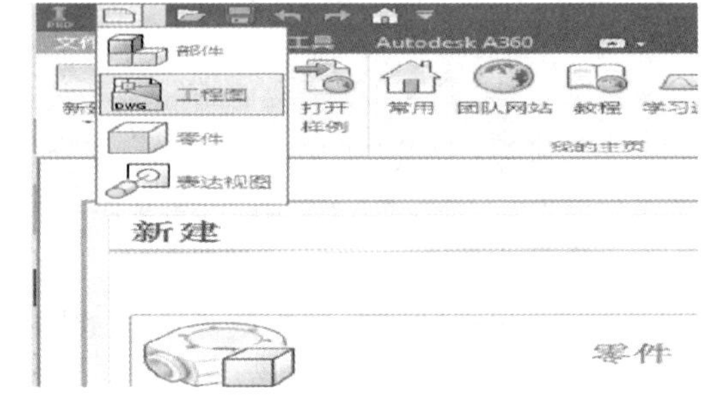

图 5-0-3　进入工程图环境方法 2

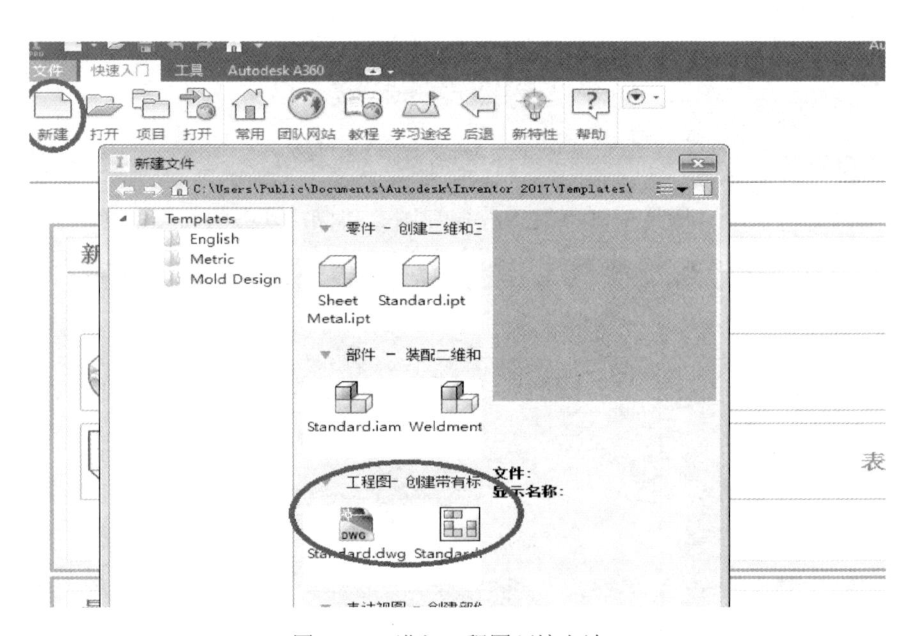

图 5-0-4　进入工程图环境方法 3

3. 工程图环境设置

为了更好地创建工程图，往往需要先对工程图环境进行设置。

（1）将“样式库”设置为“读写”方式。首先关闭所有文件，在 Inventor 环境下，单击“启动”工具面板上的“项目”按钮，如图 5-0-5 所示。弹出“项目”对话框，找到对话框“项目”栏内的“使用样式库=只读”选项，选择“读-写”，如图 5-0-6 所示。

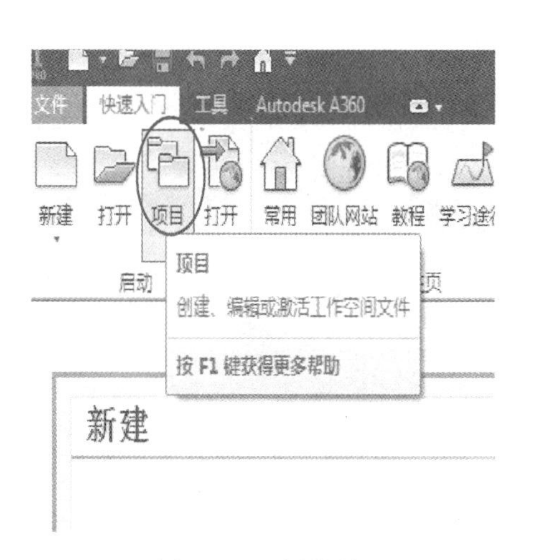

图 5-0-5　选项图标

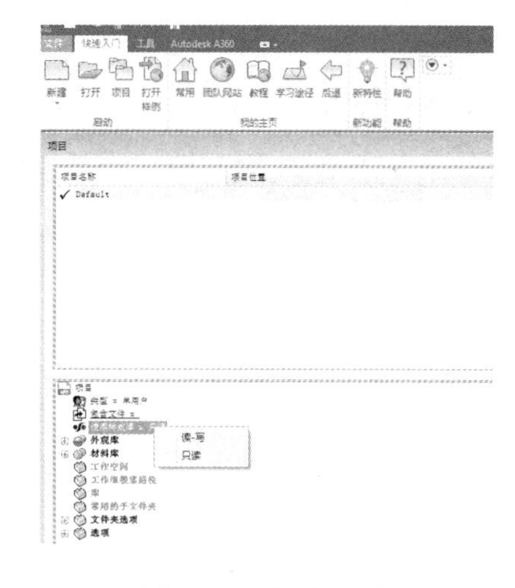

图 5-0-6　选项对话框

（2）尺寸样式设置。新建工程图文件，进入工程图环境，单击“管理”选项卡下的“样式编辑器”按钮，弹出“样式和标准编辑器”对话框。在该对话框的浏览器中，单击“尺寸”下的“默认（GB）”选项，如图 5-0-7 所示。

图 5-0-7　样式编辑器

① “单位”选项卡：将“线性”栏的“精度”设置为“0”，将“角度”栏的“精度”设置为“DD”，如图 5-0-8 所示。单击对话框上方的“保存”按钮，完成“单位”选项卡的设置。

② “显示”选项卡：将尺寸标注样式“A：延伸（E）”的值改为 2mm，如图 5-0-9 所

示，单击“保存”按钮，完成“显示”选项卡的设置。

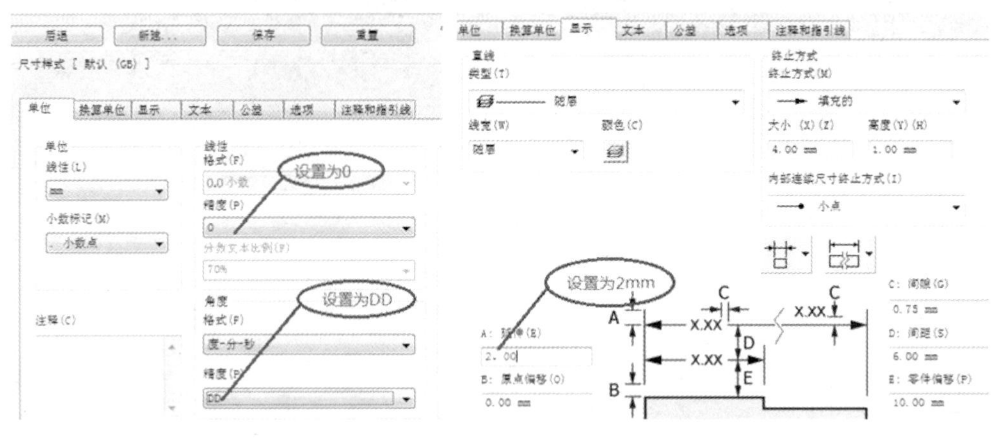

图 5-0-8　“单位”选项卡　　　　图 5-0-9　“显示”选项卡

③ “文本”选项卡：“基本文本样式”选择“注释文本（iso）”，“公差文本样式”选择“使用基本文本样式”，“排列样式”选择“低端对齐”，“角度尺寸”选择“平行水平”，“直径”样式选择“水平”，“半径”样式选择“水平”，如图 5-0-10 所示。单击“保存”按钮，完成“文本”选项卡的设置。

④ “公差”选项卡：“公差方式”选择“偏差”，“显示选项”选择“无尾随零-无符号”，“基本单位”栏的“线性精度”选择“3.123”，如图 5-0-11 所示。单击“保存”按钮，完成“公差”选项卡的设置。

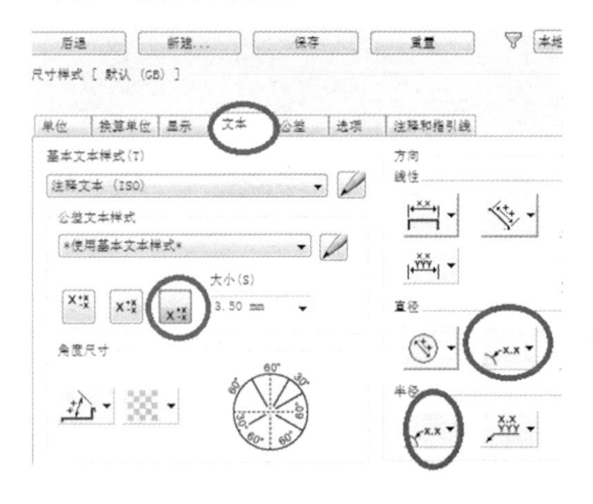

图 5-0-10　“文本”选项卡

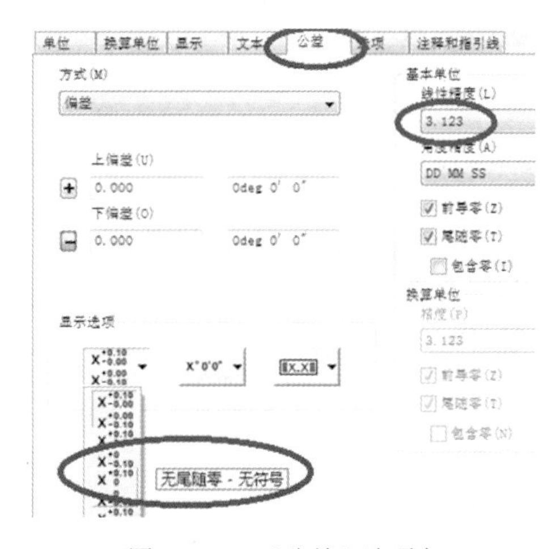

图 5-0-11　“公差”选项卡

⑤ “注释和指引线”选项卡：“指引线文本样式”选择“水平”，如图 5-0-12 所示。单击“保存”按钮，完成“注释和指引线”选项卡的设置。

（3）基准标识符号设置。在“样式和标准编辑器”对话框的浏览器中，选择“标识符号”，双击“基准标识符号（GB）”选项，如图 5-0-13 所示。展开“基准标识符号（GB）”选项，在对话框右边的“符号特性”栏，将“形状（S）”设置为“圆形”，如图 5-0-14 所示。

图 5-0-12 “注释和指引线”选项卡

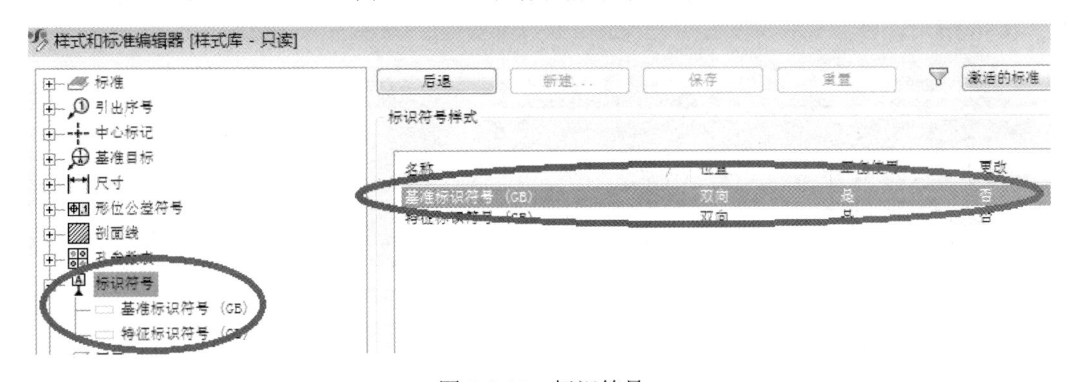

图 5-0-13 标识符号

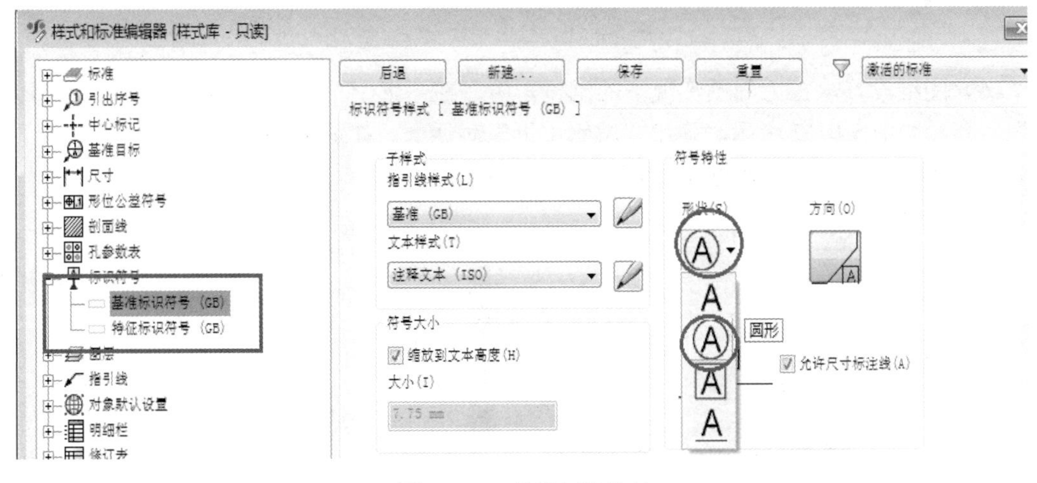

图 5-0-14 基准标识符号

（4）剖视图边界线的设置。在“样式和标准编辑器”对话框的浏览器中，选择“图层”下的“拆线（ISO）”，在对话框右边的“符号特性”栏，将“拆线（ISO）”的线宽改为 0.25mm，如图 5-0-15 所示。单击“保存”按钮，将拆线图层进行保存。

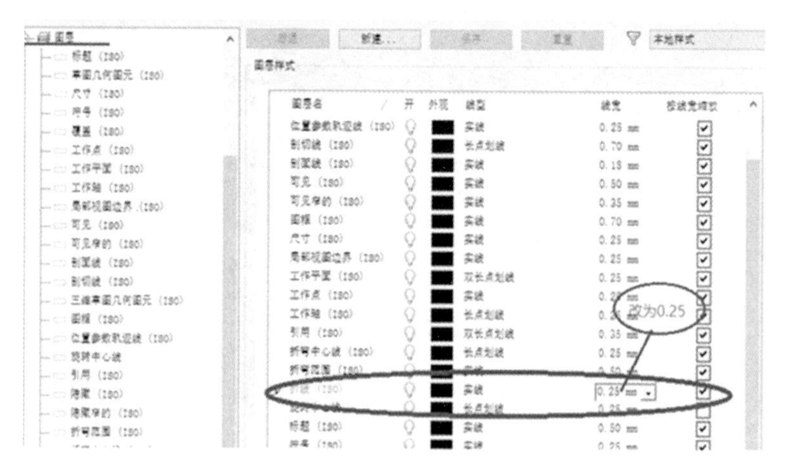

图 5-0-15　剖视图边界线的设置

（5）在“样式和标准编辑器”对话框的浏览器中，选择“对象默认设置”，进行如图 5-0-16 所示设置。

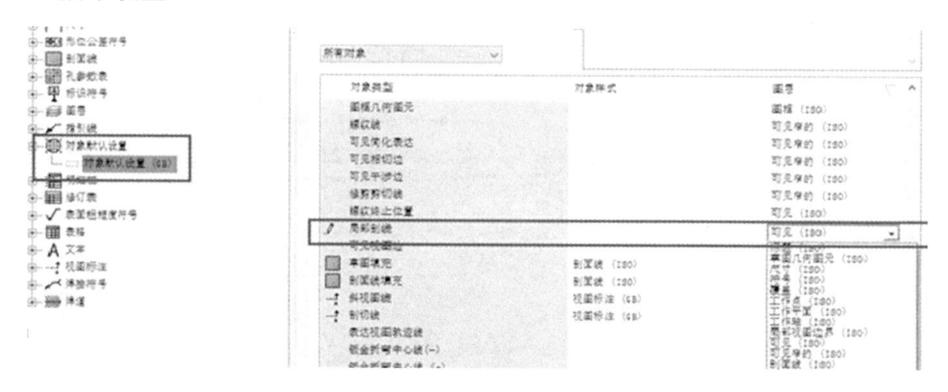

图 5-0-16　局部剖线设置

（6）图纸设置。在工程图环境下的浏览器中，在图纸上单击鼠标右键，选择“编辑图纸”命令，如图 5-0-17 所示。弹出“编辑图纸”对话框，在该对话框中可对图纸大小、图纸方向、标题栏位置等进行设置，如图 5-0-18 所示。

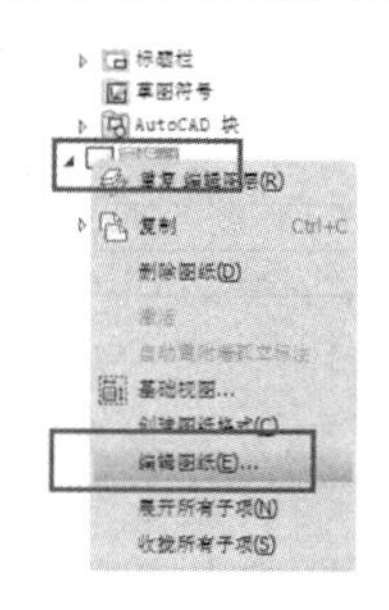

图 5-0-17　编辑图纸

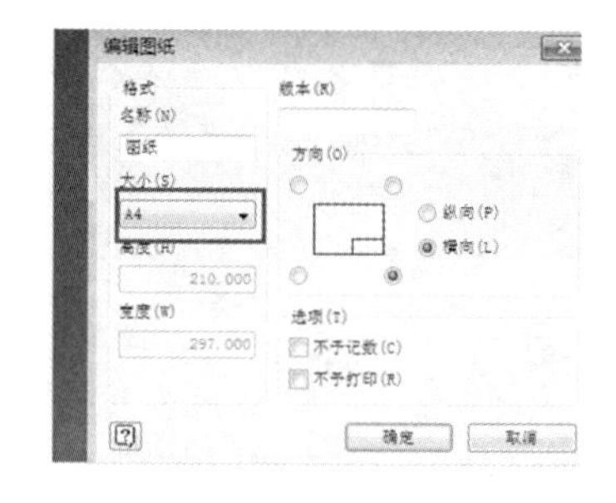

图 5-0-18　图纸设置

（7）标题栏设置。在工程图环境下的浏览器中，在“GB1”上单击鼠标右键，选择“编辑定义”命令，如图 5-0-19 所示。进入标题栏草图，如图 5-0-20 所示。在草图中将“零件代号”删除，在“名称”上单击鼠标右键，选择“编辑文本”命令，如图 5-0-21 所示。

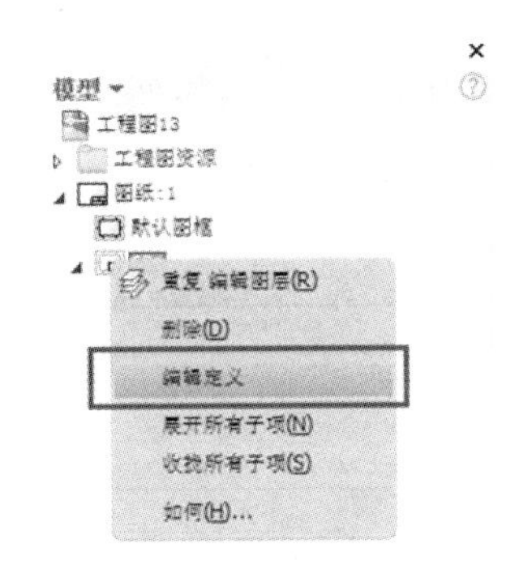

图 5-0-19　进入标题栏设置

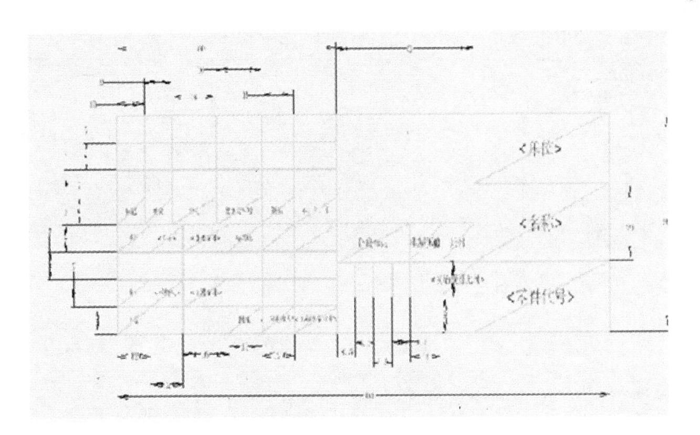

图 5-0-20　标题栏设置

在弹出的“文本格式”对话框中，文本区选中“〈名称〉”将其删除，“字体”选择“仿宋-GB2312”，“字号”设置为5.00mm，“类型”选择“特性-工程图”，“特性”选择“零件代号”。然后单击“添加文本参数”按钮，将“零件代号”添加至文本区，如图5-0-22所示。单击“确定”按钮，完成文本格式设置，单击“退出”功能面板上的“完成草图”按钮，弹出“保存编辑”对话框，如图5-0-23所示。单击“确定”按钮，完成标题栏的设置。

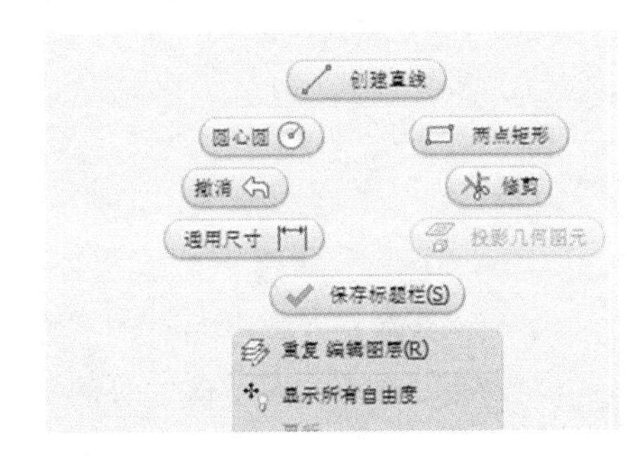

图 5-0-21　编辑文本

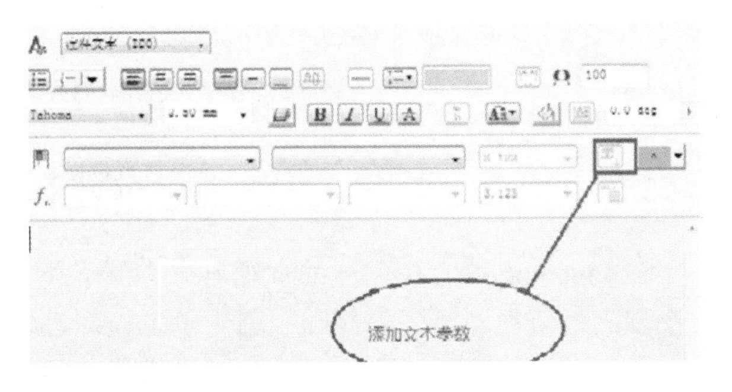

图 5-0-22　添加文本参数

（8）创建工程图模板。完成前面设置后，在“管理”选项卡下，单击“样式和标准”功能面板上的“保存”按钮，如图5-0-24所示。弹出“将样式保存到样式库中”对话框，在该对话框中罗列出我们设置的选项，单击下面的“所有均是（Y）”按钮，将“是否保存到库”栏，修改为“是”，单击“确定”按钮，弹出“是否要覆盖样式库信息？”对话框，如图5-0-25所示。在该对话框中单击“是”按钮，完成样式库的保存。依次单击应用程序菜单、“另存为”右边的箭头，选择“保存副本为模板”，如图5-0-26所示。弹出“将副本另存为模板”对话框，文件名输入“模板.idw”，如图5-0-27所示。

图 5-0-23　“保存编辑”

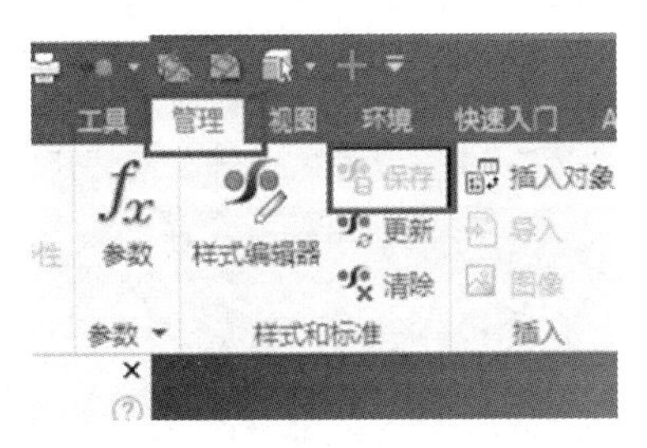

图 5-0-24　保存样式

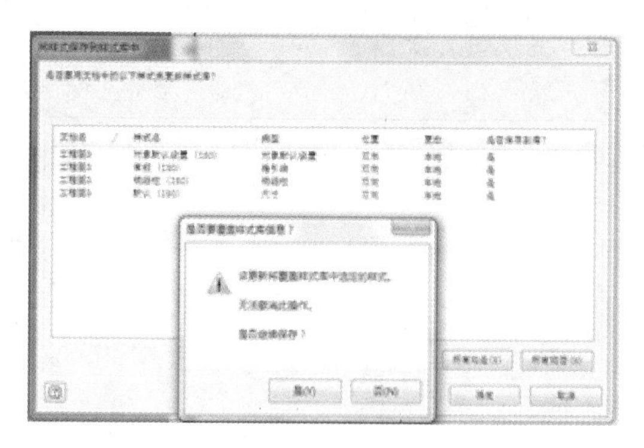

图 5-0-25　“是否要覆盖样式库信息？”对话框

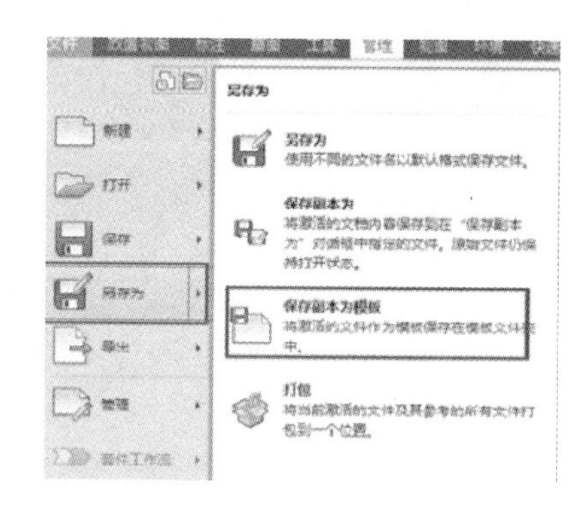

图 5-0-26　保存模板

图 5-0-27　“将副本另存为模板”对话框

视图

在 Inventor 2012 中创建的视图可分为两大类，一类是由三维实体零件或者已有的工程视图创建的新视图，例如基础视图、投影视图、斜视图、剖视图等；另一类是在已有的工程视图上进行修改而得到的视图，例如断裂视图、局部剖视图、断面图等。

1. 基础视图

基础视图是工程视图的第一个视图，是其他视图的基础，打开“项目五/零件 1.ipt”文件，在零件文件中调整实体视角，如图 5-0-28 所示。利用前面创建的模板文件，新建工程图文件。

在工程视图中的“放置视图”菜单如图 5-0-29 所示。“工程视图”对话框如图 5-0-30 所示。在对话框中，“方向”选择“当前”，“显示方式”选择“显示隐藏线方式”。在视图区将鼠标指针移动到合适位置单击，生成基础视图，此时移动鼠标会出现相应的投影视图，如果不需要投影，单击鼠标右键，选择“完成”命令，即可完成基础视图的创建。完成效果如图 5-0-31 所示。

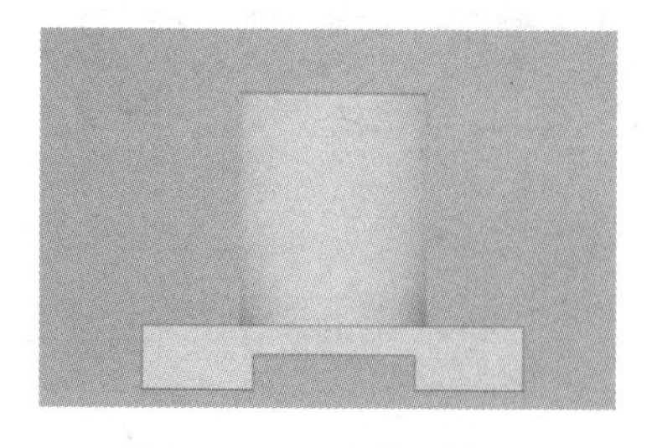

图 5-0-28　零件 1 模型

图 5-0-29　放置视图

图 5-0-30 “工程视图”对话框

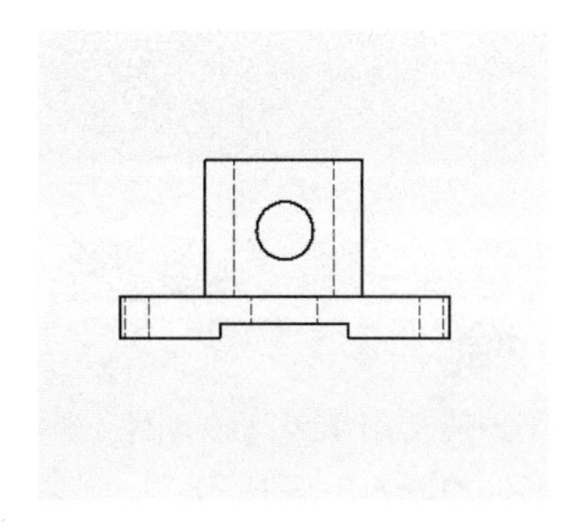

图 5-0-31 完成效果

2. 投影视图

利用投影视图可从已有视图中生成其他正交视图及轴侧视图。单击“创建”工具面板上的“投影视图”按钮，将鼠标指针移动到视图区，单击基础视图，移动鼠标即可在相应的方向上生成投影视图，如图 5-0-32 所示。最后单击鼠标右键选择“创建”命令，完成投影视图的创建，如图 5-0-33、图 5-0-34 所示。

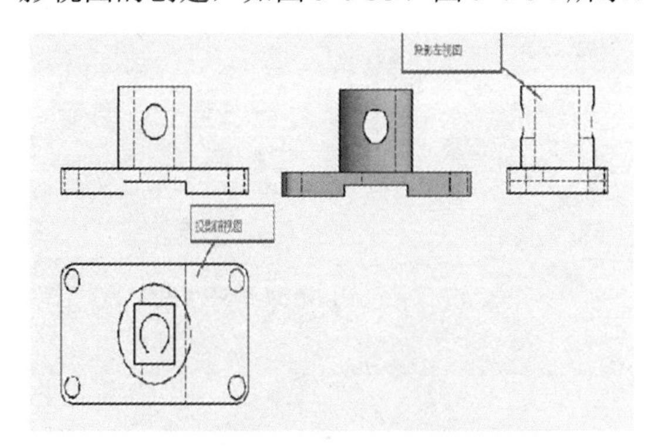

图 5-0-32 投影视图

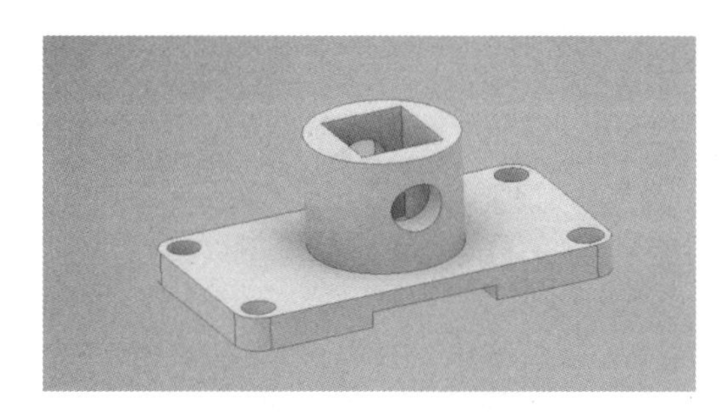

图 5-0-33 立体图

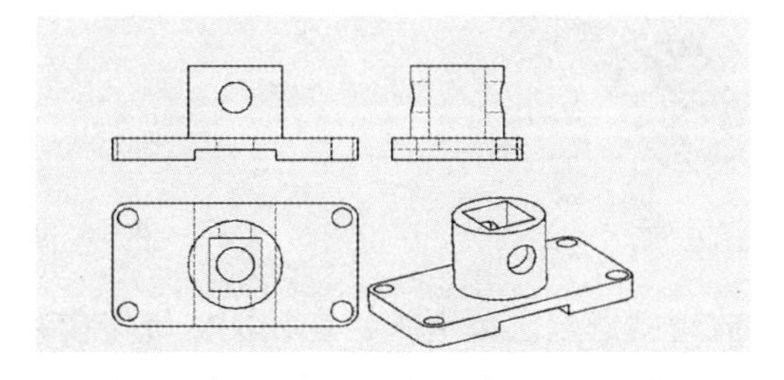

图 5-0-34 效果图

在图 5-0-34 所示的轴侧图上单击鼠标右键，选择“编辑视图”命令，在弹出的“工程视图”对话框中，将“显示方式”设置为“着色”方式。单击“确定”按钮，完成轴测草图显示方式的修改，效果如图 5-0-35 所示。

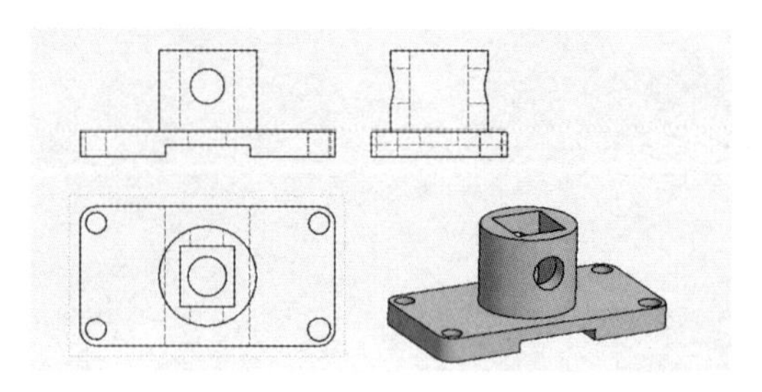

图 5-0-35　轴测图着色图

3. 斜视图

斜视图一般常用于表达零部件上不平行于基础投影面的结构，其适合表达零部件上斜表面的实形，如图 5-0-36 所示。

斜视图的创建。打开“项目五/零件 2.idw”文件，单击“创建”工具面板上的“斜视图”按钮，在视图区单击视图，弹出“斜视图”对话框，在对话框的“样式”栏，选择“不显示隐藏线”，如图 5-0-37 所示。先在视图上选择一条边作为斜视图的投影方向，然后在垂直于选择边或平行于选择边的方向上移动鼠标指针，来创建不同方向上的斜视图，如图 5-0-38 所示。移动鼠标指针至合适位置单击，完成斜视图的创建。俯视图中的投影线及斜视图中的标签，可用鼠标将其拖动到合适位置，效果如图 5-0-39 所示。

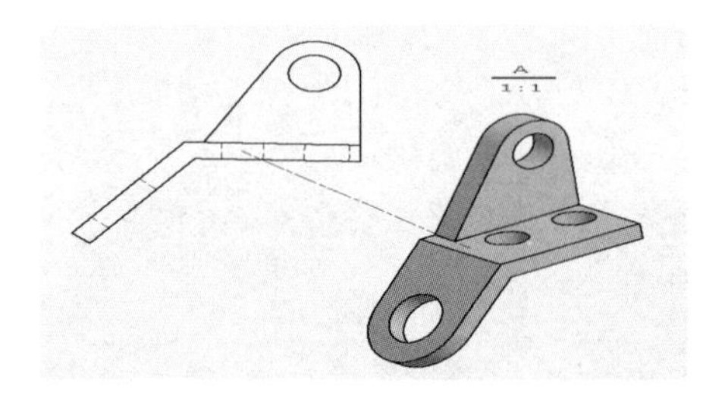

图 5-0-36　投影斜视图

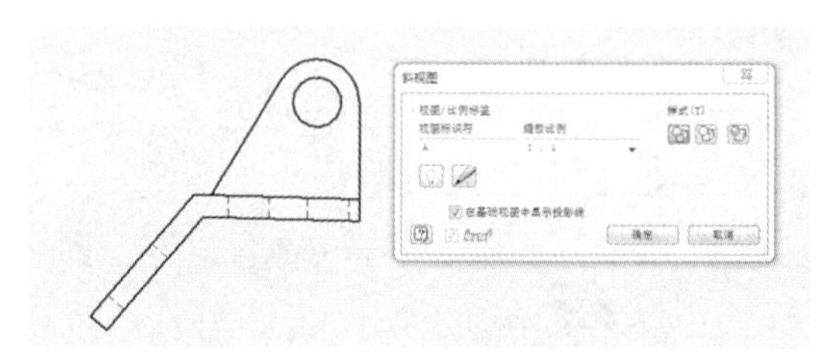

图 5-0-37　“斜视图”对话框

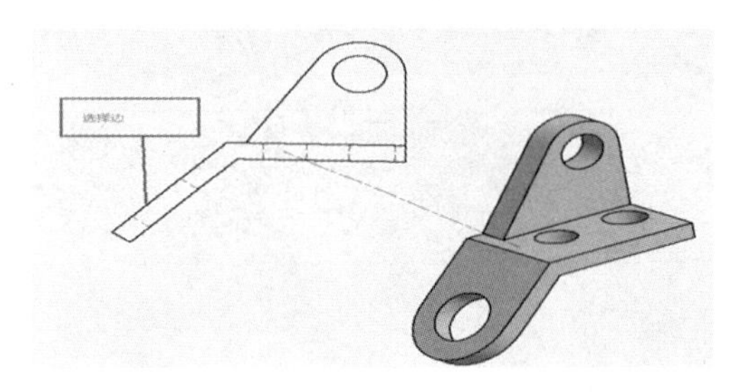

图 5-0-38　选择方向

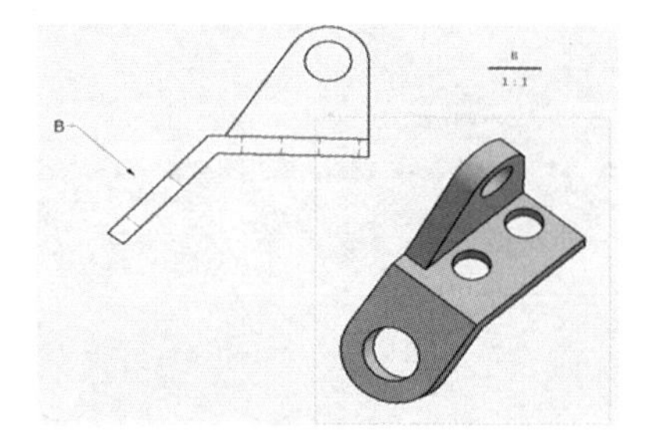

图 5-0-39　投影斜视图

斜视图的修剪。在“放置视图”选项卡下，在视图区选中斜视图，单击“草图”工具面板上的“创建草图”按钮，如图 5-0-40 所示。进入草图环境，利用样条曲线绘制如图 5-0-41 所示的封闭图形。单击“退出”工具面板上的“完成草图”按钮，完成草图的创建。单击“修改”工具面板上的“修剪”按钮，选择斜视图中的草图，草图变为红色后单击，完成斜视图的修剪，效果如图 5-0-42 所示。

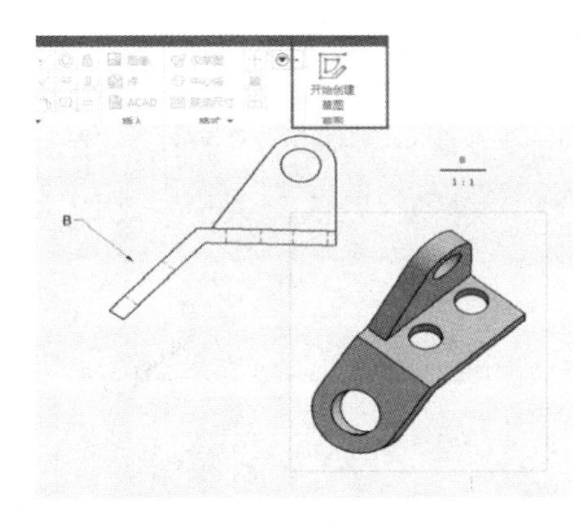

图 5-0-40　草图方式修剪视图

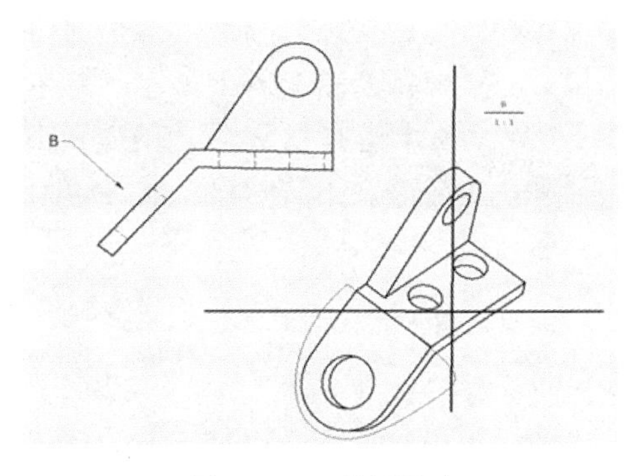

图 5-0-41　草图样式

说明：修剪视图的方法，除了前面提到的用草图修剪，还可以直接单击“修剪”命令后，再单击需要修剪的视图，然后在视图上采用框选的方法指定修剪范围，如图 5-0-43 所示。另外视图的修剪也可通过视图图元的可见性来完成，方法是在需要修剪的视图上单击鼠标右键，在如图 5-0-44 所示的快捷菜单中，将“可见性”选项前面的钩去掉。

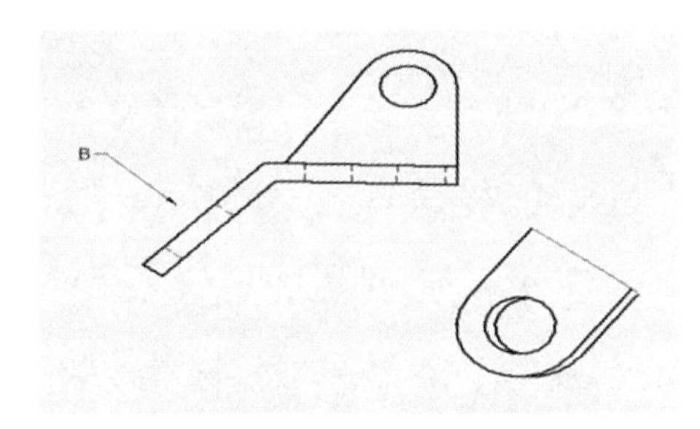

图 5-0-42　修剪斜视图后的效果

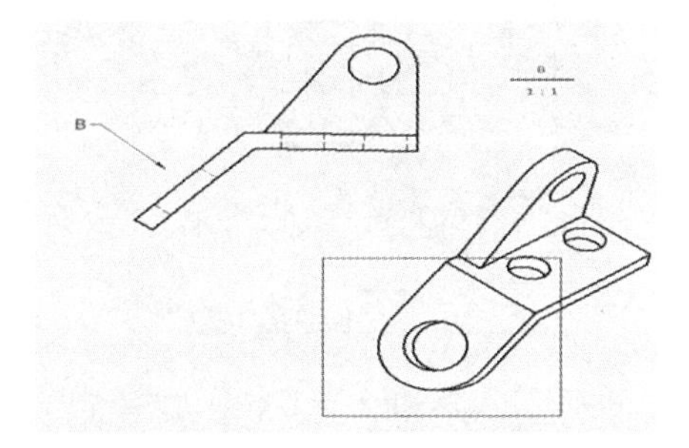

图 5-0-43　框选方式修剪视图

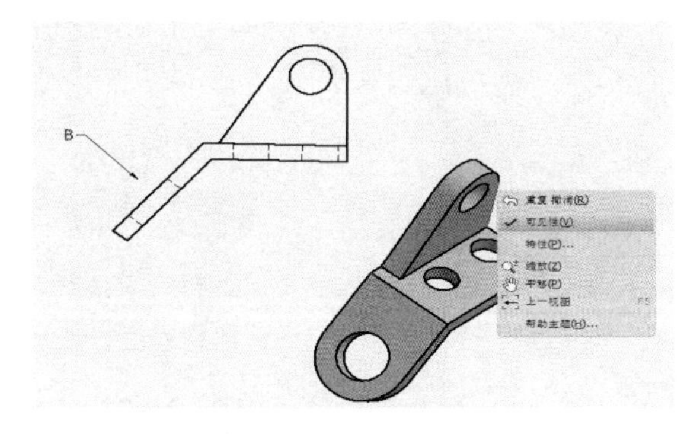

图 5-0-44　隐藏视图

4. 剖视图

剖视图用来表达零部件的内部形状结构。

（1）全剖视图。打开“项目五/剖视图.idw”文件，如图 5-0-45 所示。单击“创建”工具面板上的“剖视”按钮，在视图区单击视图，用鼠标感应如图 5-0-46 所示边线的中点，不要单击鼠标，将鼠标指针向右水平移动，出现一条过中点的虚线，移动鼠标指针到合适位置单击，得到剖切面的第一个点，如图 5-0-47 所示。向右移动鼠标指针，出现剖切线，移动鼠标指针至合适位置单击，得到剖切面的第二个点，向下移动鼠标指针至合适位置，单击鼠标右键，在如图 5-0-48 所示的菜单中选择“继续”命令，弹出“剖视图”对话框，如图 5-0-49 所示，选择默认设置。在视图区，移动鼠标指针到合适位置，如图 5-0-50 所示，单击鼠标，完成剖视图的创建，效果如图 5-0-51 所示。

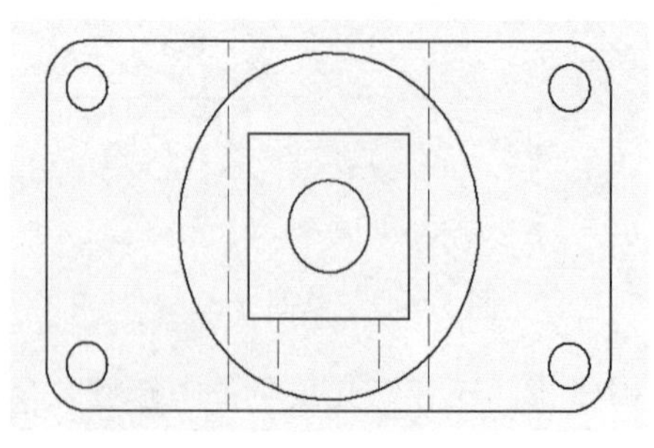

图 5-0-45　剖视图文件

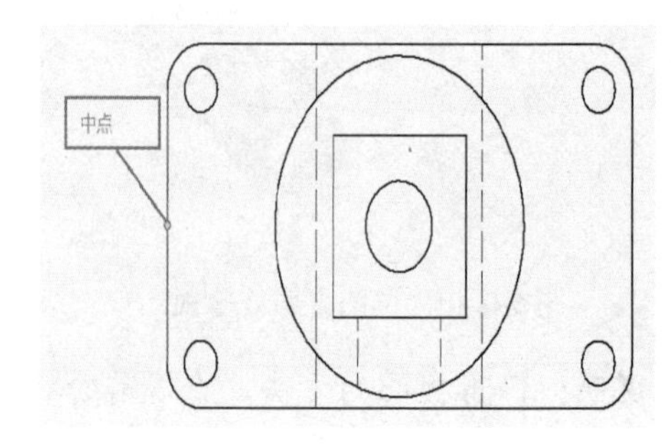

图 5-0-46　感应中点

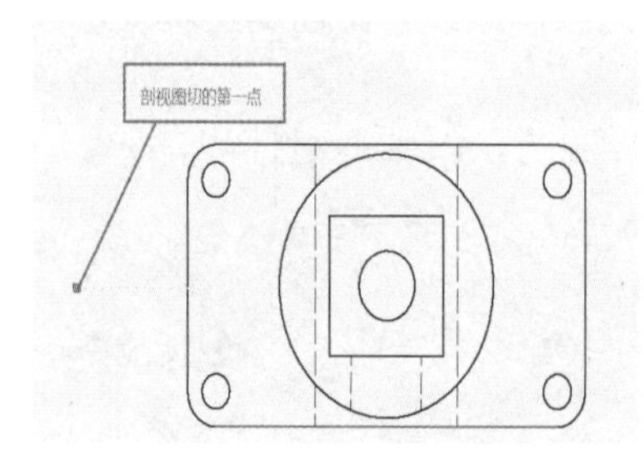

图 5-0-47　找到第 1 个剖切点

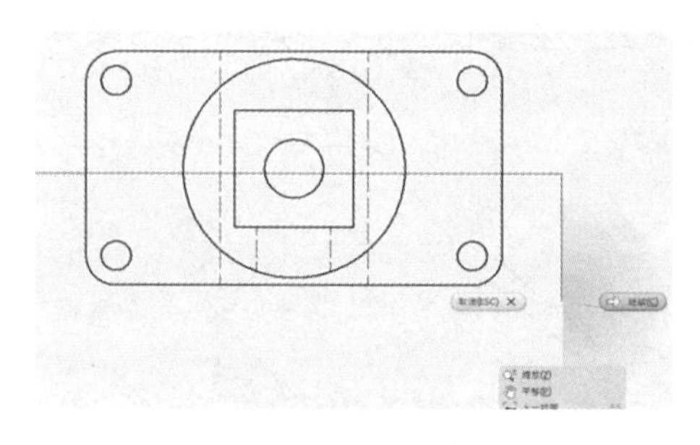

图 5-0-48　找到第 2 个剖切点

图 5-0-49　“剖视图”对话框

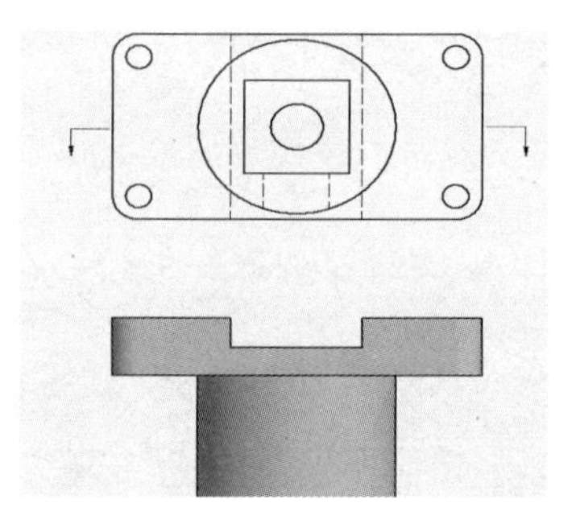

图 5-0-50　创建剖视图的过程

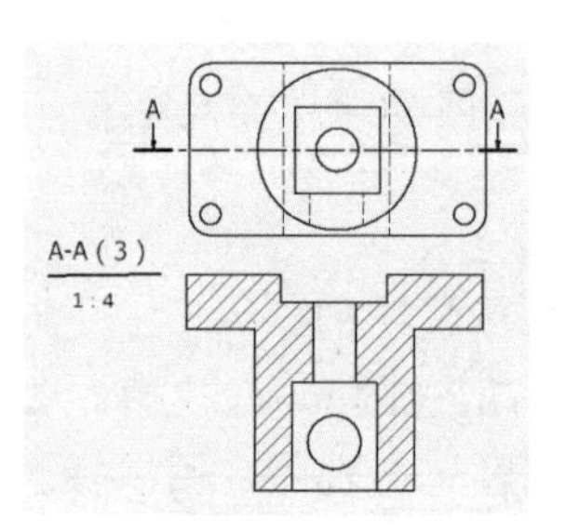

图 5-0-51　剖视效果

（2）旋转剖视图。步骤与全剖视图类似，区别是剖切面的引导。旋转剖视图的剖切面引导如图 5-0-52 所示，效果如图 5-0-53 所示。

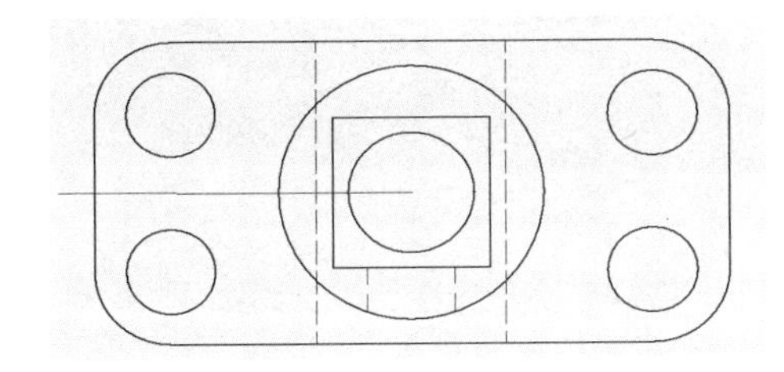

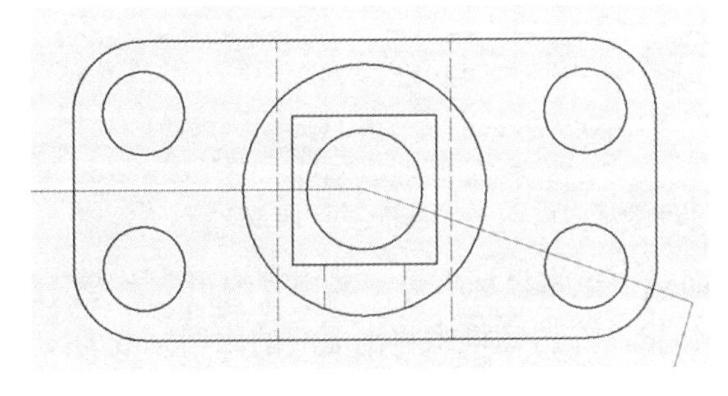

图 5-0-52　旋转剖切面引导

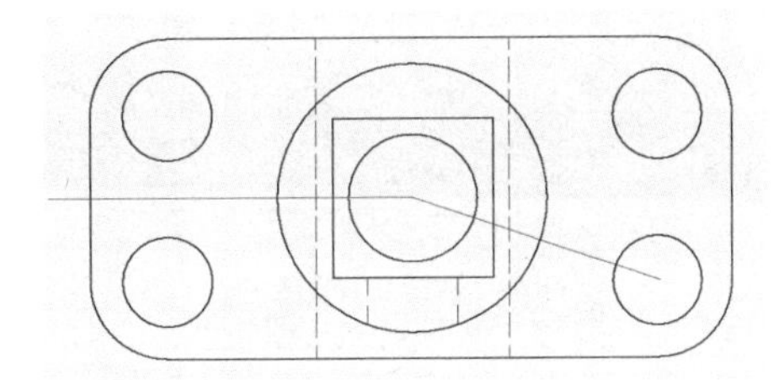

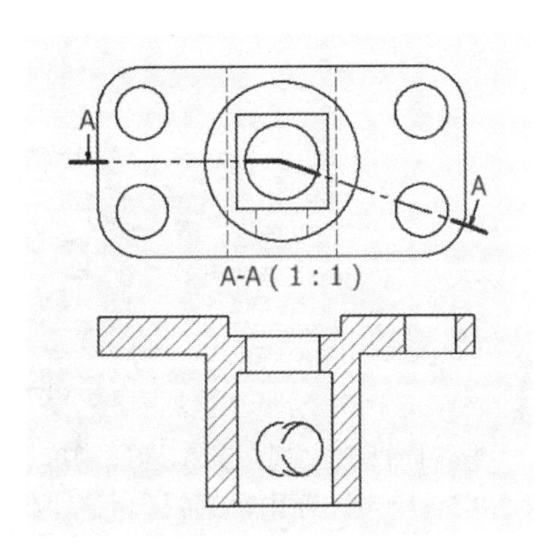

图 5-0-53　旋转剖视图效果

（3）阶梯剖视图。剖切面引导如图 5-0-54 所示，最终效果如图 5-0-55 所示。

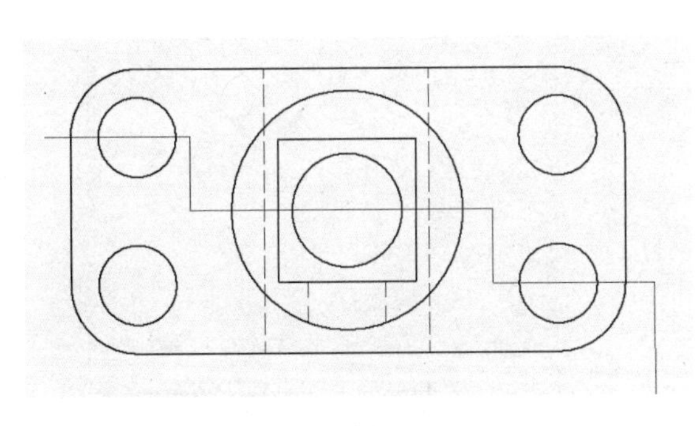

图 5-0-54　剖切面引导

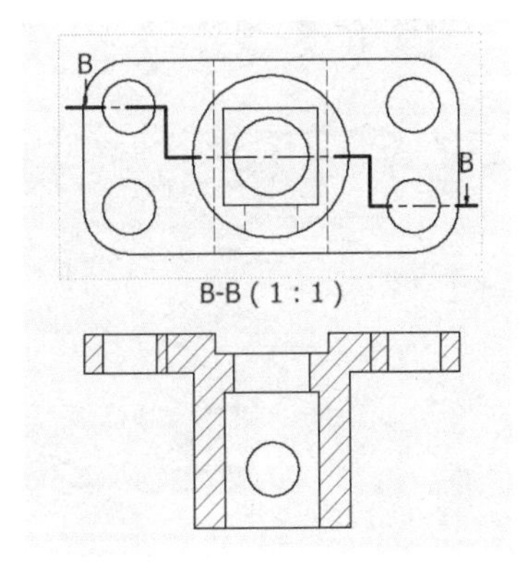

图 5-0-55　阶梯剖视图效果

5. 局部视图

打开“项目五/螺丝刀.idw”文件，如图 5-0-56 所示，单击“创建”工具面板上的“局部视图”按钮，在视图区单击需要局部放大的视图，弹出“局部视图”对话框，在该对话框中，将“视图标识符”设为“I”，“比例”设为“4∶1”，“轮廓形状”选择“圆形”，“切断形状”选择“平滑过渡”，如图 5-0-57 所示。在视图上需要放大的区域单击，拖动鼠标指针至合适位置，如图 5-0-58（a）所示。单击鼠标，将放大视图移动到合适位置，如图 5-0-58（b）所

示。单击鼠标，完成局部放大视图的创建，结果如图 5-0-58（c）所示

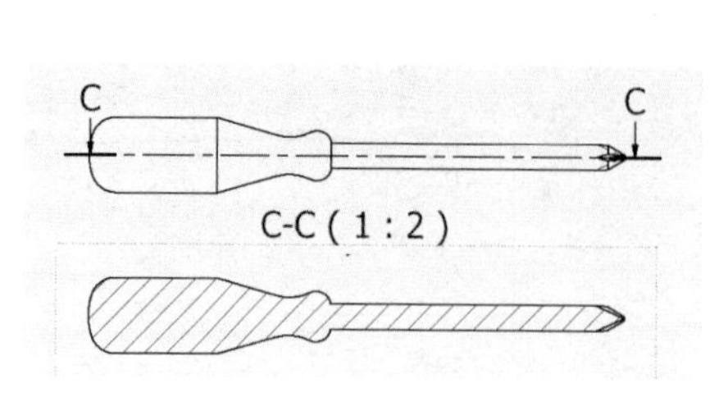

图 5-0-56　螺丝刀文件

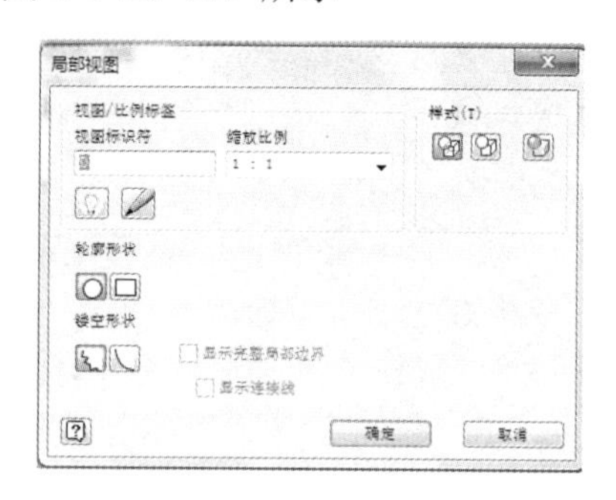

图 5-0-57　“局部视图”对话框

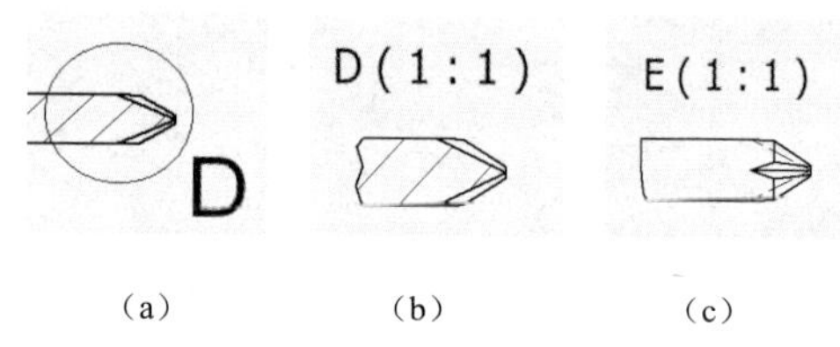

（a）　　（b）　　（c）

图 5-0-58　创建局部视图过程

修改局部放大视图的剖面线密度，在剖面线上单击鼠标右键，选择“编辑”命令，如图 5-0-59 所示。弹出“编辑剖面线图案”对话框，在对话框中将剖面线的比例修改为 1，如图 5-0-60 所示，单击“确定”按钮，完成局部视图剖面线的编辑。

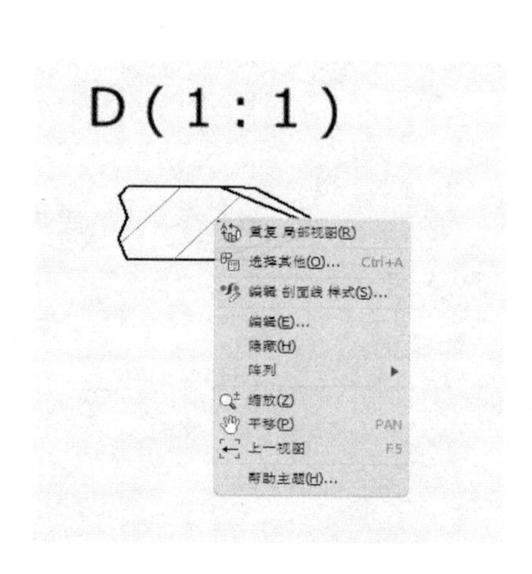

图 5-0-59　编辑剖面线

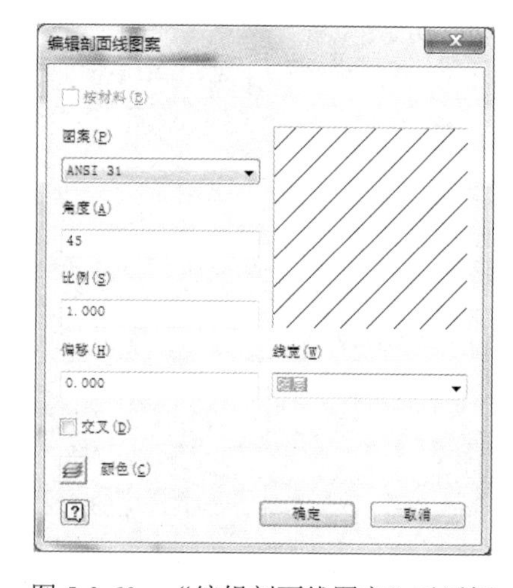

图 5-0-60　“编辑剖面线图案”对话框

6. 重叠视图

重叠视图用于将同一部件的不同位置在同一视图中表达。例如，挖掘机臂就是表达了挖掘机臂的三个位置状态，操作步骤介绍如下。

打开前面装配的挖掘机臂的装配文件“项目二\挖掘机臂.iam”，利用前面创建的工程图模板新建工程图文件。单击“基础视图”按钮，弹出“工程视图”对话框，在对话框的“位置”选项选择“主要”，“显示方式”选择“着色”显示方式，如图 5-0-61 所示。

图 5-0-61　“工作视图”对话框

完成基础视图创建后，单击“创建”工具面板上的“重叠视图”按钮，在视图区单击视图，弹出“重叠视图”对话框，“位置表达”选择“臂最高位置”，“样式”选择“不显示隐藏线”，如图 5-0-62 所示。单击“确定”按钮，完成臂最高位置状态表达。

重复前面操作，再将“臂最低位置”在工程图中表达出来。

7. 断裂画法

断裂画法可通过删除较长零部件中结构相同部分的一段，使其符合工程图大小。打开“项目五\长轴.idw”文件，单击“创建”工具面板上的“断裂画法”按钮，在视图区单击需要断裂画法的视图，弹出“断裂画法”对话框，选择默认设置，如图 5-0-63 所示。在视图区视图的合适位置单击，然后移动鼠标指针，如图 5-0-64（a）所示。将鼠标指针移动到合适位置再次单击，完成断裂视图的创建，最终效果如图 5-0-64（b）所示。

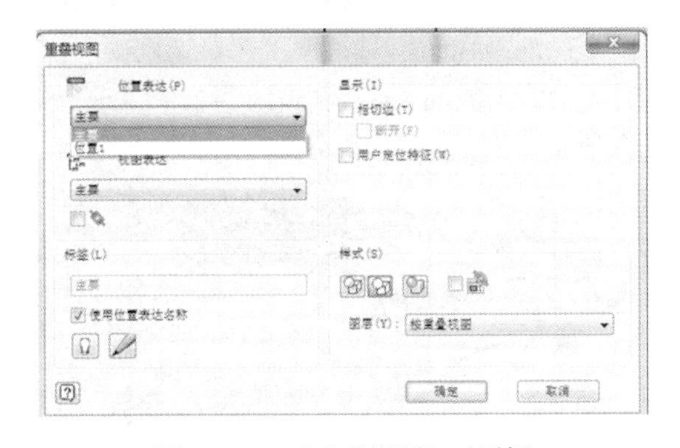

图 5-0-62　“重叠视图”对话框

图 5-0-63　“断开视图”对话框

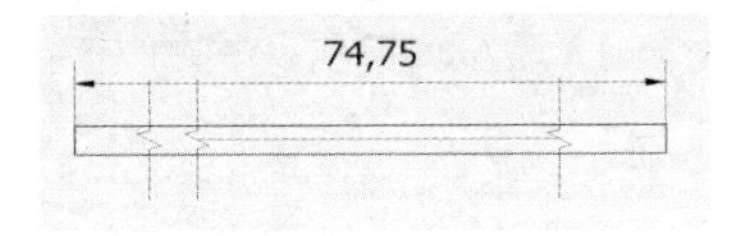

（a）

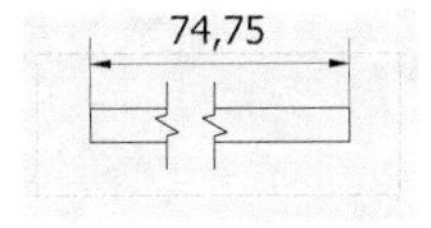

（b）

图 5-0-64　创建断裂视图

8. 局部剖视图

局部剖视图指用剖切面局部剖开零部件所得的视图，用来表达指定区域的内部结构。打开“项目五\零件 5.idw”文件，先单击视图中的主视图，再单击“草图”工具面板上的“创建草图”按钮，如图 5-0-65 所示。用样条曲线绘制如图 5-0-66 所示草图。

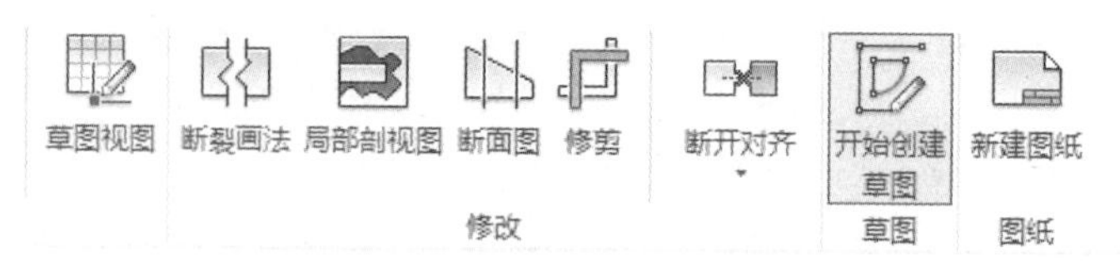

图 5-0-65 创建草图图标

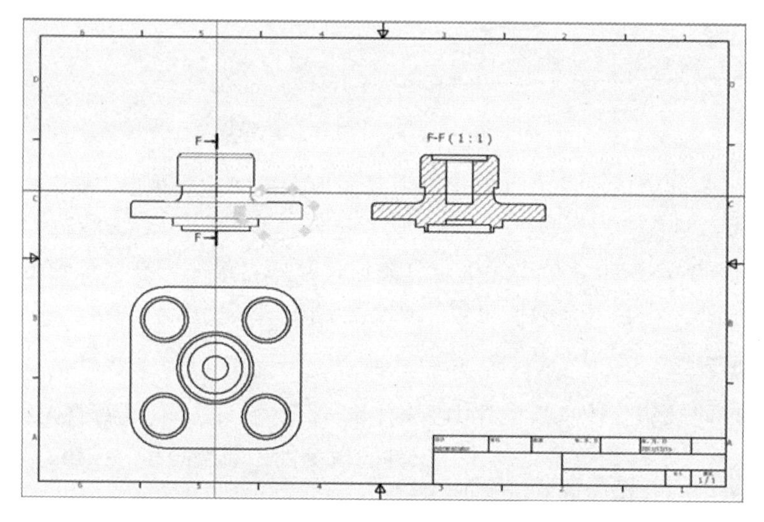

图 5-0-66 绘制草图

完成草图后退出草图环境。单击“修改”工具面板上的“局部剖视图”按钮，如图 5-0-67 所示。单击主视图，绘制的草图亮显，同时弹出“局部剖视图”对话框，在对话框中“深度”选择“自点”，在俯视图中找到如图 5-0-68 所示点并单击，最后单击对话框的“确定”按钮，完成局部剖视图的创建，效果如图 5-0-69 所示。

图 5-0-67 局部视图图标

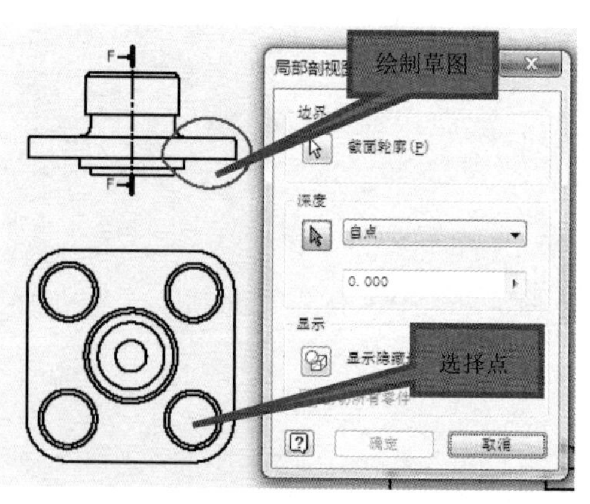

图 5-0-68 局部剖视图创建过程

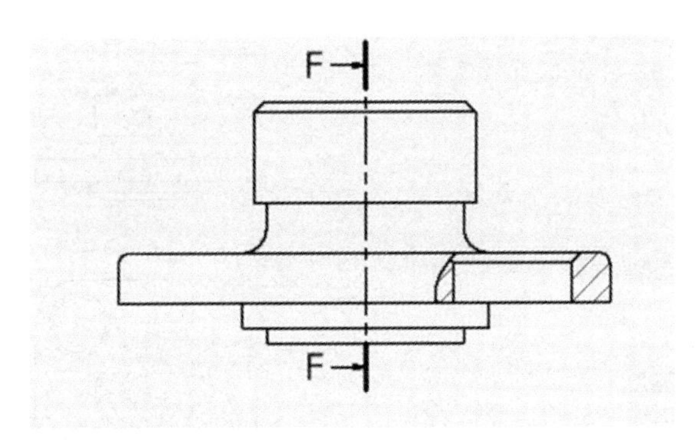

图 5-0-69　局部剖视图结果

9. 断面图

断面图可将已有的视图转变为剖面图，更好地表达切面的形状。打开“项目五/零件5-1.idw”文件，选择俯视图，单击“创建草图”按钮，投影轮廓，过投影圆的圆心绘制三条直线，如图 5-0-70 所示，完成草图后退出草图环境。

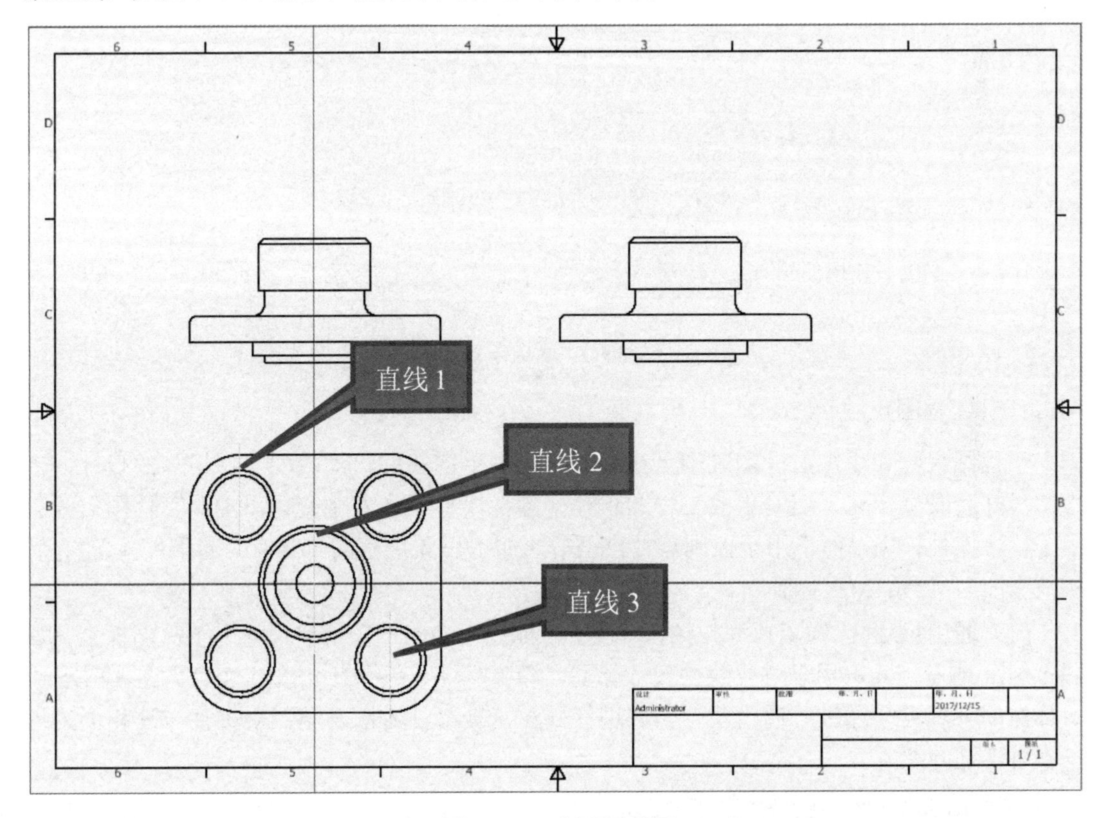

图 5-0-70　断面图草图

单击“修改”工具面板上的“断面图”按钮，如图 5-0-71 所示，弹出“切片”按钮，先单击需要断面显示的视图（左视图），再单击绘制的草图，如图 5-0-72 所示。最后单击“确定”按钮，完成断面图的创建，效果如图 5-0-73 所示。

图 5-0-71　断面图图标

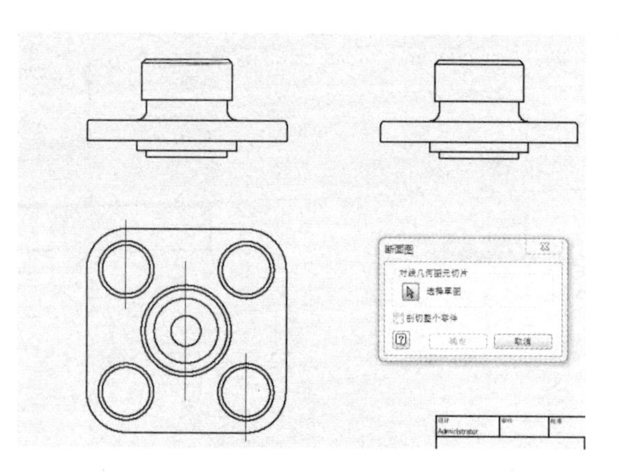
图 5-0-72　断面图创建过程

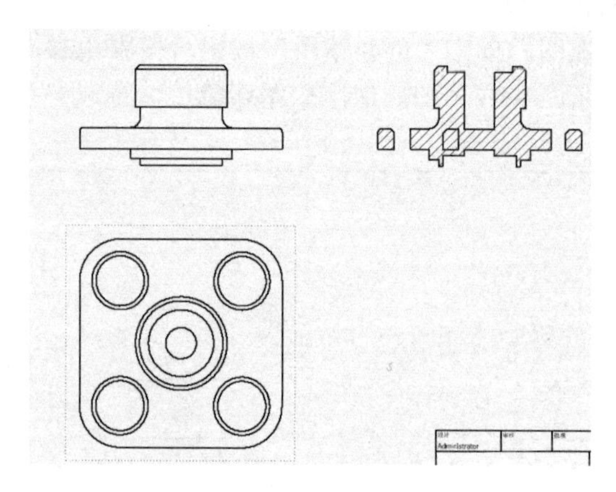
图 5-0-73　断面图效果

10. 工程图尺寸

工程图尺寸和模型尺寸的区别是：前者与模型单向关联，即改变零件模型的尺寸，工程图尺寸会发生变化，但是更改工程图尺寸，零件模型不会发生变化，因此工程图尺寸只用于标注零件模型，而不用于控制零件模型。添加工程图尺寸的工具有“通用尺寸”“孔和螺纹标注”“倒角标注”等。

（1）通用尺寸。“通用尺寸”按钮位于“标注”功能选项的“尺寸”工具面板上，如图 5-0-74 所示，其可用于进行线性尺寸标注，圆弧标注，倒角、角度标注等。图 5-0-75 中所标注部分尺寸即通过“通用尺寸”来进行标注，其标注方法与草图中标注方法相同，这里不再详细介绍。

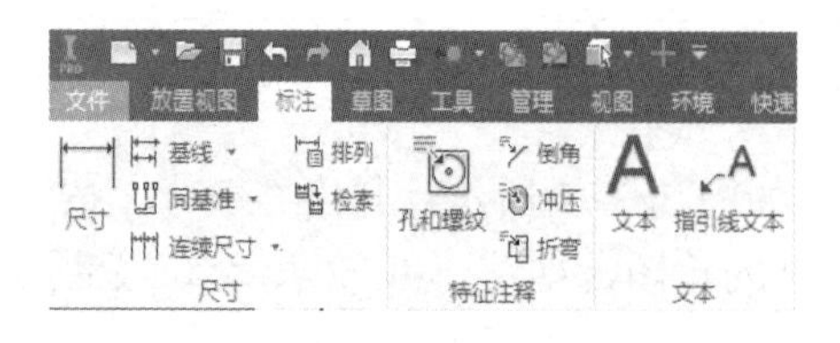

图 5-0-74　通用尺寸图标

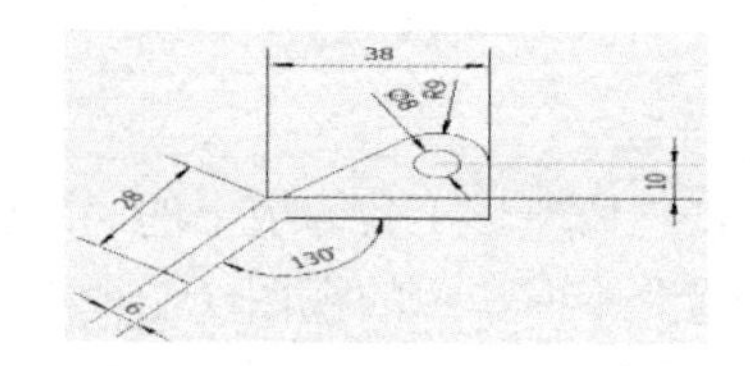

图 5-0-75　尺寸标注

（2）孔和螺纹标注。“孔和螺纹”标注按钮位于“标注”功能选项下的“特征注释”

工具面板上，应用时，先单击“孔和螺纹”按钮，再在视图区需要标注的孔或者螺纹的位置单击鼠标。将鼠标指针引导到合适位置后单击，即可完成孔和螺纹的标注，如图 5-0-76 所示。

（3）倒角标注。“倒角标注”按钮位于“标注”功能选项卡下的“特征注释”工具面板上。应用时，先单击“倒角”按钮，再在视图区需要标注的倒角上，分两次拾取倒角边，如图 5-0-77 所示。

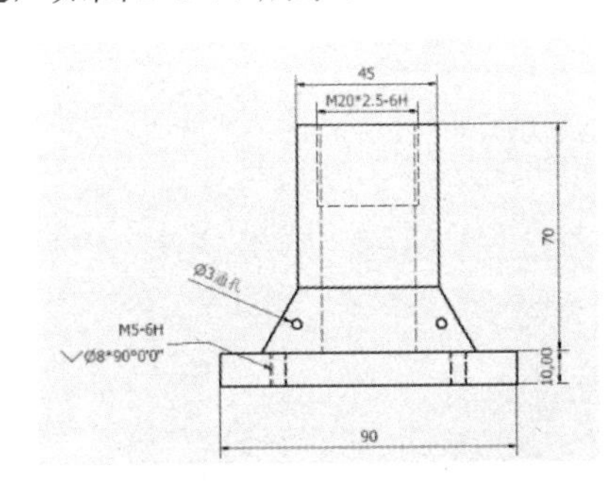

图 5-0-76　完成孔尺寸标注

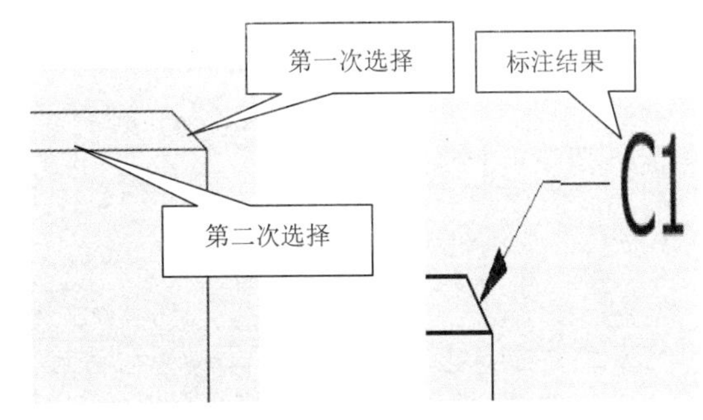

图 5-0-77　倒角标注过程

11. 尺寸标注编辑

尺寸标注以后，往往需要对尺寸进行编辑。尺寸标注的编辑有尺寸标注的移动和删除、尺寸标注的位置调整、尺寸标注的修改等。

（1）尺寸标注的删除。先单击需要删除的尺寸，然后在键盘上按下【Delete】键或者在需要删除的尺寸上单击鼠标右键，选择“删除”命令即可。

（2）尺寸标注的移动。在需要移动的尺寸上单击鼠标右键，选择“移动尺寸”命令，如图 5-0-78（a）所示。然后单击目的视图，完成尺寸移动，效果如图 5-0-78（b）所示。

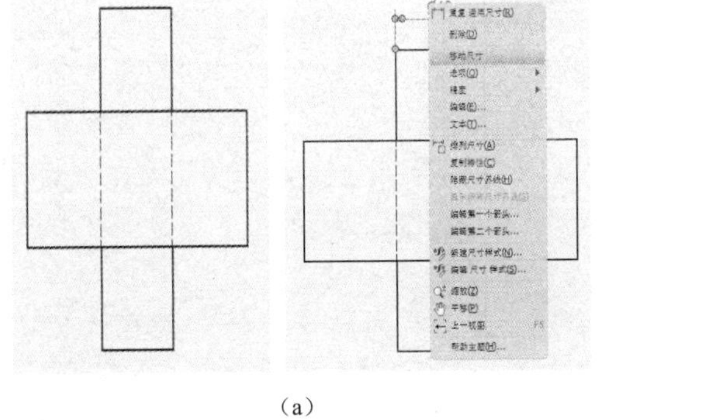

（a）

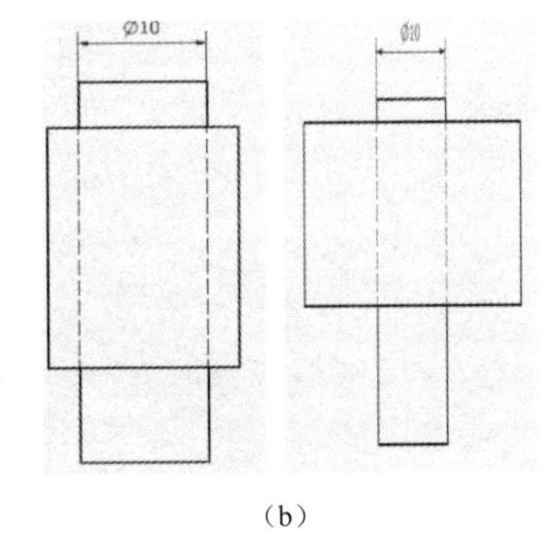

（b）

图 5-0-78　移动尺寸

（3）尺寸位置的调整。将需要调整的尺寸用鼠标拖动到合适位置后松开左键即可。

（4）尺寸标注的修改。以图 5-0-79 为例介绍尺寸标注修改的步骤。

① 直径ϕ25 的修改。在需要修改的尺寸上单击鼠标右键，选择“文本”或者“编辑”命令均可，这里以选择“文本”为例。如图 5-0-80 所示，弹出“文本格式”对话框，在对话框的文本栏，移动鼠标指针至标注尺寸的前面，单击“插入符号的按钮”上的箭头，展开符号列表，单击直径符号，如图 5-0-81 所示，最后单击对话框的“确定”按钮，完成尺寸的修改。

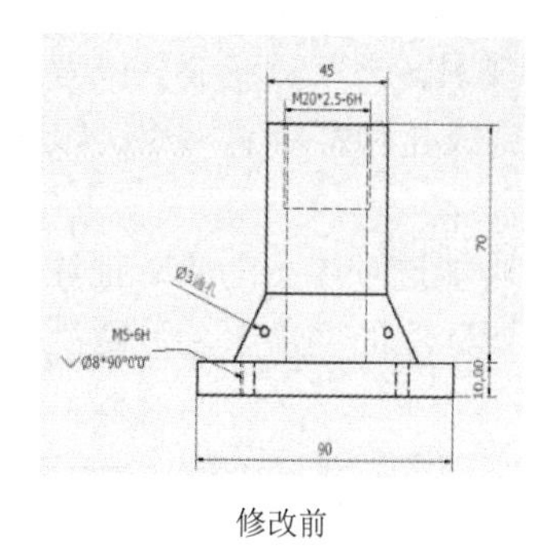

修改前　　　　修改后

图 5-0-79　尺寸标注修改前后比较

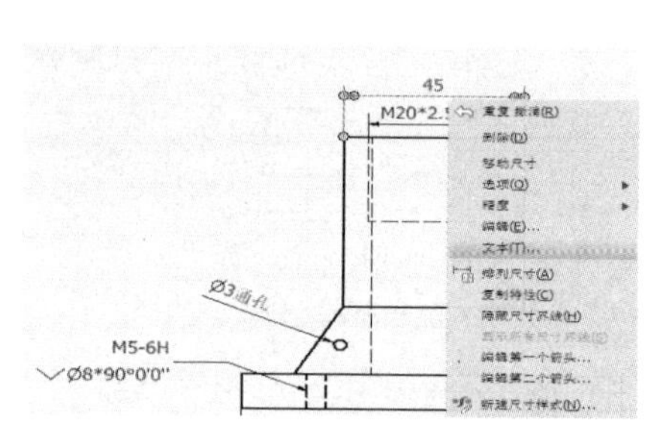

图 5-0-80　右键菜单选择编辑尺寸样式

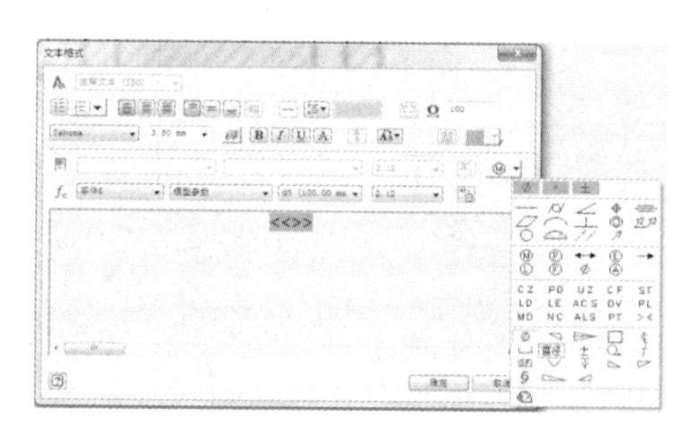

图 5-0-81　文本格式下插入符号

② $\phi 3$ 通孔。在需要修改的尺寸标注上右击。选择“编辑孔尺寸”命令，如图 5-0-82 所示。弹出“编辑孔注释”对话框，将鼠标指针移动到文本前面，输入 2，然后单击“插入符号”按钮，在展开的符号列表中，单击“字符映射表”，弹出“字符映射表”对话框，如图 5-0-83 所示。

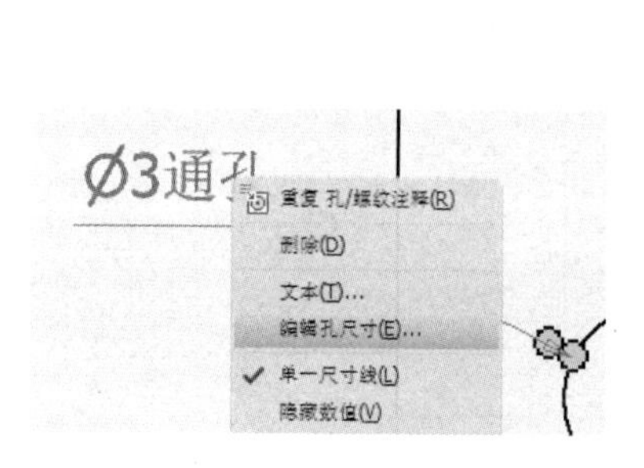

图 5-0-82　编辑孔尺寸

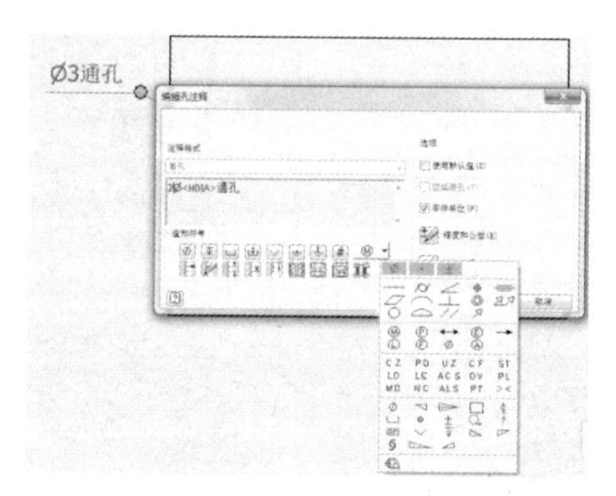

图 5-0-83　字符映射表

任务 1　基座的工程图设计

任务说明

基座工程图实例如图 5-1-1 所示。

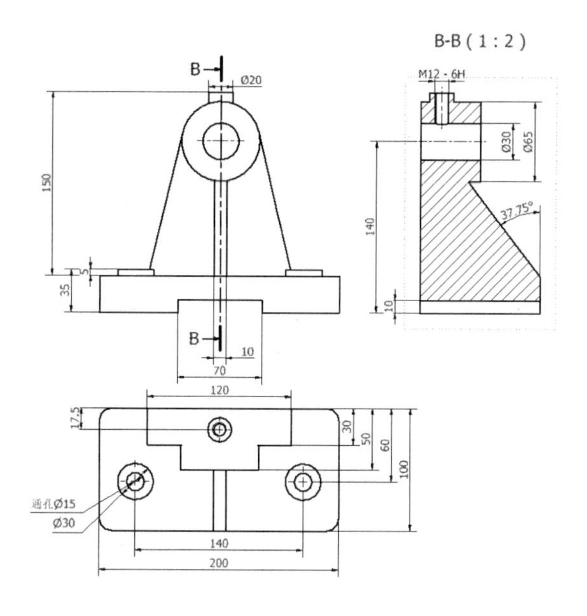

图 5-1-1　基座工程图实例

设计步骤

1. 修改另存为零件模型文件

有时为了在工程视图中更好地表达零件模型，需要将零件的圆角特征暂时隐藏。首先打开“\项目五\基座.ipt”文件，在浏览器中，用鼠标单击并拖动浏览器底端的“造型终止”，将其向上拖动至“圆角 1”上面，“造型终止”后面的特征均以灰色显示，如图 5-1-2（a）所示。释放鼠标左键后，效果如图 5-1-2（b）所示，将文件另存为“基座未圆角.ipt”。

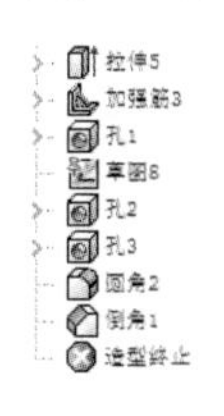

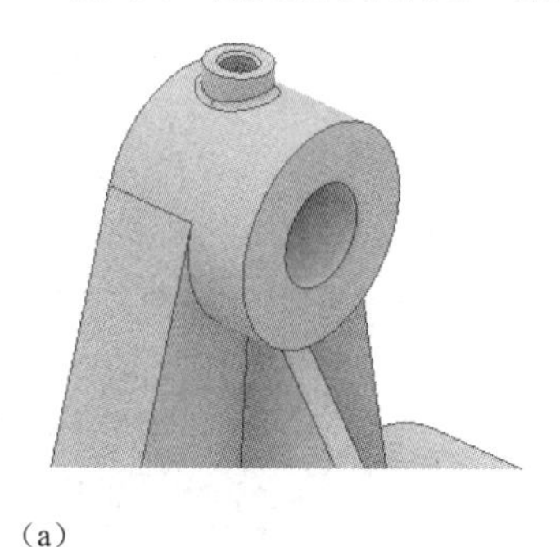

（a）

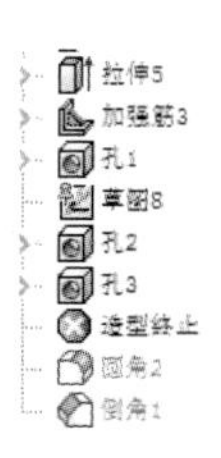

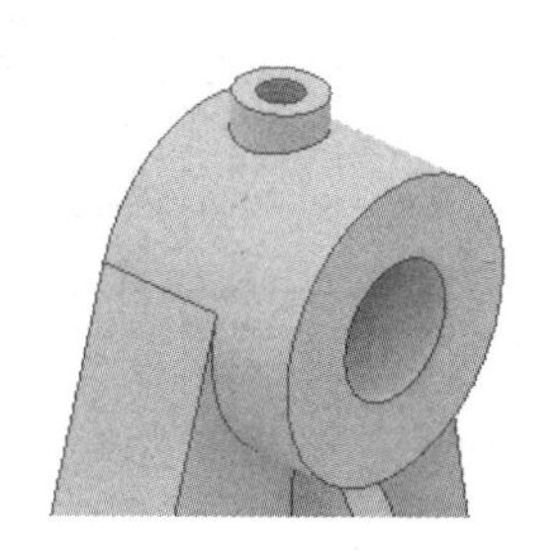

（b）

图 5-1-2　隐藏零件的圆角特征

2. 创建主视图

打开第 1 步另存的文件“基座未圆角.ipt”，回到工程图文件，单击“基础视图”按钮，在弹出的“工程视图”对话框中，“文件”选择“基座未圆角.ipt”，“方向”选择“前视图”，“比例”输入 1∶2，“显示方式”选择“不显示隐藏线”。在工程图合适位置单击，然后在视图上右击，选择“完成”命令，如图 5-1-3 所示，完成主视图的创建。

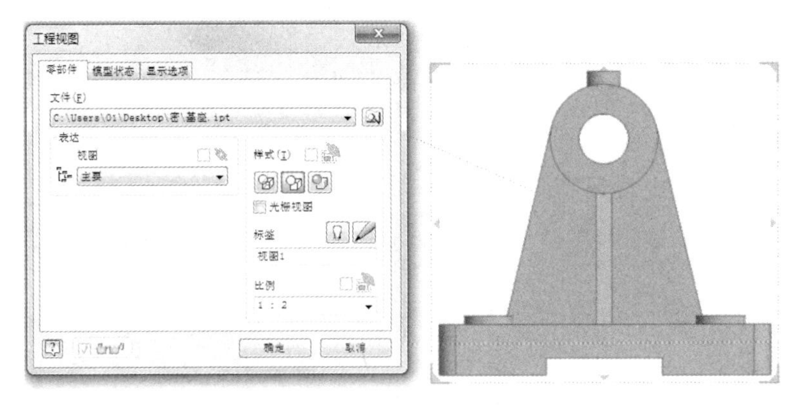

图 5-1-3　主视图的创建

3. 投影主视图

先单击“投影视图”按钮，然后向下引导鼠标指针至合适的位置单击，放置俯视图，最后右击，选择“创建”命令，如图 5-1-4 所示。

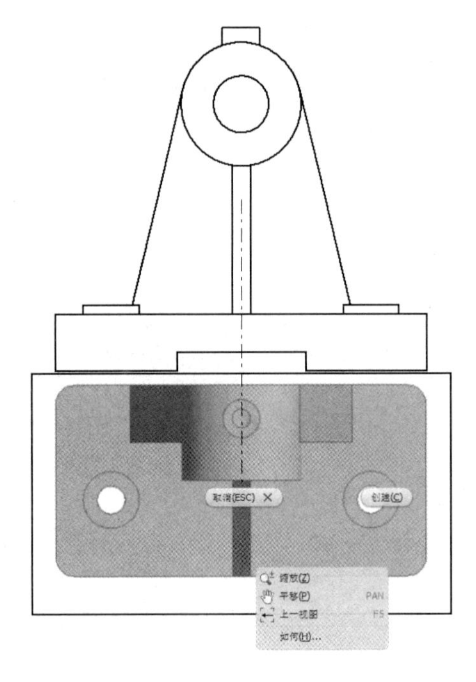

图 5-1-4　放置俯视图

4. 创建剖视图

先单击“剖视”按钮，再单击主视图，移动鼠标指针至主视图中心，悬停后视图中心点变为绿色，这时不要单击鼠标，向上移动鼠标指针至合适位置再单击，得到剖面线第一个点；向下引导鼠标指针至视图中心后单击，得到剖面线第二个点，如图 5-1-5 所示。

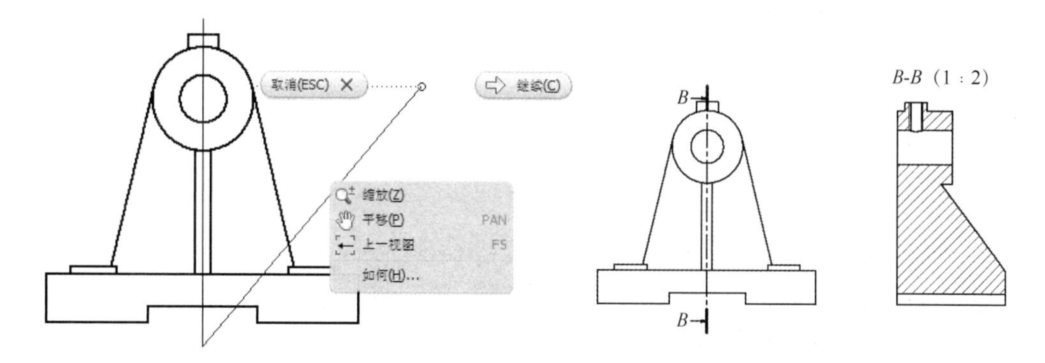

图 5-1-5　创建剖视图

5. 自动中心线

单击视图，单击右键选择“自动中心线”会出现选择窗口，设置如图 5-1-6 所示。

6. 标注工程图尺寸

利用“通用尺寸”命令对剖视图尺寸进行标注，如图 5-1-7 所示，直到需要标注的尺寸都标注完后，将文件保存后退出。

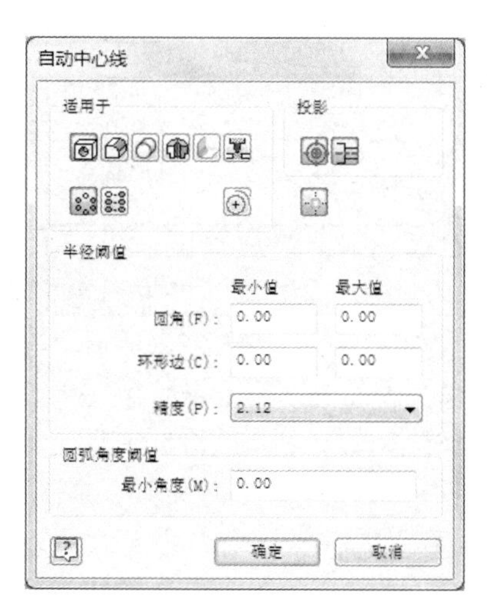

图 5-1-6　自动中心线

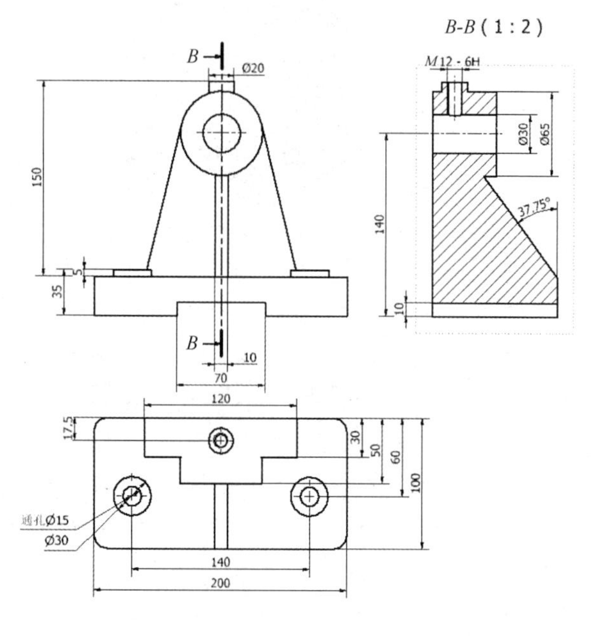

图 5-1-7　标注尺寸

任务 2　曲柄摇杆机构的工程图设计

设计步骤

（1）创建基础视图。打开“\项目四\曲柄摇杆\曲柄摇杆.ipn”文件，并将视图调整至视角。利用创建的模板新建工程图文件，创建基础视图，“显示方式”选择“着色”和“不显示隐藏线”，“方向”选择“当前”，完成基础视图的创建，如图 5-2-1 所示。

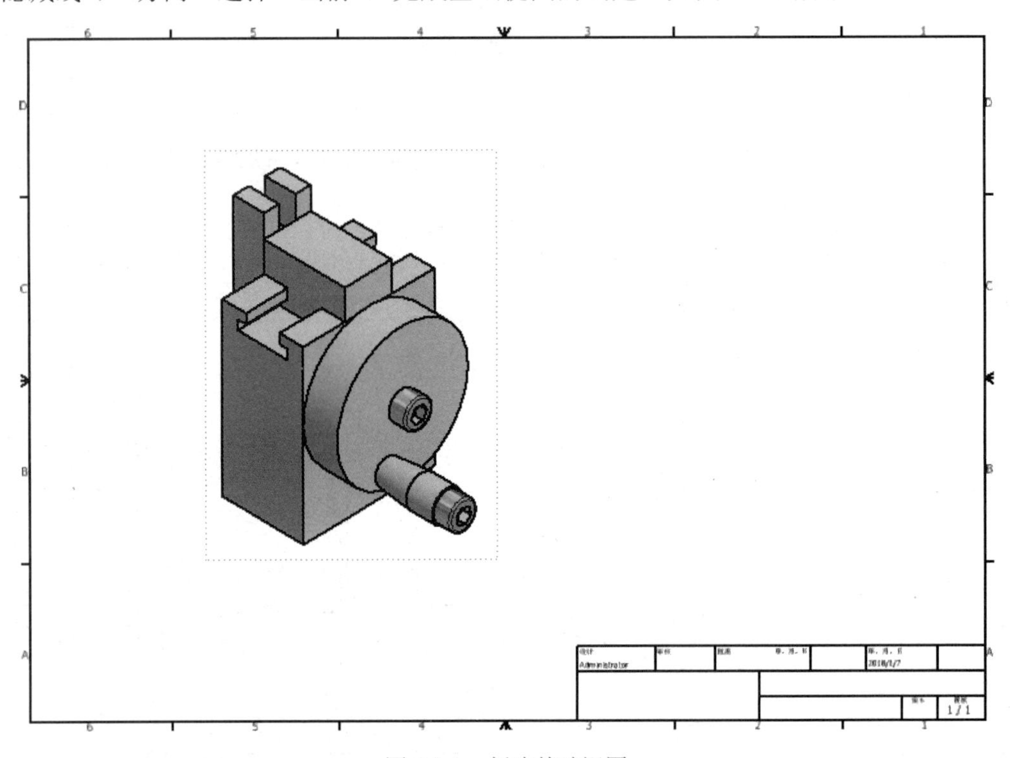

图 5-2-1　创建基础视图

（2）添加爆炸视图的引出序号。在“标注”功能选项卡下，单击“表格”工具面板上的“自动引出序号”按钮，弹出“自动引出序号”对话框，选择视图并框选所有零部件，“前置尺寸”选择“水平”放置方式，单击“选择放置位置”按钮，然后在视图中的合适位置单击，如图 5-2-2 所示。单击“自动引出序号”对话框的“确定”按钮，弹出“BOM 表视图已禁用”对话框，如图 5-2-3 所示，单击“确定”按钮，启用 BOM 表视图，完成引出序号的创建。

（3）编辑引出序号。调整引出序号的位置，将引出序号的箭头全部设置为“小点”形式。引出序号按如图 5-2-4 所示形式排列。序号“1-7”按照竖直方式对齐，“7-15”按照水平方式对齐。

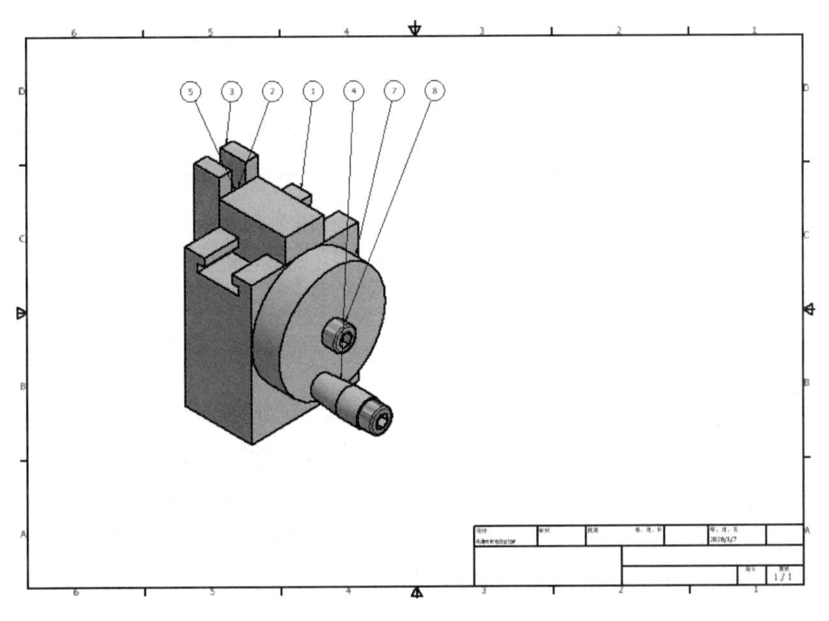

图 5-2-2 “自动引出序号”的放置

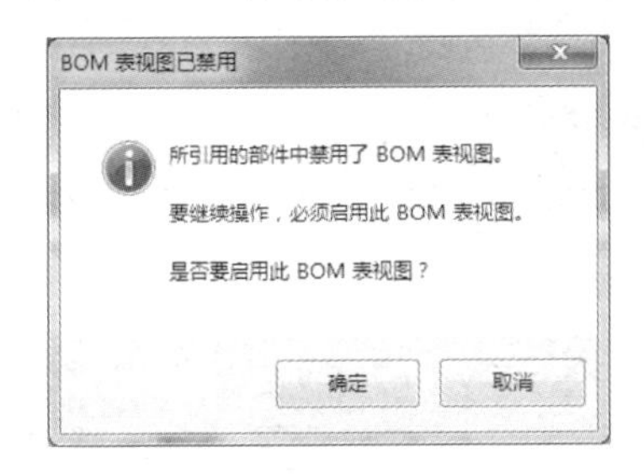

图 5-2-3 “BOM 表视图已禁用”对话框

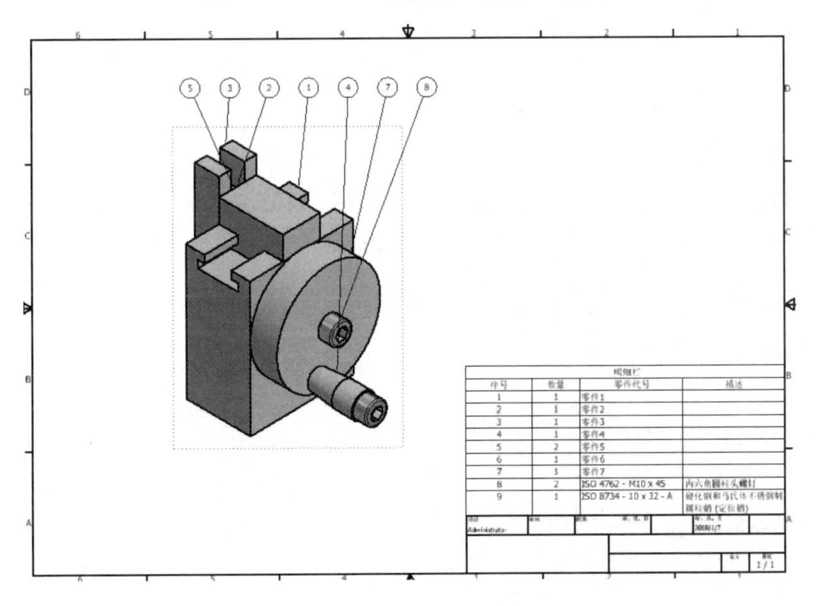

图 5-2-4 编辑引出序号

明细栏			
序号	数量	零件代号	描述
1	1	零件1	
2	1	零件2	
3	1	零件3	
4	1	零件4	
5	2	零件5	
6	1	零件6	
7	1	零件7	
8	2	ISO 4762 - M10 x 45	内六角圆柱头螺钉
9	1	ISO 8734 - 10 x 32 - A	硬化钢和马氏体不锈钢制圆柱销（定位销）

图 5-2-4　编辑引出序号（续）

（4）编辑明细栏。在明细栏上单击鼠标右键，选择“编辑明细栏”命令，弹出“明细栏：曲柄摇杆.iam”对话框，单击对话框上端的“列选择器”按钮，如图 5-2-5 所示。弹出“明细栏列选择器”对话框，在对话框中的“所选特性”栏，将“描述”删除，从“可用的特性”栏里面找到“零件代号”，将其添加到“所选特性”栏并将其上移至第一行，如图 5-2-6 所示。单击“确定”按钮，完成“明细栏列选择器”的编辑，此时“明细栏：曲柄摇杆.iam”对话框显示如图 5-2-7 所示。

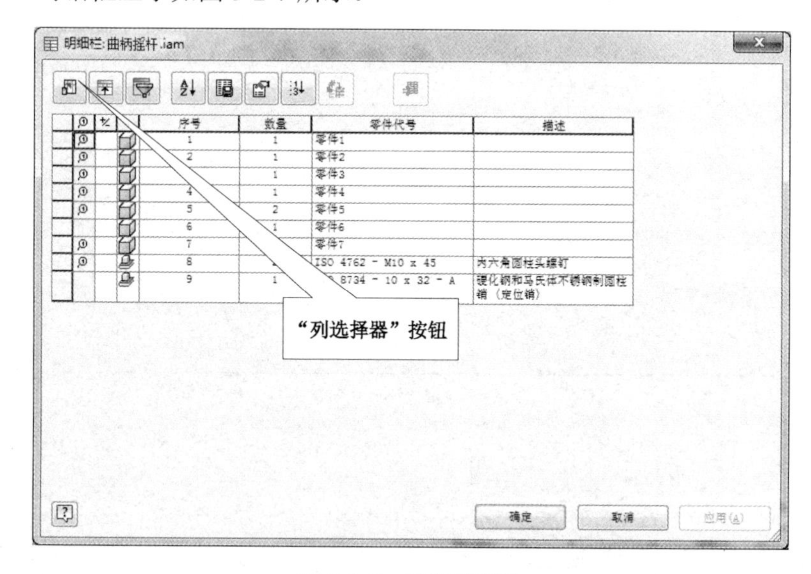

图 5-2-5　编辑明细栏

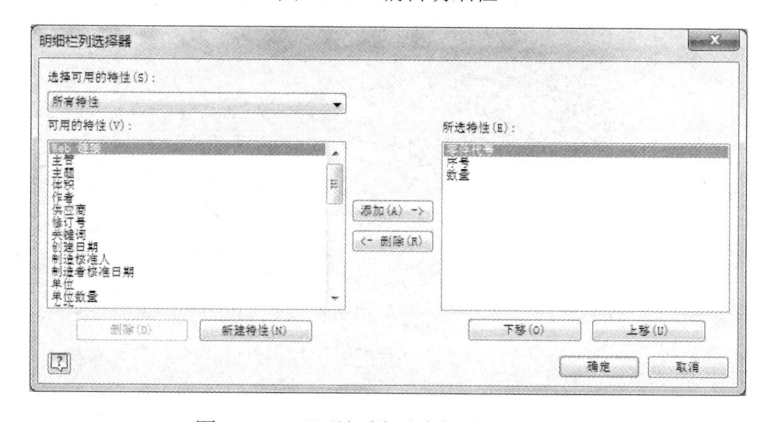

图 5-2-6　“明细栏列选择器”对话框

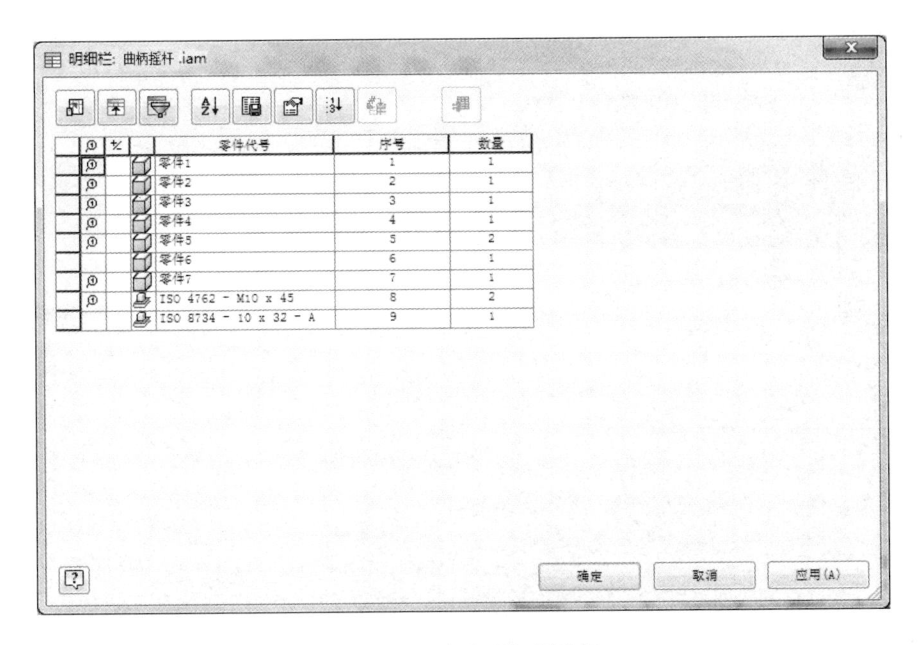

图 5-2-7　完成明细栏编辑

在明细栏的“项目”列上单击右键选择“格式化列”，弹出“设置列格式：零件代号”对话框，在该对话框的“表头”栏，将“零件代号”修改为“名称”，如图 5-2-8 所示。单击“确定”按钮，完成列名称的修改。

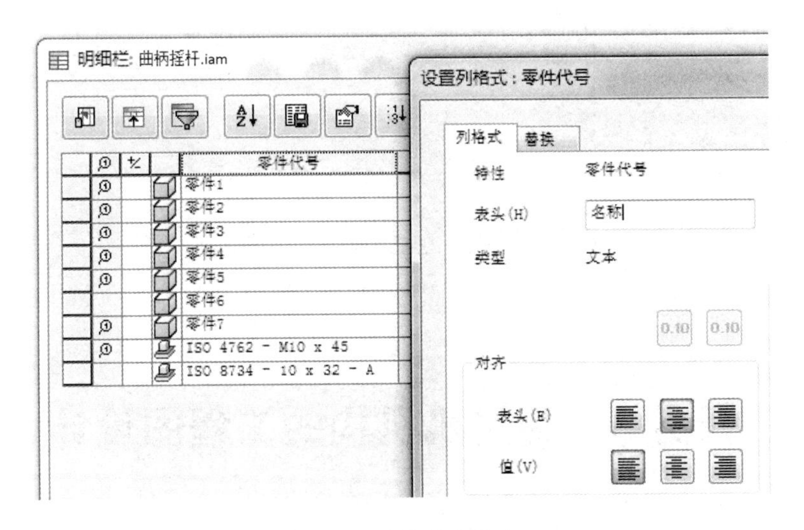

图 5-2-8　列名称的修改

完成修改后，明细栏如图 5-2-9 所示。单击明细栏上的“排序”按钮，弹出“对明细栏排序”对话框，将对话框中“第一关键字”选择为“序号”，并选择“升序”排列，如图 5-2-10 所示。单击“确定”按钮，完成序号排列。单击“明细栏：曲柄摇杆.iam”对话框的“确定”按钮，完成明细栏的编辑。调整明细栏的列宽、行高，最后将明细栏底端跟标题栏对齐，右边跟图纸边框对齐，最后结果如图 5-2-4 所示。

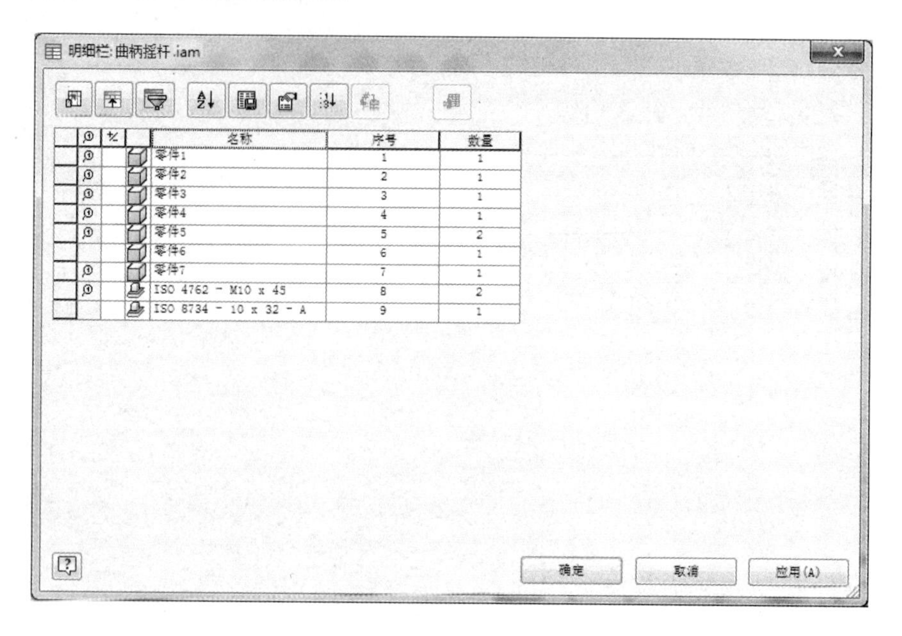

图 5-2-9　进行排序

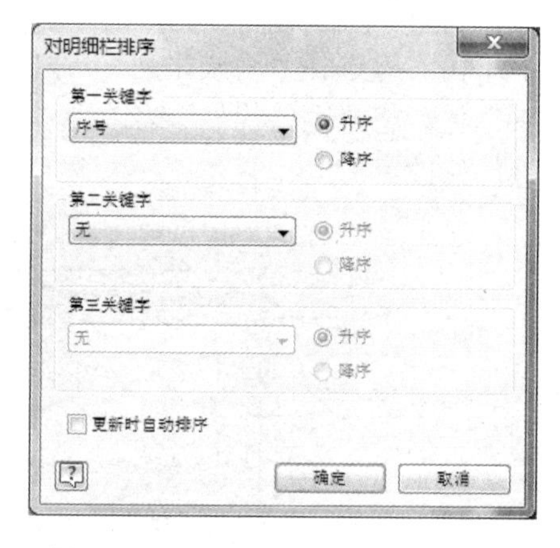

图 5-2-10　“对明细栏排序”对话框

任务 3　剥线机机构的工程图设计

设计步骤

（1）创建基础视图，打开“\项目四\剥线机机构\剥线机机构.ipn”文件，并将视图调整至如图 5-3-1 所示视角。利用创建的模板新建工程图文件，创建基础视图，“显示方式”选择“着色”和“不显示隐藏线”，“方向”选择“当前”，完成基础视图的创建。

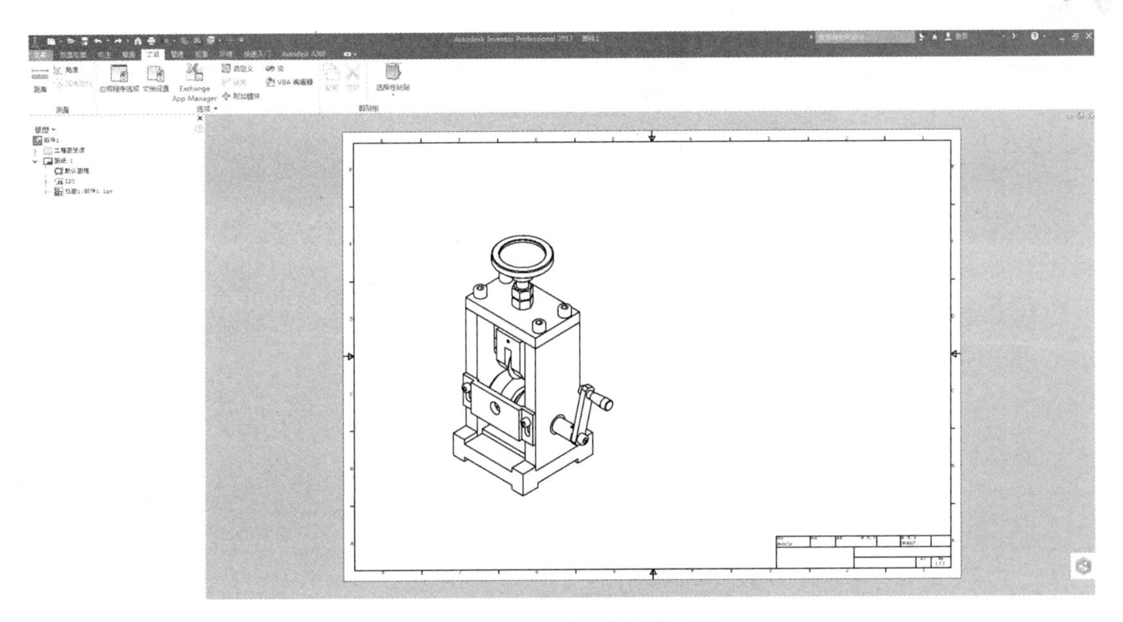

图 5-3-1　完成基础视图的创建

（2）添加爆炸视图的引出序号。在“标注”功能选项卡下，单击“表格”工具面板上的“自动引出序号”按钮，弹出“自动引出序号”对话框，选择视图并框选所有零部件，“前置尺寸”选择“水平”放置方式，单击“选择放置方式”按钮[图标] 选择放置方式，然后在视图中的合适位置单击，如图 5-3-2 所示。单击“自动引出序号”对话框的“确定”按钮，弹出“BOM 表视图已禁用”对话框，如图 5-3-3 所示，单击“确定”按钮，启用 BOM 表视图，完成引出序号的创建。

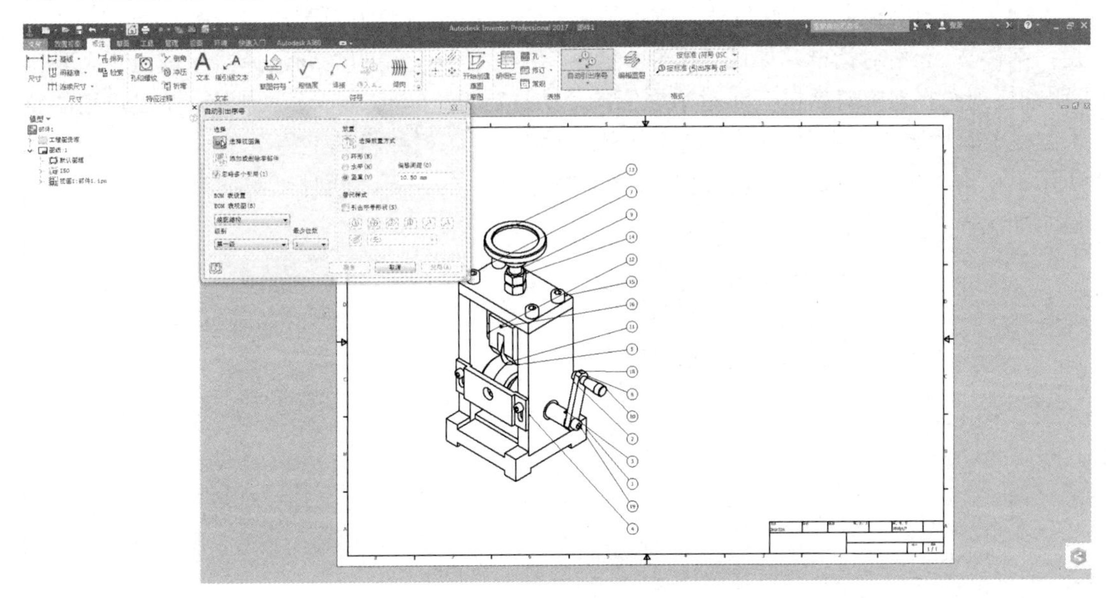

图 5-3-2　“自动引出序号”的放置

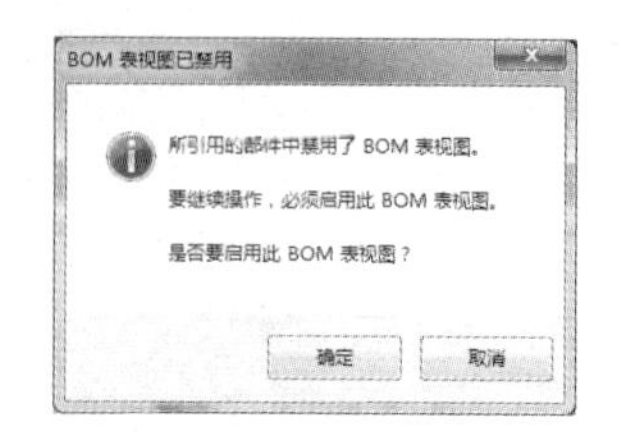

图 5-3-3　“BOM 表视图已禁用”对话框

（3）编辑引出序号。调整引出序号的位置，将引出序号的箭头全部设置为“小点”形式。引出序号按如图 5-3-4 所示形式排列。

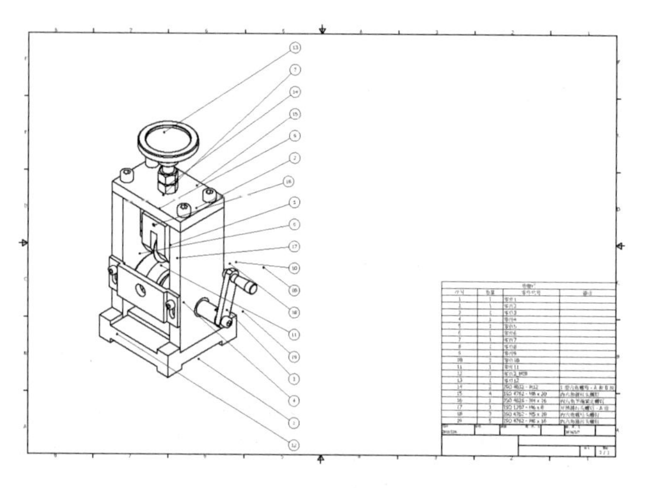

图 5-3-4　编辑引出序号

（4）编辑明细栏。在明细栏上单击鼠标右键，选择“编辑明细栏”命令，弹出“明细栏：部件 2.iam”对话框，如图 5-3-5 所示。单击对话框上端的“列选择器”按钮，弹出“明细栏列选择器”对话框，在对话框中的“所选特性”栏将“描述”删除，从“可用的特性”栏里面找到“零件代号”，将其添加到“所选特性”栏并将其上移至第一行，如图 5-3-6 所示。单击“确定”按钮，完成“明细栏列选择器”的编辑，此时“明细栏：部件 2.iam”显示如图 5-3-7 所示。

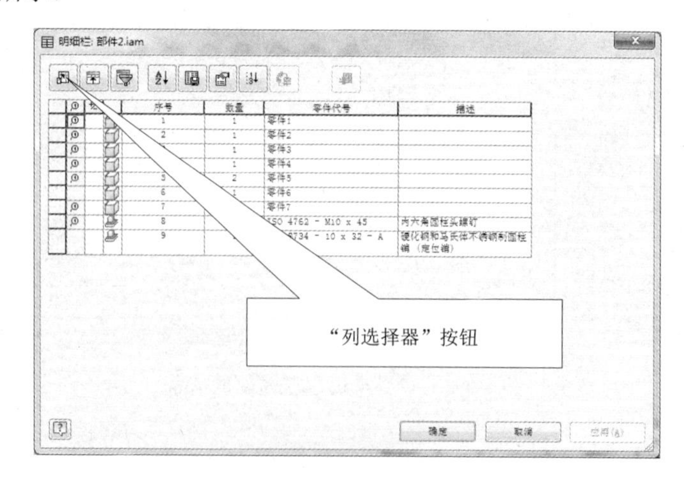

图 5-3-5　编辑明细栏

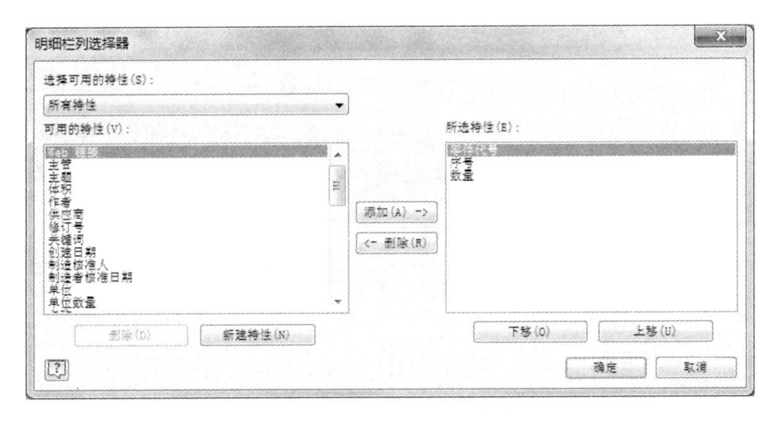

图 5-3-6 “明细栏列选择器”对话框

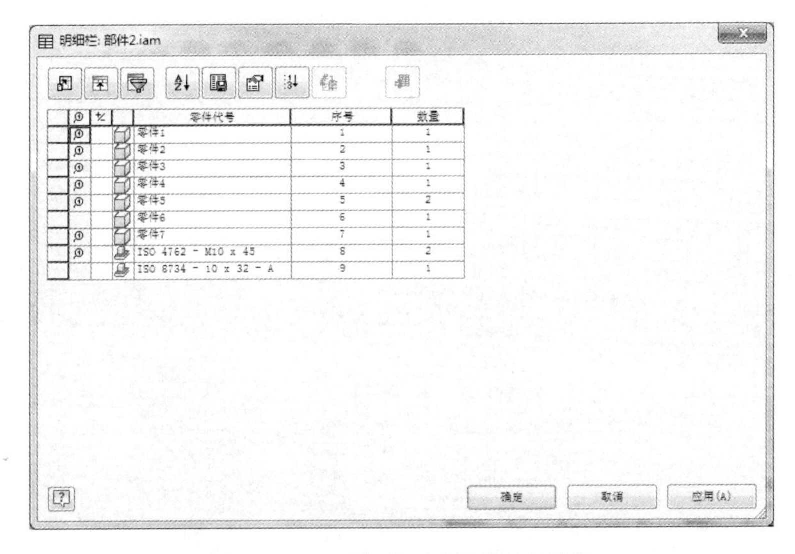

图 5-3-7 “明细栏列选择器”的编辑

在明细栏的“项目”列上单击右键选择“格式化列”，弹出“设置列格式：零件代号”对话框，在该对话框的“表头”栏，将“零件代号”修改为“名称”，如图 5-3-8 所示。单击“确定”按钮，完成列名称的修改。

图 5-3-8 “设置列格式：零件代号”对话框

完成修改后，明细栏如图 5-3-9 所示。单击明细栏上的“排序”按钮，弹出“对明细栏排序”对话框，将对话框中“第一关键字”选择为“序号”，并选择“升序”排列，如图 5-3-10 所示。单击“确定”按钮，完成序号排列。单击“明细栏：部件 2.iam”对话框的“确定”按钮，完成明细栏的编辑。调整明细栏的列宽、行高，最后将明细栏底端跟标题栏对齐，右边跟图纸边框对齐。

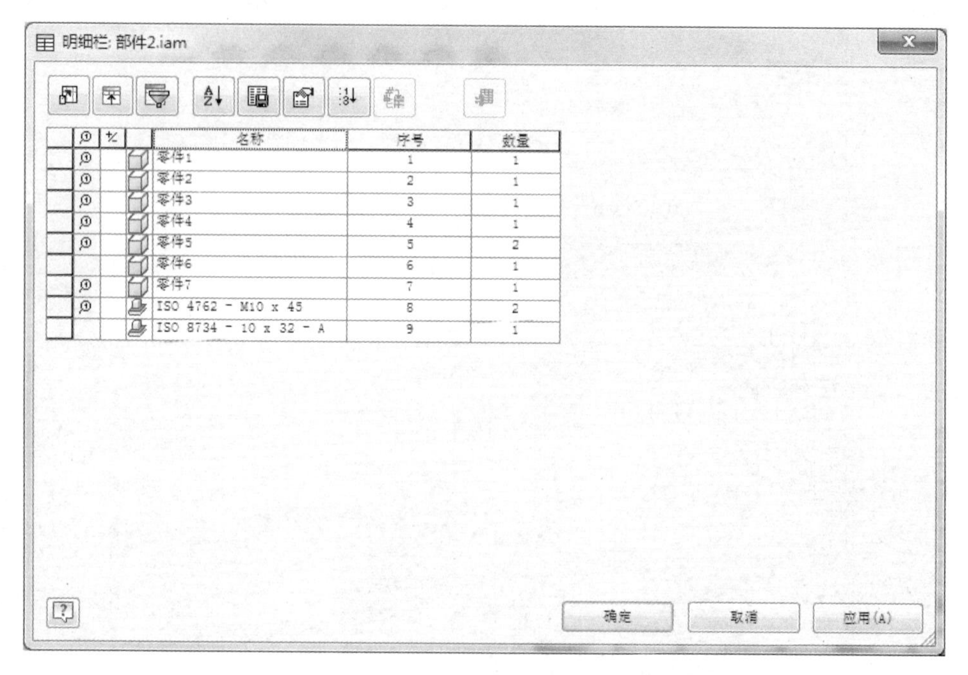

图 5-3-9　进行排序

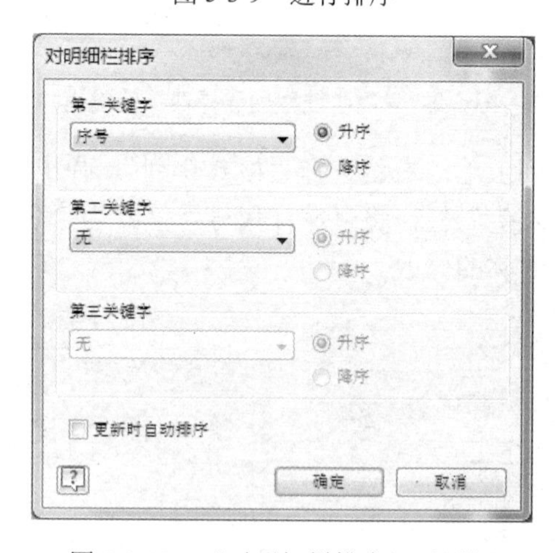

图 5-3-10　“对明细栏排序”对话框

思考与练习

1．请根据项目三的思考与练习的平口钳装配体，进行平口钳的工程图设计。

1．请根据项目三的思考与练习的发动机装配体，进行发动机的工程图设计。

反侵权盗版声明

电子工业出版社依法对本作品享有专有出版权。任何未经权利人书面许可，复制、销售或通过信息网络传播本作品的行为；歪曲、篡改、剽窃本作品的行为，均违反《中华人民共和国著作权法》，其行为人应承担相应的民事责任和行政责任，构成犯罪的，将被依法追究刑事责任。

为了维护市场秩序，保护权利人的合法权益，我社将依法查处和打击侵权盗版的单位和个人。欢迎社会各界人士积极举报侵权盗版行为，本社将奖励举报有功人员，并保证举报人的信息不被泄露。

举报电话：（010）88254396；（010）88258888

传　　真：（010）88254397

E-mail:　　dbqq@phei.com.cn

通信地址：北京市万寿路 173 信箱

　　　　　电子工业出版社总编办公室

邮　　编：100036